软件项目开发全程实录

C语言项目开发全程实录

（第2版）

明日科技　编著

清華大學出版社
北京

内容简介

《C语言项目开发全程实录（第2版）》以火车订票系统、通讯录管理系统、学生个人消费管理系统、企业员工管理系统、超级万年历、贪吃蛇游戏、学生信息管理系统、图书管理系统、网络通信系统、窗体版图书管理系统、商品管理系统和MP3音乐播放器共12个实际项目开发程序为案例，从软件工程的角度出发，按照项目的开发顺序，系统、全面地介绍了程序开发流程，从开发背景、需求分析、系统功能分析、数据库分析、数据库建模到系统开发，每一过程都进行了详细的介绍。

本书及资源包特色包括：12套项目开发完整案例，以及项目开发案例的同步视频和其源程序。登录网站还可获取各类资源库（模块库、题库、素材库）等项目案例常用资源，网站还提供技术论坛支持等。

本书案例涉及行业广泛，实用性非常强。通过本书的学习，读者可以了解各行业的特点，能够针对某一行业进行软件开发；也可以通过资源包中提供的案例源代码和数据库进行二次开发，以减少开发系统所需要的时间。

图书在版编目（CIP）数据

C语言项目开发全程实录 / 明日科技编著. —2版. —北京：清华大学出版社，2018（2024.8重印）
（软件项目开发全程实录）
ISBN 978-7-302-49882-7

Ⅰ. ①C… Ⅱ. ①明… Ⅲ. ①C语言-程序设计 Ⅳ. ①TP312.8

中国版本图书馆CIP数据核字（2018）第052544号

责任编辑：贾小红
封面设计：刘　超
版式设计：周春梅
责任校对：赵丽杰
责任印制：宋　林

出版发行：清华大学出版社
网　　址：https://www.tup.com.cn，https://www.wqxuetang.com
地　　址：北京清华大学学研大厦A座　　**邮　　编：**100084
社 总 机：010-83470000　　**邮　　购：**010-62786544
投稿与读者服务：010-62776969，c-service@tup.tsinghua.edu.cn
质 量 反 馈：010-62772015，zhiliang@tup.tsinghua.edu.cn
印 装 者：天津鑫丰华印务有限公司
经　　销：全国新华书店
开　　本：203mm×260mm　　**印　　张：**26.5　　**字　　数：**726千字
版　　次：2013年10月第1版　2018年5月第2版　　**印　　次：**2024年8月第6次印刷
定　　价：69.80元

产品编号：078943-01

前言

Preface

编写目的与背景

众所周知，当前社会需求和高校课程设置严重脱节，一方面企业找不到可迅速上手的人才，另一方面大学生就业难。如果有一些面向工作应用的案例参考书，让大学生得以参考，并能亲手去做，势必能缓解这种矛盾。本书就是这样一本书：项目开发案例型的、面向工作应用的软件开发类图书。编写本书的首要目的就是架起让学生从学校走向社会的桥梁。

其次，本书以完成小型项目为目的，让学生切身感受到软件开发给工作带来的实实在在的用处和方便，并非只是枯燥的语法和陌生的术语，从而激发学生学习软件的兴趣，让学生变被动学习为自主自发学习。

再次，本书的项目开发案例过程完整，不但适合在学习软件开发时作为小型项目开发的参考书，而且可以作为毕业设计的案例参考书。

最后，丛书第 1 版于 2008 年出版，并于 2011 年和 2013 年进行了两次改版升级，因为编写细腻，易学实用，配备全程视频讲解等特点，备受读者瞩目，丛书累计销售 20 多万册，成为近年来最受欢迎的软件开发项目案例类丛书之一。

转眼 5 年已过，我们根据读者朋友的反馈，对丛书内容进行了优化和升级，进一步修正之前版本中的疏漏之处，并增加了大量的辅助学习资源，相信这套书一定能带给您惊喜！

本书特点

微视频讲解

对于初学者来说，视频讲解是最好的导师，它能够引导初学者快速入门，使初学者感受到编程的快乐和成就感，增强进一步学习的信心。鉴于此，本书为大部分章节都配备了视频讲解，使用手机扫描正文小节标题一侧的二维码，即可在线学习项目制作的全过程。同时，本书提供了程序配置使用说明的讲解视频，扫描封底的二维码即可进行学习。

典型案例

本书案例均从实际应用角度出发，应用了当前流行的技术，涉及的知识广泛，读者可以从每个案例中积累丰富的实战经验。

代码注释

为了便于读者阅读程序代码，书中的代码均提供了详细的注释，并且整齐地纵向排列，可使读者快速领略作者意图。

代码贴士

案例类书籍通常会包含大量的程序代码，冗长的代码往往令初学者望而生畏。为了方便读者阅读和理解代码，本书避免了连续大篇幅的代码，将其分割为多个部分，并对重要的变量、方法和知识点设计了独具特色的代码贴士。

知识扩展

为了增加读者的编程经验和技巧，书中每个案例都标记有注意、技巧等提示信息，并且在每章中都提供有一项专题技术。

本书约定

由于篇幅有限，本书每章并不能逐一介绍案例中的各模块。作者选择了基础和典型的模块进行介绍，对于功能重复的模块，由于技术、设计思路和实现过程基本雷同，因此没有在书中体现。本书中涉及的功能模块在资源包中都附带有视频录像，方便读者学习。

适合读者

本书适合作为计算机相关专业的大学生、软件开发相关求职者和爱好者的毕业设计和项目开发的参考书。

本书服务

为了给读者提供更为方便快捷的服务，读者可以登录本书官方网站（www.mingrisoft.com）或清华大学出版社网站（www.tup.com.cn），在对应图书页面下载本书资源包，也可加入 QQ（4006751066）进行学习交流。学习本书时，请先扫描封底的二维码，即可学习书中的各类资源。

本书作者

本书由明日科技软件开发团队组织编写，主要由周佳星执笔，如下人员也参与了本书的编写工作，他们是：王小科、王国辉、赛奎春、张鑫、杨丽、高春艳、辛洪郁、李菁菁、申小琦、冯春龙、白宏健、何平、张宝华、张云凯、庞凤、吕玉翠、申野、宋万勇、贾景波、赵宁、李磊等，在此一并感谢！

在编写本书的过程中，我们本着科学、严谨的态度，力求精益求精，但错误、疏漏之处在所难免，敬请广大读者批评指正。

感谢您购买本书，希望本书能成为您的良师益友，助你成为编程高手。

宝剑锋从磨砺出，梅花香自苦寒来。祝读书快乐！

编　者

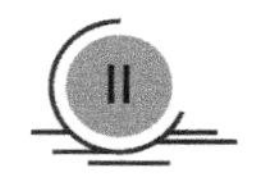

目　录

Contents

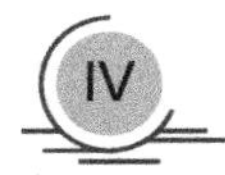

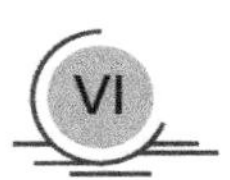

第 1 章

火车订票系统

（DEV C++实现）

火车订票系统是针对用户预订火车票需要的一系列操作而开发的信息化系统，该系统主要满足用户对火车票信息的查询和订购需求，同时可以对火车车次信息和订票信息进行保存。通过本章的学习，读者能够学到：

- 如何实现菜单的选择功能
- 如何将新输入的信息添加到存放火车票信息的链表中
- 如何输出满足条件的信息
- 如何进行火车票的检索
- 如何将信息保存到指定的磁盘文件中

1.1 开发背景

随着科技的飞速发展，信息化时代的特点逐渐显现，快节奏、高质量已成为人们生活的主题。虽然铁路客运行业已进入了信息化，但是人们免不了还要在窗口排长长的队伍等候买票，因此火车订票系统应运而生，该系统可实现火车车次信息的查询、显示功能，可以帮助用户方便、快捷地预订车票，还可以对用户订票信息进行保存。

1.2 需求分析

本项目的具体任务就是制作一个火车订票系统。在正常情况下，人们为了不影响出行，会提前去售票处买票，要询问售票人员到目的地的车有哪些、时间是几点、票价是多少、是否还有票等信息，可能买票的人会很多，所以可能不会问得太详细，这样的流程烦琐且容易出错。而应用火车订票系统则省去了这些麻烦，通过该系统可以快速、详细地了解用户需要的信息。

火车订票系统以用户预订火车票的一系列流程为主线，将火车车次详细信息进行显示、保存，同时提供火车的剩余票数，以供用户查询，决定是否预订，当预订成功后，提供保存用户的订票信息的功能。该系统详细周到的操作流程满足了用户的需求，也提高了铁路工作人员的工作效率。

1.3 系统设计

1.3.1 系统目标

根据需求分析的描述，现制定系统的目标如下：

☑ 显示火车车次信息及可供订票数。

☑ 对输入车次或要到达的城市提供查询。

☑ 输入要到达城市的车次信息，确定是否订票。

☑ 可对输入的火车车次信息进行修改。

☑ 显示火车车票信息。

☑ 对火车车票信息及订票人的信息进行保存。

1.3.2 系统功能结构

火车订票系统主要由输入火车票信息、查询火车票信息、订票、修改火车票信息、显示火车票信

息、保存订票信息和火车票信息到指定的磁盘文件 6 个模块组成。火车订票系统的主要功能结构如图 1.1 所示。

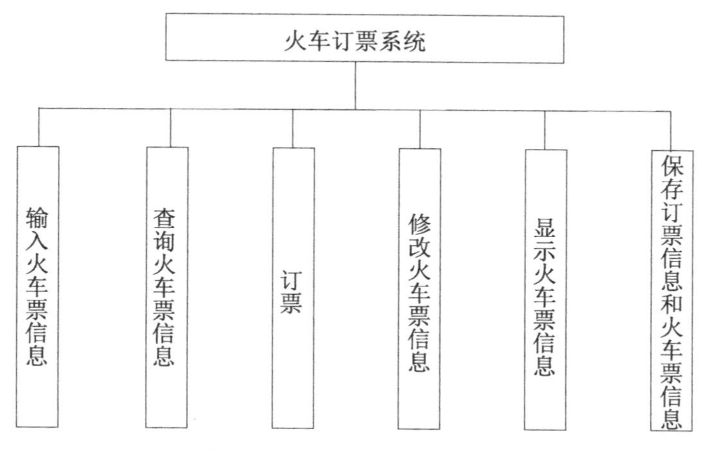

图 1.1　火车订票系统功能结构

1.3.3　系统预览

火车订票系统由多个模块组成，下面列出几个典型模块的界面，其他界面请参照本书资源包中的源程序。

火车订票系统主界面的运行效果如图 1.2 所示。在主界面上输入数字 0～6，可以实现相应的功能。

在主界面中输入“1”，进入添加火车票信息界面，根据屏幕上给出的提示输入火车的车次、起点、终点、出发时间、到达时间、票价和可以订购的票数。火车订票系统的添加模块运行效果如图 1.3 所示。

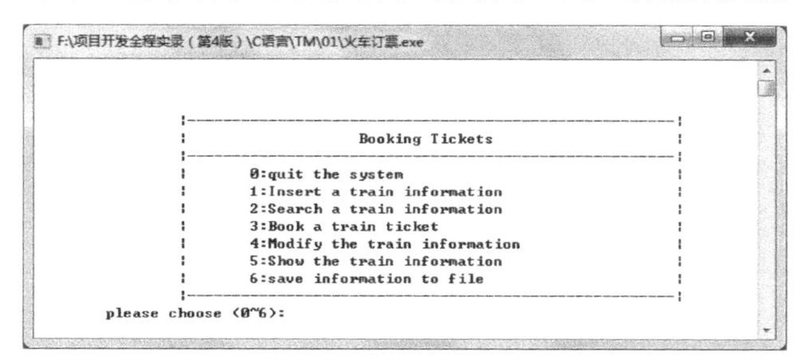

图 1.2　火车订票系统主界面

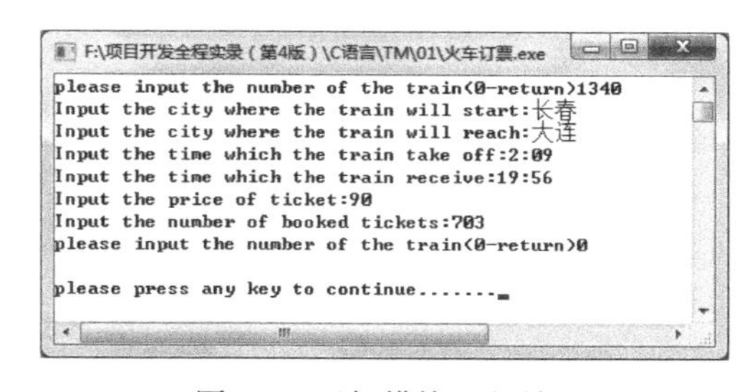

图 1.3　添加模块运行效果

在主界面中输入“2”，可以查询火车票信息，查询的方法有两种，一种是按照车次查询，另一种是按照想要到达的地方查询。查询模块运行效果如图 1.4 所示。

在主界面中输入“3”，进入订票界面，按照提示输入想要到达的城市，会自动显示出终点站为输入城市的信息，根据提示决定是否订票以及输入用户的个人信息。订票模块运行效果如图 1.5 所示。

在主界面中输入“4”，进入修改界面，根据提示输入要修改的内容。修改模块的运行效果如图 1.6 所示。

```
F:\项目开发全程实录（第4版）\C语言\TM\01\火车订票.exe
Choose the way:
1:according to the number of train;
2:according to the city:
1
Input the the number of train:1340
 ------------------------------BOOK TICKET----------------------------------
 |  number   |start city|reach city|takeofftime|receivetime|price|ticketnumber|
 |-----------|----------|----------|-----------|-----------|-----|------------|
 |1340       |长春      |大连      |2:09       |19:56      |   90|    703     |

please press any key to continue.......
```

图 1.4　查询模块运行效果

```
F:\项目开发全程实录（第4版）\C语言\TM\01\火车订票.exe
Input the city you want to go: 长春


the number of record have 1
 ------------------------------BOOK TICKET----------------------------------
 |  number   |start city|reach city|takeofftime|receivetime|price|ticketnumber|
 |-----------|----------|----------|-----------|-----------|-----|------------|
 |5631       |丹东      |长春      |8:00       |21:15      |  186|    561     |

do you want to book it?<y/n>
y
Input your name: 王小明
Input your id: 220105169904084695
please input the number of the train:5631
remain 561 tickets
Input your bookNum: 3

Lucky!you have booked a ticket!
please press any key to continue.......
```

图 1.5　订票模块运行效果

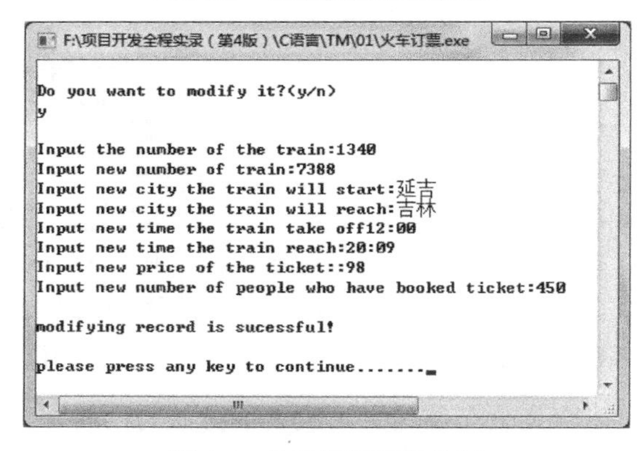

```
F:\项目开发全程实录（第4版）\C语言\TM\01\火车订票.exe

Do you want to modify it?<y/n>
y

Input the number of the train:1340
Input new number of train:7388
Input new city the train will start:延吉
Input new city the train will reach:吉林
Input new time the train take off12:00
Input new time the train reach:20:09
Input new price of the ticket::98
Input new number of people who have booked ticket:450

modifying record is sucessful!

please press any key to continue.......
```

图 1.6　修改模块运行效果

在主界面中输入“5”，可以显示出所有的火车票信息。显示模块效果如图 1.7 所示。

在主界面中输入“6”，进入保存模块，将输入的火车票信息及订票人的信息存储在指定的磁盘文件中，运行效果如图 1.8 所示。

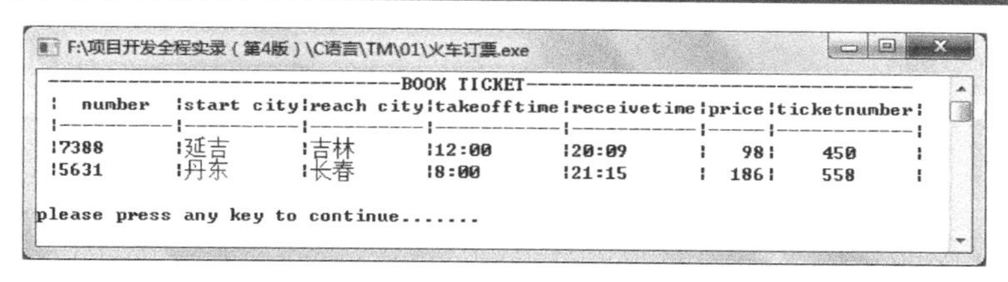

图 1.7　显示模块运行效果

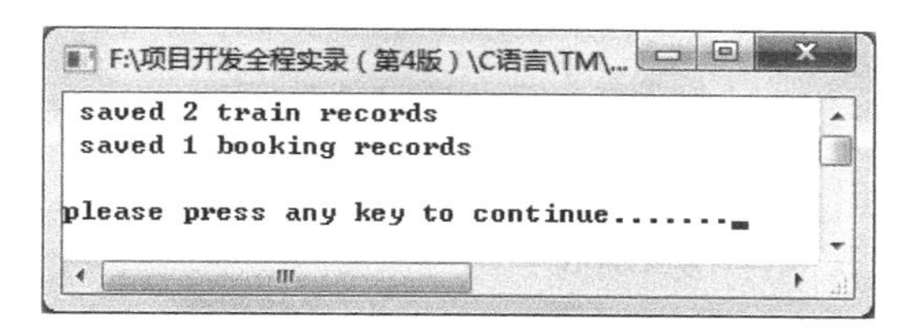

图 1.8　保存模块运行效果

1.4　预处理模块设计

1.4.1　模块概述

为了提高程序的可读性，在预处理模块中做了充足的准备工作。在该模块中宏定义了频繁用到的输入/输出语句中的字符串，也使用自定义结构体类型封装了其中存在的不同类型的零散数据。预处理模块使整个程序的结构简洁清晰，更容易理解。

1.4.2　模块实现

预处理模块的实现包含两个重要部分，实现过程分别如下。

（1）火车订票系统在显示火车票信息、查询火车票信息和订票等模块中，频繁地用到输出表头和输出表中数据的语句，因此在预处理模块中对输出信息做了宏定义，方便程序员编写程序，不用每次都输入过长的相同信息，也减少了出错的概率。相关代码如下：

```
#define HEADER1 " -------------------------------BOOK TICKET----------------------------------\n"
#define HEADER2 " |    number    |start city|reach city|takeofftime|receivetime|price|ticketnumber|\n"
#define HEADER3 " |----------|----------|----------|-----------|-----------|-----|------------|\n"
#define FORMAT   " |%-10s|%-10s|%-10s|%-10s |%-10s |%5d|   %5d       |\n"
#define DATA p->data.num,p->data.startcity,p->data.reachcity,p->data.takeofftime,
p->data.receivetime,p->data.price,p->data.ticketnum
```

（2）在火车订票系统中有很多不同类型的数据信息，如火车票的信息有火车的车次、火车的始发站、火车的票价、火车的时间等，而且订票信息还要存储订票人员的信息，如订票人的姓名、身份证号、性别等。这么多不同数据类型的信息如果在程序中逐个定义，会降低程序的可读性，扰乱编程人员的思维。因此，在 C 语言中提供了自定义结构体解决这类问题。火车订票系统中结构体类型的自定义相关代码如下：

```
/*定义存储火车票信息的结构体*/
struct train
{
    char num[10];                 /*列车号*/
    char startcity[10];           /*出发城市*/
    char reachcity[10];           /*目的城市*/
    char takeofftime[10];         /*发车时间*/
    char receivetime[10];         /*到达时间*/
    int  price;                   /*票价*/
    int  ticketnum ;              /*票数*/
};
/*订票人的信息*/
struct man
{
    char num[10];                 /*ID*/
    char name[10];                /*姓名*/
    int  bookNum ;                /*订的票数*/
};
/*定义火车票信息链表的节点结构*/
typedef struct node
{
    struct train data ;           /*声明 train 结构体类型的变量 data*/
    struct node * next ;
}Node,*Link ;
/*定义订票人链表的节点结构*/
typedef struct Man
{
    struct man data ;
    struct Man *next ;
}book,*bookLink ;
```

在以上代码中定义了 4 个结构体类型，并且应用 typedef 声明了新的类型名 Node 的结构体类型、Link 为 node 指针类型，同样也声明了 book 为 Man 结构类型、bookLink 为 Man 结构体的指针类型。

此外，在预处理模块中，文件包含的代码如下：

```
#include <conio.h>
#include <stdio.h>
#include <stdlib.h>
```

```
#include <string.h>
#include <dos.h>
```

1.5　主函数设计

1.5.1　主函数概述

在 C 程序中，执行从 main()函数开始，调用其他函数后，流程返回到 main()函数，在 main()函数中结束整个程序的编写。main()函数是系统定义的，在火车订票系统的 main()函数中调用 menu()函数实现了功能选择菜单的显示，运行效果如图 1.9 所示。

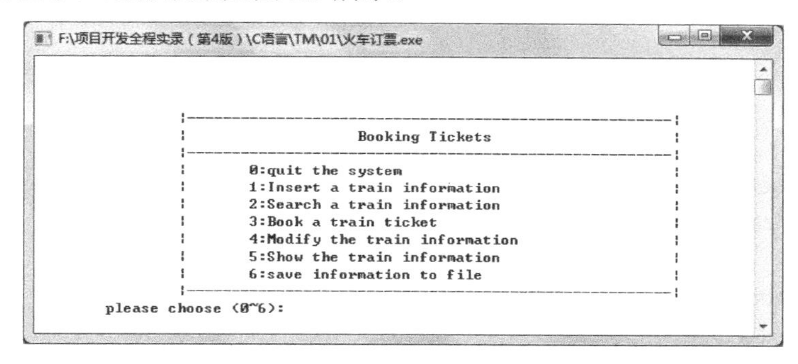

图 1.9　功能选择菜单

main()函数同时完成了选择菜单的选择功能，即输入菜单中的提示数字，完成相应的功能。

1.5.2　技术分析

在火车订票系统的 main()函数中设计比较简单，没有应用复杂的技术。但是在 main()函数中打开文件是为了将火车票信息和订票人信息保存到该文件中，因此需要首先判断文件中是否有内容，在该系统中应用了如下代码解决此问题：

```
fp1=fopen("f:\\train.txt","rb+");              /*打开存储车票信息的文件*/
    if((fp1==NULL))                            /*文件未成功打开*/
    {
        printf("can't open the file!");
        return 0 ;
    }
    while(!feof(fp1))                          /*测试文件流是否到结尾*/
    {
        p=(Node*)malloc(sizeof(Node));         /*为 p 动态开辟内存*/
```

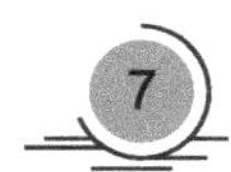

```
        if(fread(p,sizeof(Node),1,fp1)==1)        /*从指定磁盘文件读取记录*/
        {
            p->next=NULL ;
            r->next=p ;                           /*构造链表*/
            r=p ;

        }
    }
    fclose(fp1);                                  /*关闭文件*/
    fp2=fopen("f:\\man.txt","rb+");
    if((fp2==NULL))
    {
        printf("can't open the file!");
        return 0 ;
    }

    while(!feof(fp2))
    {
        t=(book*)malloc(sizeof(book));
        if(fread(t,sizeof(book),1,fp2)==1)
        {
            t->next=NULL ;
            h->next=t ;
            h=t ;

        }
    }
    fclose(fp2);
```

这里应用 fopen()函数以读写的方式打开一个二进制文件，如若能够成功打开文件，则测试文件流是否在结尾，即文件中是否有数据。若文件中没有任何数据，则关闭文件；若文件中有数据，执行循环体中的语句，构造链表，读取该磁盘文件中的数据。上述代码中，打开并测试了两个文件，一个是保存火车票信息的 train.txt 文件，另一个是保存订票人信息的 man.txt 文件。

1.5.3 主函数实现

火车订票系统在 main()函数中主要实现了显示选择菜单的功能和完成对选择菜单功能的调用。实现过程如下。

1．显示选择菜单

火车订票系统的程序运行后，首先进入选择菜单，在这里列出了程序中的所有功能，用户可以根

据需要输入想要执行的功能编号，在提示下完成操作，实现订票。在显示功能选择菜单的 menu()函数中主要使用了 puts()函数在控制台输出文字或特殊字符。当输入相应的编号后，程序会根据该编号调用相应的功能函数，具体的选择菜单列表如表 1.1 所示。

表 1.1　菜单中的数字所表示的功能

编　　号	功　　能
0	退出系统
1	添加火车票信息
2	查询火车票信息
3	订票模块
4	修改火车票信息
5	显示火车票信息
6	保存火车票信息和订票信息到磁盘文件

menu()函数的实现代码如下所示：

```
void menu()
{
    puts("\n\n");
    puts("\t\t|------------------------------------------------------|");          /*输出到终端*/
    puts("\t\t|                        Booking Tickets                |");
    puts("\t\t|------------------------------------------------------|");
    puts("\t\t|          0:quit the system                            |");
    puts("\t\t|          1:Insert a train information                 |");
    puts("\t\t|          2:Search a train information                 |");
    puts("\t\t|          3:Book a train ticket                        |");
    puts("\t\t|          4:Modify the train information               |");
    puts("\t\t|          5:Show the train information                 |");
    puts("\t\t|          6:save information to file                   |");
    puts("\t\t|------------------------------------------------------|");
}
```

2．调用功能函数

火车订票系统的 main()函数主要应用 switch 多分支选择结构来实现对菜单中的功能进行调用，根据输入 switch 括号内的 sel 值的不同，选择相应的 case 语句来执行。实现代码如下：

```
main()
{
    FILE*fp1,*fp2 ;
    Node *p,*r ;
    char ch1,ch2 ;
    Link l ;
```

```
bookLink k ;
book *t,*h ;
int sel ;
l=(Node*)malloc(sizeof(Node));
l->next=NULL ;
r=l ;
k=(book*)malloc(sizeof(book));
k->next=NULL ;
h=k ;
fp1=fopen("f:\\train.txt","ab+");                 /*打开存储车票信息的文件*/
if((fp1==NULL))
{
    printf("can't open the file!");
    return 0 ;
}
while(!feof(fp1))
{
    p=(Node*)malloc(sizeof(Node));
    if(fread(p,sizeof(Node),1,fp1)==1)       /*从指定磁盘文件读取记录*/
    {
        p->next=NULL ;
        r->next=p ;                          /*构造链表*/
        r=p ;
    }
}
fclose(fp1);
fp2=fopen("f:\\man.txt","ab+");
if((fp2==NULL))
{
    printf("can't open the file!");
    return 0 ;
}

while(!feof(fp2))
{
    t=(book*)malloc(sizeof(book));
    if(fread(t,sizeof(book),1,fp2)==1)
    {
        t->next=NULL ;
        h->next=t ;
        h=t ;
    }
```

```
}
fclose(fp2);
while(1)
{
    system("CLS");
    menu();
    printf("\tplease choose (0~6):   ");
    scanf("%d",&sel);
    system("CLS");
    if(sel==0)
    {
     if(saveflag==1)                /*当退出时判断信息是否保存*/
        {
            getchar();
            printf("\nthe file have been changed!do you want to save it(y/n)?\n");
            scanf("%c",&ch1);
            if(ch1=='y'||ch1=='Y')
            {
          SaveBookInfo(k);
                SaveTrainInfo(l);
            }
        }
        printf("\nThank you!!You are welcome too\n");
        break ;

    }
    switch(sel)                    /*根据输入不同的 sel 值来选择相应操作*/
    {
        case 1 :
          Traininfo(l);break ;
        case 2 :
          searchtrain(l);break ;
        case 3 :
          Bookticket(l,k);break ;
        case 4 :
          Modify(l);break ;
        case 5:
          showtrain(l);break;
        case 6 :
          SaveTrainInfo(l);SaveBookInfo(k);break ;
        case 0:
          return 0;
```

```
        }
        printf("\nplease press any key to continue.......");
        getch();
    }
}
```

1.6 添加模块设计

1.6.1 模块概述

添加火车票信息模块用于对火车车次、始发站、终点站、始发时间、到站时间、票价以及所剩票数等信息的输入及保存。运行效果如图 1.3 所示。

1.6.2 技术分析

添加火车票信息模块中为了避免添加的车次重复，采用比较函数判断车次是否已经存在，若不存在，则将插入的信息根据提示输入，插入链表中。由于火车的车次并不像学生的学号有先后顺序，故不需要顺序插入。

strcmp()比较函数的作用是比较字符串 1 和字符串 2，即对两个字符串自左至右逐个字符按照 ASCII 码值大小进行比较，直到出现相同的字符或遇到“\0”为止。

该系统中应用如下代码解决比较问题：

```
/*判断是否已经存在*/
while(s)
{
    if(strcmp(s->data.num,num)==0)                    /*比较字符串*/
    {
        printf("the train '%s'is existing!\n",num);
        return ;
    }
    s = s->next ;                                      /*指针后移*/
}
```

如果插入的 s 所指向的车次与已存在的车次 num 进行比较等于 0，则会弹出提示字符串，提示该车次已存在，否则 s 后移一位。

注意 在查询模块、订票模块和修改模块中均使用了 strcmp()比较函数来对输入的信息进行检索匹配，在这些模块中不再做介绍。

1.6.3　功能实现

在火车订票系统中添加一个火车票信息，首先根据提示输入车次，并判断车次是否存在，当不存在时才继续输入火车票的其他信息，将信息插入链表节点中，并给全局变量 saveflag 赋值为 1，在返回到 main()函数时判断全局变量并提示是否保存已改变的火车票信息。实现代码如下：

```
void Traininfo(Link linkhead)
{
    struct node *p,*r,*s ;
    char num[10];
    r = linkhead ;
    s = linkhead->next ;
    while(r->next!=NULL)
    r=r->next ;
    while(1)                                                    /*进入死循环*/
    {
        printf("please input the number of the train(0-return)");
        scanf("%s",num);
        if(strcmp(num,"0")==0)                                  /*比较字符*/
          break ;
        /*判断是否已经存在*/
        while(s)
        {
            if(strcmp(s->data.num,num)==0)
            {
                printf("the train '%s'is existing!\n",num);
                return ;
            }
            s = s->next ;
        }
        p = (struct node*)malloc(sizeof(struct node));
        strcpy(p->data.num,num);                                /*复制车号*/
      printf("Input the city where the train will start:");
        scanf("%s",p->data.startcity);                          /*输入出发城市*/
        printf("Input the city where the train will reach:");
        scanf("%s",p->data.reachcity);                          /*输入到站城市*/
```

```
        printf("Input the time which the train take off:");
    scanf("%s",p->data.takeofftime);                          /*输入出发时间*/
        printf("Input the time which the train receive:");
    scanf("%s",&p->data.receivetime);                         /*输入到站时间*/
        printf("Input the price of ticket:");
        scanf("%d",&p->data.price);                           /*输入火车票价*/
        printf("Input the number of booked tickets:");
    scanf("%d",&p->data.ticketnum);                           /*输入预订票数*/
        p->next=NULL ;
        r->next=p ;                                           /*插入链表中*/
        r=p ;
      saveflag = 1 ;                                          /*保存标志*/
   }
}
```

1.7　查询模块设计

1.7.1　模块概述

查询模块主要用于根据输入的火车车次或者城市来进行查询，了解火车票的信息。该模块中提供了两种查询方式，一是根据火车车次查询，二是根据城市查询。

根据车次查询的效果如图 1.10 所示。

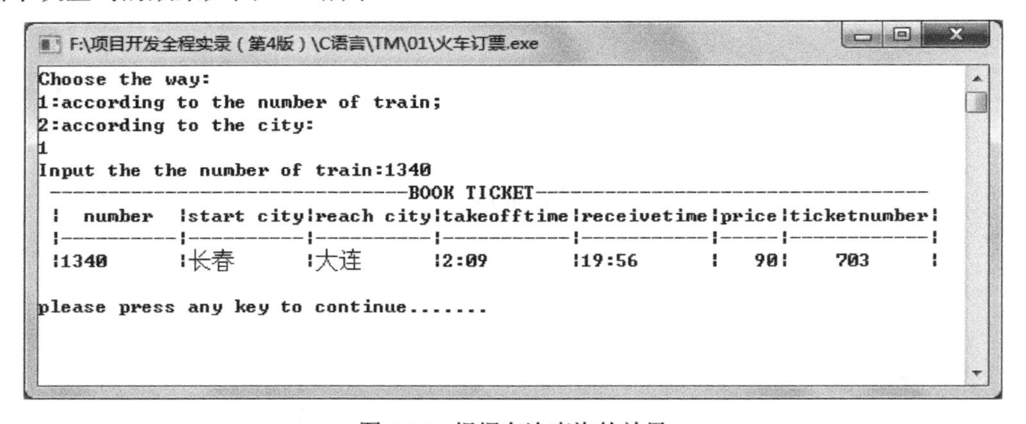

图 1.10　根据车次查询的效果

根据城市查询的运行效果如图 1.11 所示。

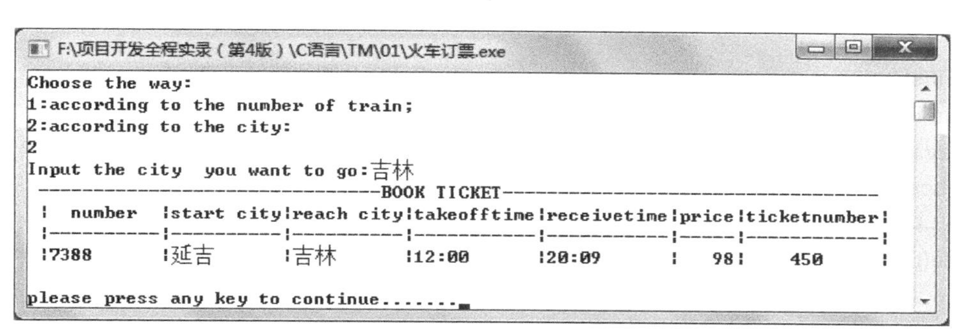

图 1.11　根据城市查询的效果

1.7.2　功能实现

在查询火车票信息的模块中主要根据输入的车次或者城市来进行检索，顺序查找是否存在所输入的信息，如果存在该信息，则以简洁的表格形式输出满足条件的火车票信息。实现代码如下：

```
void searchtrain(Link l)
{
    Node *s[10],*r;
    int sel,k,i=0 ;
    char str1[5],str2[10];
    if(!l->next)
    {
        printf("There is not any record !");
        return ;
    }
    printf("Choose the way:\n1:according to the number of train;\n2:according to the city:\n");
    scanf("%d",&sel);                                   /*输入选择的序号*/
    if(sel==1)                                          /*若输入的序号等于 1，则根据车次查询*/
    {
        printf("Input the the number of train:");
        scanf("%s",str1);                               /*输入火车车次*/
        r=l->next;
     while(r!=NULL)                                     /*遍历指针 r，若为空则跳出循环*/
        if(strcmp(r->data.num,str1)==0)                 /*检索是否有与输入的车次相匹配的火车*/
        {
            s[i]=r;
         i++;
         break;
        }
        else
            r=r->next;                                  /*没有查找到火车车次则指针 r 后移一位*/
```

```
    }
    else if(sel==2)                                   /*选择 2 则根据城市查询*/
    {
        printf("Input the city  you want to go:");
        scanf("%s",str2);                             /*输入查询的城市*/
        r=l->next;
     while(r!=NULL)                                   /*遍历指针 r*/
        if(strcmp(r->data.reachcity,str2)==0)          /*检索是否有与输入的城市相匹配的火车*/
        {
            s[i]=r;
         i++;                                         /*检索到有匹配的火车票信息，执行 i++*/
         r=r->next;
        }
        else
            r=r->next;
    }
         if(i==0)
         printf("can not find!");
     else
     {
         printheader();                               /*输出表头*/
    for(k=0;k<i;k++)
printdata(s[k]);                                      /*输出火车信息*/
     }
}
```

在上面代码中调用了 printheader()函数和 printdata()函数。printheader()函数和 printdata()函数的实现代码如下。

```
/*打印火车票信息*/
void printheader()                                    /*格式化输出表头*/
{
    printf(HEADER1);
    printf(HEADER2);
    printf(HEADER3);
}
void printdata(Node *q)                               /*格式化输出表中数据*/
{
    Node* p;
    p=q;
    printf(FORMAT,DATA);
}
```

1.8　订票模块设计

1.8.1　模块概述

订票模块用于根据用户输入的城市进行查询，在屏幕上显示满足条件的火车票信息，从中选择自己想要预订的车票，并根据提示输入个人信息。订票模块运行效果如图 1.12 所示。

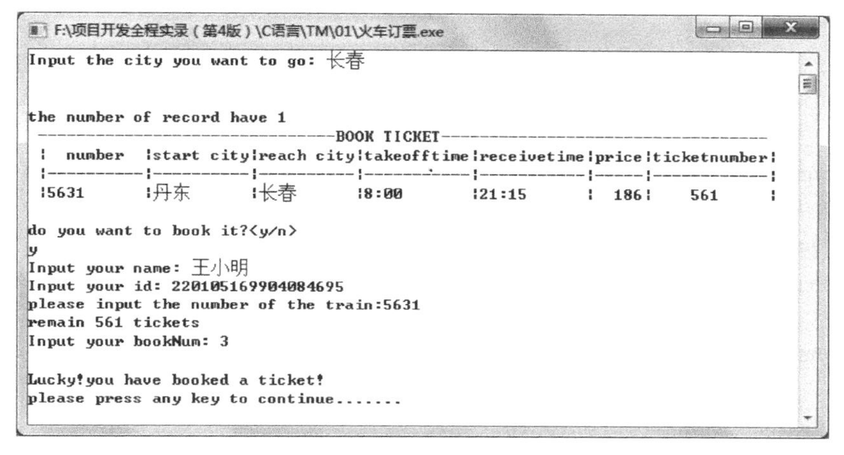

图 1.12　订票模块运行效果

1.8.2　技术分析

在订票模块中没有应用比较复杂的技术，但是在该模块中当订票成功后需要对票数进行计算，因此在该模块中需要对 train 结构体类型中的 ticketnum 成员进行引用，可以用如下代码实现：

```
r[t]->data.ticketnum=r[t]->data.ticketnum-dnum;
```

在模块中定义一个 Node 类型的数组指针*r[10]，指向其成员 data，而成员 data 为 train 结构体类型的变量，因此需要引用成员变量的成员。

1.8.3　功能实现

当在功能选择菜单中输入“3”时，进入订票模块。在订票模块中输入要到达的城市，系统会从记录中比较查找到满足条件的火车票信息输出到屏幕上，判断是否订票，如若订票则会提示输入个人信息，并在订票成功后将可供预订的火车票数相应减少。实现代码如下：

```
void Bookticket(Link l,bookLink k)
{
    Node *r[10],*p ;
    char ch[2],tnum[10],str[10],str1[10],str2[10];
    book *q,*h ;
    int i=0,t=0,flag=0,dnum;
    q=k ;
    while(q->next!=NULL)
    q=q->next ;
    printf("Input the city you want to go: ");
    scanf("%s",&str);                                   /*输入要到达的城市*/
    p=l->next ;                                         /*p 指向传入的参数指针 l 的下一位*/
    while(p!=NULL)                                      /*遍历指针 p*/
    {
        if(strcmp(p->data.reachcity,str)==0)            /*比较输入的城市与输入的火车终点站是否匹配*/
        {
            r[i]=p ;                                    /*将满足条件的记录存到数组 r 中*/
            i++;
        }
        p=p->next ;
    }
    printf("\n\nthe number of record have %d\n",i);
      printheader();                                    /*输出表头*/
    for(t=0;t<i;t++)
         printdata(r[t]);                               /*循环输出数组中的火车信息*/
    if(i==0)
    printf("\nSorry!Can't find the train for you!\n");
    else
    {
        printf("\ndo you want to book it?<y/n>\n");
        scanf("%s",ch);
     if(strcmp(ch,"Y")==0||strcmp(ch,"y")==0)           /*判断是否订票*/
        {
         h=(book*)malloc(sizeof(book));
            printf("Input your name: ");
            scanf("%s",&str1);                          /*输入订票人的姓名*/
            strcpy(h->data.name,str1);                  /*与存储的信息进行比较，看是否有重复的*/
            printf("Input your id: ");
            scanf("%s",&str2);                          /*输入身份证号*/
            strcpy(h->data.num,str2);                   /*与存储信息进行比较*/
         printf("please input the number of the train:");
         scanf("%s",tnum);                              /*输入要预订的车次*/
```

```
            for(t=0;t<i;t++)
            if(strcmp(r[t]->data.num,tnum)==0)               /*比较车次，看是否存在该车次*/
            {
                if(r[t]->data.ticketnum<1)                   /*判断剩余的可供预订的票数是否为 0*/
                {
                        printf("sorry,no ticket!");
                        sleep(2);
                        return;
                }
              printf("remain %d tickets\n",r[t]->data.ticketnum);
                      flag=1;
                break;
            }
            if(flag==0)
            {
                  printf("input error");
                  sleep(2);
                          return;
            }
            printf("Input your bookNum: ");
                scanf("%d",&dnum);                             /*输入要预订的票数*/
                r[t]->data.ticketnum=r[t]->data.ticketnum-dnum;  /*订票成功则可供预订的票数相应减少*/
            h->data.bookNum=dnum ;                             /*将订票数赋给订票人信息*/
                h->next=NULL ;
            q->next=h ;
            q=h ;
                printf("\nLucky!you have booked a ticket!");
                getch();
                saveflag=1 ;
          }
      }
}
```

1.9　修改模块设计

1.9.1　模块概述

修改火车信息模块用于对已添加的火车车次、始发站、票价等信息进行修改。修改火车信息模块的运行效果如图 1.13 所示。

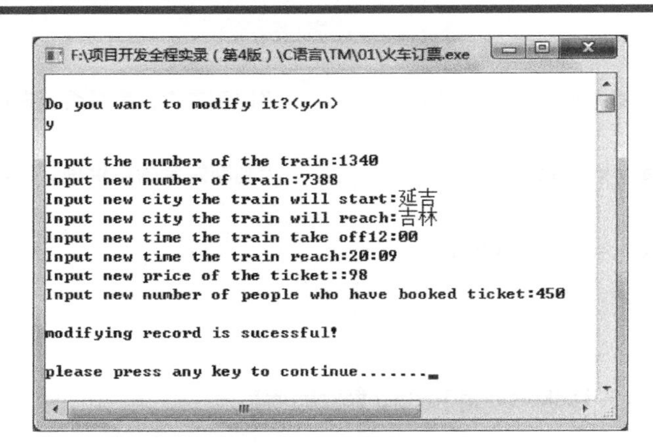

图 1.13　修改模块的运行效果

1.9.2　功能实现

修改火车信息模块中应用了 strcmp()比较函数对输入的车次与存在的车次进行匹配，若查找到相同的车次，则根据提示依次对火车信息进行修改，并将全局变量 saveflag 赋值为 1，即在返回主函数时判断是否对修改的信息进行保存。修改模块的实现代码如下：

```
void Modify(Link l)
{
    Node *p ;
    char tnum[10],ch ;
    p=l->next;
    if(!p)
    {
        printf("\nthere isn't record for you to modify!\n");
        return ;
    }
    else
    {
        printf("\nDo you want to modify it?(y/n)\n");
            getchar();
            scanf("%c",&ch);                          /*输入是否想要修改的字符*/
            if(ch=='y'||ch=='Y')                      /*判断字符*/
            {
                printf("\nInput the number of the train:");
        scanf("%s",tnum);                             /*输入需要修改的车次*/
    while(p!=NULL)
    if(strcmp(p->data.num,tnum)==0)                   /*查找与输入的车次相匹配的记录*/
        break;
        else
```

```
			p=p->next;
				if(p)                                                   /*遍历 p，如果 p 不指向空则执行 if 语句*/
				{
					printf("Input new number of train:");
					scanf("%s",&p->data.num);                         /*输入新车次*/
					printf("Input new city the train will start:");
					scanf("%s",&p->data.startcity);                   /*输入新始发站*/
					printf("Input new city the train will reach:");
					scanf("%s",&p->data.reachcity);                   /*输入新终点站*/
					printf("Input new time the train take off");
					scanf("%s",&p->data.takeofftime);                 /*输入新出发时间*/
					printf("Input new time the train reach:");
					scanf("%s",&p->data.receivetime);                 /*输入新到站时间*/
					printf("Input new price of the ticket::");
					scanf("%d",&p->data.price);                       /*输入新票价*/
					printf("Input new number of people who have booked ticket:");
					scanf("%d",&p->data.ticketnum);                   /*输入新票数*/
					printf("\nmodifying record is sucessful!\n");
					saveflag=1 ;                                      /*保存标志*/
				}
				else
				printf("\tcan't find the record!");
			}
		}
}
```

1.10　显示模块设计

1.10.1　模块概述

显示火车票信息的模块主要用于对输入的火车票信息和经过修改添加的火车票信息进行整理输出，方便用户查看。显示模块的运行效果如图 1.14 所示。

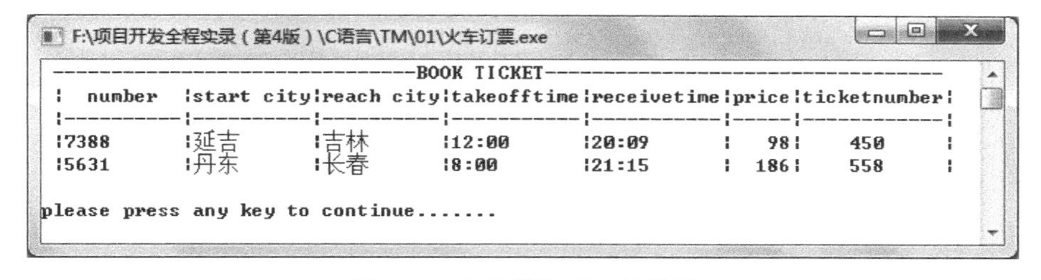

图 1.14　显示模块的运行效果

1.10.2 功能实现

显示火车票信息的模块的实现过程如下：

（1）调用 printheader()函数实现在屏幕上输出表头格式。

（2）对链表节点进行判断，若链表节点指向空，则说明没有火车票信息记录，否则遍历 p 指针，调用 printdata()函数，输出显示表中火车票的数据，如火车车次、始发站、终点站等。

显示模块的实现代码如下：

```
void showtrain(Link l)                  /*自定义函数显示列车信息*/
{
    N ode *p;
    p=l->next;
    printheader();                      /*输出列车表头*/
    if(l->next==NULL)                   /*判断有无可显示的信息*/
    printf("no records!");
    else
      while(p!=NULL)                    /*遍历 p*/
    {
        printdata(p);                   /*输出所有火车数据*/
        p=p->next;                      /*p 指针后移一位*/
    }
}
```

1.11 保存模块设计

1.11.1 模块概述

火车订票系统中需要保存的信息有两部分，一部分是输入的火车票信息，另一部分是订票人的信息。保存模块主要用于将信息保存到指定的磁盘文件中。保存模块运行效果如图 1.15 所示。

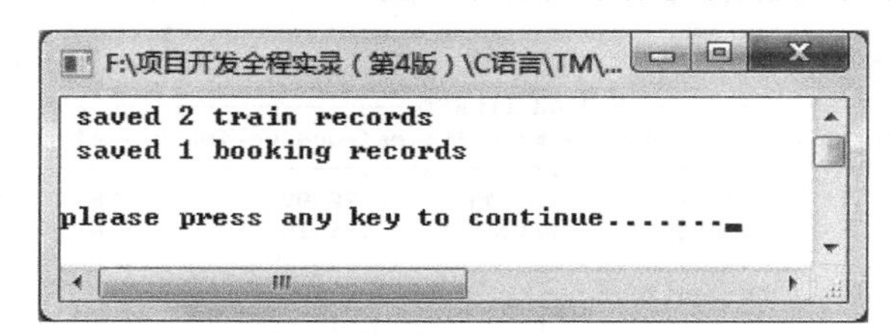

图 1.15 保存模块运行效果

1.11.2　功能实现

保存模块主要应用文件处理将火车票信息和订票人信息保存到指定的磁盘文件中，首先要将磁盘文件以二进制写的方式打开，因为在输出数据块的操作中使用的是 fwrite()函数向磁盘文件输入数据，如果文件以二进制形式打开，fwrite()函数就可以读写任何类型的信息。在判断文件是否正确写入后将指针后移。保存模块的实现代码如下：

```
/*保存火车信息*/
void SaveTrainInfo(Link l)
{
    FILE*fp ;
    Node*p ;
    int count=0,flag=1 ;
    fp=fopen("f:\\train.txt","wb");                /*打开只写的二进制文件*/
    if(fp==NULL)
    {
        printf("the file can't be opened!");
        return ;
    }
    p=l->next ;
    while(p)                                        /*遍历 p 指针*/
    {
        if(fwrite(p,sizeof(Node),1,fp)==1)          /*向磁盘文件写入数据块*/
        {
            p=p->next ;                             /*指针指向下一位*/
            count++;
        }
        else
        {
            flag=0 ;
            break ;
        }
    }
    if(flag)
    {
        printf(" saved %d train records\n",count);
        saveflag=0 ;                                /*保存结束，保存标志清零*/
    }
    fclose(fp);                                     /*关闭文件*/
}
/*保存订票人的信息*/
```

```
void SaveBookInfo(bookLink k)
{
      FILE*fp ;
      book *p ;
      int count=0,flag=1 ;
      fp=fopen("f:\\man.txt","wb");
      if(fp==NULL)
      {
            printf("the file can't be opened!");
            return ;
      }
      p=k->next ;
      while(p)
      {
       if(fwrite(p,sizeof(book),1,fp)==1)
            {
                  p=p->next ;
                  count++;
            }
            else
            {
                  flag=0 ;
                  break ;
            }
      }
      if(flag)
      {
            printf(" saved %d booking records\n",count);
            saveflag=0 ;
      }
      fclose(fp);
}
```

1.12 开发总结

在开发火车订票系统时，根据该系统的需求分析，开发人员对系统功能进行了分析，明确了在该系统中最为关键的是对指针链表的灵活应用。因此在项目程序中，采用了对链表节点的插入、链表节点的删除和链表节点中信息的修改等难点技术，使程序更加容易理解。

第 2 章

通讯录管理系统

（DEV C++实现）

随着计算机技术的发展，信息的管理日益趋向于电子化管理。本章以通讯录管理系统为例，介绍如何利用 C 语言开发通讯录管理系统，并详细阐述其设计流程和实施过程。本章非常适合初学者培养自己的开发思维和技能，通过本章的学习，读者能够学到：

- 项目设计思路
- 首页页面设计
- 如何读取文件中的信息
- 如何保存文件信息

2.1 开发背景

目前，各类存储和通讯电子产品都带有通讯录功能，使用户逐渐告别了纸质小本记录朋友、客户等通信信息的时代。本系统就是一个使用C语言开发的通讯录管理系统。

2.2 系统分析

通过对使用人群的调查得知，一款合格的通讯录管理系统必须具备以下特点：

☑ 能够对通讯录信息进行集中管理。

☑ 能够大大提高用户的工作效率。

☑ 能够对通信信息实现增、删、改功能。

通讯录管理系统最重要的功能包括：录入通讯录信息；实现删除功能，即输入姓名删除对应的记录；实现显示功能，即显示通讯录中所有的信息；实现查找功能，即输入姓名显示对应信息；实现保存功能，即将输入的通讯录信息保存到指定的磁盘文件中；实现加载功能，即加载磁盘文件中保存的内容；退出通讯录管理系统。

2.3 系统设计

2.3.1 功能阐述

通讯录管理系统主要是实现对联系人信息的增、删、查以及显示的基本操作。用户可以根据自己的需要在功能菜单中选择相应的操作，实现对联系人的快速管理。

2.3.2 功能结构

通讯录管理系统功能结构如图2.1所示。

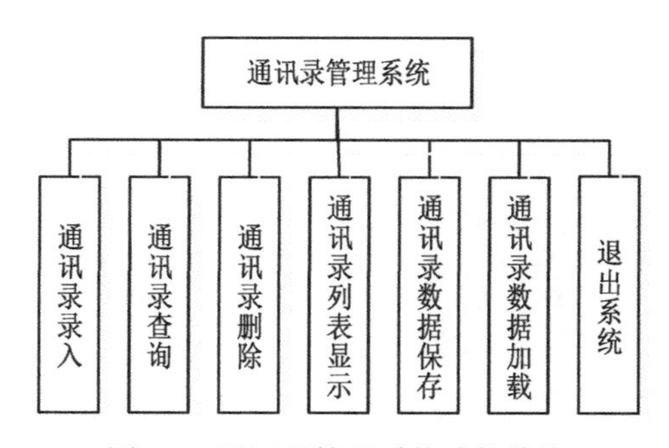

图2.1 通讯录管理系统功能结构

2.3.3 系统预览

通讯录管理系统由多个页面组成，下面列出几个典型页面，其他页面请参见资源包中的源程序。

通讯录管理系统的主页面如图2.2所示。

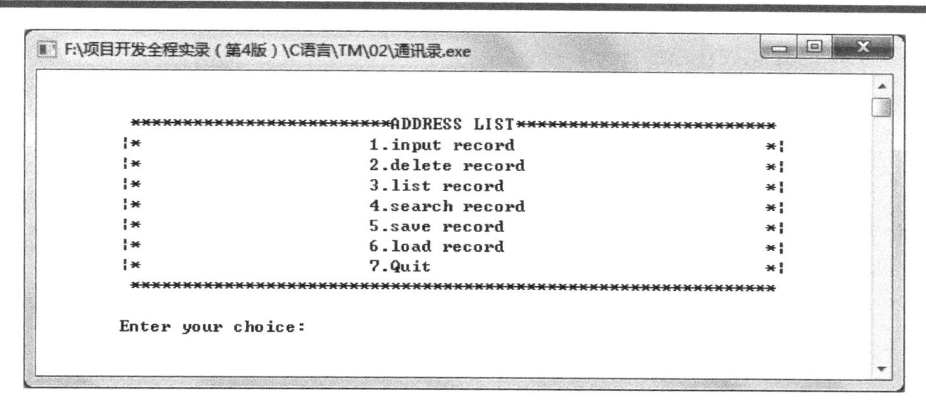

图 2.2　通讯录管理系统主页面

通讯录信息添加的页面如图 2.3 所示。

```
F:\项目开发全程实录（第4版）\C语言\TM\02\通讯录.exe

 *************************ADDRESS LIST*************************
 |*                       1.input record                      *|
 |*                       2.delete record                     *|
 |*                       3.list record                       *|
 |*                       4.search record                     *|
 |*                       5.save record                       *|
 |*                       6.load record                       *|
 |*                       7.Quit                              *|
 **************************************************************

      Enter your choice:1
enter name:mrs
enter city:changchun
enter province:jilin
enter status:china
enter telephone:135****9966
```

图 2.3　通讯录信息添加页面

通讯录信息查询的显示页面如图 2.4 所示。

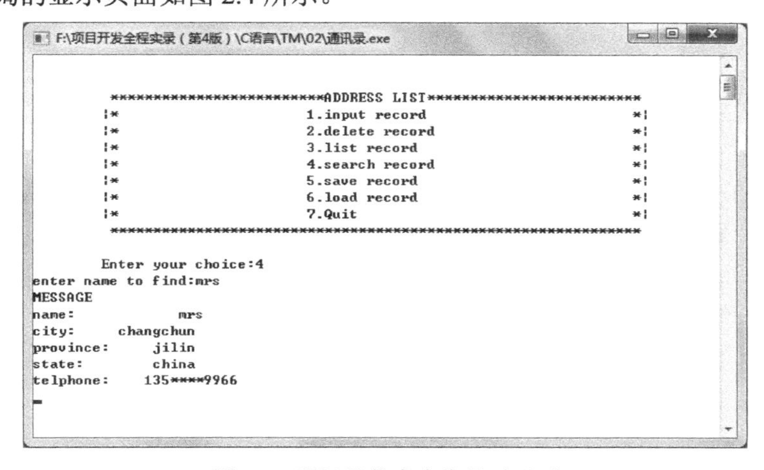

图 2.4　通讯录信息查询显示页面

通讯录信息显示的页面如图 2.5 所示。

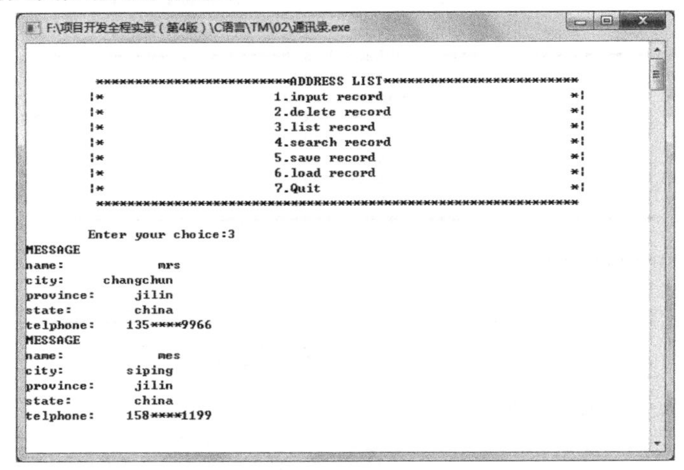

图 2.5　通讯录信息显示页面

2.4　文件引用

在通讯录管理系统中需要应用一些头文件，这些头文件可以帮助程序更好地运行。头文件的引用是通过#include 命令来实现的，下面即为本程序中所引用的头文件：

```
#include<stdio.h>                    /*输入输出函数*/
#include<stdlib.h>                   /*常用子程序*/
#include<dos.h>                      /*MSDOS 和 8086 调用的一些常量和函数*/
#include<conio.h>                    /*定义通过控制台进行数据输入和数据输出的函数*/
#include<string.h>                   /*串操作和内存操作函数*/
```

2.5　声明结构体

在本系统中定义了一个结构体 Info，用来表示通讯录信息，其中包括联系人姓名、联系人所在城市、联系人所属省份、联系人国籍以及联系人电话，并定义名称为 Node 和 link 的结构体变量和指针变量。程序代码如下：

```
typedef struct Info
{
    char name[15];                   /*姓名*/
    char city[10];                   /*城市*/
    char province[10];               /*省*/
```

```
    char state[10];                    /*国家*/
    char tel[15];                      /*电话*/
};
typedef struct node                    /*定义通讯录链表的节点结构*/
{
    struct Info data;
    struct node *next;
} Node,   *link;
```

2.6　函数声明

视频讲解

在本程序中使用了几个自定义的函数，这些函数的功能及声明形式如下：

```
void stringinput();                    /*自定义字符串检测函数*/
void enter();                          /*通讯录录入函数*/
void del();                            /*通讯录信息删除函数*/
void search();                         /*查询函数*/
void list();                           /*通讯录列表函数*/
void save();                           /*数据保存函数*/
void local();                          /*数据读取函数*/
void menu_select();                    /*功能列表函数*/
```

2.7　功能菜单设计

视频讲解

2.7.1　功能概述

功能选择界面将本系统中的所有功能显示出来，每个功能前有对应数字，输入对应数字，选择相应的功能。程序运行结果如图 2.6 所示。

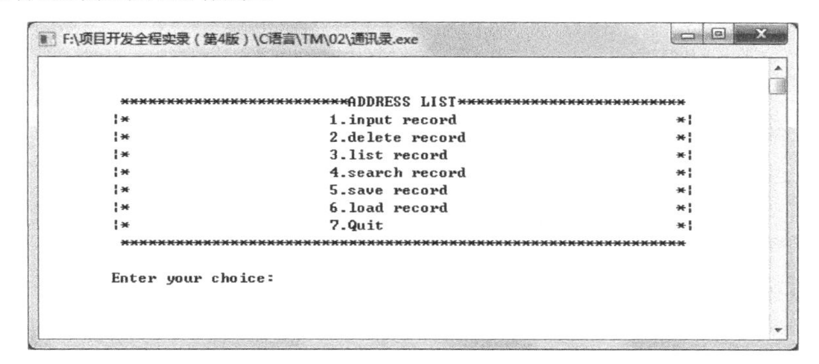

图 2.6　功能选择界面

2.7.2 功能菜单实现

main()函数是所有程序的入口。本程序中 main()函数实现的功能是：调用 menu_select()函数显示主菜单功能，然后等待用户输入所选功能的编号，继而调用相应的功能，最后再次调用 menu()函数，显示主菜单功能。程序代码如下：

```
main()
{
    link l;
    l=(Node*)malloc(sizeof(Node));
    if(!l)
    {
        printf("\n allocate memory failure ");              /*如没有申请到，输出提示信息*/
        return ;                                             /*返回主界面*/
    }
    l->next=NULL;
    system("cls");
    while(1)
    {
        system("cls");
        switch(menu_select())
        {
            case 1:
                enter(l);                                    /*数据录入函数*/
                break;
            case 2:
                del(l);                                      /*删除函数*/
                break;
            case 3:
                list(l);                                     /*通讯录函数*/
                break;
            case 4:
                search(l);                                   /*查询函数*/
                break;
            case 5:
                save(l);                                     /*保存函数*/
                break;
            case 6:
                load(l);                                     /*读取数据*/
                break;
            case 7:
                exit(0);
```

```
        }
    }
}
```

说明 在 main()函数中分别调用了 enter()、search()、del()、list()、save()、load()、exit()等函数，这些函数实现的功能将在下面的内容中进行详细介绍。

2.7.3 自定义菜单功能函数

menu_select()函数将程序中的基本功能列了出来。当输入相应数字后，程序会根据该数字调用不同的函数，具体数字表示的功能如表 2.1 所示。

表 2.1 功能菜单中的数字所表示的功能

编 号	功 能	编 号	功 能
1	数据录入	5	保存数据
2	数据删除	6	读取文件数据
3	通讯录列表	7	退出系统
4	通讯录查询		

程序代码如下：

```
menu_select()
{
    int i;
    printf("\n\n\t *************************ADDRESS LIST*************************\n");
    printf("\t|*            1.input record                 *|\n");
    printf("\t|*            2.delete record                *|\n");
    printf("\t|*            3.list record                  *|\n");
    printf("\t|*            4.search record                *|\n");
    printf("\t|*            5.save record                  *|\n");
    printf("\t|*            6.load record                  *|\n");
    printf("\t|*            7.Quit                                *|\n");
    printf("\t ***************************************************************\n");
    do
    {
        printf("\n\tEnter your choice:");
        scanf("%d",&i);
    }while(i<0||i>7);
    return i;
}
```

视频讲解

2.8 通讯录录入设计

2.8.1 功能概述

在主功能菜单的界面中输入“1”，即可进入通讯录录入状态，如果没有数据会显示相应的信息，并询问用户是否输入，如图 2.7 所示。

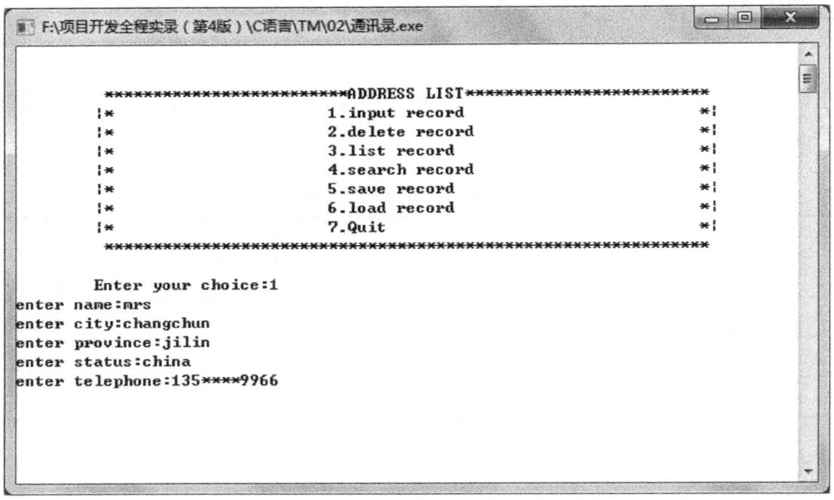

```
F:\项目开发全程实录（第4版）\C语言\TM\02\通讯录.exe

        *************************ADDRESS LIST*************************
        |*                      1.input record                        *|
        |*                      2.delete record                       *|
        |*                      3.list record                         *|
        |*                      4.search record                       *|
        |*                      5.save record                         *|
        |*                      6.load record                         *|
        |*                      7.Quit                                *|
        ***************************************************************

        Enter your choice:1
enter name:mrs
enter city:changchun
enter province:jilin
enter status:china
enter telephone:135****9966
```

图 2.7　通讯录录入界面

如果用户需要大量录入信息，可以一直按 Enter 键进行录入，如图 2.8 所示。

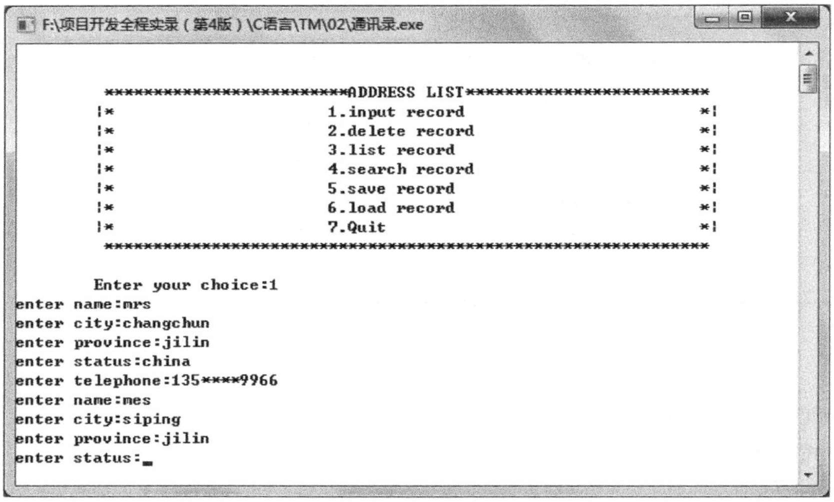

```
F:\项目开发全程实录（第4版）\C语言\TM\02\通讯录.exe

        *************************ADDRESS LIST*************************
        |*                      1.input record                        *|
        |*                      2.delete record                       *|
        |*                      3.list record                         *|
        |*                      4.search record                       *|
        |*                      5.save record                         *|
        |*                      6.load record                         *|
        |*                      7.Quit                                *|
        ***************************************************************

        Enter your choice:1
enter name:mrs
enter city:changchun
enter province:jilin
enter status:china
enter telephone:135****9966
enter name:mes
enter city:siping
enter province:jilin
enter status:_
```

图 2.8　批量的数据录入

2.8.2　通讯录录入实现

在功能菜单中选择通讯录信息录入操作后，系统进入通讯录录入界面。具体实现代码如下：

```
void enter(link l)                                              /*输入记录*/
{
    Node *p,*q;
    q=l;
    while(1)
    {
        p=(Node*)malloc(sizeof(Node));                          /*申请节点空间*/
        if(!p)                                                  /*未申请成功，输出提示信息*/
        {
            printf("memory malloc fail\n");
            return;
        }
        stringinput(p->data.name,15,"enter name:");             /*输入姓名*/
        if(strcmp(p->data.name,"0")==0)                         /*检测输入的姓名是否为 0*/
            break;
        stringinput(p->data.city,10,"enter city:");             /*输入城市*/
        stringinput(p->data.province,10,"enter province:");     /*输入省*/
        stringinput(p->data.state,10,"enter status:");          /*输入国家*/
        stringinput(p->data.tel,15,"enter telephone:");         /*输入电话号码*/
            p->next=NULL;
            q->next=p;
            q=p;
    }
}
```

上面代码中使用了一个自定义的 stringinput()函数，作用是检测输入的字符串是否符合要求，将符合要求的字符串复制到指定位置。程序代码如下：

```
void stringinput(char *t, int lens, char *notice)
{
    char n[50];
    do
    {
        printf(notice);                                         /*显示提示信息*/
        scanf("%s", n);                                         /*输入字符串*/
        if (strlen(n) > lens)
            printf("\n exceed the required length! \n");        /*超过 lens 值重新输入*/
    }
```

```
    while (strlen(n) > lens);
    strcpy(t, n);                                    /*将输入的字符串复制到字符串 t 中*/
}
```

2.9 通讯录查询设计

2.9.1 功能概述

通讯录查询只需要输入联系人的姓名，便可进行查询。在主功能菜单中输入“4”，即可进入查找记录功能菜单中，在这里用户可以通过输入联系人的姓名查询联系人。程序会提示用户输入要查询的联系人姓名，如图 2.9 所示。

```
F:\项目开发全程实录（第4版）\C语言\TM\02\通讯录.exe

        **************************ADDRESS LIST**************************
        |*                      1.input record                        *|
        |*                      2.delete record                       *|
        |*                      3.list record                         *|
        |*                      4.search record                       *|
        |*                      5.save record                         *|
        |*                      6.load record                         *|
        |*                      7.Quit                                *|
        ****************************************************************

        Enter your choice:4
enter name to find:
```

图 2.9　进入查找记录功能

如果存在该联系人，即可显示出记录信息，如图 2.10 所示。

```
F:\项目开发全程实录（第4版）\C语言\TM\02\通讯录.exe

        **************************ADDRESS LIST**************************
        |*                      1.input record                        *|
        |*                      2.delete record                       *|
        |*                      3.list record                         *|
        |*                      4.search record                       *|
        |*                      5.save record                         *|
        |*                      6.load record                         *|
        |*                      7.Quit                                *|
        ****************************************************************

        Enter your choice:4
enter name to find:mrs
MESSAGE
name:           mrs
city:       changchun
province:      jilin
state:          china
telphone:     135****9966
```

图 2.10　显示查询结果

2.9.2　通讯录查询实现

对于信息管理类的系统，查询模块是一个必不可少的功能，而且本系统是一个通讯录，那么查询更是最常用的功能。本系统也不例外地实现了这一功能。具体实现代码如下：

```
void search(link l)
{
    char name[20];
    Node *p;
    p=l->next;
    printf("enter name to find:");
    scanf("%s",name);                          /*输入要查找的名字*/
    while(p)
        {if(strcmp(p->data.name,name)==0)      /*查找与输入的名字相匹配的记录*/
            {
                display(p);                    /*调用函数显示信息*/
                getch();
                break;
            }
        else
                p=p->next;
        }
}
```

2.10　通讯录删除设计

2.10.1　功能概述

删除通讯录功能的实现方法是：在主功能菜单中选择编号“2”，用于实现删除记录的功能，程序提示用户输入要删除的联系人的姓名，如图 2.11 所示。

输入要删除的联系人的姓名后按 Enter 键，如果查询到该联系人信息，则按 Enter 键删除。

```
F:\项目开发全程实录（第4版）\C语言\TM\02\通讯录.exe

    ************************ADDRESS LIST************************
    |*                  1.input record                        *|
    |*                  2.delete record                       *|
    |*                  3.list record                         *|
    |*                  4.search record                       *|
    |*                  5.save record                         *|
    |*                  6.load record                         *|
    |*                  7.Quit                                *|
    ************************************************************

    Enter your choice:2
enter name:
```

图 2.11　输入要删除的联系人姓名

2.10.2 通讯录删除技术分析

删除功能实现时应注意的一个问题，即如何对指定的节点进行删除，这里使用两个指向节点的指针p和q，q指针始终指向p指针所指节点的前一个节点，检测输入的名字是否与p节点所指向的节点中的名字相匹配，如果不匹配，则：

```
q=p;
p=q->next;
```

若匹配，则：

```
q->next = p->next;
free(p);
```

2.10.3 通讯录删除实现

在系统的功能菜单中选择删除通讯录操作选项后，系统会提示输入用户需要删除联系人的姓名，如果系统在数据文件中发现联系人信息，按Enter键即可删除。具体实现代码如下：

```
void del(link l)
{
    Node *p,*q;
    char s[20];
    q=l;
    p=q->next;
    printf("enter name:");
    scanf("%s",s);                          /*输入要删除的姓名*/
    while(p)
    {
        if(strcmp(s,p->data.name)==0)       /*查找记录中与输入名字匹配的记录*/
        {
            q->next=p->next;                /*删除 p 节点*/
            free(p);                        /*将 p 节点空间释放*/
            printf("delete successfully!");
            break;
        }
        else
        {
            q=p;
```

```
                p=q->next;
            }
        }
        getch();
}
```

2.11　通讯录显示设计

2.11.1　功能概述

要想实现对通讯录中的内容进行显示的功能，需要在主功能菜单界面选择编号“3”来实现，进入通讯录信息显示模块以后，即可实现通讯录内容的显示，如图 2.12 所示。

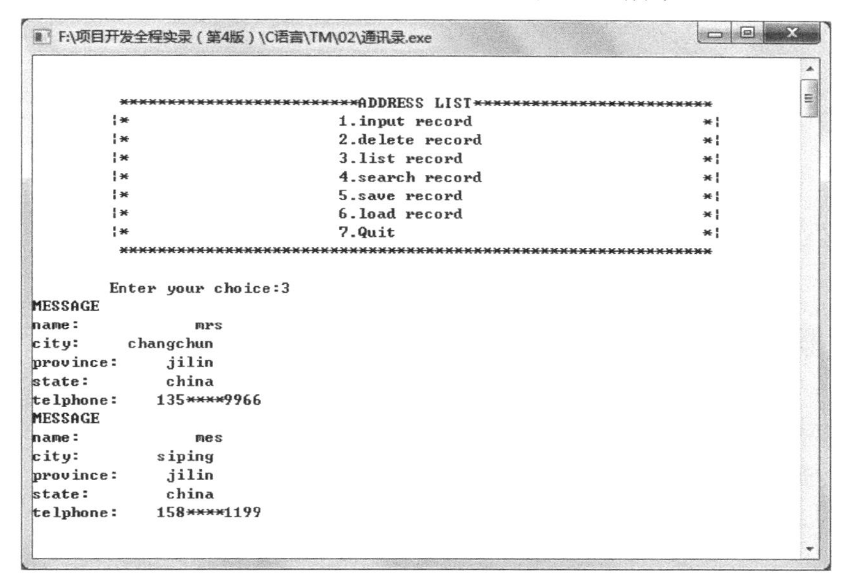

图 2.12　进入通讯录显示模块

2.11.2　通讯录显示实现

在系统的功能菜单中选择显示通讯录信息选项后，系统会调用 list()函数。具体实现代码如下：

```
void list(link l)
{
        Node *p;
        p=l->next;
```

```
    while(p!=NULL)          /*从首节点一直遍历到链表最后*/
    {
        display(p);         /*单条信息显示*/
        p=p->next;
    }
    getch();
}
```

在 list()函数中还调用了 display()单条信息显示函数，具体实现代码如下：

```
void display(Node *p)
{
    printf("MESSAGE \n");
    printf("name:%15s\n",p->data.name);
    printf("city:      %10s\n",p->data.city);
    printf("province:%10s\n",p->data.province);
    printf("state:     %10s\n",p->data.state);
    printf("telphone:%15s\n",p->data.tel);
}
```

2.12　通讯录数据保存设计

2.12.1　功能概述

在主功能菜单中选择编号“5”，即可进入数据保存模块中，按 Enter 键，系统会将数据写入数据存储文件中。程序会提示 Saving file，如图 2.13 所示。

```
F:\项目开发全程实录（第4版）\C语言\TM\02\通讯录.exe

 **************************ADDRESS LIST**************************
|*                        1.input record                         *|
|*                        2.delete record                        *|
|*                        3.list record                          *|
|*                        4.search record                        *|
|*                        5.save record                          *|
|*                        6.load record                          *|
|*                        7.Quit                                 *|
 ****************************************************************

        Enter your choice:5

Saving file
```

图 2.13　数据保存到文件

2.12.2　通讯录数据保存实现

实现对数据保存操作，即将数据写入数据文件中，具体实现代码如下：

```
void save(link l)
{
	Node *p;
	FILE *fp;
	p=l->next;
	if((fp=fopen("f:\\adresslist","wb"))==NULL)
	{
		printf("can not open file\n");
		exit(1);
	}
	printf("\nSaving file\n");
	while(p)                                    /*将节点内容逐个写入磁盘文件中*/
	{
		fwrite(p,sizeof(Node),1,fp);
		p=p->next;
	}
	fclose(fp);
	getch();
}
```

2.13　数据加载设计

2.13.1　功能概述

将磁盘文件的数据文件内容读取加载到通讯录链表中。在主功能菜单中选择编号“6”，即可进入数据加载模块，如图 2.14 所示。

```
F:\项目开发全程实录（第4版）\C语言\TM\02\通讯录.exe

  *************************ADDRESS LIST*************************
  |*                    1.input record                         *|
  |*                    2.delete record                        *|
  |*                    3.list record                          *|
  |*                    4.search record                        *|
  |*                    5.save record                          *|
  |*                    6.load record                          *|
  |*                    7.Quit                                 *|
  **************************************************************

        Enter your choice:6

Loading file
```

图 2.14　数据加载

2.13.2 数据加载实现

将磁盘文件中的内容读入通讯录链表中，程序代码如下：

```
void load(link l)
{
	Node *p,*r;
	FILE *fp;
	l->next=NULL;
	r=l;
	if((fp=fopen("f:\\adresslist","rb"))==NULL)
	{
		printf("can not open file\n");                    /*文件打开失败*/
		exit(1);
	};
	printf("\nLoading file\n");
	while(!feof(fp))
	{
		p=(Node*)malloc(sizeof(Node));                    /*申请节点空间*/
		if(!p)
		{
			printf("memory malloc fail!");
			return;
		}
		if(fread(p,sizeof(Node),1,fp)!=1 )                /*读记录到节点 p 中*/
			break;
		else
		{
			p->next=NULL;
			r->next=p;                                    /*插入链表中*/
			r=p;
			}
	}
	fclose(fp);
	getch();
}
```

2.14 开发总结

本章通过对通讯录系统的开发，介绍了开发一个 C 语言系统的流程和一些技巧。本系统并没有太多难点，系统中介绍的几个功能都是通过对文件进行基本的操作就可以实现，对本系统的学习可使读者明白一个通讯录的基本开发过程，为今后开发其他程序奠定一个基础。读者可以在本系统的基础上实现更多自己喜欢和需要的功能，以提高自己的编程能力。

第 3 章

学生个人消费管理系统

（DEV C++实现）

学生个人消费管理系统是一个智能化管理软件，可以体现现代学生的个人消费情况，智能化地创建和加载学生消费信息，同时显示和保存学生的消费情况，使学生实时地了解自己的消费情况。实现个人消费智能化管理是现代社会中小学生乃至大学生宏观调控自己钱包的必要条件。通过本章的学习，读者能够学到：

- **如何应用 switch 语句进行选择**
- **如何创建结构体类型**
- **如何建立动态链表**
- **如何向文件中读写链表数据**

3.1 开发背景

随着经济的发展，人们的生活水平也在提高。现在的一些学生在学校没有树立好正确的消费观，盲目消费，有钱的时候无后顾之忧地花，没钱了就向家里要。学生是祖国的未来，没有良好的消费观，将会影响未来的发展。学生个人消费管理系统可以帮助学生正确理财，逐渐养成良好的消费购物观。

3.2 需求分析

本项目的具体任务是制作一个学生个人消费管理系统，能够对学生的学号、姓名和消费信息进行记录处理，以方便查看，且学生的学号是代表该学生的唯一性标志。

在该系统中主要需要满足以下功能：

☑ 能够从磁盘文件输入数据。
☑ 能够对信息进行检索。
☑ 具有删除信息的功能。
☑ 可以保存信息到磁盘文件中。

3.3 系统设计

3.3.1 系统目标

根据需求分析和用户的实际情况，设定系统目标如下：

☑ 提供动态创建学生消费信息功能。
☑ 提供从磁盘文件录入学生信息功能。
☑ 提供对学生信息的添加、删除功能。
☑ 提供保存录入信息到磁盘文件的功能。
☑ 提供显示学生消费信息的功能。
☑ 提供根据学生消费信息的变动，随时统计学生人数的功能。

3.3.2 系统功能结构

根据上述系统的分析，可以将学生个人消费管理系统分为六大功能模块，主要包括录入学生消费信息模块、查询学生消费信息模块、删除学生消费信息模块、添加学生消费信息模块、显示学生消费信息模块和保存学生消费信息模块。学生个人消费管理系统的主要功能结构如图 3.1 所示。

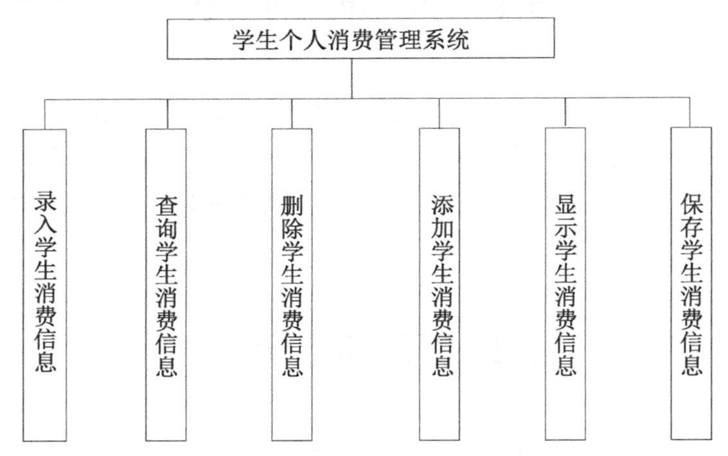

图 3.1　学生个人消费管理系统的主要功能结构

3.3.3　系统预览

学生个人消费管理系统由多个模块组成，下面列出几个典型模块的界面，帮助读者更好地理解该系统，其他界面请参见资源包中源程序的运行结果。

学生个人消费管理系统主页面由菜单显示部分和输入选择功能部分组成，其运行效果如图 3.2 所示。在主界面上输入数字 0～7，可以实现相应的功能。

在主界面中输入“1”，进入创建界面，开始创建学生个人消费信息。学生个人消费信息创建界面运行效果如图 3.3 所示。

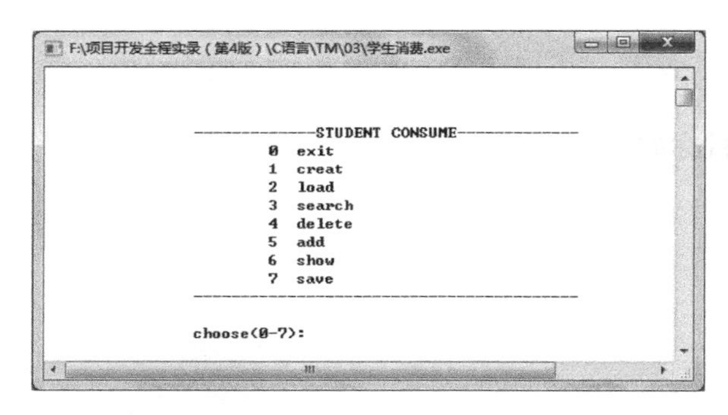

图 3.2　学生个人消费管理系统主界面

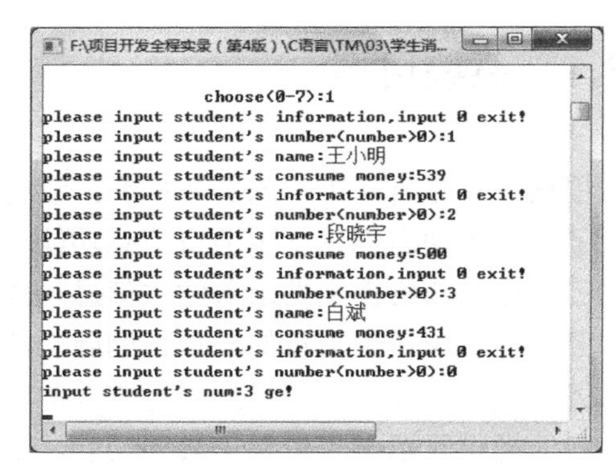

图 3.3　学生个人消费信息创建界面

学生个人消费信息加载文件界面运行效果如图 3.4 所示。在主界面中输入“2”，开始加载学生消费信息文件，根据提示输入存有学生信息的文件路径和名称，即可弹出文件中的信息。

在 f:\cff.txt 记事本中存有学生个人消费信息，如图 3.5 所示。

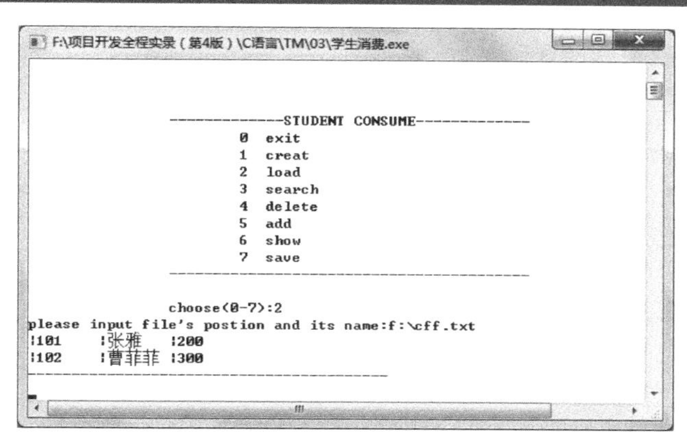

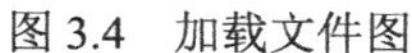
图 3.4　加载文件图

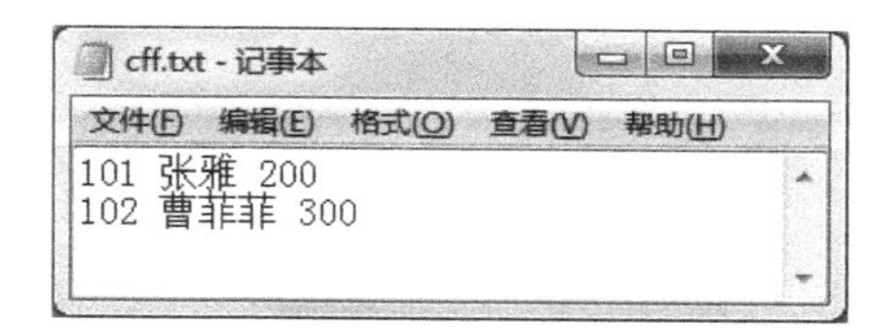

图 3.5　记事本

录入完学生消费信息后，输入“3”，可以查询学生消费信息，根据提示输入查询的学生学号，即可调出该学生的信息，运行效果如图 3.6 所示。

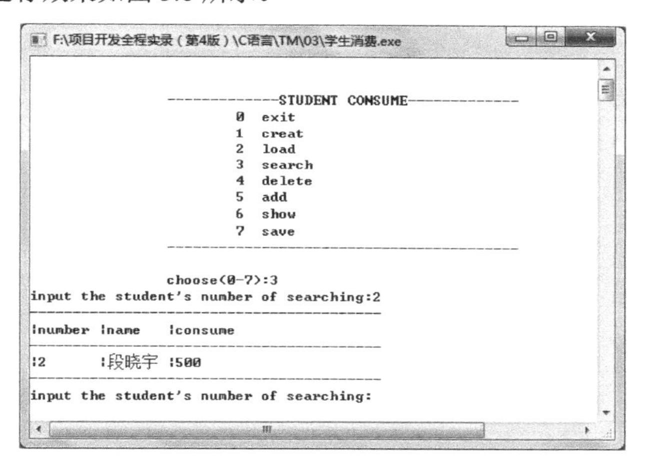

图 3.6　查询的效果

输入“5”，可以添加学生的消费信息，并显示添加后学生的人数，运行效果如图 3.7 所示。

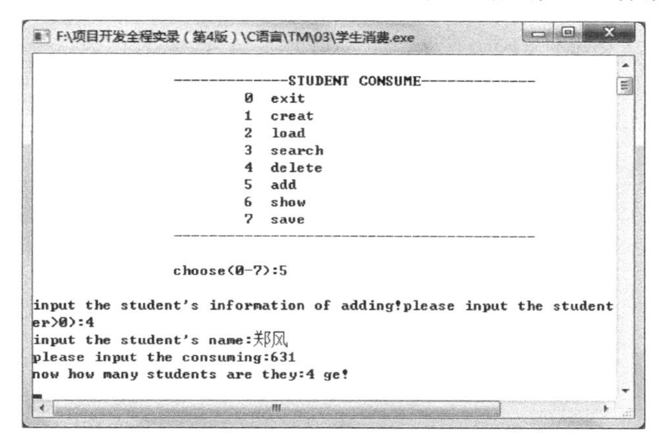

图 3.7　添加的效果

输入“6”，可以显示录入的学生信息，运行效果如图3.8所示。

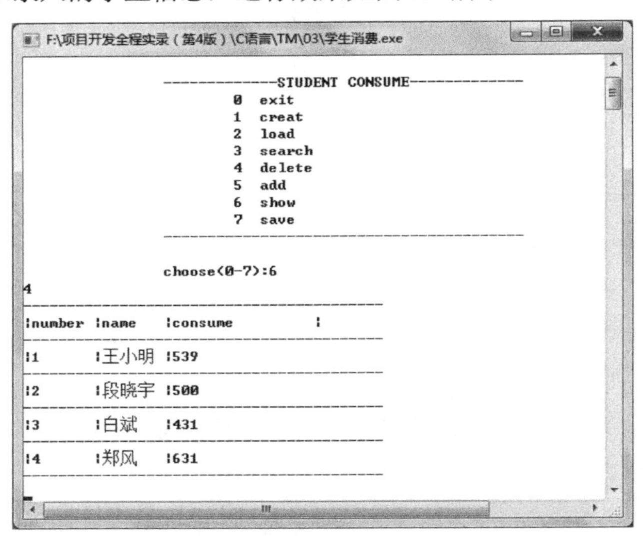

图3.8　显示的效果

输入“7”，可以把录入的学生信息保存到指定的文件中，运行效果如图3.9所示。

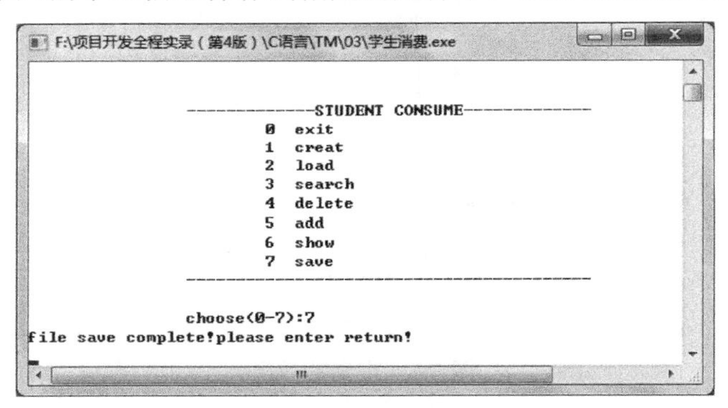

图3.9　保存运行效果

本程序指定的保存路径为F:\CONSUME，保存成功后在F盘中会自动生成CONSUME文件，效果如图3.10所示。

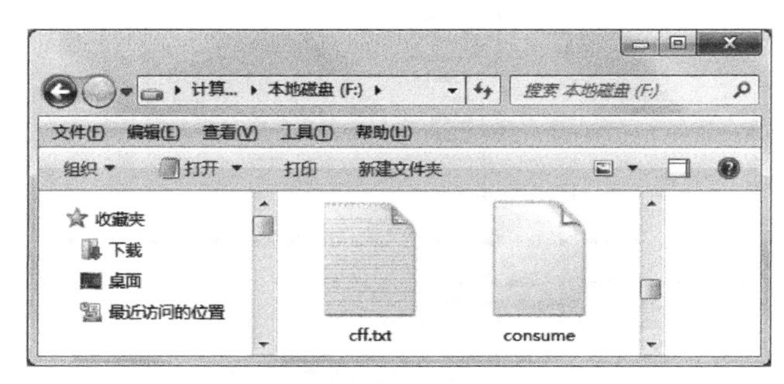

图3.10　生成文件图

由于未指定文件的打开方式，所以打开文件会弹出“打开方式”对话框，如图 3.11 所示。

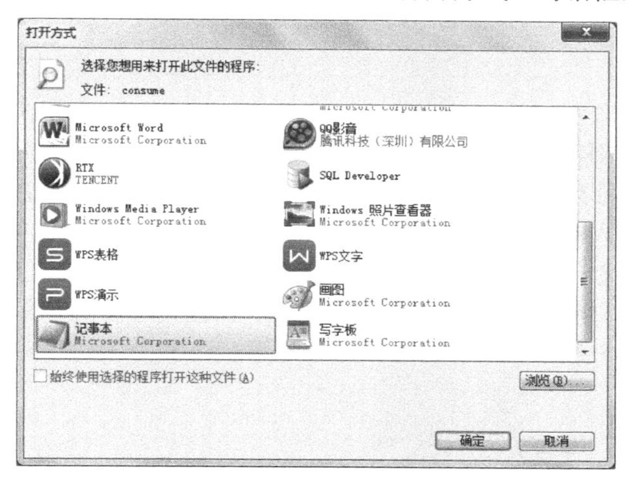

图 3.11　“打开方式”对话框

如果选择以记事本的方式打开文件，效果如图 3.12 所示。

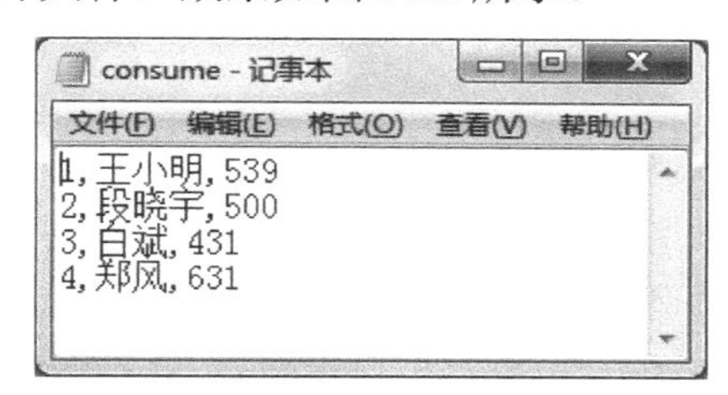

图 3.12　以记事本的方式打开文件

3.4　预处理模块设计

3.4.1　模块概述

学生个人消费管理系统在预处理模块中宏定义了在整个系统程序中经常用到的常数，也对条件编译的标识符做了宏定义；该模块中还对系统中的各个功能模块的函数做了声明，同时为了提高程序的理解性，将学生的信息封装在一个结构体中。

3.4.2　技术分析

在整个学生个人消费管理系统中，主要应用了自定义结构体类型来封装学生的所有有效信息，如学生学号、学生姓名、学生消费情况。如果单独对这些变量进行定义，会显得很烦琐凌乱，而且很难反映它们之间一一对应的内在联系。所以在这里特别使用 C 语言允许的一种数据结构——结构体类型。

结构体类型的一般形式为：

```
struct 结构体名
{成员列表};
```

“结构体名”用作结构体类型的标志，又称为“结构体标记”。而且对成员列表中的成员都应进行类型声明，也可称“成员列表”为“域表”。每一个成员也称为结构体中的一个域。

用 C 语言实现学生个人消费管理系统，贯穿整个项目核心的是结构体类型数据的指针。根据学生个人消费信息的数据自定义一个结构体 scorenode 类型，在该结构体中定义不同类型的成员变量，还有一个本结构体类型的指针，用来存放下一个节点的地址。在预处理模块中应用如下代码封装学生信息：

```
struct scorenode
{
    int number;             /*学号*/
    char name[10];          /*姓名*/
    int xiaofei;            /*消费情况*/
    struct scorenode *next;
};
typedef struct scorenode score;
```

注意 在定义结构体类型 scorenode 时，又用 typedef 声明了一个新的类型名 score 来代替已有的类型名，在项目代码中都采用 score 类型定义 scorenode 结构体类型。

3.4.3 功能实现

学生个人消费管理系统的预处理模块的实现过程如下。

（1）首先实现在系统程序中的文件包含处理，避免程序员的重复劳动。相应代码如下：

```
#include <stdio.h>                          /*输入输出函数文件*/
#include <stdlib.h>                         /*标准库函数文件*/
#include <conio.h>                          /*接收键盘输入输出（kbhit()、getch()）*/
#include <string.h>                         /*字符串函数文件*/
```

（2）然后宏定义了常用常数和条件编译中需要用到的标识符。相应代码如下：

```
#define LEN sizeof(struct scorenode)
#define DEBUG
```

（3）最后对功能模块的函数进行了声明，也自定义了结构体类型，并且声明了贯穿整个系统程序的全局变量。相关代码如下：

```
struct scorenode
{
    int number;                          /*学号*/
    char name[10];                       /*姓名*/
    int xiaofei;                         /*消费情况*/
    struct scorenode *next;
};
typedef struct scorenode score;
int n,k;                                 /*n,k 为全局变量，本程序中的函数均可*p3 以使用它*/
void menu();
score *creat(void);
score *load(score *head);
score *search(score *head);
score *del(score *head);
score *add(score *head,score *stu);
void print(score *head);
int save(score *p1);
```

3.5　主函数设计

视频讲解

3.5.1　功能概述

在学生个人消费管理系统的 main()函数中主要实现了调用 menu()函数显示主功能选择菜单，并且在 switch 分支选择结构中调用各个子函数实现录入、查询、显示和保存等功能。主功能选择菜单界面如图 3.13 所示。

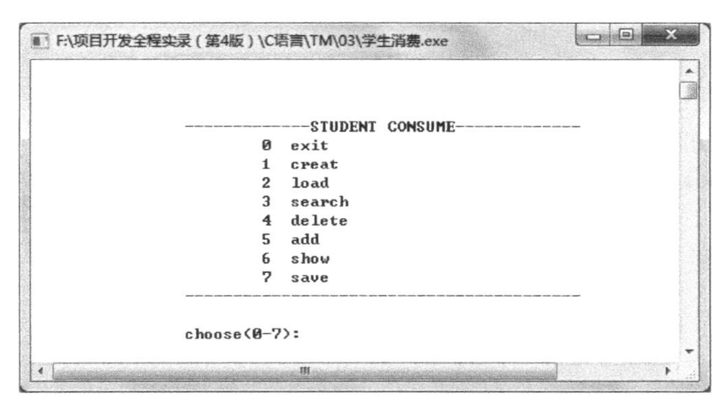

图 3.13　主功能选择菜单

3.5.2 技术分析

学生个人消费管理系统为了使主函数结构清晰，程序可读性好，特别应用了 switch 选择结构实现调用各个功能函数。switch 语句是多分支选择语句，if 语句也可以实现多分支语句，应用 if...else if 语句，但如果分支较多，则嵌套的 if 语句层数多，程序冗长而且可读性降低。switch 语句的一般形式如下：

```
switch(表达式)
{
    case 常量表达式 1:语句 1
    case 常量表达式 2:语句 2
    …
    case 常量表达式 n:语句 n
    default:语句 n+1
}
```

switch 后面的括号内的表达式可以为任何类型。当表达式的值与某一个 case 后面的常量表达式的值相等时，就执行此 case 后面的语句，若所有的 case 中的常量的表达式的值都没有与表达式的值相匹配，就执行 default 后面的语句。且应该在每执行一次 case 分支后，都要使用 break 语句来跳出 switch 语句，即终止 switch 语句的执行。

在学生个人消费管理系统主函数中输入 num 值，跳转到相匹配的 case 语句，若没有相匹配的就执行 default 语句。case 语句中的主要作用是调用相应的功能函数，并将功能函数的返回值赋值给 head 首指针，具体实现代码如下：

```
switch(num)
{
    case 1: head=creat();break;
    case 2: head=load(head);break;
    case 3: head=search(head);break;
    case 4: head=del(head);break;
    case 5: head=add(head,stu);break;
    case 6: print(head);break;
    case 7: save(head);break;
    case 0: exit(0);
    default:printf("Input error,please again!");
    }
```

3.5.3 功能实现

学生个人消费管理系统的程序运行后，首先进入主功能菜单的选择界面，在这里列出了程序中的

所有功能以及如何调用相应的功能等，用户可以根据需要输入想要执行的功能，然后进入子功能中。在 menu 显示主功能菜单的函数中主要使用了 printf()函数在控制台输出文字或特殊字符。当输入相应数字后，程序会根据该数字调用不同的函数，具体数字表示的功能如表 3.1 所示。

表 3.1　菜单中的数字所表示的功能

编　号	功　能
0	退出系统
1	创建学生记录，调用 creat()函数
2	加载学生记录，调用 load()函数
3	查询学生信息记录，调用 search()函数
4	删除学生信息记录，调用 del()函数
5	添加学生信息记录，调用 add()函数
6	显示学生信息记录，调用 print()函数
7	保存学生信息记录，调用 save()函数

menu()函数的实现代码如下所示：

```
void menu()
{
    system("cls");                                                    /*清屏*/
    printf("\n\n\n");
    printf("\t\t-------------STUDENT CONSUME------------\n");          /**/
    printf("\t\t\t0    exit                                \n");
    printf("\t\t\t1    creat                               \n");
    printf("\t\t\t2    load                                \n");
    printf("\t\t\t3    search                              \n");
    printf("\t\t\t4    delete                              \n");
    printf("\t\t\t5    add                                 \n");
    printf("\t\t\t6    show                                \n");
    printf("\t\t\t7    save                                \n");
    printf("\t\t-----------------------------------------\n\n");
    printf("\t\tchoose(0-7):");
}
```

学生个人消费管理系统根据主功能菜单的提示输入 num 值选择需要执行的操作，当输入“1”时，选择 case 1 语句，调用 creat()函数，将该函数返回的头指针赋值给 score 结构体类型的 head 指针。在 load()、search()、del()和 add()函数中都将返回的头指针赋值给 head 指针，但是 print()和 save()函数没有返回值。该系统的主要实现流程如图 3.14 所示。

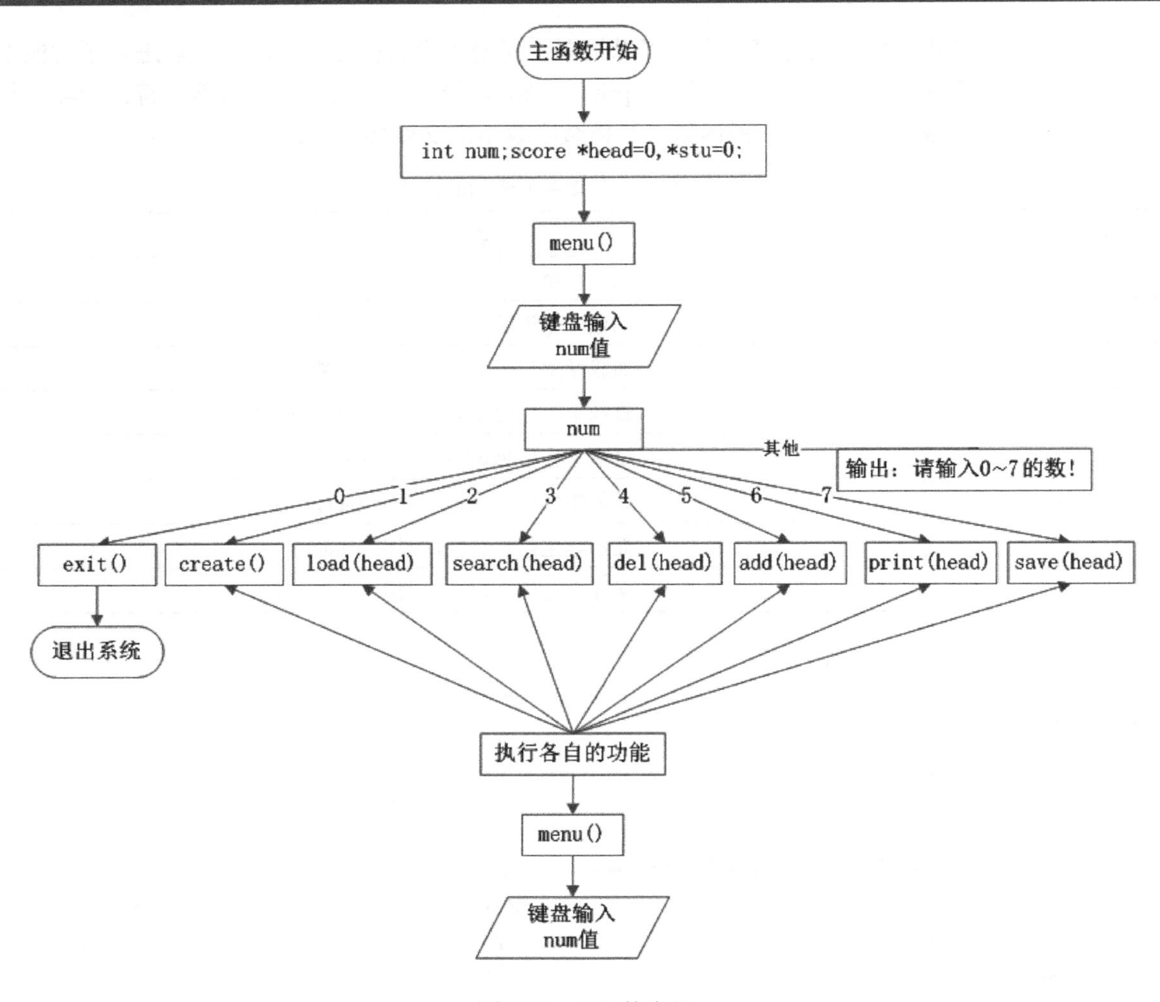

图 3.14　主函数流程

主函数的实现代码如下：

```
main()
{
	int num;
	score *head=0,*stu=0;
	menu();
	scanf("%d",&num);
	while(1)
	{
		switch(num)
		{
			case 1: head=creat();break;
			case 2: head=load(head);break;
```

```
                case 3: head=search(head);break;
                case 4: head=del(head);break;
                case 5: head=add(head,stu);break;
                case 6: print(head);break;
                case 7: save(head);break;
                case 0: exit(0);
                default:printf("Input error,please again!");
            }
            menu();
            scanf("%d",&num);
        }
}
```

3.6　录入学生消费信息模块

3.6.1　模块概述

录入学生消费信息有两种方法：一种是手动输入学生消费信息来创建，另一种是加载存有学生信息的文件。

在功能选择界面中输入“1”，即可进入动态创建学生信息的录入状态，根据英文提示，输入学生消费信息，运行效果如图 3.15 所示。

在功能选择界面中输入“2”，即可进入加载存有学生信息的文件，来录入学生消费信息，运行效果如图 3.16 所示。

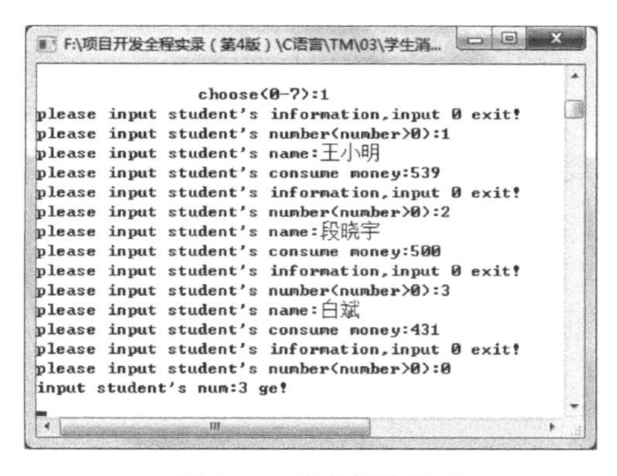

图 3.15　动态创建界面

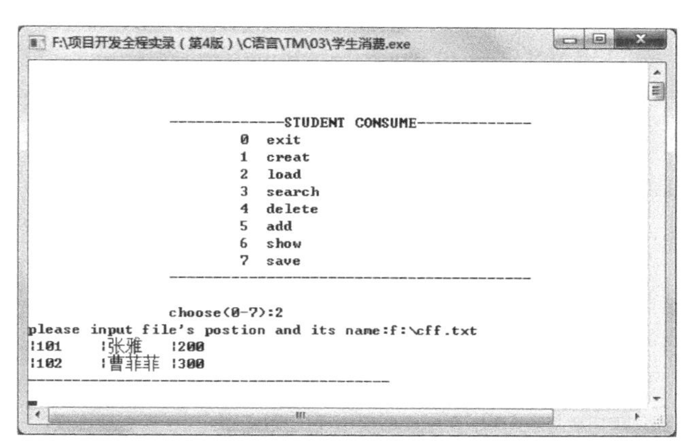

图 3.16　加载文件界面

3.6.2 技术分析

在学生个人消费管理系统中，为了不浪费内存空间，需要多少就分配多少内存，采用了链表来动态地进行存储分配，主要使用指针来处理链表。最简单的一种链表（单向链表）的结构如图3.17所示。

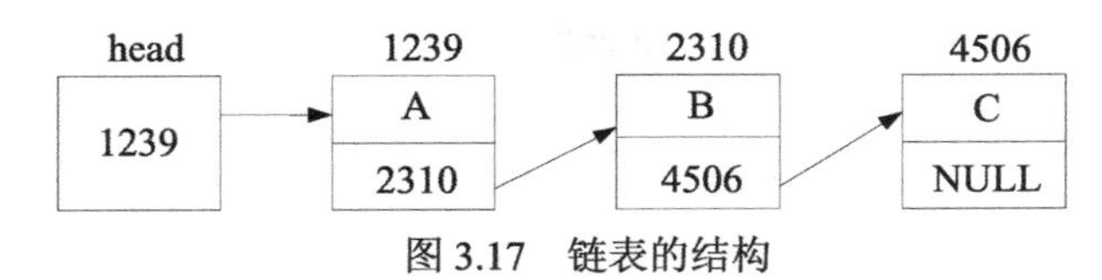

图3.17 链表的结构

链表有一个首指针变量，图中以head表示，它存放一个地址，该地址指向一个元素。链表中每一个元素称为“节点”，每个节点都应包括两个部分：一为用户需要用的实际数据，二为下一个节点的地址。表尾的地址部分放一个NULL，表示空指针，链表到此结束。

在应用指针来处理链表时首先应该为指针分配一个内存空间。代码如下：

```
score *head;
score *p1,*p2,*p3,*max;
p1=p2=p3=(score *)malloc(LEN);      /*开辟一个新单元*/
```

然后根据模块的功能来对链表进行操作，在学生个人消费管理系统中，对创建学生消费模块应用指针创建链表，在删除模块用指针对链表进行删除操作，在添加模块中用指针对链表进行插入等一系列处理。

由于该技术在整个系统程序中广泛应用，在此不做过多分析，详细应用请参见资源包。

3.6.3 功能实现

自定义的 creat()函数的功能就是创建链表，在程序运行过程中从无到有地建立起一个链表，即一个一个地分配节点的内存空间，然后输入节点的数据并建立节点间的相连关系。

当在主功能菜单界面输入“1”时，程序调用creat()函数，创建动态链表，在creat()函数的外部可以看到一个整型的全局变量n，该变量用来表示链表中的节点数量，从而统计学生的个数，并返回头指针，用于查询、删除、显示等操作。

动态创建链表的实现过程如下。

（1）首先为结构体类型的指针分配一个内存空间。代码如下：

```
score *head;
score *p1,*p2,*p3,*max;
p1=p2=p3=(score *)malloc(LEN);                                          /*开辟一个新单元*/
    printf("please input student's information,input 0 exit!\n");
     repeat1: printf("please input student's number(number>0):");       /*输入学号，学号应大于0*/
        scanf("    %d",&p1->number);
```

（2）为第一个节点写入学生的学号，并判断学生的学号是否满足条件。当学号为 0，则无条件跳转到语句标号 end 处，执行 end 下的程序。相关代码如下：

```
while(p1->number<0)
{
        getchar();
        printf("error，please input number again:");
        scanf("%d",&p1->number);
}
/*输入学号为字符或小于 0 时，程序报错，提示重新输入学号*/
if(p1->number==0)
      goto end;                                /*当输入的学号为 0 时，转到末尾，结束创建链表*/
else
{
      p3=head;
      if(n>0)
      {
                  for(i=0;i<n;i++)
                  {
                        if(p1->number!=p3->number)
                              p3=p3->next;
                        else
                        {
                              printf("number repeate,please input again!\n");
                              goto repeat1;               /*当输入的学号已经存在，程序报错，返回前面重新输入*/
                        }
                  }
      }
}
printf("please input student's name:");
scanf("%s",&p1->name);/*输入学生姓名*/
printf("please input student's consume money:");       /*输入消费情况;*/
scanf("%d",&p1->xiaofei);
```

（3）继续判断学生学号，若学号不为 0，则节点加 1。根据判断依次创建正确的学生消费信息，相关代码如下：

```
while(p1->number!=0)
{
      n=n+1;
       if(n==1)
```

```
        head=p1;
    else
            p2->next=p1;
            p2=p1;
            p1=(score *)malloc(LEN);
            printf("please input student's information,input 0 exit!\n");
    repeat2:printf("please input student's number(number>0):");
    scanf("%d",&p1->number);                /*输入学号，学号应大于0*/
    while(p1->number<0)
    {
            getchar();
            printf("error,please input number again:");
            scanf("%d",&p1->number);
    }
    /*输入学号为字符或小于0时，程序报错，提示重新输入学号*/
    if(p1->number==0)
            goto end;                       /*当输入的学号为0时，转到末尾，结束创建链表*/
    else
    {
            p3=head;
             if(n>0)
            {
                    for(i=0;i<n;i++)
                    {
                            if(p1->number!=p3->number)
                                    p3=p3->next;
                            else
                            {
                                    printf("number repeate,please input again!\n");
                                    goto repeat2;       /*当输入的学号已经存在，程序报错，返回前面重新输入*/
                            }
                    }
            }
     }
    printf("please input student's name:");
    scanf("%s",&p1->name);                  /*输入学生姓名*/
    printf("please input student's consume money:");
    scanf("%d",&p1->xiaofei);               /*输入消费情况; */
}
```

（4）最后将学生消费信息按照学号大小排序，并返回首指针，动态链表就这样创建结束了。实现代码如下：

```
end: p1=head;
      p3=p1;
for(i=1;i<n;i++)
{
      for(j=i+1;j<=n;j++)
      {
            max=p1;
            p1=p1->next;
            if(max->number>p1->number)
            {
                  k=max->number;
                  max->number=p1->number;
                  p1->number=k;
                  /*交换前后节点中的学号值，使得学号大者移到后面的节点中*/
                  strcpy(t,max->name);
                  strcpy(max->name,p1->name);
                  strcpy(p1->name,t);
               /*交换前后节点中的姓名，使之与学号相匹配*/
               /*交换前后节点中的消费情况，使之与学号相匹配*/
            }
      }
      max=head;p1=head;              /*重新使 max,p 指向链表头*/
}
p2->next=NULL;                       /*链表结尾*/
printf("input student's num:%d ge!\n",n);
getch();
return(head);
```

说明　添加学生消费记录的 add()函数的实现过程与创建学生信息函数相似，在此不做介绍，详细代码请参见资源包。

当在主功能菜单界面输入“2”时，调用 load()函数加载文件，根据英文提示输入文件的路径及文件名称，用 malloc()函数开辟一个内存空间，用 fscanf()函数根据链表指针从磁盘文件中读入 ASCII 字符数据，并显示到录入界面。相应代码如下：

```
score *load(score *head)
{
      score *p1,*p2;
     int m=0;
     char filepn[10];
```

```
    FILE *fp;
    printf("please input file's postion and its name:");
    scanf("%s",filepn);                                    /*输入文件路径及名称*/
    if((fp=fopen(filepn,"r+"))==NULL)
    {
        printf("can't open this file!\n");
        getch();
        return 0;
    }
    else
    {
        p1=(score *)malloc(LEN);                           /*开辟一个新单元*/
        fscanf(fp,"%d%s%d\n",&p1->number,p1->name,&p1->xiaofei);
        printf("|%d\t|%s\t|%d\t\n",p1->number,p1->name,p1->xiaofei);
        /*文件读入与显示*/
        head=NULL;
        do
        {
            n=n+1;
            if(n==1)
                head=p1;
            else
                p2->next=p1;
            p2=p1;
            p1=(score *)malloc(LEN);                       /*开辟一个新单元*/
            fscanf(fp,"%d%s%d\n",&p1->number,p1->name,&p1->xiaofei);
            printf("|%d\t|%s\t|%d\t\n",p1->number,p1->name,p1->xiaofei);
            /*文件读入与显示*/
        }while(!feof(fp));
        p2->next=p1;
        p1->next=NULL;
        n=n+1;
    }
    printf("----------------------------------------\n");  /*表格下线*/
    getch();
    fclose(fp);                                            /*结束读入，关闭文件*/
    return (head);
}
```

3.7　查询学生消费信息模块

3.7.1　模块概述

查询学生消费信息模块的主要功能是在已经录入的学生信息中根据学号查询该学生的消费信息并在屏幕中显示出来，返回查询后的头指针，以便于以后的操作使用。在主界面中输入“3”时，即可进入查询状态，其运行效果如图 3.18 所示。

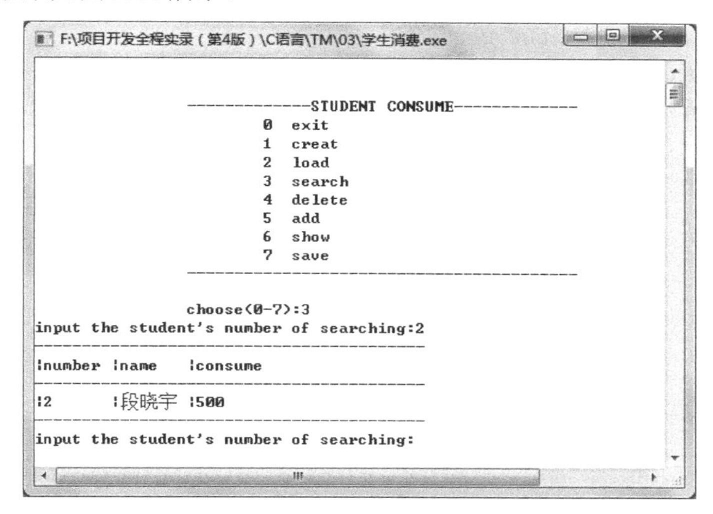

图 3.18　查询的效果

3.7.2　技术分析

从之前的录入状态传入 search()函数的所需参数——头指针，根据提示输入学生学号进行判断，若学号不为 0，则开始进行查找匹配。首先使 p1 指向传递过来的头指针。代码如下：

```
score *p1,*p2;
p1=head;
```

然后判断若 p1 指向的不是所要查找的首节点，并且 p1 的下一个节点不为空，则 p1 后移一个节点，继续查找。代码如下：

```
while(number!=p1->number&&p1->next!=NULL)
{
        p2=p1;
        p1=p1->next;
}
```

直到 p1 指向的是所要查找的节点，则输出 p1 的成员学号、姓名和消费情况。代码如下：

```
if(number==p1->number)
{
            printf("|%d\t|%s\t|%d\t\n",p1->number,p1->name,p1->xiaofei);
            printf("----------------------------------------\n");
}           /*打印表格域*/
```

若没有查找到匹配的学号，则输出该学生不存在，重新输入学号进行查找。代码如下：

```
else
    printf("%dthis student not exist!\n",number);
    printf("input the student's number of searching:");
    scanf("%d",&number);
```

最后返回查询函数的头指针。代码如下：

```
return(head);
```

3.7.3 功能实现

查询函数的详细代码如下：

```
score *search(score *head)
{
    int number;
    score *p1,*p2;
    printf("input the student's number of searching:");
    scanf("%d",&number);
    while(number!=0)
    {
        if(head==NULL)
        {
            printf("\n nobody information!\n");
            return(head);
        }
        printf("----------------------------------------\n");
        printf("|number\t|name\t|consume\t \n");
        printf("----------------------------------------\n");        /*打印表格域*/
        p1=head;
        while(number!=p1->number&&p1->next!=NULL)
        {
            p2=p1;
```

```
            p1=p1->next;
        }
      if(number==p1->number)
        {
            printf("|%d\t|%s\t|%d\t\n",p1->number,p1->name,p1->xiaofei);
            printf("---------------------------------------\n");

        }          /*打印表格域*/
        else

        printf("%dthis student not exist!\n",number);
        printf("input the student's number of searching:");
        scanf("%d",&number);
        getch();
    }
        printf("already exit!\n");
        getch();
        return(head);
}
```

3.8　删除学生消费信息模块

3.8.1　模块概述

删除学生消费记录函数的主要功能是查找判断输入的需要删除的学号，找到学号相同的，则删除该学号，并返回该函数的头指针，以便于其余操作使用。当输入“4”时，进入删除状态，并给出提示信息，输出现在所剩的学生个数。运行效果如图 3.19 所示。

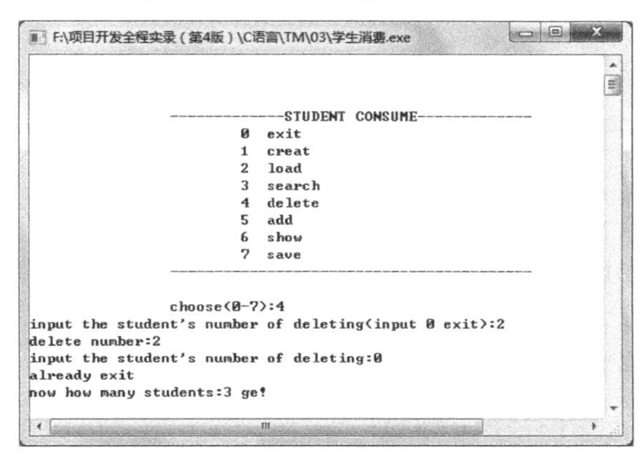

图 3.19　删除的效果

3.8.2 技术分析

在删除学生消费信息模块中主要应用了对链表的删除操作。对链表的删除操作并不是真正地从内存中把这个节点抹掉，而是把它从链表中分离出来，即断开与链表的关系。下面代码是对链表节点的分离，即将下一个节点赋给前一个节点。

```
if(p1==head)
      head=p1->next;
      else
      p2->next=p1->next;
```

在功能模块中，有一部分内容希望在满足一定条件时才被编译，因此使用了条件编译命令。相关代码如下：

```
#ifdef DEBUG
 printf("already exit\n");
#endif
```

它的作用是当 DEBUG 标识符已经被#define 命令定义过，则在程序编译阶段编译程序“printf(“already exit\n”);”语句。

3.8.3 功能实现

删除学生消费记录的主要功能是通过之前所做的操作，将返回的头指针作为参数。输入想要删除的学号，若输入学号为 0 则退出，若输入学号不为 0，则查找该学号，并将其删除。

当输入学号不为 0 时，进入 while 循环进行查找判断，若上次操作返回的头指针为空，则输出没有任何信息。

```
if(head==NULL)
{
      printf("\nnobody information!\n");
      return(head);
}
```

若头指针不为空，则将 p1 指向头指针，并判断输入学号是否为 p1 所指向的学号，不是则 p1 后移一个节点继续判断。

```
p1=head;
while(number!=p1->number&&p1->next!=NULL)
 /*p1 指向的不是所要找的首节点，并且后面还有节点*/
```

```
{
    p2=p1;
    p1=p1->next;
} /*p1 后移一个节点*/
```

当找到匹配的学号后，判断 p1 指向的是否为首节点，并把第 2 个节点赋予 head，即将第 2 个节点作为首节点，前一个被删除。若 p1 不为首节点，则将下一个节点地址赋给前一个节点地址，删除前一个节点。

```
if(number==p1->number)
/*找到了*/
{
    if(p1==head)
        head=p1->next;
    /*若 p1 指向的是首节点，把第 2 个节点地址赋予 head*/
    else
        p2->next=p1->next;
    /*否则将下一个节点地址赋给前一节点地址*/
    printf("delete number:%d\n",number);
    n=n-1;
}
```

删除函数的详细代码如下：

```
score *del(score *head)
{
    score *p1,*p2;
    int number;
    printf("input the student's number of deleting(input 0 exit):");
    scanf("%d",&number);
    while(number!=0)          /*输入学号为 0 时退出*/
    {

        if(head==NULL)
        {
            printf("\nnobody information!\n");
            return(head);
        }
        p1=head;
        while(number!=p1->number&&p1->next!=NULL)
        /*p1 指向的不是所要找的首节点，并且后面还有节点*/
        {
            p2=p1;
```

```
            p1=p1->next;
        }           /*p1 后移一个节点*/
        if(number==p1->number)
        /*找到了*/
        {
            if(p1==head)
                head=p1->next;
             /*若 p1 指向的是首节点，把第二个节点地址赋予 head*/
            else
                p2->next=p1->next;
             /*否则将下一个节点地址赋给前一节点地址*/
            printf("delete number:%d\n",number);
            n=n-1;
        }
        else
        printf("%d student not exist!\n",number);
        /*找不到该节点*/
        printf("input the student's number of deleting:");
        scanf("%d",&number);
    }
    #ifdef DEBUG
     printf("already exit\n");
    #endif
     printf("now how many students:%d ge!\n",n);
     getch();
     return(head);
}
```

3.9 显示学生消费信息模块

3.9.1 功能概述

显示学生消费信息模块的主要功能是将录入的信息进行显示，或者显示修改过的信息。例如，第 3.8 节内容中删除了学号为 2 的学生消费信息，输入“6”，即可显示删除后的学生消费信息。运行效果如图 3.20 所示。同样也可以在添加学生信息后进行显示，即为添加后的学生信息。

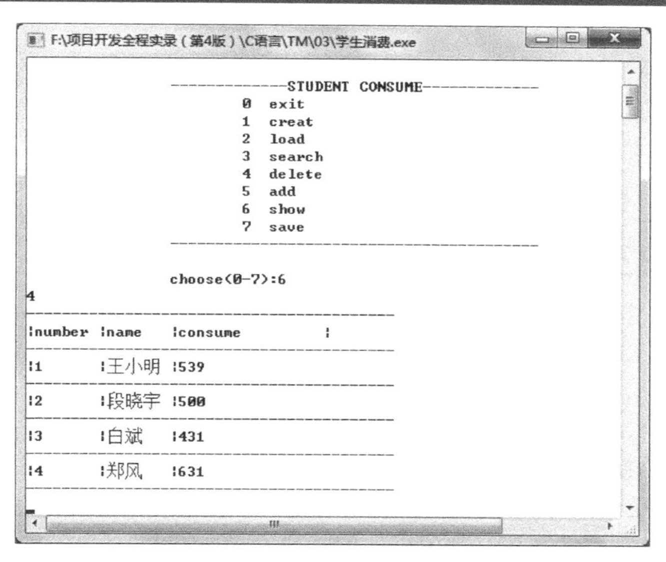

图 3.20　显示的效果

3.9.2　功能实现

显示函数的作用是将学生信息显示出来。当输入“6”时，进入显示状态。此函数的实现过程为判断前项操作返回的首指针是否为空，若不为空则进行显示输出，并使指针 p 指向返回的首指针，进入 do-while 循环遍历 p 指针，输出 p 的成员，直到指针 p 指向空时结束循环显示。实现代码如下：

```
void print(score *head)
{
        score *p;
        if(head==NULL)
              printf("\nnobody information!\n");
        else
        {
               printf("%d\n",n);
               printf("-----------------------------------------\n");
               printf("|number\t|name\t|consume\t |\n");
               printf("-----------------------------------------\n");        /*打印表格域*/
               p=head;
              do
            {
                    printf("|%d\t|%s\t|%d\t\n",p->number,p->name,p->xiaofei);
                  printf("-----------------------------------------\n");   /*打印表格域*/
                    p=p->next;
          }while (p!=NULL);                                            /*打印完成了*/
```

```
        getch();
    }
}
```

视频讲解

3.10　保存学生消费信息模块

3.10.1　功能概述

保存学生消费记录函数的主要功能是将录入并修改后的最终学生信息保存到指定的文件中。输入“7”时，文件进行保存操作，运行效果如图3.21所示。

将保存的文件以记事本方式打开，其效果如图3.22所示。

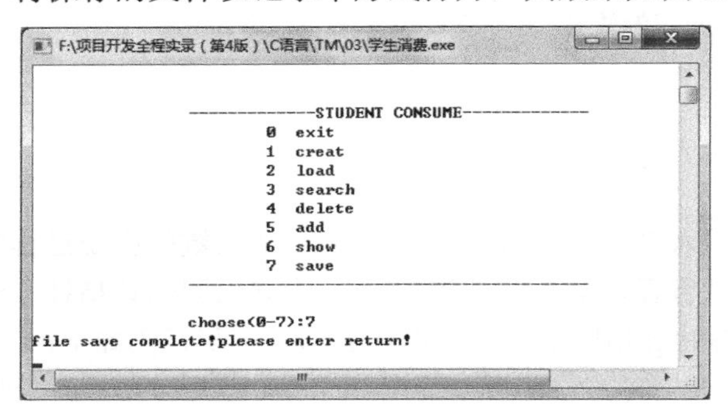

图3.21　保存的效果

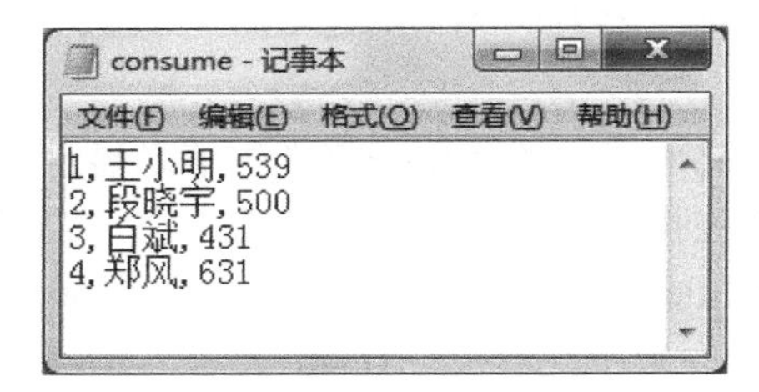

图3.22　打开保存文件

3.10.2　技术分析

学生个人消费管理系统中应用了文件读写的方式读出数据和写入数据。通常对一个文件读写之前应该“打开”该文件，在使用结束之后应“关闭”该文件。常用的文件读写函数有fputc()函数和fgetc()函数、fread()函数和fwrite()函数、fprintf()函数和fscanf()函数、putw()函数和getw()函数等。在该系统中主要应用了fprintf()函数和fscanf()函数来进行文件的读写。它们的一般形式如下：

```
fprintf(文件指针,格式字符串,输出表列);
fscanf(文件指针,格式字符串,输入表列);
```

fprintf()函数和fscanf()函数是格式化读写函数，读写对象都是磁盘文件。

在录入学生信息时采用了一种加载文件的方式，调用的是load()函数，在load()函数中先定义一个文件类型的指针，以读写的方式打开一个文本文件，应用fscanf()函数从磁盘文件上读入ASCII字符，相关代码如下：

```
FILE *fp;                                                   /*定义文件类型的指针*/
if((fp=fopen(filepn,"r+"))==NULL)                           /*判断文件能否打开*/
{
    printf("can't open this file!\n");
    getch();
    return 0;
}
else
{
p1=(score *)malloc(LEN);                                    /*开辟一个新单元*/
fscanf(fp,"%d%s%d\n",&p1->number,p1->name,&p1->xiaofei);    /*从磁盘文件上读入数据*/
…
}
```

学生个人消费管理系统中将学生的消费记录保存到磁盘文件上，应用了 fprintf()函数输出学生消费信息。相关代码如下：

```
while(p1!=NULL)
{
    fprintf(fp,"%d,%s,%d\t\t\t",p1->number,p1->name,p1->xiaofei);    /*输出学生消费记录*/
    p1=p1->next;
}
```

3.10.3 功能实现

在学生个人消费管理系统中保存学生的消费记录，将保存记录存放到指定的磁盘文件中以文本文件方式打开，无论是动态链表创建的学生个人消费信息记录还是加载文件中的学生消费记录都可以保存到磁盘文件中，以方便学生查看。

保存学生消费信息记录函数在使用 fopen()函数打开文件成功后，遍历 p1 指针，p1 指针为前项操作返回的首指针。应用 fprintf()函数将 p1 指针指向的数据成员输出到 fp 指向的文件上。fprintf()函数和 fscanf()函数与 printf()函数、scanf()函数作用相仿，都是格式化读写函数，但有一点不同，fprintf()函数和 fscanf()函数的读写对象不是终端而是磁盘文件。保存功能的实现代码如下：

```
int save(score *p1)
{
    FILE *fp;
    if((fp=fopen("f:\\consume","wb"))==NULL)
    {
        printf("can't open this file!\n");
        return 0;
```

```
        }
        else
        {
            while(p1!=NULL)
            {
                fprintf(fp,"%d,%s,%d\t\t\t",p1->number,p1->name,p1->xiaofei);
                /*printf("file write error\n");*/
                p1=p1->next;
            }
            printf("file save complete!please enter return!\n");
            getch();
        }
    fclose(fp);
}
```

注意 在打开文件时，若指定路径下不存在 consume 文件，则会自动创建一个 consume 文件。

视频讲解

3.11 添加学生消费信息模块

3.11.1 功能概述

添加学生消费记录函数的主要功能是添加学生的消费信息，并显示添加后学生的人数。输入“5”，进入添加学生消费信息模块，运行效果如图 3.23 所示。

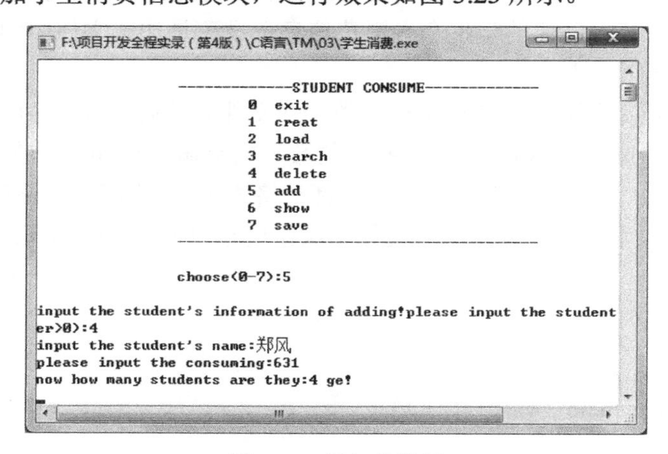

图 3.23 添加的效果

3.11.2　技术分析

在添加学生消费信息函数 add()函数中用到了 malloc()函数，malloc()函数可以再开辟一个新的内存空间。

malloc()函数的原型如下：

```
void *malloc(unsigned int size);
```

在 stdlib.h 头文件中包含该函数，作用是在内存中动态地分配一块 size 大小的内存空间。malloc()函数会返回一个指针，该指针指向分配的内存空间，如果出现错误，则返回 NULL。

需要注意的是，使用 malloc()函数分配的内存空间是在堆中，而不是在栈中。因此，在使用完这块内存之后一定要将其释放掉，释放内存空间使用的是 free()函数。

例如，使用 malloc()函数分配一个整型内存空间：

```
int *pInt;
pInt=(int*)malloc(sizeof(int));
```

首先定义指针 pInt 用来保存分配内存的地址。在使用 malloc()函数分配内存空间时，需要指定具体的内存空间的大小（size），这时调用 sizeof 函数就可以得到指定类型的大小。malloc()函数成功分配内存空间后会返回一个指针，因为分配的是一个 int 型空间，所以在返回指针时也应该是相对应的 int 型指针，这样就要进行强制类型转换。最后将函数返回的指针赋值给指针 pInt 就可以保存动态分配的整型空间地址了。

3.11.3　功能实现

添加函数的详细代码如下：

```
score *add(score *head,score *stu)
{
    score *p0,*p1,*p2,*p3,*max;
    int i,j;
    char t[10];
    p3=stu=(score *)malloc(LEN);                        /*开辟一个新单元*/
    printf("\ninput the student's information of adding!");
    repeat4: printf("please input the student's number(number>0):");
    scanf("%d",&stu->number);
    /*输入学号，学号应大于 0*/
    while(stu->number<0)
     {
         getch();
```

```
            printf("error,please input number again:");
            scanf("%d",&stu->number);
    }/*输入错误，重新输入学号*/
    /********************************************************/
    if(stu->number==0)
    goto end2;/*当输入的学号为 0 时，转到末尾，结束追加*/
    else
    {
            p3=head;
            if(n>0)
            {
                    for(i=0;i<n;i++)
                    {
                            if(stu->number!=p3->number)
                                    p3=p3->next;
                            else
                            {
                                    printf("number repeat,please input again!\n");
                                    goto repeat4;
                             /*当输入的学号已经存在，程序报错，返回前面重新输入*/
                            }
                    }
            }
    }

/********************************************************/
 printf("input the student's name:");
 scanf("%s",stu->name);                      /*输入学生姓名*/
 printf("please input the consuming:");
 scanf("%d",&stu->xiaofei);
 p1=head;
 p0=stu;
   if(head==NULL)
   {
        head=p0;
        p0->next=NULL;
   }                                         /*当原来链表为空时，从首节点开始存放资料*/
   Else                                      /*原来链表不为空*/
   {
        if(p1->next==NULL)                   /*找到原来链表的末尾*/
        {
                p1->next=p0;
```

```
            p0->next=NULL;                  /*将它与新开单元相连接*/
        }
        else
        {
            while(p1->next!=NULL)           /*还没找到末尾，继续找*/
            {
                p2=p1;
                p1=p1->next;
            }
            p1->next=p0;
            p0->next=NULL;
        }
    }
    n=n+1;
    p1=head;
    p0=stu;
    for(i=1;i<n;i++)
    {
        for(j=i+1;j<=n;j++)
      {
            max=p1;
            p1=p1->next;
            if(max->number>p1->number)
            {
            k=max->number;
            max->number=p1->number;
            p1->number=k;
            /*交换前后节点中的学号值，使得学号大者移到后面的节点中*/
            strcpy(t,max->name);
            strcpy(max->name,p1->name);
            strcpy(p1->name,t);
            /*交换前后节点中的姓名，使之与学号相匹配*/
            /*交换前后节点中的消费情况，使之与学号相匹配*/
          }
            max=head;
            p1=head;                /*重新使 max,p 指向链表头*/
        }
    }
    end2:
        printf("now how many students are they:%d ge!\n",n);
        getch();
        return(head);
}
```

3.12 开发总结

一般情况下，一个项目程序由算法和数据结构组成，因此在开发的过程中对于算法的理解能够简化编程过程。通常，开发人员会采用流程图的形式来理清程序的编写过程，应用图形表示算法，直观形象，易于理解。在学生个人消费管理系统中，开发人员就通过流程图，对整个项目井然有序地开发，思路简单，并且流程图还可以加深读者对项目的理解。

第 4 章

企业员工管理系统

（DEV C++实现）

随着信息化的不断发展，企业的管理在慢慢告别纸质化，而转向电子化的方式。例如，对于企业员工的基本信息的管理不再是一个人一个档案袋的模式，而是将员工的信息放到基本的管理系统中，本系统实现的就是基本的员工信息管理，通过本章的学习，读者能够学到：

- 项目设计思路
- 首页页面设计
- 系统初始化模块设计
- 登录模块设计
- 员工信息添加模块设计
- 员工信息系统登录模块设计
- 员工信息修改模块设计
- 员工信息查询模块设计

4.1 开 发 背 景

当前计算机广泛应用于企事业单位的信息管理，应用基本的数据库可以开发出高效的信息管理系统。但是，应用基本的数据库开发出的应用管理系统在发布时需要附带很大的发布包，这样不利于一些小型的企事业单位降低管理成本。虽然 C 语言不是系统设计的主要语言，但是对于小型信息管理系统的开发也是一柄利器。本系统就是应用 C 语言开发的一个企业员工管理系统。

4.2 系 统 分 析

4.2.1 需求分析

企业员工管理系统是一个客户端的应用程序，以高效管理、满足用户基本管理需求为原则，本系统满足以下要求：

- ☑ 统一友好的操作界面，具有良好的用户体验。
- ☑ 系统运行安全稳定、响应及时。

4.2.2 可行性分析

在正式开发系统之前，首先需要对企业员工管理系统的技术、操作和经济成本 3 个方面进行可行性分析。

1. 技术可行性

本系统应用 C 语言以及 DEV C++开发环境进行开发，应用 DEV C++中的集成函数库。本系统应用的技术和开发环境在现实开发中都是广泛应用的，因此从技术上讲本系统是可行的。

2. 操作可行性

企业员工管理系统在发布后会是一个可在 Windows 系统下双击可执行的.exe 文件，所以只要用户拥有基本的计算机知识就可以操作本系统，因此从操作性上是可行的。

3. 经济成本可行性

在实际的企业员工信息管理中通常使用纸质的档案进行管理，这样在管理过程中需要很大的管理成本，而且难免出现意外，但是如果使用电子管理系统可进行多处备份，而且成本很低。

系统中应用的开发工具以及技术都是免费的，这无疑为系统的开发成本提供了更大的压缩空间，因此从经济上同样可行。

4.3　系统设计

4.3.1　功能阐述

企业员工管理系统主要是对企业员工的基本信息进行增、删、改、查的相关操作，以便用户可以快速地对这些信息进行管理。本系统对管理者的控制更加严格，只设置一个管理账号。

4.3.2　功能结构

企业员工管理系统功能结构如图 4.1 所示。

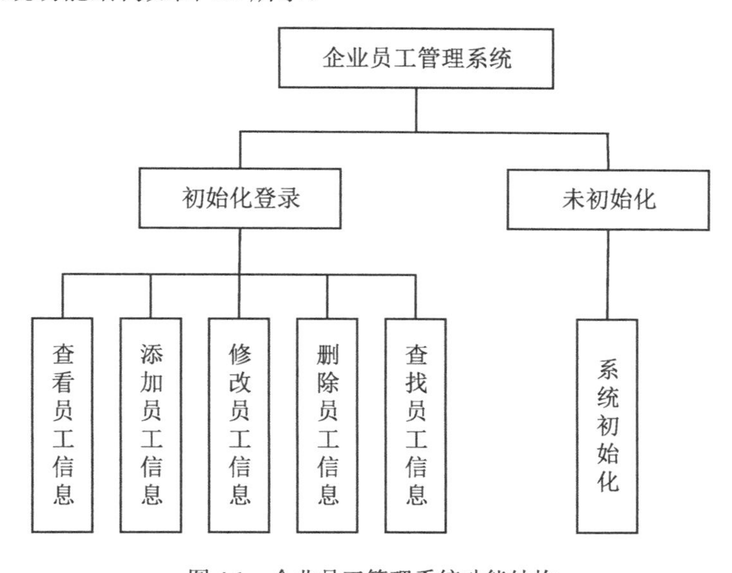

图 4.1　企业员工管理系统功能结构

4.3.3　系统预览

企业员工管理系统由多个页面组成，下面列出几个典型页面，其他页面请参见资源包中的源程序。

企业员工管理系统主页面如图 4.2 所示。

企业员工信息添加页面如图 4.3 所示。

企业员工详细信息页面如图 4.4 所示。

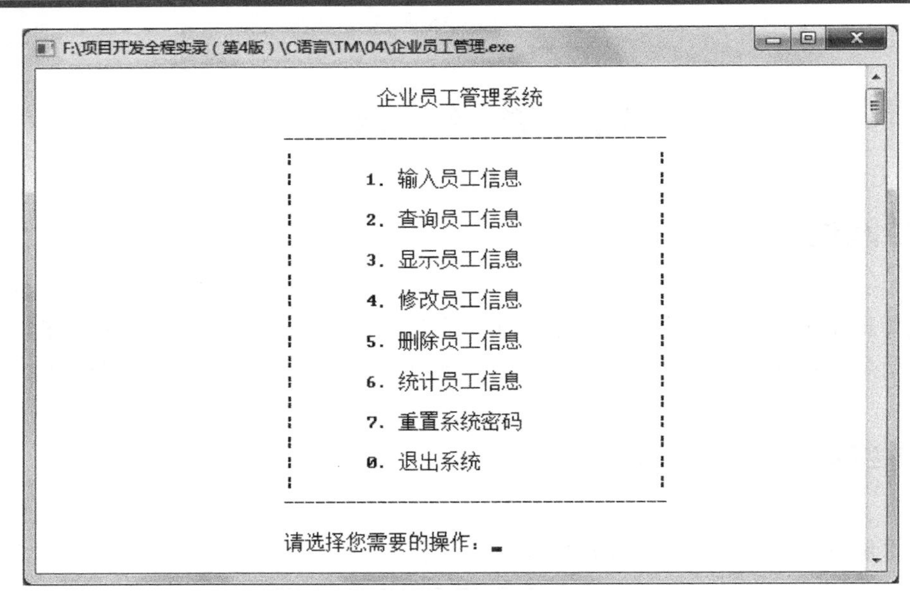

图 4.2　企业员工管理系统主页面

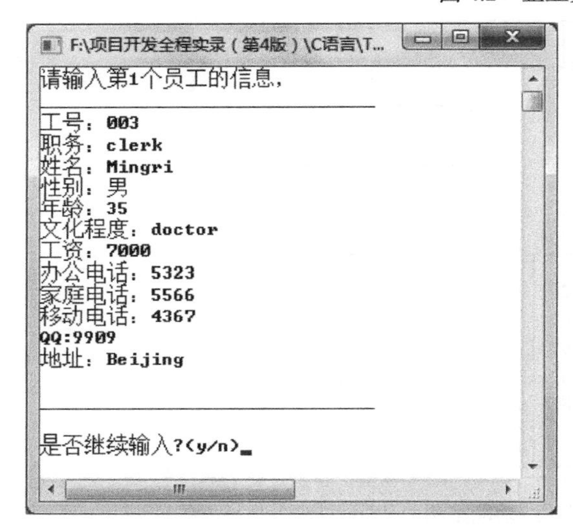

图 4.3　企业员工信息添加页面

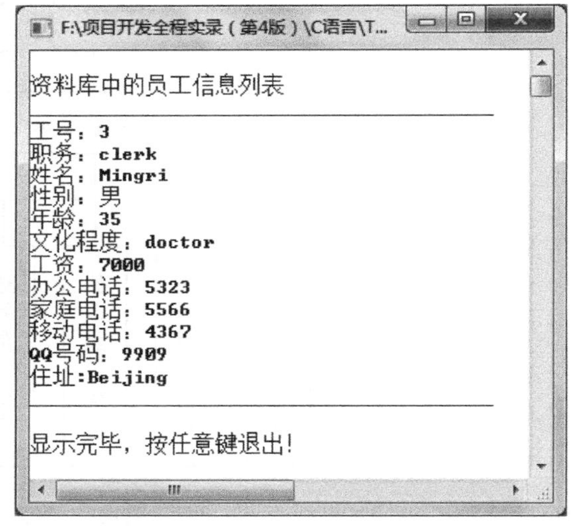

图 4.4　企业员工详细信息页面

4.4　头文件模块设计

4.4.1　模块概述

本模块主要是实现企业员工管理系统的一些基本属性信息的封装和函数的声明，如用于存放员工基本属性信息的结构体、全局变量和函数原型声明。

4.4.2　文件引用

因为使用到了 strcmp()比较字符串函数，所以需要引用头文件 string.h。string.h 是 C 语言中一种常用的编译预处理指令，在使用字符数组时需要引用。在 C 语言中，关于字符数组的常用函数有 strlen()、strcmp()、strcpy()等。相应代码如下：

```
//头文件
#include <stdio.h>
#include <stdlib.h>
#include <string.h>
```

4.4.3　定义全局变量

下面列出了本程序中定义的全局变量，在定义之后一直到本源文件结束都可以使用这些全局变量。相应代码如下：

```
//定义全局变量
char password[9];                  //系统密码
EMP *emp_first,*emp_end;           //定义指向链表的头节点和尾节点的指针
char gsave,gfirst;                 //判断标识
```

4.4.4　定义结构体

定义保存员工信息的结构体 struct employee，其中定义了员工编号、员工职务、员工姓名等信息。相应代码如下：

```
//存储员工信息的结构体
typedef struct employee
{
    int num;                       //员工编号
    char duty[10];                 //员工职务
    char name[10];                 //员工姓名
    char sex[3];                   //员工性别
    unsigned char age;             //员工年龄
    char edu[10];                  //教育水平
    int salary;                    //员工工资
    char tel_office[13];           //办公电话
    char tel_home[13];             //家庭电话
    char mobile[13];               //手机
```

```
    char qq[11];                    //QQ 号码
    char address[31];               //家庭住址
    struct employee *next;
}EMP;
```

4.4.5　函数声明

在本程序中定义了一系列自定义的函数，每个函数基本都能实现一个模块的基本功能。这些自定义函数的功能及声明形式如下：

```
//自定义函数声明
void addemp(void);                                          //添加员工信息的函数
void findemp(void);                                         //查找员工信息的函数
void listemp(void);                                         //显示员工信息列表的函数
void modifyemp(void);                                       //修改员工信息的函数
void summaryemp(void);                                      //统计员工信息的函数
void delemp(void);                                          //删除员工信息的函数
void resetpwd(void);                                        //重置系统的函数
void readdata(void);                                        //读取文件数据的函数
void savedata(void);                                        //保存数据的函数
int modi_age(int s);                                        //修改员工年龄的函数
int modi_salary(int s);                                     //修改员工工资的函数
char *modi_field(char *field,char *s,int n);                //修改员工其他信息的函数
EMP *findname(char *name);                                  //按员工姓名查找员工信息
EMP *findnum(int num);                                      //按员工工号查找员工信息
EMP *findtelephone(char *name);                             //按员工的通讯号码查找员工信息
EMP *findqq(char *name);                                    //按员工的 QQ 号查找员工信息
void displayemp(EMP *emp,char *field,char *name);           //显示员工信息
void checkfirst(void);                                      //初始化检测
void bound(char ch,int n);                                  //画出分界线
void login();                                               //登录检测
void menu();                                                //主菜单列表
```

4.5　主函数模块设计

4.5.1　模块概述

本模块是程序的入口主函数，即 main()函数。本模块中主要是实现一些初始化工作以及对程序功能菜单的显示，以供用户选择操作。

4.5.2　主函数模块实现

本模块中主要实现对链表指针的初始化以及对判断标识的赋值，将它们的初始化值都设为 0，表示没有数据需要保存和系统已经初始化完成，即假设不是第一次使用本系统。然后再调用 checkfirst()函数进行具体的初始化检查，如果不是第一次登录便会进入下一步，提示输入密码，正确输入密码后会显示程序的功能菜单，供用户选择。具体实现代码如下：

```
int main(void)
{
  emp_first=emp_end=NULL;                              /*链表指针初始化*/
  gsave=gfirst=0;                                      /*判断标识赋值为 0*/
  checkfirst();                                        /*初始化检测函数*/
  login();                                             /*登录函数*/
  readdata();                                          /*从文件中读取数据初始化链表*/
  menu();                                              /*功能菜单显示函数*/
  system("PAUSE");
  return 0;
}
```

4.6　系统初始化模块设计

4.6.1　模块概述

本模块主要实现判断是否是第一次使用系统，通过 checkfirst()函数实现。实现系统初始化判断的效果如图 4.5 所示，系统初始化成功页面如图 4.6 所示。

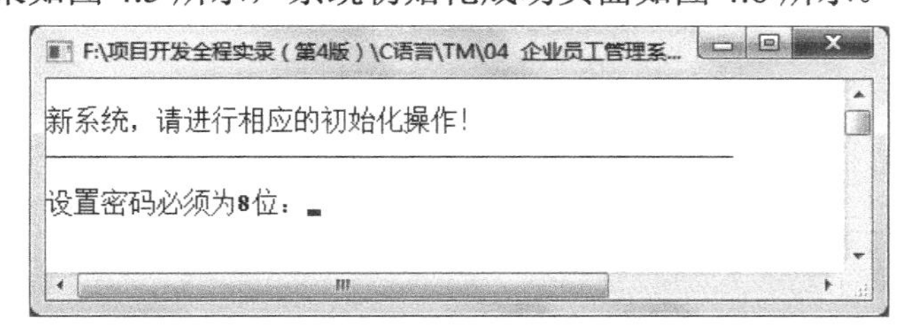

图 4.5　初始化操作界面

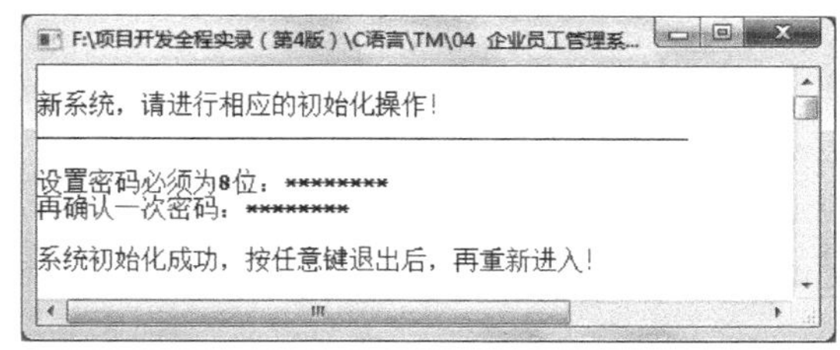

图 4.6　系统初始化成功页面

4.6.2　系统初始化模块技术分析

本模块中需要对密码文件进行打开，而且在使用完文件后需要关闭文件流，因此需要使用 fopen()函数和 fclose()函数，下面进行详细介绍。

1．通过 fopen()函数打开文件

fopen()函数用来打开一个文件，其调用的一般形式为：

```
FILE *fp;
fp=fopen(文件名，使用文件方式);
```

其中“文件名”是将要被打开文件的文件名；“使用文件方式”是指对打开的文件进行读还是写。使用文件方式如表 4.1 所示。

表 4.1　使用文件方式

文件使用方式	含　义
r（只读）	打开一个文本文件，只允许读数据
w（只写）	打开或建立一个文本文件，只允许写数据
a（追加）	打开一个文本文件，并在文件末尾写数据
rb（只读）	打开一个二进制文件，只允许读数据
wb（只写）	打开或建立一个二进制文件，只允许写数据
ab（追加）	打开一个二进制文件，并在文件末尾写数据
r+（读写）	打开一个文本文件，允许读和写
w+（读写）	打开或建立一个文本文件，允许读写
a+（读写）	打开一个文本文件，允许读，或在文件末尾追加数据
rb+（读写）	打开一个二进制文件，允许读和写
wb+（读写）	打开或建立一个二进制文件，允许读和写
ab+（读写）	打开一个二进制文件，允许读，或在文件末尾追加数据

2．通过 fclose()函数关闭文件

fclose()函数用于文件的关闭，它带回一个值，当正常完成关闭文件操作时，fclose()函数返回值为 0，否则返回 EOF。

调用的一般形式如下：

```
fclose(文件指针);
```

例如：

```
fclose(fp);
```

说明　在程序结束之前应关闭所有文件，这样做的目的是为了防止因为关闭文件而造成的数据流失。

3．通过 feof()函数判断文件的结束

测试所给 stream 的文件尾标记的宏。如果检测到文件尾标记 EOF 或 Ctrl-z，则返回非零值；否则返回 0。

4.6.3　系统初始化模块实现

本模块中首先打开密码文件，判断是否为空，进而判断系统是否是第一次使用，如果是第一次使用程序，系统会提示输入初始密码，如果不是第一次使用系统，系统会进入登录页面，提示输入密码登录。具体实现代码如下：

```
/*首次使用，进行用户信息初始化*/
void checkfirst()
{
    FILE *fp,*fp1;                                          /*声明文件型指针*/
    char pwd[9],pwd1[9],pwd2[9],pwd3[9],ch;
    int i;
    if((fp=fopen("config.bat","rb"))==NULL)                 /*判断系统密码文件是否为空*/
    {
        printf("\n 新系统，请进行相应的初始化操作！ \n");
        bound('_',50);
        getch();
        do{
            printf("\n 设置密码，请不要超过 8 位：");
            for(i=0;i<8&&((pwd[i]=getch())!=13);i++)
                putch('*');
            printf("\n 再确认一次密码：");
            for(i=0;i<8&&((pwd1[i]=getch())!=13);i++)
                putch('*');
                pwd[i]='\0';
            pwd1[i]='\0';
            if(strcmp(pwd,pwd1)!=0)                         /*判断两次新密码是否一致*/
                printf("\n 两次密码输入不一致，请重新输入！ \n\n");
            else break;
        }while(1);
        if((fp1=fopen("config.bat","wb"))==NULL)
        {
            printf("\n 系统创建失败，请按任意键退出！ ");
            getch();
            exit(1);
        }
        i=0;
        while(pwd[i])
        {
            putw(pwd[i],fp1);                               /*将数组元素送入文件流中*/
            i++;
        }
```

```
        fclose(fp1);                                    /*关闭文件流*/
        printf("\n\n 系统初始化成功，按任意键退出后，再重新进入！\n");
        getch();
        exit(1);
    }else{
        i=0;
        while(!feof(fp)&&i<8)                           /*判断是否读完密码文件*/
            pwd[i++]=getw(fp);                          /*从文件流中读出字符赋给数组*/
        pwd[i]='\0';

        if(i>=8) i--;
        while(pwd[i]!=-1&&i>=0)
            i--;
        pwd[i]='\0';                                    /*将数组最后一位设定为字符串的结束符*/
        strcpy(password,pwd);                           /*将数组 pwd 中的数据复制到数组 password 中*/
    }
}
```

4.7 功能菜单模块设计

4.7.1 模块概述

为了拥有良好的用户体验和便捷的实现操作，功能菜单是一个不可缺少的功能模块。功能菜单页面如图4.7所示。

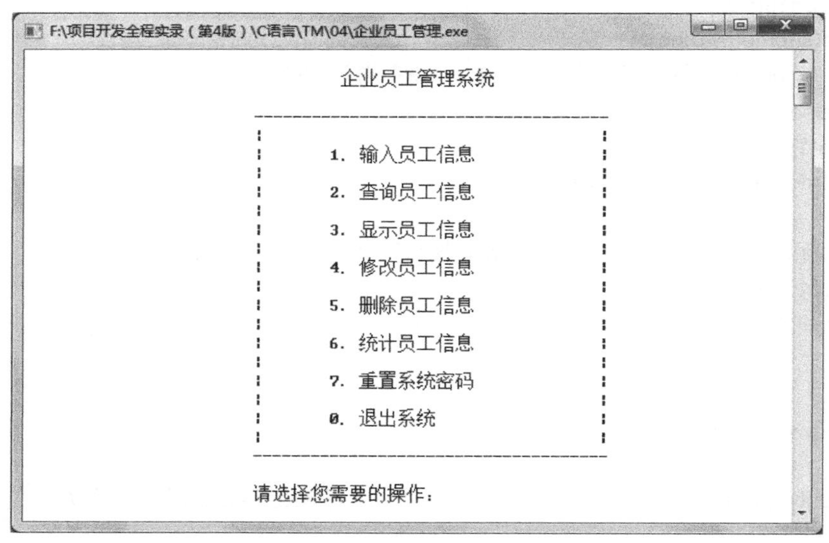

图4.7 功能菜单页面

4.7.2　功能菜单模块实现

本模块使用 menu()函数实现创建功能菜单，此函数是在初始化检测后调用。当管理员登录成功后，系统会显示菜单页面，供用户选择使用。具体实现代码如下：

```
void menu()
{
    char choice;
    system("cls");
    do{
     printf("\n\t\t\t\t 企业员工管理系统\n\n");
        printf("\t\t\t---------------------------------------\n");
        printf("\t\t\t|\t\t\t\t       |\n");
        printf("\t\t\t|   \t1、输入员工信息\t\t       |\n");
        printf("\t\t\t|\t\t\t\t       |\n");
        printf("\t\t\t|   \t2、查询员工信息\t\t       |\n");
        printf("\t\t\t|\t\t\t\t       |\n");
        printf("\t\t\t|   \t3、显示员工信息\t\t       |\n");
        printf("\t\t\t|\t\t\t\t       |\n");
        printf("\t\t\t|   \t4、修改员工信息\t\t       |\n");
        printf("\t\t\t|\t\t\t\t       |\n");
        printf("\t\t\t|   \t5、删除员工信息\t\t       |\n");
        printf("\t\t\t|\t\t\t\t       |\n");
        printf("\t\t\t|   \t6、统计员工信息\t\t       |\n");
        printf("\t\t\t|\t\t\t\t       |\n");
        printf("\t\t\t|   \t7、重置系统密码\t\t       |\n");
        printf("\t\t\t|\t\t\t\t       |\n");
        printf("\t\t\t|   \t0、退出系统\t\t       |\n");
        printf("\t\t\t|\t\t\t\t       |\n");
        printf("\t\t\t---------------------------------------\n");
        printf("\n\t\t\t 请选择您需要的操作：");
```

4.7.3　主菜单界面实现分支选择

菜单中一共有 0~7 个菜单选择，按数字键 0~7 即可进入对应模块，通过 switch…case 可实现各功能选择。按数字键“1”可实现添加员工信息，但如果此系统中没有员工信息，一些对员工信息的操作会不能进行，所以如果进行了这些操作，系统会给出提示让用户首先添加员工信息。具体实现代码如下：

```
do{
```

```
fflush(stdin);
choice=getchar();
system("cls");
switch(choice)
{
    case '1':
        addemp();           //调用员工信息添加函数
        break;
    case '2':
        if(gfirst)
        {
            printf("系统信息中无员工信息，请先添加员工信息！\n");
            getch();
            break;
        }
        findemp();          //调用员工信息查找函数
        break;
    case '3':
        if(gfirst)
        {
            printf("系统信息中无员工信息，请先添加员工信息！\n");
            getch();
            break;
        }
        listemp();          //员工列表函数
        break;
   case '4':
        if(gfirst)
        {
            printf("系统信息中无员工信息，请先添加员工信息！\n");
            getch();
            break;
        }
        modifyemp();        //员工信息修改函数
        break;
   case '5':
         if(gfirst)
        {
            printf("系统信息中无员工信息，请先添加员工信息！\n");
            getch();
            break;
        }
        delemp();           //删除员工信息的函数
```

```
                break;
            case '6':
                 if(gfirst)
                {
                    printf("系统信息中无员工信息，请先添加员工信息！\n");
                    getch();
                    break;
                }
                summaryemp();              //统计函数
                break;
            case '7':
                resetpwd();                //重置系统的函数
                break;
            case '0':
                savedata();                //保存数据的函数
                exit(0);
            default:
                printf("请输入 0~7 之间的数字");
                getch();
                menu();
        }
    } while(choice<'0'||choice>'7');
    system("cls");
  }while(1);
}
```

4.8　系统登录模块设计

4.8.1　模块概述

系统登录模块是用户进入系统的大门，能够验证用户的合法性，起到保护系统不被非法用户进入的作用。本系统的登录模块是通过从文件中读取数据与输入密码做比较从而实现密码验证的。本模块实现系统登录页面如图 4.8 所示，3 次密码输入错误时的强制退出界面则如图 4.9 所示。

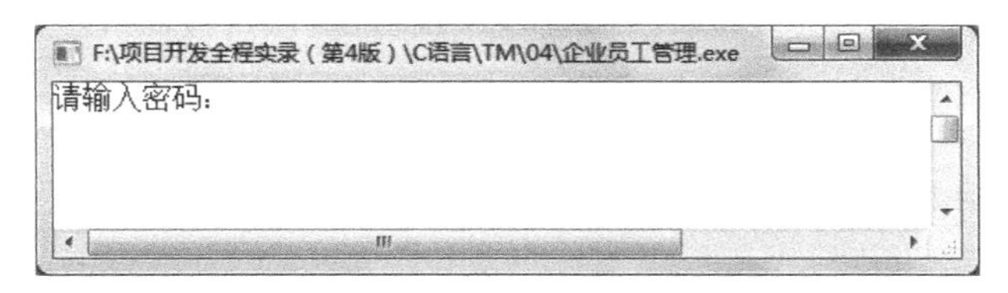

图 4.8　密码输入提示页面

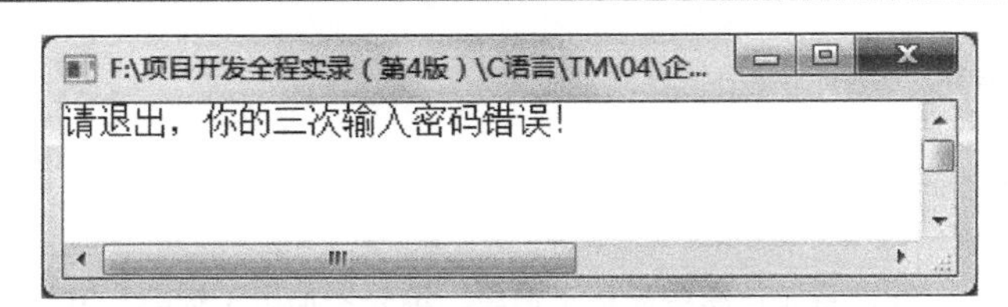

图 4.9　密码错误时强制退出提示页面

4.8.2　系统登录模块技术分析

登录模块需要对密码进行比较，因此需要使用字符串比较函数 strcmp()，下面详细介绍这一函数的用法。

库函数 strcmp()可对字符串进行比较，函数原型如下：

```
int   strcmp(char *str1, char   *str2);
```

函数对字符串 str1 和 str2 进行比较，根据两个字符串的大小不同，可以有 3 种不同的返回值，具体如下：

当 str1>str2 时，返回值大于 0。

当 str1=str2 时，返回值等于 0。

当 str1<str2 时，返回值小于 0。

4.8.3　系统登录模块实现

本模块中的函数是在初始化检测后调用，用于管理员的登录。用户根据提示输入密码后，函数应用 strcmp()函数对输入密码和密码文件中的读取数据进行比较，如果一致则会进入系统，不一致则会提示重新输入，如果 3 次不一致则会强制退出。具体实现代码如下：

```
void login()
{
    int i,n=3;
    char pwd[9];
    do{
        printf("请输入密码：");
        for(i=0;i<8 && ((pwd[i]=getch())!=13);i++)
            putch('*');
        pwd[i]='\0';

       if(!strcmp(pwd,password))
        {
            printf("\n 密码错误，请重新输入！ \n");
```

```
                getch();
                system("cls");
                n--;
            }
            else
                break;
    } while(n>0);                           //密码输入三次的控制
    if(!n)
    {
        printf("请退出，你已输入三次错误密码！");
        getch();
        exit(1);
    }
}
```

4.9 员工信息添加模块设计

4.9.1 模块概述

员工信息添加模块是员工管理系统必不可少的功能模块，主要实现添加一个新的员工信息到数据库中。员工信息添加界面如图 4.10 所示。

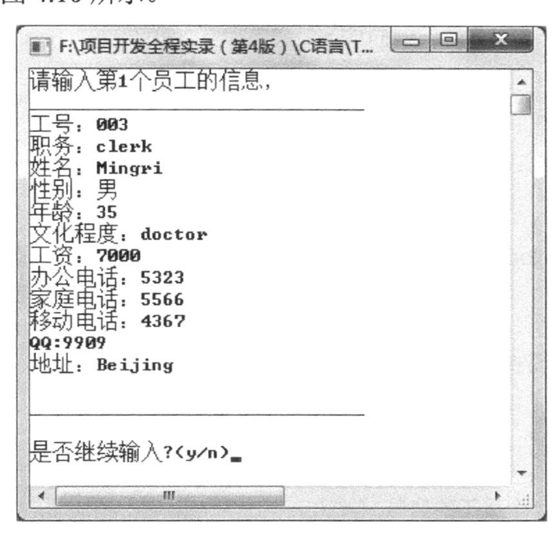

图 4.10　信息输入页面

4.9.2 员工信息添加模块技术分析

本模块中需要对输出流添加数据项，就需要使用 fwrite()函数，详细内容如下：

fwrite()函数从指针 ptr 开始把 n 个数据项添加到给定输出流 stream，每个数据项的长度为 size 个字节。成功时返回确切的数据项数（不是字节数）；出错时返回短（short）计数值，可能是 0。语法格式如下：

```
size_t   fwrite(const void *ptr,size_t size,size_t n,FILE *stream);
```

4.9.3 员工信息添加模块实现

本模块中首先打开存储员工信息的数据文件，系统会提示用户输入相应的员工基本信息。当用户输入完成一个员工的信息后，系统会提示用户是否继续输入员工信息。具体实现代码如下：

```
void addemp()
{
    FILE *fp;                                              /*声明一个文件型指针*/
    EMP *emp1;                                             /*声明一个结构型指针*/
    int i=0;
    char choice='y';
    if((fp=fopen("employee.dat","ab"))==NULL)              /*判断信息文件中是否有信息*/
    {
        printf("打开文件 employee.dat 出错！\n");
        getch();
        return;
    }
    do{
         i++;
         emp1=(EMP *)malloc(sizeof(EMP));                  /*申请一段内存*/
         if(emp1==NULL)                                    /*判断内存是否分配成功*/
         {
              printf("内存分配失败，按任意键退出！\n");
              getch();
              return;
         }
         printf("请输入第%d 个员工的信息，\n",i);
         bound('_',30);
         /*对员工信息的输入*/
         printf("工号：");
         scanf("%d",&emp1->num);
```

```
printf("职务：");
scanf("%s",&emp1->duty);
printf("姓名：");
scanf("%s",&emp1->name);
printf("性别：");
scanf("%s",&emp1->sex);
printf("年龄：");
scanf("%d",&emp1->age);
printf("文化程度：");
scanf("%s",&emp1->edu);
printf("工资：");
scanf("%d",&emp1->salary);
printf("办公电话：");
scanf("%s",&emp1->tel_office);
printf("家庭电话：");
scanf("%s",&emp1->tel_home);
printf("移动电话：");
scanf("%s",&emp1->mobile);
printf("QQ:");
scanf("%s",&emp1->qq);
printf("地址：");
scanf("%s",&emp1->address);
emp1->next=NULL;
if(emp_first==NULL)                              /*判断链表头指针是否为空*/
{
    emp_first=emp1;
    emp_end=emp1;
}else {
    emp_end->next=emp1;
    emp_end=emp1;
}
fwrite(emp_end,sizeof(EMP),1,fp);                /*对数据流添加数据项*/
gfirst=0;
printf("\n");
bound('_',30);
printf("\n 是否继续输入?(y/n)");
fflush(stdin);                                   /*清除缓冲区*/
choice=getch();
if(toupper(choice)!='Y')                         /*把小写字母转换成大写字母*/
{
    fclose(fp);                                  /*关闭文件流*/
    printf("\n 输入完毕，按任意键返回\n");
    getch();
```

```
            return;
        }
        system("cls");
    }while(1);
}
```

4.10 员工信息删除模块设计

4.10.1 模块概述

员工的离职等都需要对员工的信息进行删除，因此系统中的删除模块是必要的。下面模块就实现了这一功能，删除查询条件页面如图 4.11 所示，删除员工的信息页面如图 4.12 所示。

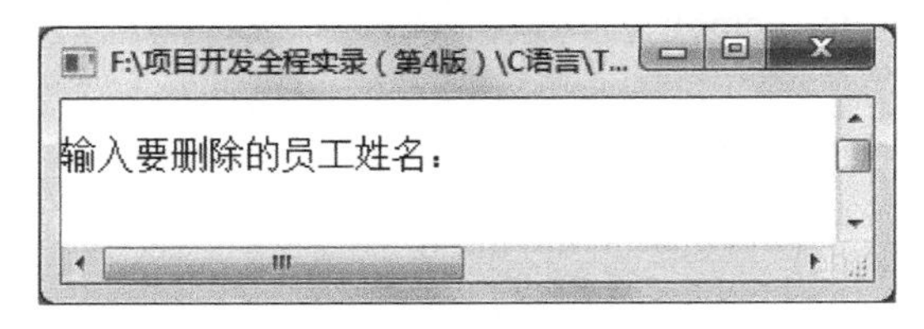

图 4.11 删除查询条件页面

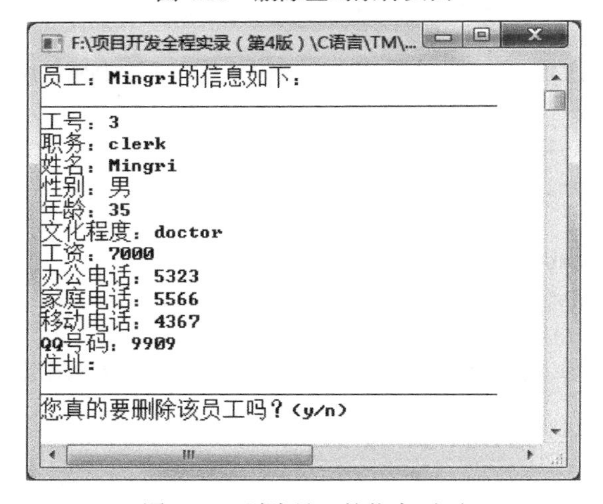

图 4.12 删除员工的信息页面

4.10.2 员工信息删除模块实现

在系统的功能菜单中选择删除信息选项后，系统会提示输入要删除的员工的姓名，输入要删除的员工姓名后，如果系统从信息链表中找到相关信息后会将信息显示出来，再次要求用户确定是否要删除，谨防误操作，提高了信息的安全性。具体实现代码如下：

```
void delemp()
{
    int findok=0;
    EMP *emp1,*emp2;
    char name[10],choice;
    system("cls");                //对屏幕清屏
    printf("\n 输入要删除的员工姓名：");
    scanf("%s",name);

    emp1=emp_first;
    emp2=emp1;
    while(emp1)
    {
        if(strcmp(emp1->name,name)==0)
        {
            findok=1;
            system("cls");

            printf("员工：%s 的信息如下：\n",emp1->name);
            bound('_',40);
            printf("工号：%d\n",emp1->num);
            printf("职务：%s\n",emp1->duty);
            printf("姓名：%s\n",emp1->name);
            printf("性别：%s\n",emp1->sex);
            printf("年龄：%d\n",emp1->age);
            printf("文化程度：%s\n",emp1->edu);
            printf("工资：%d\n",emp1->salary);
            printf("办公电话：%s\n",emp1->tel_office);
            printf("家庭电话：%s\n",emp1->tel_home);
            printf("移动电话：%s\n",emp1->mobile);
            printf("QQ 号码：%s\n",emp1->qq);
            printf("住址:%\n",emp1->address);
            bound('_',40);
            printf("您真的要删除该员工吗？(y/n)");

            fflush(stdin);            //清除缓冲区
            choice=getchar();

            if(choice!='y' && choice!='Y')
            {
              return;
              }
```

```
                if(emp1==emp_first)
                  {
                        emp_first=emp1->next;
                  }
                else
                  {
                        emp2->next=emp1->next;
                }
                printf("员工%s 已被删除",emp1->name);
                getch();
                free(emp1);
                gsave=1;
                savedata();                    //保存数据
                return;
            }   else{
                emp2=emp1;
                emp1=emp1->next;
            }
        }
        if(!findok)
        {
            bound('_',40);
            printf("\n 没有找到姓名是：%s 的信息！ \n",name);    //没找到信息后的提示
            getch();
        }
        return;
}
```

视频讲解

4.11　员工信息查询模块设计

4.11.1　模块概述

对于员工信息的查找是一个经常用到而且很基本的操作，本系统用多种方式来实现它，即使用不同的查询条件进行查询。查找子菜单页面如图 4.13 所示。

查找条件输入页面如图 4.14 所示。

信息显示页面如图 4.15 所示。

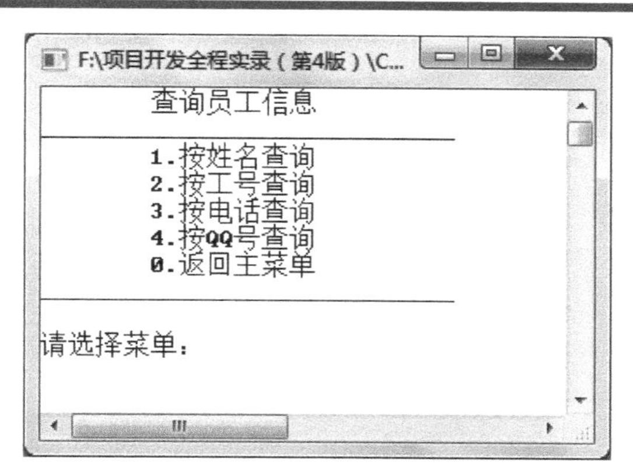

图 4.13　选择页面

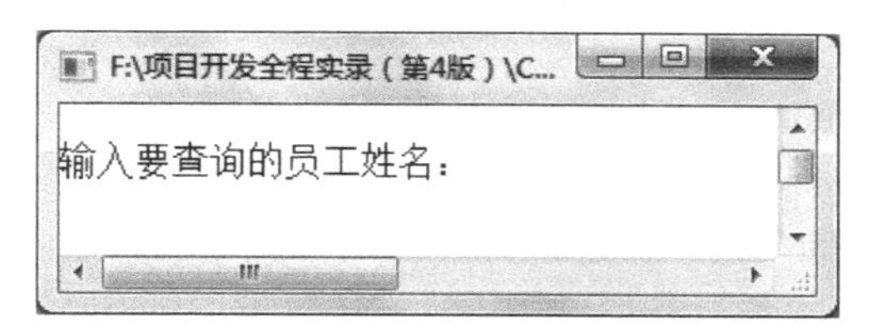

图 4.14　要查询的姓名页面

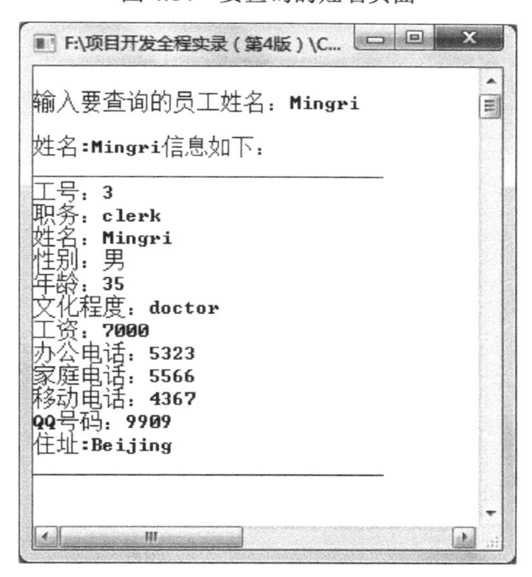

图 4.15　查询的信息页面

4.11.2　查询员工信息的界面设计

在系统的功能菜单中选择查询员工信息的操作选项后，系统会进入一个查询选项列表，用户根据自己的需要选择要使用的查询条件，根据用户输入的不同条件，系统会调用不同的查询函数，如果系统从信息链表中找到相关信息后会将信息显示出来。具体实现代码如下：

```
/**
* 查询员工信息
*/
void findemp()
{
	int choice,ret=0,num;
	char str[13];
	EMP *emp1;

	system("cls");

	do{
		printf("\t 查询员工信息\n");
		bound('_',30);
		printf("\t1.按姓名查询\n");
		printf("\t2.按工号查询\n");
		printf("\t3.按电话查询\n");
		printf("\t4.按 QQ 号查询\n");
		printf("\t0.返回主菜单\n");
		bound('_',30);
		printf("\n 请选择菜单：");

		do{
			fflush(stdin);
			choice=getchar();
			system("cls");
			switch(choice)
			{
				case '1':
					printf("\n 输入要查询的员工姓名：");
					scanf("%s",str);
					emp1=findname(str);
					displayemp(emp1,"姓名",str);
					getch();
					break;

				case '2':
					printf("\n 请输入要查询的员工的工号");
					scanf("%d",&num);
					emp1=findnum(num);
```

```
                itoa(num,str,10);
                displayemp(emp1,"工号",str);
                getch();
                break;

            case '3':
                printf("\n 输入要查询员工的电话:");
                scanf("%s",str);
                emp1=findtelephone(str);
                displayemp(emp1,"电话",str);
                getch();
                break;

            case '4':
                printf("\n 输入要查询的员工的 QQ 号：");
                scanf("%s",str);
                    emp1=findqq(str);
                displayemp(emp1,"QQ 号码",str);
                getch();
                break;

            case '0':
                ret=1;
                break;
        }
    }while(choice<'0'||choice>'4');

    system("cls");
    if(ret) break;
  }while(1);
}
```

4.11.3 根据姓名查找员工信息

在查询员工信息界面选择数字键“1”，输入姓名来查找员工的信息。根据姓名查询员工的信息的显示页面如图 4.16 所示。

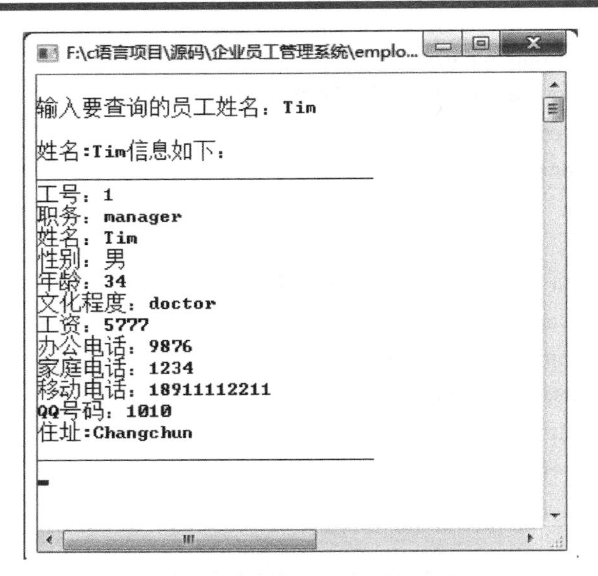

图 4.16　根据姓名查询的界面

实现根据姓名来查找员工信息的代码如下：

```
/**
* 按照姓名查找员工信息
*/
EMP *findname(char *name)
{
    EMP *emp1;
    emp1=emp_first;

    while(emp1)
    {
        if(strcmp(name,emp1->name)==0)        //比较输入的姓名和链表中记载的姓名是否相同
        {
            return emp1;
        }
        emp1=emp1->next;
    }
    return NULL;
}
```

4.11.4　根据工号查找员工信息

在查询员工信息界面选择数字键“2”，可以输入员工工号来查找员工的信息。根据工号查询员工

的信息的显示页面如图 4.17 所示。

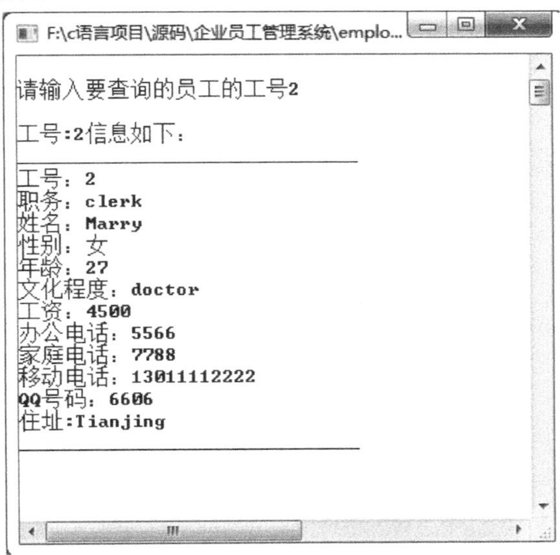

图 4.17　根据工号查询的界面

实现根据员工工号来查找员工信息的代码如下：

```
/**
* 按照员工工号查询
*/
EMP *findnum(int num)                          //声明一个结构体指针
{
    EMP *emp1;
    emp1=emp_first;
    while(emp1)
    {
        if(num==emp1->num)   return emp1;    //链表中是否有此员工工号
        emp1=emp1->next;
    }
    return NULL;
}
```

4.11.5　根据电话号码查找员工信息

在查询员工信息界面选择数字键“3”，可以输入电话号码来查找员工的信息，无论输入的是办公电话号码、家庭电话号码还是手机号，都会找到这个号码所属员工。根据电话号查询员工的信息的显示页面如图 4.18 所示。

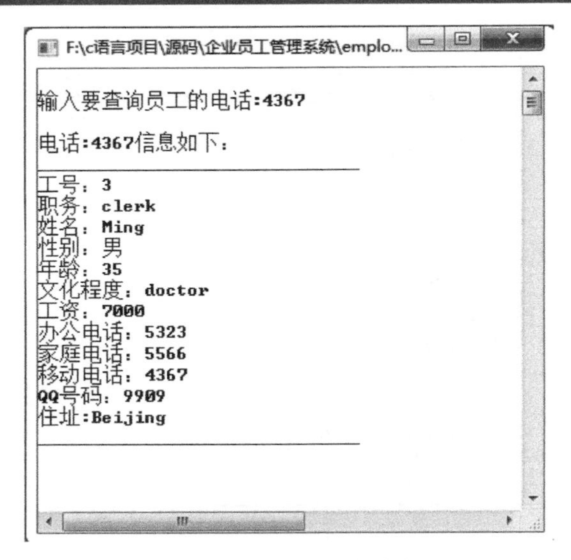

图 4.18　根据电话号码的查询界面

实现根据电话号码来查找员工信息的代码如下：

```
/**
* 按照电话号码查询员工信息
*/
EMP *findtelephone(char *name)
{
        EMP *emp1;
        emp1=emp_first;
        while(emp1)
        {
                if((strcmp(name,emp1->tel_office)==0)||
                (strcmp(name,emp1->tel_home)==0)||
                (strcmp(name,emp1->mobile)==0))                //使用逻辑或判断通讯号码
                return emp1;
                emp1=emp1->next;

        }
          return NULL;
}
```

4.11.6　根据 QQ 号查找员工信息

在查询员工信息界面选择数字键“4”，可以输入 QQ 号来查找员工的信息。根据 QQ 号查询员工的信息的显示页面如图 4.19 所示。

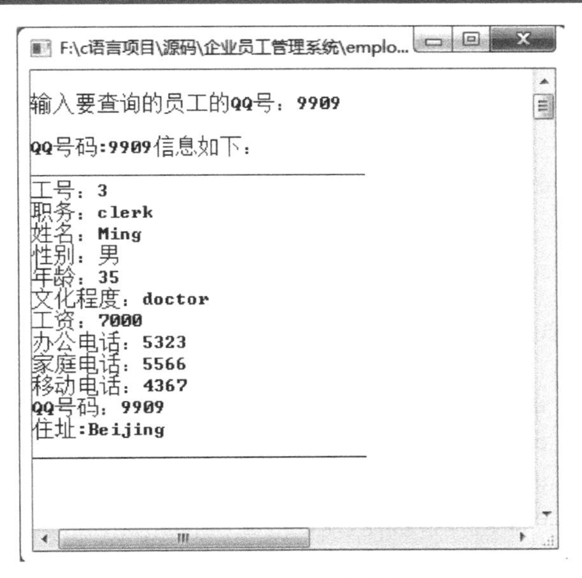

图 4.19　根据 QQ 号查询的界面

实现根据 QQ 号来查找员工信息的代码如下：

```
/**
* 按照员工 QQ 号查询员工信息
*/
EMP *findqq(char *name)
{
    EMP *emp1;

    emp1=emp_first;
    while(emp1)
    {
        if(strcmp(name,emp1->qq)==0)   return emp1;
        emp1=emp1->next;
    }
    return NULL;
}
```

4.11.7　显示查询结果

通过查找函数查找到员工的信息后，需要进行显示，下面就是相应的显示查询结果函数的具体代码：

```
/**
 * 显示员工信息
 */
void displayemp(EMP *emp,char *field,char *name)
{
    if(emp)
    {
        printf("\n%s:%s 信息如下：\n",field,name);
        bound('_',30);
        printf("工号：%d\n",emp->num);
        printf("职务：%s\n",emp->duty);
        printf("姓名：%s\n",emp->name);
        printf("性别：%s\n",emp->sex);
        printf("年龄：%d\n",emp->age);
        printf("文化程度：%s\n",emp->edu);
        printf("工资：%d\n",emp->salary);
        printf("办公电话：%s\n",emp->tel_office);
        printf("家庭电话：%s\n",emp->tel_home);
        printf("移动电话：%s\n",emp->mobile);
        printf("QQ 号码：%s\n",emp->qq);
        printf("住址:%s\n",emp->address);
        bound('_',30);
    }else {
     bound('_',40);
     printf("资料库中没有%s 为：%s 的员工！请重新确认！",field,name);
    }
    return;
}
```

视频讲解

4.12 员工信息修改模块设计

4.12.1 模块概述

随着员工在职时间的变长，员工的一些基本信息也就随之变化，此时就需要对员工信息系统中的信息进行修改，如员工的年龄、工资等。下面就是系统实现的修改信息的操作模块效果，基本修改操作页面如图 4.20 所示。

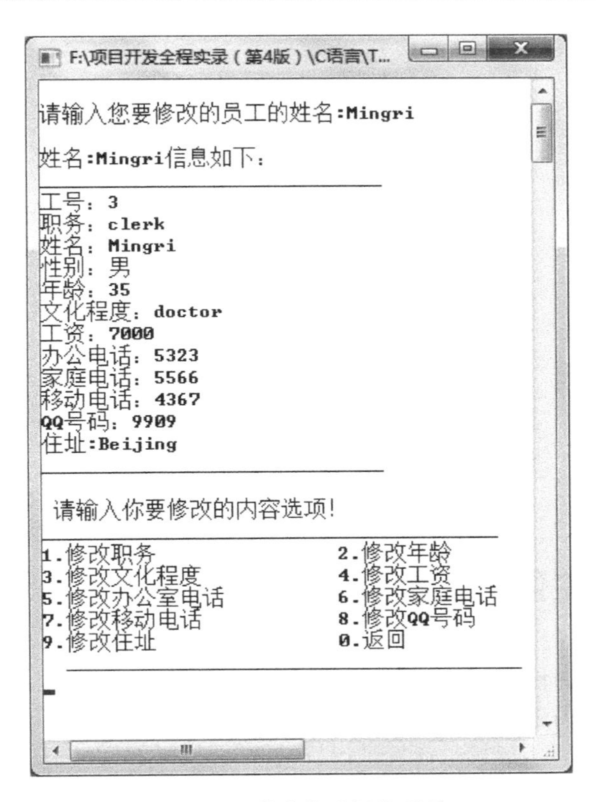

图 4.20　基本修改操作页面

修改基本内容操作页面如图 4.21 所示。

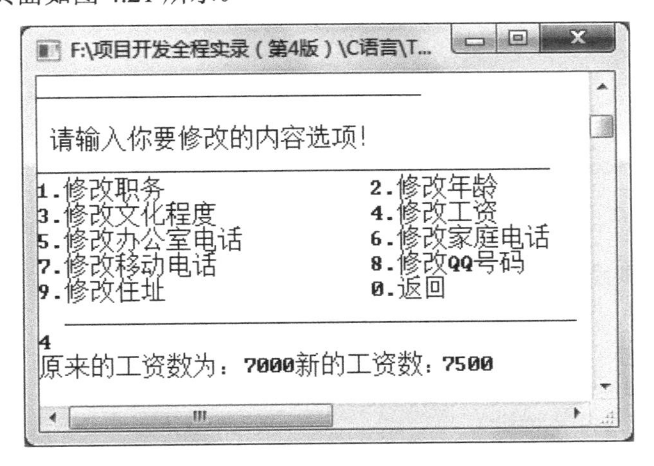

图 4.21　修改基本内容操作页面

修改后的数据显示页面如图 4.22 所示。

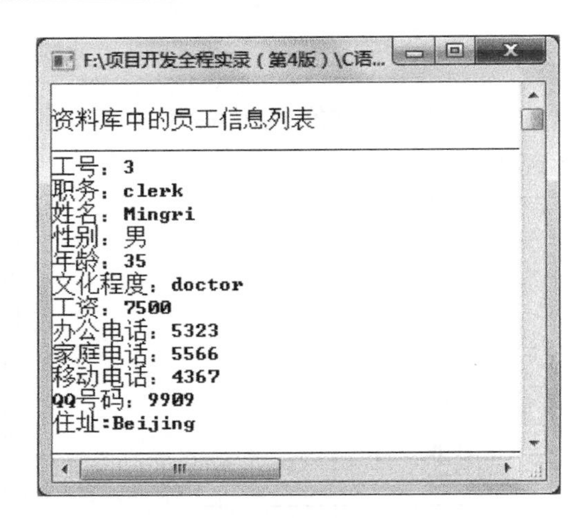

图 4.22　修改后的数据显示页面

4.12.2　实现修改员工信息的界面设计

在系统的功能菜单中选择修改员工信息的操作选项后，系统会提示输入要修改的员工姓名。用户输入姓名后，系统会显示出员工的基本信息，以及修改选择菜单列表，用户根据自己的需要选择相应的操作。具体实现代码如下：

```
/**
 * 修改员工信息
 */
void modifyemp()
{
	EMP *emp1;
	char name[10],*newcontent;
	int choice;

	printf("\n 请输入您要修改的员工的姓名:");
	scanf("%s",&name);

	emp1=findname(name);
	displayemp(emp1,"姓名",name);

	if(emp1)
	{
		printf("\n  请输入你要修改的内容选项！ \n");
		bound('_',40);
		printf("1.修改职务                    2.修改年龄\n");
```

```
printf("3.修改文化程度              4.修改工资\n");
printf("5.修改办公室电话            6.修改家庭电话\n");
printf("7.修改移动电话              8.修改 QQ 号码  \n");
printf("9.修改住址                  0.返回\n    ");
bound('_',40);

do{
    fflush(stdin);                                              //清除缓冲区
    choice=getchar();
    switch(choice)                                              //操作选择函数
    {
        case '1':
            newcontent=modi_field("职务",emp1->duty,10);          //调用修改函数修改基本信息
            if(newcontent!=NULL)
            {
                strcpy(emp1->duty,newcontent);
                free(newcontent);
            }
            break;
        case '2':
            emp1->age=modi_age(emp1->age);
            break;
        case '3':
            newcontent=modi_field("文化程度",emp1->edu,10);
            if(newcontent!=NULL)
            {
                strcpy(emp1->edu,newcontent);                     //获取新信息内容
                free(newcontent);
            }
            break;
        case '4':
            emp1->salary=modi_salary(emp1->salary);
            break;
        case '5':
            newcontent=modi_field("办公室电话",emp1->tel_office,13);
            if(newcontent!=NULL)
            {
                strcpy(emp1->tel_office,newcontent);
                free(newcontent);
            }
            break;
        case '6':
```

```
                newcontent=modi_field("家庭电话",emp1->tel_home,13);
                if(newcontent!=NULL)
                {
                    strcpy(emp1->tel_home,newcontent);
                    free(newcontent);
                }
                break;
            case '7':
                newcontent=modi_field("移动电话",emp1->mobile,12);
                if(newcontent!=NULL)
                {
                    strcpy(emp1->mobile,newcontent);
                    free(newcontent);
                }
                break;
            case '8':
                newcontent=modi_field("QQ 号码",emp1->qq,10);
                if(newcontent==NULL)
                {
                    strcpy(emp1->qq,newcontent);
                    free(newcontent);
                }
                break;
            case '9':
                newcontent=modi_field("住址",emp1->address,30);
                if(newcontent!=NULL)
                {
                    strcpy(emp1->address,newcontent);
                    free(newcontent);                    //释放内存空间
                }
                break;
            case '0':
                return;
        }
    }while(choice<'0' || choice>'9');

    gsave=1;
    savedata();                                          //保存修改的数据信息
    printf("\n 修改完毕，按任意键退出！ \n");
    getch();
}
return;
```

```
}
```

4.12.3　修改员工工资

在修改员工信息界面输入数字键“4”，会显示此员工原来的工资数，用户输入新的工资数，即可修改员工工资，如图 4.23 所示。

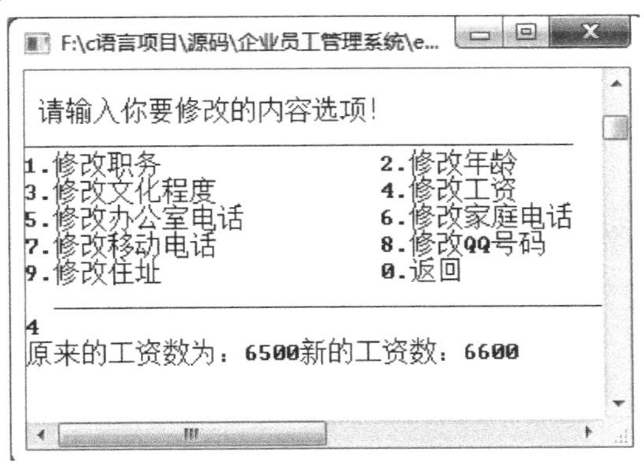

图 4.23　修改员工工资

定义了整型变量 newsalary，为新修改的工资数，输入新的工资数之后，modi_salary()函数返回 newsalary。实现修改员工工资的代码如下：

```
/**
 * 修改工资的函数
 */
int modi_salary(int salary)
{
    int newsalary;
    printf("原来的工资数为：%d",salary);
    printf("新的工资数：");
    scanf("%d",&newsalary);
    return(newsalary);
}
```

4.12.4　修改员工年龄

在修改员工信息界面输入数字键“2”，即可修改员工年龄，如图 4.24 所示。

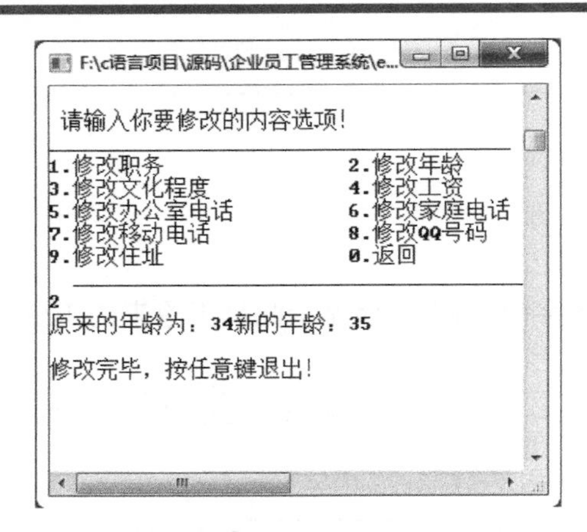

图 4.24　修改年龄界面

修改员工年龄的代码和修改员工工资的代码类似，实现修改员工年龄的代码如下：

```
/**
 * 修改年龄的函数
 */
int modi_age(int age)
{
     int newage;
    printf("原来的年龄为：%d",age);
    printf("新的年龄：");
    scanf("%d",&newage);
    return(newage);
}
```

4.12.5　修改非数值型信息

除了员工的年龄和工资以外，其他的员工信息都是非数值型的信息，如果要修改，需要使用modi_field()函数方法。修改非数值型信息的界面如图 4.25 所示。

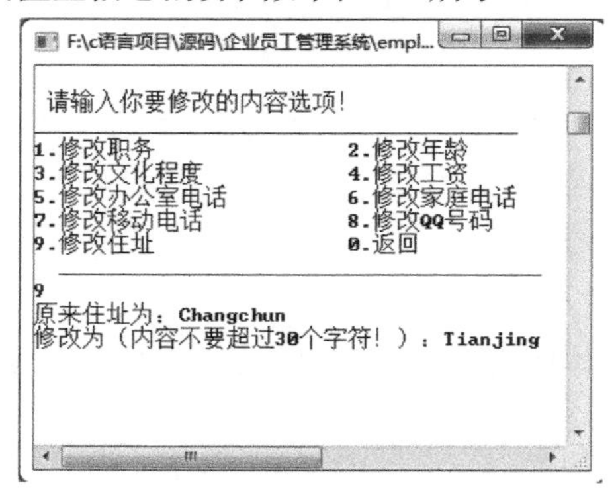

图 4.25　修改非数值型信息界面

实现修改员工非数值型信息的代码如下：

```
/**
 * 修改非数值型信息的函数
 */
char *modi_field(char *field,char *content,int len)
{
        char *str;
        str=malloc(sizeof(char)*len);
        if(str==NULL)
        {
            printf("内存分配失败，按任意键退出！");
            getch();
            return NULL;
        }
        printf("原来%s 为：%s\n",field,content);
        printf("修改为（内容不要超过%d 个字符!）：",len);
        scanf("%s",str);
        return str;
}
```

4.13　员工信息统计模块设计

4.13.1　模块概述

本模块主要是实现对员工基本信息的统计，如员工的数量、员工的工资总数、不同性别员工的数量等。员工信息统计页面如图 4.26 所示。

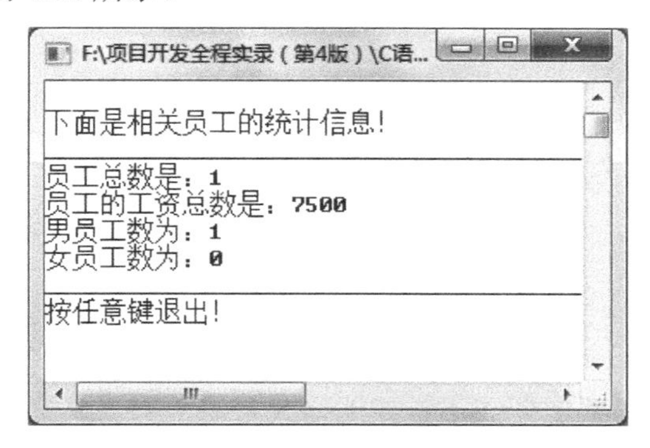

图 4.26　员工信息统计页面

4.13.2　员工信息统计模块实现

在系统的功能菜单中选择统计员工信息的操作选项后，系统会显示对员工信息的统计结果。具体实现代码如下：

```
void summaryemp()
{
    EMP *emp1;
    int sum=0,num=0,man=0,woman=0;
    emp1=emp_first;
    while(emp1)
    {
        num++;
        sum+=emp1->salary;
        if(strcmp(emp1->sex,"男")==0) man++;
        else woman++;
        emp1=emp1->next;
    }
    printf("\n 下面是相关员工的统计信息！ \n");
    bound('_',40);
    printf("员工总数是：%d\n",num);
    printf("员工的工资总数是：%d\n",sum);
    printf("男员工数为：%d\n",man);
    printf("女员工数为：%d\n",woman);
    bound('_',40);
    printf("按任意键退出！ \n");
    getch();
    return;
}
```

视频讲解

4.14　系统密码重置模块设计

4.14.1　模块概述

为了提高系统的安全性，需要定期或不定期地修改系统密码。本模块实现对系统的密码进行重置。模块运行效果如图 4.27 所示。

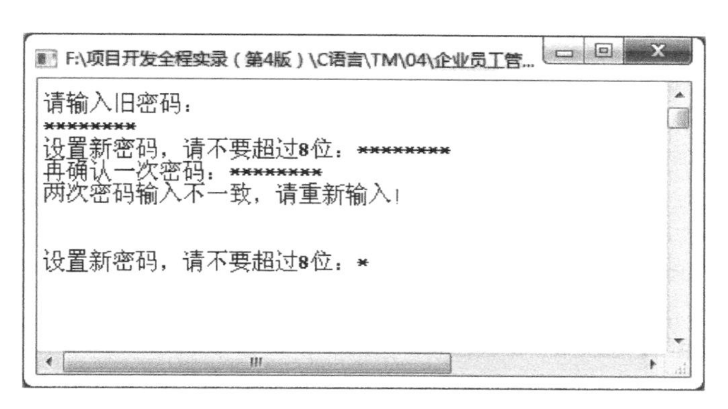

图 4.27　修改密码页面

4.14.2　系统密码重置模块实现

在系统的功能菜单中选择修改密码的操作选项后，系统会提示输入旧密码，用户在正确输入旧密码后，用户根据提示操作即可实现密码的修改。具体实现代码如下：

```
void resetpwd()
{
    char pwd[9],pwd1[9],ch;
    int i;
    FILE *fp1;
    system("cls");
    printf("\n 请输入旧密码：\n");
     for(i=0;i<8 && ((pwd[i]=getch())!=13);i++)
            putch('*');
        pwd[i]='\0';
        if(strcmp(password,pwd)!=0)
        {
            printf("\n 密码错误，请按任意键退出！\n");                    /*比较旧密码，判断用户权限*/
            getch();
            return;
        }
     do{
          printf("\n 设置新密码，请不要超过 8 位：");
            for(i=0;i<8&&((pwd[i]=getch())!=13);i++)
                putch('*');
            printf("\n 再确认一次密码：");
            for(i=0;i<8&&((pwd1[i]=getch())!=13);i++)
                putch('*');                                              /*屏幕中输出提示字符*/
            pwd[i]='\0';
```

```
        pwd1[i]='\0';
        /*密码两次比较*/
        if(strcmp(pwd,pwd1)!=0)
            printf("\n 两次密码输入不一致，请重新输入！ \n\n");
        else break;
    }while(1);
    if((fp1=fopen("config.bat","wb"))==NULL)                    /*打开密码文件*/
    {
        printf("\n 系统创建失败，请按任意键退出！ ");
        getch();
        exit(1);
    }
    i=0;
    while(pwd[i])
    {
        putw(pwd[i],fp1);
        i++;
    }
    fclose(fp1);                                                /*关闭文件流*/
    printf("\n 密码修改成功，按任意键退出！ \n");
    getch();
    return;
}
```

4.15 开发总结

本系统只是实现了企业员工管理系统的一些基本功能，真正的员工信息管理系统在功能和开发难度上比这个要复杂得多。本系统只是为读者提供一个开发的基本思维以及基本的开发流程，希望读者在这个基础上有更多自己的思维和创新开发技巧。

第 5 章

超级万年历

（DEV C++实现）

万年历是中国古代用来记录年份日期的历法，一直延续至今。本章介绍的万年历应用可以用来查询公历/农历日期、进行有关日期的计算、显示二十四节气和公历/农历节日等。通过本章的学习，读者能够学到：

- SetConsoleTextAttribute()方法设置字体
- 日期值的多重检验
- GetCurTime()函数获得当前时间
- 判断闰月的算法
- 公历查询农历的算法
- 农历查询公历的算法

5.1 开 发 背 景

万年历是我国古代传说中最古老的一部太阳历。万年历的名称来源于商朝一位名叫万年的人，他就是这部历法的编撰者。为纪念他的功绩，因此就将这部历法命名为“万年历”。万年历是记录一定时间范围（比如 100 年或更多）内的具体阳历与阴历的日期的年历，方便有需要的人查询使用。万年只是一种象征，表示时间跨度大。图 5.1 为网页版的万年历，在本章中，通过 DEV C++来设计一款 C 语言版的万年历应用，在此万年历中包括显示公历、农历、天干和地支、节气、节假日的查询，还包括日期天数的计算等。

图 5.1 网页中的万年历

5.2 需 求 分 析

本项目的具体任务是制作一个超级万年历的应用，用来查询公历/农历日期、进行有关日期的计算、显示二十四节气和公历农历节日等。

在该系统中主要包含了以下的关键技术：

☑ 设置控制台白地彩字。

☑ 农历日期查询对应公历日期。

☑ 设计月历。

☑ 标记节气位置。

☑ 某天距今天的天数。

☑ 距今天 n 天的日期。

☑ 两日期之间的间隔。

☑ 查询节气信息。

☑ 获得公历节日。

5.3 系统功能设计

5.3.1 系统功能结构

万年历应用一共可以实现 8 个功能。具体功能如图 5.2 所示。

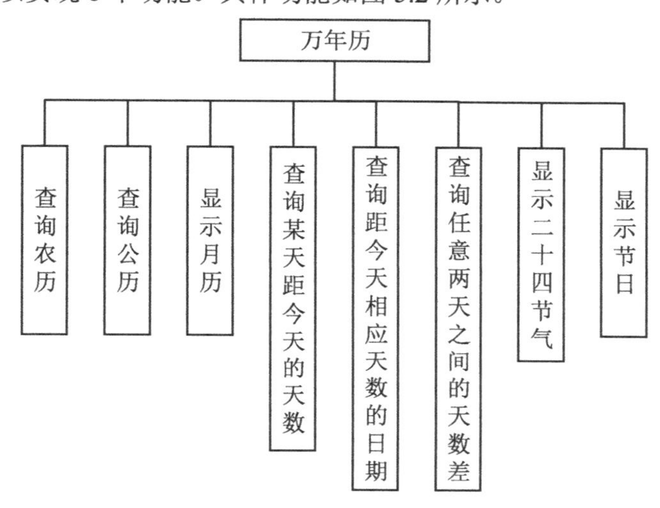

图 5.2 系统功能结构

5.3.2 业务流程图

万年历的业务流程如图 5.3 所示。

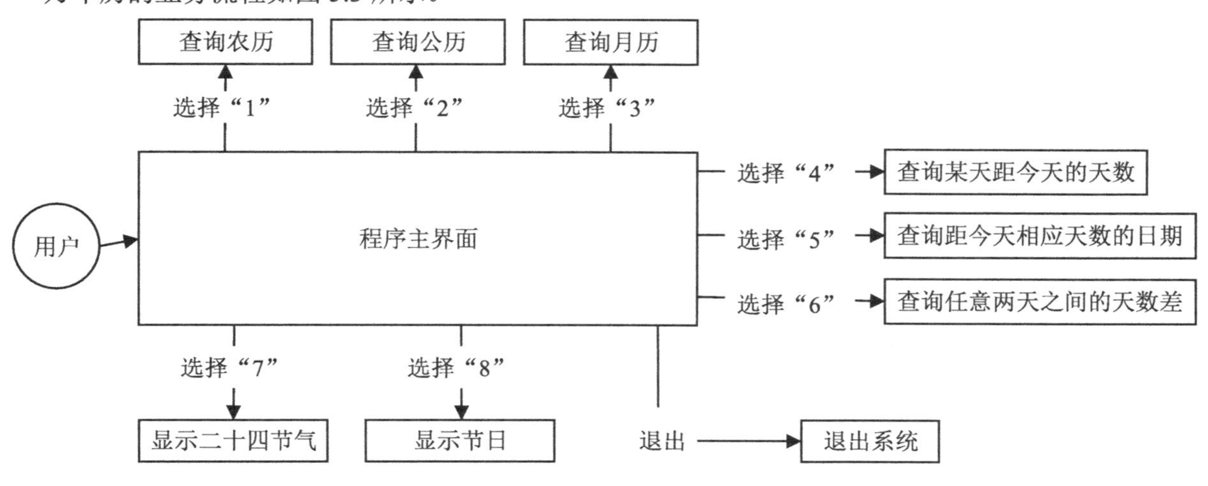

图 5.3 业务流程

5.3.3　系统预览

万年历的主界面如图 5.4 所示。

万年历中查询农历的显示界面如图 5.5 所示。

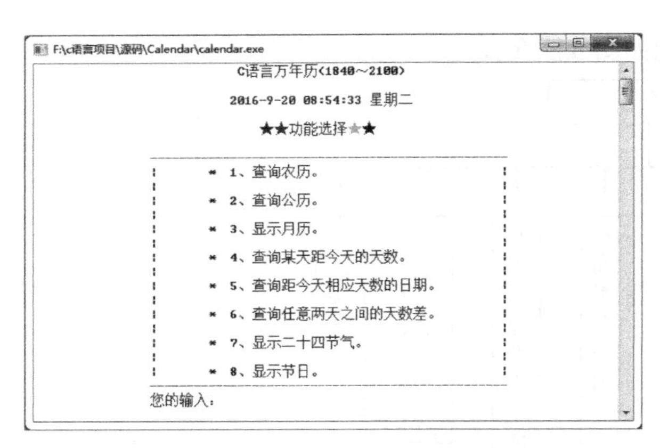

图 5.4　万年历主界面

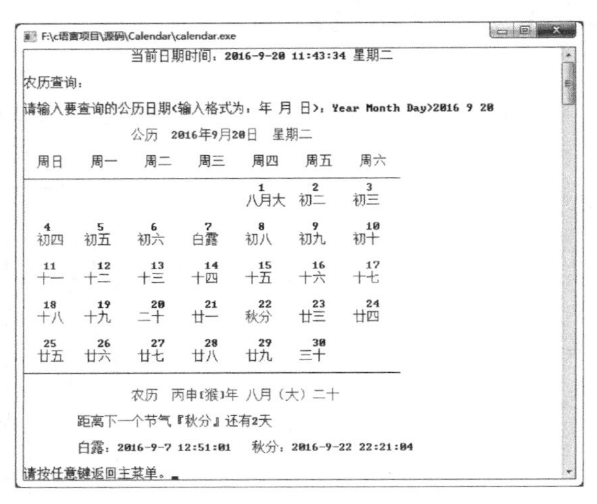

图 5.5　查询农历的显示界面

万年历中显示二十四节气的界面如图 5.6 所示。

万年历中显示农历节日的界面如图 5.7 所示。

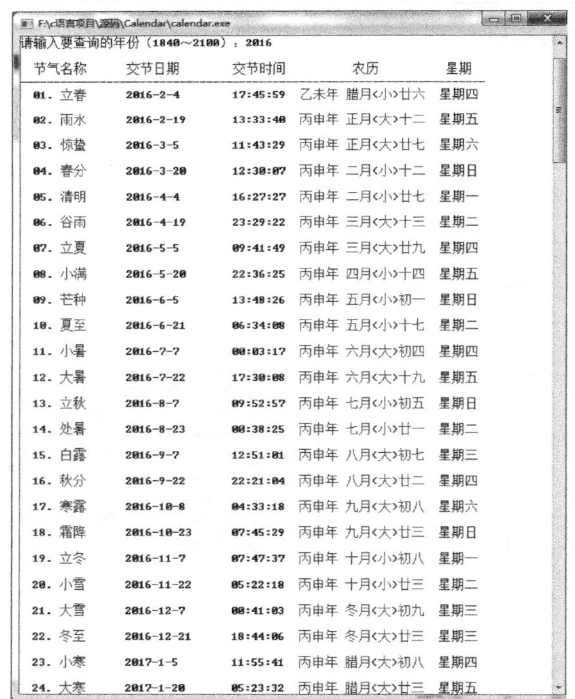

F:\c语言项目\源码\Calendar\calendar.exe

请输入要查询的年份（1840～2100）：2016

节气名称	交节日期	交节时间	农历	星期
01. 立春	2016-2-4	17:45:59	乙未年 腊月(小)廿六	星期四
02. 雨水	2016-2-19	13:33:40	丙申年 正月(大)十二	星期五
03. 惊蛰	2016-3-5	11:43:29	丙申年 正月(大)廿七	星期六
04. 春分	2016-3-20	12:30:07	丙申年 二月(小)十二	星期日
05. 清明	2016-4-4	16:27:27	丙申年 二月(小)廿七	星期一
06. 谷雨	2016-4-19	23:29:22	丙申年 三月(大)十三	星期二
07. 立夏	2016-5-5	09:41:49	丙申年 三月(大)廿九	星期四
08. 小满	2016-5-20	22:36:25	丙申年 四月(小)十四	星期五
09. 芒种	2016-6-5	13:48:26	丙申年 五月(小)初一	星期日
10. 夏至	2016-6-21	06:34:08	丙申年 五月(小)十七	星期二
11. 小暑	2016-7-7	00:03:17	丙申年 六月(大)初四	星期四
12. 大暑	2016-7-22	17:30:08	丙申年 六月(大)十九	星期五
13. 立秋	2016-8-7	09:52:57	丙申年 七月(小)初五	星期日
14. 处暑	2016-8-23	00:38:25	丙申年 七月(小)廿一	星期二
15. 白露	2016-9-7	12:51:01	丙申年 八月(大)初七	星期三
16. 秋分	2016-9-22	22:21:04	丙申年 八月(大)廿二	星期四
17. 寒露	2016-10-8	04:33:18	丙申年 九月(大)初八	星期六
18. 霜降	2016-10-23	07:45:29	丙申年 九月(大)廿三	星期日
19. 立冬	2016-11-7	07:47:37	丙申年 十月(小)初八	星期一
20. 小雪	2016-11-22	05:22:18	丙申年 十月(小)廿三	星期二
21. 大雪	2016-12-7	00:41:03	丙申年 冬月(大)初九	星期三
22. 冬至	2016-12-21	18:44:06	丙申年 冬月(大)廿三	星期三
23. 小寒	2017-1-5	11:55:41	丙申年 腊月(大)初八	星期四
24. 大寒	2017-1-20	05:23:32	丙申年 腊月(大)廿三	星期五

图 5.6　显示二十四节气

图 5.7　显示农历节日

5.4　预处理模块设计

5.4.1　模块概述

超级万年历程序在预处理模块中宏定义了在整个系统程序中用到的万年历查询的年份范围；另外定义了时间、农历结构体和一些全局变量；该模块还对系统中各个功能模块的函数做了声明。

5.4.2　技术分析

在超级万年历应用中使用到了宏定义，宏定义也是预处理命令的一种，以#define 开头，提供了一种可以替换源代码中字符串的机制。需要注意的是，宏定义不是 C 语句，不必在行末加分号。如果加了分号，则会连分号一起进行置换，就会出现语法错误。另外，在代码中出现的标点符号都应该是英文标点。

在本程序中用到的宏定义具体代码为：

```
/*******宏　定　义*******/
#define start_year 1840
#define end_year 2100
```

注意　使用宏定义的好处是方便程序的修改。如果没有宏定义，要将 1840 的值改为 1850，那么就要在程序中将 1840 一个个地找出来进行修改。如果 1840 使用了宏定义，那么只需要在程序开头，将“#define start_year 1840”中的 1840 改为 1850 就可以了，而不用整篇代码地修改。

5.4.3　功能实现

超级万年历的预处理模块的实现过程如下。

1．文件引用

下面是本程序引用的头文件，具体代码如下：

```
/*******文　件　引　用*******/
#include <stdio.h>
#include <windows.h>
```

2. 宏定义

在本程序的宏定义中，定义了万年历的年份查询范围，起始年份为1840年，结尾年份为2100年。在后面的代码中要用到1840的时候，写为start_year即可；同样，用到2100的时候，写为end_year。

宏定义的具体代码如下：

```
/*******宏　定　义*******/
#define start_year 1840
#define end_year 2100
```

3. 定义全局变量

本程序用到的全局变量比较多，主要定义了时间结构体、农历结构体、月序码表、月首码表（和月序码表一起可以计算出农历的日期，由于代码过多，中间代码省略，具体请查看资源包源码）、节气码表、农历日名、农历月名、天干、地支、生肖、节气等。

定义全局变量的具体代码如下：

```
/*******定　义　全　局　变　量*******/
typedef enum {false = 0, true = 1} bool;

typedef struct _LONGTIME{
        int wYear;
        int wMonth;
        int wDayOfWeek;
        int wDay;
        int wHour;
        int wMinute;
        int wSecond;
        int wMillisecond;
}LONGTIME,*PLONGTIME,LPLONGTIME;              //时间结构体

typedef struct _LUNARDATE{
        long int iYear;
        int wMonth;
        int wDay;                             //农历年、月、日
        bool bIsLeap;                         //闰月标志
        unsigned int iDaysofMonth;            //大月天数
}LUNARDATE,*PLUNARDATE,LPLUNARDATE;
int Yuexu[]={                                 //月序码表
        0,1,2,3,4,5,6,7,8,9,10,11,12,13, //1840
        0,1,2,3,4,4,5,6,7,8,9,10,11,12,  //1841
...
        0,1,2,3,4,5,6,7,8,9,10,10,11,12, //2109
        0,1,2,3,4,5,6,7,8,9,10,11,12,13, //2110
```

```
};
int Yueshou[]={                                                        //月首码表
    -58465,-58435,-58406,-58376,-58347,-58317,-58288,-58259,-58229,-58200,-58170,-58141,-58111,-58081,
-58051,                                                                //1840
...
    40167,40196,40226,40255,40285,40315,40344,40374,40404,40433,40463,40492,40521,40551,40580,
                                                                       //2110
};

/*节气码表 24 位
第 23 位：保留
第 22 至 17 位：农历正月初一的年内序数（农历正月初一距离公历元旦的天数）
第 16 至 13 位：闰月（0 表示无闰月，1 至 12 表示闰月月份）
第 12 至 0：月份大小信息（从低位到高位分别对应从正月到（闰）十二月的每个月的大小，"1"表示大月，即该月
有 30 天，"0"表示小月，即该月 29 天）*/
double Jieqi[]={
    -58448.6931602335,-58433.9788180894,-58419.2512883828,-58404.4827664288,-58389.6389288567,-
58374.6989248949,-58359.6385648816,-58344.4515437680,-58329.1281003214,-58313.6819312553,-58298.
1182927126,-58282.4715381649,-58266.7586595891,-58251.0281386724,-58235.3019020019,-58219.63010
12004,-58204.0307181125,-58188.5423399723,-58173.1717623188,-58157.9379736951,-58142.8324522449,
-58127.8537495048,-58112.9781749247,-58098.1884433475,//1840
...
    36514.4192843969,36529.1449522557,36543.8648146734,36558.6248174813,36573.4421602216,3658
8.3569454217,36603.3771640971,36618.5300448555,36633.8087928353,36649.2224969579,36664.7477332
541,36680.3733164374,36696.0636406887,36711.7906191288,36727.5162474726,36743.2038456507,36758
.8243750119,36774.3435825404,36789.7499457511,36805.0213043200,36820.1667661882,36835.18024889
43,36850.0893525501,36864.9024815486,//2100
};

char  *dName[30]={"初一","初二","初三","初四","初五","初六","初七","初八","初九","初十","十一","十二","十三",
"十四","十五","十六","十七","十八","十九","二十","廿一","廿二","廿三","廿四","廿五","廿六","廿七","廿八","廿九",
"三十"};
char *mName[12]={"正月","二月","三月","四月","五月","六月","七月","八月","九月","十月","冬月","腊月"};
char *tiangan[10]={"甲", "乙", "丙", "丁", "戊", "己", "庚", "辛", "壬", "癸"};
char *dizhi[12]={"子", "丑", "寅", "卯", "辰", "巳", "午", "未", "申", "酉", "戌", "亥"};
char *shengxiao[12]={"鼠", "牛", "虎", "兔", "龙", "蛇", "马", "羊", "猴", "鸡", "狗", "猪" };
char *jieqi[24]={"冬至", "小寒", "大寒", "立春", "雨水", "惊蛰", "春分", "清明", "谷雨", "立夏", "小满", "芒种", "夏至",
"小暑", "大暑", "立秋", "处暑", "白露", "秋分", "寒露", "霜降", "立冬", "小雪", "大雪"};
char *Xingqi[7]={"星期日","星期一","星期二","星期三","星期四","星期五","星期六"};
HANDLE hOut;                //控制台句柄
```

4．函数声明

在本程序中，函数声明的具体代码如下：

```
/*******函　数　声　明*******/
void DateRefer(int year,int month,int day,bool SST);                    //公历查农历
//取当前月份天数，mode 为 false 时，查公历，mode 为 true 时查农历，此时 bLeap 为是否闰月
int GetDaysOfMonth(int year,int month,bool mode,bool bLeap);
void ShowCalendar(int year,int month,int day);                          //打印一个月的月历
int Jizhun(int year,int month,int day);                                 //算出基准天
int int2(double v);                                                     //取整
double GetDecimal(double n);                                            //取得小数部分
LONGTIME GetDate(double n);                                             //将小数日转公历
int GetGre(LUNARDATE LunarDate);                                        //农历查公历
LONGTIME GetCurTime();                                                  //取当前系统时间
LONGTIME SysTimeToLong(SYSTEMTIME SystemTime);                          //时间结构体转换
LONGTIME GMTConvert(LONGTIME OrigTime);                                 //时区转换
bool IsLeapYear(int nYear);                                             //闰年
void ShowSolarTerms(int year);                                          //显示二十四节气
void Holiday(int month);                                                //公历节日
```

5.5　主窗体设计

5.5.1　主窗体设计概述

在主函数中不仅设计了程序的主界面，而且还设置了对应选项菜单的按键操作。万年历的主界面如图 5.8 所示。

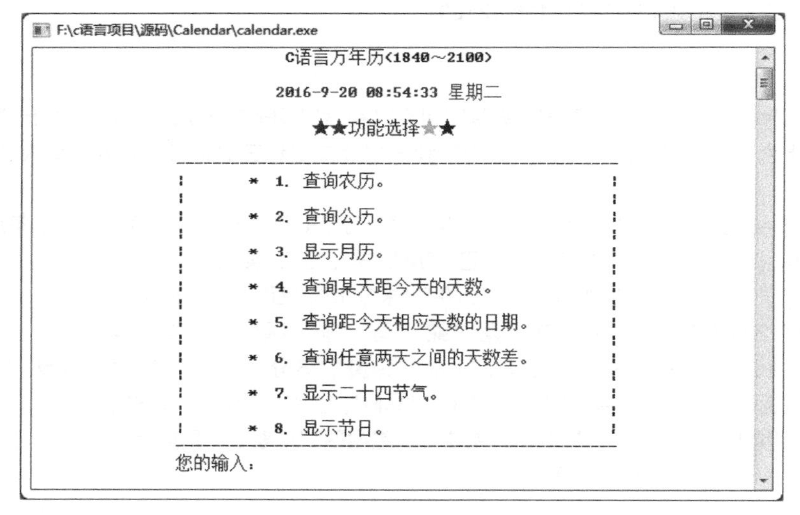

图 5.8　万年历主界面

5.5.2　技术分析

主界面由标题和选项菜单组成，标题中的第二行红色文字显示的是当前时间，可以通过GetCurTime()函数获得，其余内容直接打印输出即可。

另外，本程序使用的是白色背景和彩色文字，设置字体颜色的方法和前 3 章不同，所使用到的方法是 SetConsoleTextAttribute()，它是用来设置控制台字体颜色和背景色的函数。

SetConsoleTextAttribute()的函数原型为：

```
BOOL SetConsoleTextAttribute(HANDLE hConsoleOutput,WORD wAttributes);
```

参数介绍：

☑ hConsoleOutput：控制台屏幕输出流的句柄（handle to console screen buffer）。这个文件流的句柄必须有写入（GENERIC_READ）的权限。

☑ wAttributes：用来设置颜色。

常见的 wAttributes 颜色属性值如表 5.1 所示。

表 5.1　常见的 wAttributes 颜色属性值

参　数　值	含　　义
FOREGROUND_BLUE	字体颜色：蓝
FOREGROUND_GREEN	字体颜色：绿
FOREGROUND_RED	字体颜色：红
FOREGROUND_INTENSITY	前景色高亮显示
BACKGROUND_BLUE	背景颜色：蓝
BACKGROUND_GREEN	背景颜色：绿
BACKGROUND_RED	背景颜色：红
BACKGROUND_INTENSITY	背景色高亮显示

不仅可以设置红、绿、蓝 3 种颜色，还可以进行组合配色，比如紫色就可以由蓝色和红色配出来。具体的配色方案如图 5.9 所示。

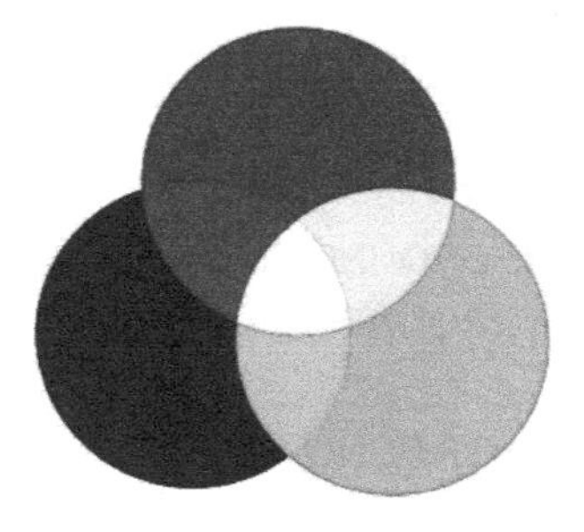

图 5.9　配色方案

绘制主界面的详细代码如下：

```
/**
 * 主函数
 */
int main()
{
    system("color f0");                        //设置为白地
    int mode=0;                                //查询选择模式
    int year,month,day,dMn,days;               //输入的年月日以及天数
    int error_times=0;                         //输入的错误计次
    LUNARDATE lunar_date;
    LONGTIME lt,lt2;

    while(error_times<5)
    {
        year=-1,month=-1,day=-1,dMn=-1,days=9025910;
        //设置标题
        printf("\t\t\t      C 语言万年历(1840～2100)\n\n");
        lt=GetCurTime();                                       //获得当前时间
        hOut = GetStdHandle(STD_OUTPUT_HANDLE);                //获取控制台句柄
    SetConsoleTextAttribute(hOut,FOREGROUND_INTENSITY|BACKGROUND_INTENSITY|BACKGROUN
D_RED|BACKGROUND_GREEN|BACKGROUND_BLUE|FOREGROUND_RED);   //更改文字颜色，为红色
    printf("\t\t\t      %d-%d-%d %02d:%02d:%02d %s\r\n\n",lt.wYear,lt.wMonth,lt.wDay,lt.wHour,lt.wMinute,lt.wS
econd,Xingqi[lt.wDayOfWeek]);
    SetConsoleTextAttribute(hOut,BACKGROUND_INTENSITY|BACKGROUND_RED|BACKGROUND_GRE
EN|BACKGROUND_BLUE);                                           //改回文字颜色，白地黑字
    SetConsoleTextAttribute(hOut,FOREGROUND_INTENSITY|BACKGROUND_INTENSITY|BACKGROUN
D_RED|BACKGROUND_GREEN|BACKGROUND_BLUE|FOREGROUND_RED);
        printf("\t\t\t            ★");
    SetConsoleTextAttribute(hOut,FOREGROUND_INTENSITY|BACKGROUND_INTENSITY|BACKGROUN
D_RED|BACKGROUND_GREEN|BACKGROUND_BLUE|FOREGROUND_RED|FOREGROUND_BLUE);
        printf("★");
    SetConsoleTextAttribute(hOut,BACKGROUND_INTENSITY|BACKGROUND_RED|BACKGROUND_GRE
EN|BACKGROUND_BLUE);
        printf("功能选择");
    SetConsoleTextAttribute(hOut,FOREGROUND_INTENSITY|BACKGROUND_INTENSITY|BACKGROUN
D_RED|BACKGROUND_GREEN|BACKGROUND_BLUE|FOREGROUND_BLUE|FOREGROUND_GREEN);
        printf("★");
    SetConsoleTextAttribute(hOut,FOREGROUND_INTENSITY|BACKGROUND_INTENSITY|BACKGROUN
D_RED|BACKGROUND_GREEN|BACKGROUND_BLUE|FOREGROUND_BLUE);
        printf("★            \n\n");
```

```
    SetConsoleTextAttribute(hOut,BACKGROUND_INTENSITY|BACKGROUND_RED|BACKGROUND_GRE
EN|BACKGROUND_BLUE);
        //输出菜单选项
        printf("\t\t-----------------------------------------------\n");
        printf("\t\t|\t*    1、查询农历。\t\t\t|\n\t\t|\t\t\t\t\t\t|\n\t\t|\t*    "
               "2、查询公历。\t\t\t|\n\t\t|\t\t\t\t\t\t|\n\t\t|\t*    "
               "3、显示月历。\t\t\t|\n\t\t|\t\t\t\t\t\t|\n\t\t|\t*    "
               "4、查询某天距今天的天数。\t\t|\n\t\t|\t\t\t\t\t\t|\n\t\t|\t*    "
               "5、查询距今天相应天数的日期。\t|\n\t\t|\t\t\t\t\t\t|\n\t\t|\t*    "
               "6、查询任意两天之间的天数差。          |\n\t\t|\t\t\t\t\t\t|\n\t\t|\t*    "
               "7、显示二十四节气。\t\t\t|\n\t\t|\t\t\t\t\t\t|\n\t\t|\t*    "
               "8、显示节日。\t\t\t|\n");
        printf("\t\t-----------------------------------------------\n");
        printf("\t\t 您的输入：");
        scanf("%d",&mode);
        system("cls");
```

5.5.3　功能实现

1．设置选项一：查询农历

在程序的主界面选择数字键“1”之后，即可进入查询农历的界面，需要输入一个公历日期，如图 5.10 所示。

图 5.10　查询农历的界面

在查询界面输入一个公历日期查询所对应的农历日期，比如输入“2016 9 20”，按 Enter 键之后，

显示的内容分别为：

（1）查询日期所在的当月月历。

（2）天干地支。

（3）判断当天是否是节气，如果是，显示是什么节气；如果不是，则显示距离下个最近的节气还有多少天。

（4）当月的节气日期。

显示界面如图 5.11 所示。

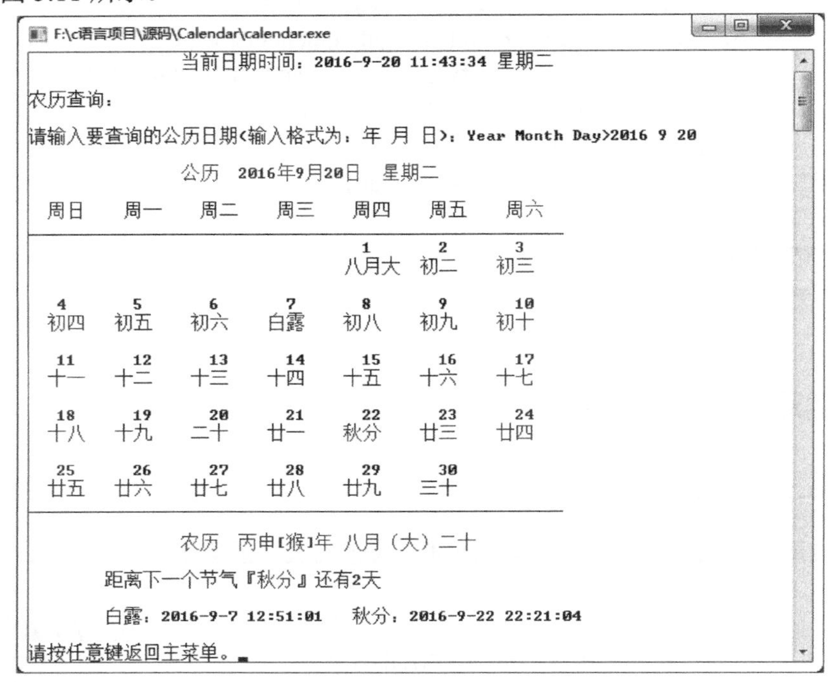

图 5.11　查询农历的显示界面

在下面的代码中，首先会对输入的日期值进行判断，符合条件之后才能进行下一步计算，调用 ShowCalendar()方法显示当月月历，调用 DateRefer()方法实现根据公历日期查询农历日期。详细代码如下：

```
//无论选择哪项，都会在界面最上面显示当前时间
lt=GetCurTime();
printf("\t\t 当前日期时间：%d-%d-%d %02d:%02d:%02d %s\r\n\r\n",lt.wYear,
          lt.wMonth,lt.wDay,lt.wHour,lt.wMinute,lt.wSecond,Xingqi[lt.wDayOfWeek]);
switch (mode)
{
     //选项"1"
     case 1:
          printf("农历查询：\n\n");
          printf("请输入要查询的公历日期(输入格式为：年  月  日)：Year Month Day>");
```

```
while (1)
{
	scanf("%d %d %d",&year,&month,&day);		//输入年月日
	//对输入的年月日进行基本判断
	if (year<=start_year||year>end_year||month<1||month>12||day<1||day>31)
	{
		error_times++;				//累计错误次数
		printf("您输入的日期有误，请重新输入（错误%d 次/5 次）：Year Month
Day>",error_times);
		if (error_times>=5)
		{
			printf("\r\n 错误次数已达到上限，请按任意键退出程序。");
			system("pause >nul");
			return 1;
		}
	}else
	{
		dMn=GetDaysOfMonth(year,month,false,false);	//得到当前月份的实际天数
 //如果输入的天数大于月份实际的天数，会给出错误提示。错误次数大于 5 次后，退出程序
		if (day>dMn)
		{
			error_times++;
			printf("当前月份只有%d 天。请重新输入（错误%d 次/5 次）：Year Month
Day>",dMn,error_times);
		//如果错误次数大于等于 5 次，显示下面语句，并按任意键即可退出
			if (error_times>=5)
			{
				printf("\r\n 错误次数已达到上限，请按任意键退出程序。");
				system("pause >nul");	//按任意键退出
				return 1;
			}
		}else
		{
			break;
		}
	}
}
ShowCalendar(year,month,day);				//显示当月月历
DateRefer(year,month,day,false);			//调用公历查农历的算法函数

LONGTIME lt,lt2,lt3;
```

```
            double jq1,jq2;
            int index_jieqi=0;                          //节气序号
            int dM0=Jizhun(year,month,1);               //公历月首天数
            int hang=0,lie=0;                           //行与列
            hang=year-start_year;                       //当前年份所处数据表中的行号，从 0 开始
            for (index_jieqi=(month-1)*2;index_jieqi<24;index_jieqi++)
            {
                jq1=Jieqi[hang*24+index_jieqi];
                jq2=Jieqi[hang*24+index_jieqi+1];
                if (int2(jq1+0.5)<=(dM0+14)&&int2(jq2+0.5)>(dM0+14))
                {
                    break;
                }
            }

            //显示当月节气
            lt=GetDate(jq1);
            hOut = GetStdHandle(STD_OUTPUT_HANDLE);                  //获取控制台句柄
    SetConsoleTextAttribute(hOut,FOREGROUND_INTENSITY|BACKGROUND_INTENSITY|BACKGROUN
D_RED|BACKGROUND_GREEN|BACKGROUND_BLUE|FOREGROUND_BLUE); //更改文字颜色，为蓝色
            printf("\n\t%s：%d-%d-%d %02d:%02d:%02d     ",jieqi[(index_jieqi)%24],lt.wYear,
                lt.wMonth,lt.wDay,lt.wHour,lt.wMinute,lt.wSecond);
            lt=GetDate(jq2);
    printf("%s      ：      %d-%d-%d       %02d:%02d:%02d\r\n\r\n",jieqi[(index_jieqi+1)%24],lt.wYear,
lt.wMonth,lt.wDay,lt.wHour,lt.wMinute,lt.wSecond);
    SetConsoleTextAttribute(hOut,BACKGROUND_INTENSITY|BACKGROUND_RED|BACKGROUND_GRE
EN|BACKGROUND_BLUE);
            break;
```

在输入公历日期进行查询的时候，程序会对这个日期进行检查，一共检查两次，首先检查年份 year。因为此万年历程序可以查询的年份已经被设置为 1840~2100，所以输入的年份也要符合这个条件。月份 month 为 1~12，日期 day 为 1~31。这些条件符合之后，会进行第二项检查，计算出当月的天数 dMn，如果日期 day 值小于 dMn，则可以进行查询；否则会给出文字提示，重新输入。输入错误日期达到 5 次，会退出程序。

然后调用 ShowCalendar()方法来显示当月月历，调用 DateRefer()方法显示天干地支和节气；最后输出当月所属的节气信息。

2．设置选项二：查询公历

在程序的主界面选择数字键“2”之后，即可进入查询公历的界面，需要输入一个农历日期，农历的年份为 1840~2100，如图 5.12 所示。

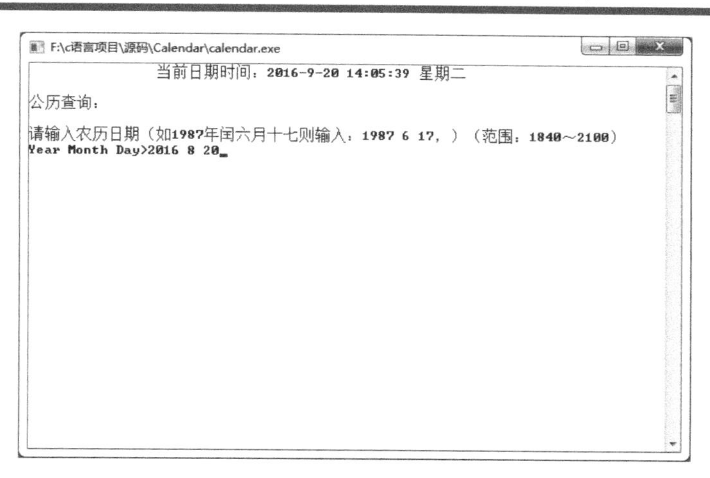

图 5.12　查询公历的界面

在查询界面输入一个农历日期查询所对应的公历日期，比如输入“2016 8 20”，按 Enter 键之后，显示界面如图 5.13 所示。

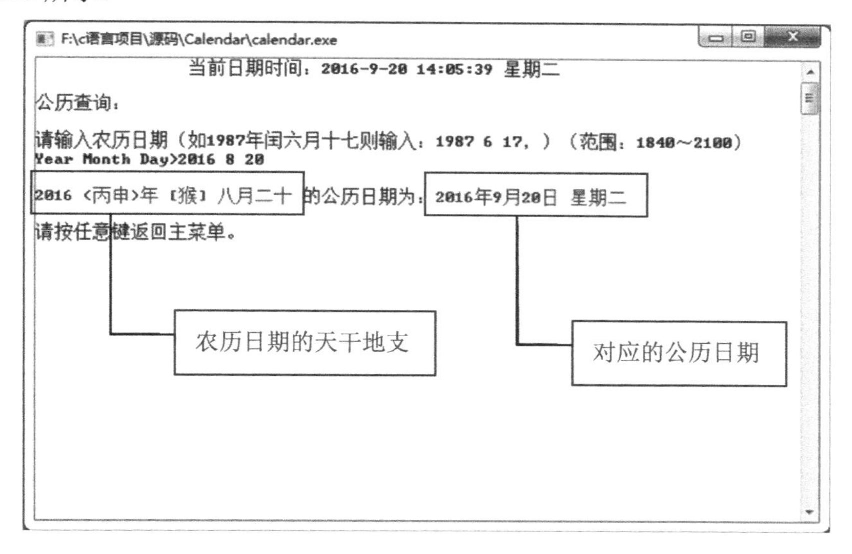

图 5.13　查询公历的结果显示界面

从图 5.13 中可以看到，程序把输入的农历日期转化成天干地支的形式，并且找到了所对应的公历日期。在下面的代码中，首先会对输入的日期值进行判断，符合条件之后才能进行下一步计算，调用 GetGre()方法实现根据农历日期查询公历日期。详细代码如下：

```
//选项“2”
case 2:
    printf("公历查询：\r\n\r\n");
    printf("请输入农历日期（如 1987 年闰六月十七则输入：1987 6 17,）（范围：1840～"
           "2100）\nYear Month Day>");
    while (1)
```

```
{
    scanf("%d %d %d",&year,&month,&day); //输入年月日
    //对输入的年月日进行基本判断
    if (year<=start_year||year>end_year||month<1||month>12||day<1||day>30)
    {
        error_times++;                          //错误次数累计
        printf("您输入的日期有误，请重新输入（错误%d 次/5 次）：Year Month"
                " Day>",error_times);
        //如果错误次数大于等于 5 次，显示下面语句，并按任意键即可退出
        if (error_times>=5)
        {
            printf("\r\n 错误次数已达到上限，请按任意键退出程序。");
            system("pause >nul");
            return 1;
        }
    }else
    {
        //输入基本正确后，再判断输入天数是否超过当月天数
        lunar_date.iYear=year;
        lunar_date.wMonth=month;
        lunar_date.wDay=day;
        lunar_date.bIsLeap=false;
        //如果日期和实际日期不符，会累计错误次数，达到 5 次，会退出程序
        if (GetGre(lunar_date)!=0)
        {
            error_times++;                      //错误次数累计
            //如果错误次数大于等于 5 次，显示下面语句，并按任意键即可退出
            if (error_times>=5)
            {
                printf("\r\n 错误次数已达到上限，请按任意键退出程序。");
                system("pause >nul");
                return 1;
            }
        }else
        {
            break;
        }
    }
}
printf("\r\n");
break;
```

还是首先检查日期的输入，在通过第一道简单的检查（年份 year 为 1840~2100，月份 month 为 1~12，日期为 1~31）之后，调用 GetGre()函数，此函数的作用是农历日期查询公历日期，更多的日期判断在此函数当中。

3．设置选项三：显示月历

在程序的主界面选择数字键“3”之后，即可进入查询公历日期的界面，需要输入公历的年、月。如图 5.14 所示。

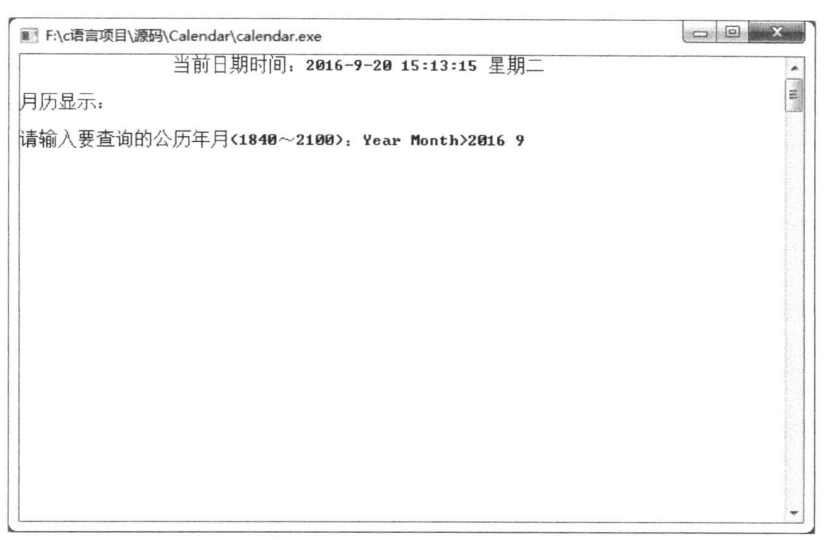

图 5.14　查询月历的界面

在查询界面输入要查询的年、月，比如输入“2016 9”，按 Enter 键之后，显示界面如图 5.15 所示。

```
F:\c语言项目\源码\Calendar\calendar.exe
月历显示：
请输入要查询的公历年月(1840～2100)：Year Month>2016 9
          公历  2016年9月  星期二
 周日  周一  周二  周三  周四  周五  周六
------------------------------------------
                          1     2     3
                        八月大 初二  初三
   4     5     6     7     8     9    10
 初四  初五  初六  白露  初八  初九  初十
  11    12    13    14    15    16    17
 十一  十二  十三  十四  十五  十六  十七
  18    19    20    21    22    23    24
 十八  十九  二十  廿一  秋分  廿三  廿四
  25    26    27    28    29    30
 廿五  廿六  廿七  廿八  廿九  三十
------------------------------------------
请按任意键返回主菜单。
```

图 5.15　查询月历的结果显示界面

输入年月之后，即可显示当月的月历。

显示月历的代码很简单，在“查询农历”功能的时候也显示过月历，验证输入年月正确之后，调用 ShowCalendar()方法即可显示月历。详细代码如下：

```
//选项“3”
case 3:
    printf("月历显示：\r\n\r\n");
    printf("请输入要查询的公历年月(1840～2100)：Year Month>");
    while (1)
    {
        scanf("%d %d",&year,&month);        //输入年份和月份
        //对输入的年份和月份进行基本判断
        if (year<=start_year||year>end_year||month<1||month>12)
        {
            error_times++;                  //错误次数
            //显示错误输入了几次
            printf("您输入的年月有误，请重新输入（错误%d 次/5 次）。Year "
                    "Month>",error_times);
            //如果错误次数大于等于 5 次，显示下面语句，并按任意键即可退出
            if (error_times>=5)
            {
                printf("\r\n 错误次数已达到上限，请按任意键退出程序。");
                system("pause >nul");
                return 1;
            }
        }else
        {
            break;
        }
    }
    ShowCalendar(year,month,day);           //调用 ShowCalendar()函数打印当月月历
    break;
```

4．设置选项四：查询某天距今天的天数

在程序的主界面选择数字键“4”之后，即可查询某天距今天的天数，输入一个比当前日期早的日期，比如“1989 2 17”，查询界面如图 5.16 所示。

输入一个比当前日期晚的日期，比如“2018 5 5”，查询界面如图 5.17 所示。

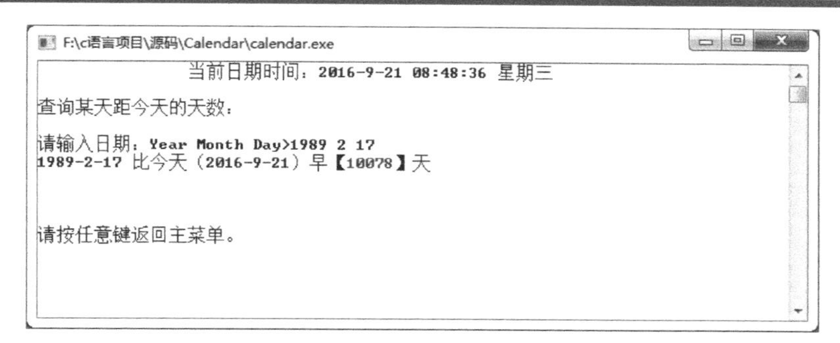

图 5.16　查询比当前日期早的日期间隔天数

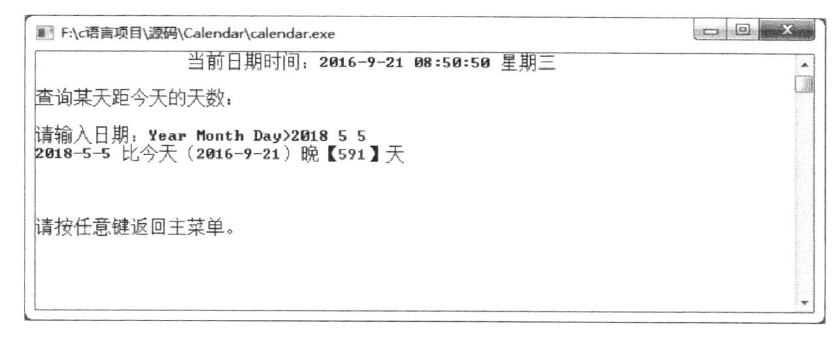

图 5.17　查询比当前日期晚的日期间隔天数

判断输入的年月日符合要求之后，调用 Jizhun()函数计算输入值与当前日期的差值。详细代码如下：

```
//选项“4”
case 4:
    printf("查询某天距今天的天数：\r\n\r\n");
    printf("请输入日期：Year Month Day>");
    while (1)
    {
        scanf("%d %d %d",&year,&month,&day);          //输入年月日
        if (year<=start_year||year>end_year||month>12||month<1||day>31||day<1)
        {
            error_times++;
            printf("您输入的日期有误，请重新输入（错误%d 次/5 次）：Year Month"
                    " Day>",error_times);
            if (error_times>=5)
            {
                printf("\r\n 错误次数已达到上限，请按任意键退出程序。");
                system("pause >nul");
                return 1;
            }
        }else
        {
            dMn=GetDaysOfMonth(year,month,false,false);//获得当月实际天数
```

```
                    if (day>dMn)
                    {
                        error_times++;
                        printf("当前月份只有%d 天。请重新输入（错误%d 次/5 次）：Year"
                                " Month Day>",dMn,error_times);
                        if (error_times>=5)
                        {
                            printf("\r\n 错误次数已达到上限，请按任意键退出程序。");
                            system("pause >nul");
                            return 1;
                        }
                    }else
                    {
                        break;;
                    }
                }
            }
            dMn=Jizhun(year,month,day);
            lt=GetCurTime();
            dMn-=Jizhun(lt.wYear,lt.wMonth,lt.wDay);
            hOut = GetStdHandle(STD_OUTPUT_HANDLE);                    //获取控制台句柄
            if (dMn>=0)
            {
SetConsoleTextAttribute(hOut,FOREGROUND_INTENSITY|BACKGROUND_INTENSITY
|BACKGROUND_RED|BACKGROUND_GREEN|BACKGROUND_BLUE
                    |FOREGROUND_BLUE);                                  //更改文字颜色为蓝色
                printf("%d-%d-%d",year,month,day);
                SetConsoleTextAttribute(hOut,BACKGROUND_INTENSITY|BACKGROUND_RED
                        |BACKGROUND_GREEN|BACKGROUND_BLUE);  //恢复文字颜色
                printf(" 比今天（");
SetConsoleTextAttribute(hOut,FOREGROUND_INTENSITY|BACKGROUND_INTENSITY
                        |BACKGROUND_RED|BACKGROUND_GREEN|BACKGROUND_BLUE
                    |FOREGROUND_BLUE);                                  //更改文字颜色为蓝色
                printf("%d-%d-%d",lt.wYear,lt.wMonth,lt.wDay);
                SetConsoleTextAttribute(hOut,BACKGROUND_INTENSITY|BACKGROUND_RED
                        |BACKGROUND_GREEN|BACKGROUND_BLUE);
                printf("）晚【");
SetConsoleTextAttribute(hOut,FOREGROUND_INTENSITY|BACKGROUND_INTENSITY
|BACKGROUND_RED|BACKGROUND_GREEN|BACKGROUND_BLUE|FOREGROUND_BLUE
                    |FOREGROUND_RED);
                printf("%d",dMn);
```

```
                SetConsoleTextAttribute(hOut,BACKGROUND_INTENSITY|BACKGROUND_RED
                        |BACKGROUND_GREEN|BACKGROUND_BLUE);
                printf("】天\r\n\n\n\n");
            }else
            {
SetConsoleTextAttribute(hOut,FOREGROUND_INTENSITY|BACKGROUND_INTENSITY
                        |BACKGROUND_RED|BACKGROUND_GREEN|BACKGROUND_BLUE
                    |FOREGROUND_BLUE);                              //更改文字颜色为蓝色
                printf("%d-%d-%d",year,month,day);
                SetConsoleTextAttribute(hOut,BACKGROUND_INTENSITY|BACKGROUND_RED
                        |BACKGROUND_GREEN|BACKGROUND_BLUE); //恢复文字颜色
                printf(" 比今天（");
SetConsoleTextAttribute(hOut,FOREGROUND_INTENSITY|BACKGROUND_INTENSITY
                        |BACKGROUND_RED|BACKGROUND_GREEN|BACKGROUND_BLUE
                    |FOREGROUND_BLUE);                              //更改文字颜色为蓝色
                printf("%d-%d-%d",lt.wYear,lt.wMonth,lt.wDay);
                SetConsoleTextAttribute(hOut,BACKGROUND_INTENSITY|BACKGROUND_RED
                        |BACKGROUND_GREEN|BACKGROUND_BLUE);
                printf("）早【");
SetConsoleTextAttribute(hOut,FOREGROUND_INTENSITY|BACKGROUND_INTENSITY
|BACKGROUND_RED|BACKGROUND_GREEN|BACKGROUND_BLUE|FOREGROUND_BLUE
                    |FOREGROUND_RED);
                printf("%d",-dMn);
                SetConsoleTextAttribute(hOut,BACKGROUND_INTENSITY|BACKGROUND_RED
                        |BACKGROUND_GREEN|BACKGROUND_BLUE);
                printf("】天\r\n\n\n\n");
            }
            break;
```

5．设置选项五：查询距离今天相应天数的日期

在程序的主界面选择数字键“5”之后，即可查询距离今天相应天数的日期，输入一个整数，如 365，查询的结果界面如图 5.18 所示。

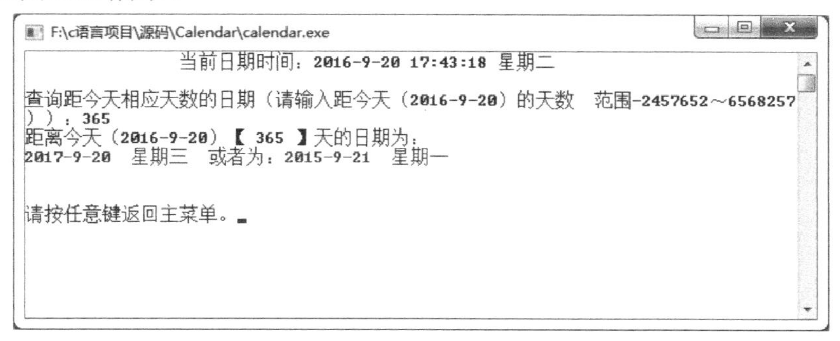

图 5.18　查询距离今天相应天数的日期

图 5.18 中显示了，在输入一个整数之后，会显示距离这个整数天数的日期，包括当前日期之前的日期和之后的日期。比如输入的是 365，则结果显示了比今天（2016-9-20）早 365 天的日期是 2015-9-21，比今天晚 365 天的日期是 2017-9-20。详细代码如下：

```
        //选项“5”
        case 5:
            lt=GetCurTime();                                                    //显示当前日期
            dMn=Jizhun(lt.wYear,lt.wMonth,lt.wDay);
            hOut = GetStdHandle(STD_OUTPUT_HANDLE);                             //获取控制台句柄
            printf("查询距今天相应天数的日期（请输入距今天（%d-%d-%d）的天数  范围%d～%d））
"
                    "：",lt.wYear,lt.wMonth,lt.wDay,-dMn-2451545,6574364-dMn);
    while (1)
            {
                scanf("%d",&days);                                              //输入天数
             //如果输入的天数在给出的范围外，会记一次错误次数。错误次数累计到 5 次，会退出程序
                if (days>(6574364-dMn)||days<(-dMn-2451545))
                {
                    error_times++;
                    printf("您输入的天数有误，请重新输入（错误%d 次/5 次）：Days>",error_times);
                    if (error_times>=5)
                    {
                        printf("\r\n 错误次数已达到上限，请按任意键退出程序。");
                        system("pause >nul");
                        return 1;
                    }
                }else
                {
                    break;
                }
            }
            lt2 = GetDate((double)(dMn+days));
            lt3 = GetDate((double)(dMn-days));
            printf("距离今天（%d-%d-%d）【 %d 】天的日期为：",lt.wYear,lt.wMonth,lt.wDay,days);
            SetConsoleTextAttribute(hOut,FOREGROUND_INTENSITY|BACKGROUND_INTENSITY
                    |BACKGROUND_RED|BACKGROUND_GREEN|BACKGROUND_BLUE
                    |FOREGROUND_RED);                                           //红字
            //显示当前日期之后的日期
            printf("\n%d-%d-%d    %s",lt2.wYear,lt2.wMonth,lt2.wDay,
                  Xingqi[lt2.wDayOfWeek]);
            SetConsoleTextAttribute(hOut,BACKGROUND_INTENSITY|BACKGROUND_RED
                    |BACKGROUND_GREEN|BACKGROUND_BLUE);                         //恢复文字颜色
```

```
printf("    或者为：");
SetConsoleTextAttribute(hOut,FOREGROUND_INTENSITY|BACKGROUND_INTENSITY
        |BACKGROUND_RED|BACKGROUND_GREEN|BACKGROUND_BLUE
        |FOREGROUND_RED);                                //红字
//显示当前日期之前的日期
printf("%d-%d-%d    %s\r\n\n\n",lt3.wYear,lt3.wMonth,lt3.wDay,
        Xingqi[lt3.wDayOfWeek]);
SetConsoleTextAttribute(hOut,BACKGROUND_INTENSITY|BACKGROUND_RED
        |BACKGROUND_GREEN|BACKGROUND_BLUE);         //恢复文字颜色
break;
```

6．设置选项六：查询任意两天之间的天数差

在程序的主界面选择数字键“6”之后，即可查询任意两天之间的天数差，分别输入两个日期值，即可查询出这两个日期的间隔天数，查询的结果界面如图 5.19 所示。

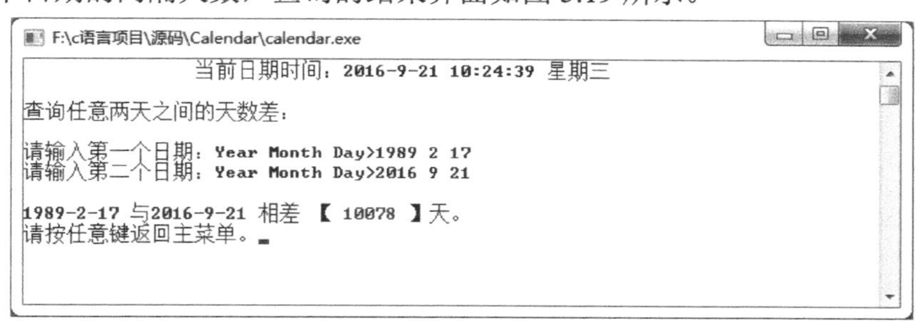

图 5.19　查询两个日期之间的间隔天数

输出两个日期之后，程序会对这两个日期值进行检查，检查无误后，就会开始计算两者之间的差值。通过 Jizhun()函数，分别计算这两个日期距当前日期的天数，然后这两个值相减的绝对值就是最后想要的查询结果。详细代码如下：

```
//选项“6”
case 6:
    printf("查询任意两天之间的天数差：\r\n\r\n");
    printf("请输入第一个日期：Year Month Day>");
    while (1)
    {
        scanf("%d %d %d",&year,&month,&day);                    //输入第一个日期
        //对输入的年月日进行基本判断
        if (year<=start_year||year>end_year||month>12||month<1||day>31||day<1)
        {
            error_times++;
            printf("您输入的日期有误，请重新输入第一个日期（错误%d 次/5 次）"
                    "：Year Month Day>",error_times);
            if (error_times>=5)
```

```
                {
                    printf("\r\n 错误次数已达到上限，请按任意键退出程序。");
                    system("pause >nul");
                    return 1;
                }
            }else
            {
                dMn=GetDaysOfMonth(year,month,false,false);//获得当月实际天数
                if (day>dMn)
                {
                    error_times++;
                    printf("当前月份只有%d 天。请重新输入第一个日期（错误%d 次/5 次）"
                            "：Year Month Day>",dMn,error_times);
                    if (error_times>=5)
                    {
                        printf("\r\n 错误次数已达到上限，请按任意键退出程序。");
                        system("pause >nul");
                        return 1;
                    }
                }else
                {
                    break;
                }
            }
        }
        lt2.wYear=year;
        lt2.wMonth=month;
        lt2.wDay=day;
        printf("请输入第二个日期：Year Month Day>");                //输入第二个日期
        //对日期值的正确性进行判断
        while (1)
        {
            scanf("%d %d %d",&year,&month,&day);
            if (year<=start_year||year>end_year||month>12||month<1||day>31||day<1)
            {
                error_times++;
                printf("您输入的日期有误，请重新输入第二个日期（错误%d 次/5 次）"
                        "：Year Month Day>",error_times);
                if (error_times>=5)
                {
                    printf("\r\n 错误次数已达到上限，请按任意键退出程序。");
                    system("pause >nul");
```

```
                return 1;
            }
        }else
        {
            dMn=GetDaysOfMonth(year,month,false,false);
            if (day>dMn)
            {
                error_times++;
                printf("当前月份只有%d 天。请重新输入第二个日期（错误%d 次/5 次）"
                        "：Year Month Day>",dMn,error_times);
                if (error_times>=5)
                {
                    printf("\r\n 错误次数已达到上限，请按任意键退出程序。");
                    system("pause >nul");
                    return 1;
                }
            }else
            {
                break;;
            }
        }
    }
    //计算两个日期值之间的差值
    days=Jizhun(lt2.wYear,lt2.wMonth,lt2.wDay)-Jizhun(year,month,day);
    hOut = GetStdHandle(STD_OUTPUT_HANDLE);                        //获取控制台句柄
    SetConsoleTextAttribute(hOut,FOREGROUND_INTENSITY|BACKGROUND_INTENSITY
            |BACKGROUND_RED|BACKGROUND_GREEN|BACKGROUND_BLUE
            |FOREGROUND_BLUE);                                     //蓝字
    printf("\n%d-%d-%d ",lt2.wYear,lt2.wMonth,lt2.wDay);           //输出第二个日期
    SetConsoleTextAttribute(hOut,BACKGROUND_INTENSITY|BACKGROUND_RED
            |BACKGROUND_GREEN|BACKGROUND_BLUE);                    //恢复文字颜色
    printf("与");
    SetConsoleTextAttribute(hOut,FOREGROUND_INTENSITY|BACKGROUND_INTENSITY
            |BACKGROUND_RED|BACKGROUND_GREEN|BACKGROUND_BLUE
            |FOREGROUND_BLUE);                                     //蓝字
    printf("%d-%d-%d ",year,month,day);                            //输出第一个日期
    SetConsoleTextAttribute(hOut,BACKGROUND_INTENSITY|BACKGROUND_RED
            |BACKGROUND_GREEN|BACKGROUND_BLUE);                    //恢复文字颜色
    printf("相差 【");
    SetConsoleTextAttribute(hOut,FOREGROUND_INTENSITY|BACKGROUND_INTENSITY
            |BACKGROUND_RED|BACKGROUND_GREEN|BACKGROUND_BLUE
            |FOREGROUND_RED);                                      //红字
```

```
printf(" %d ",abs(days));                                            //输出天数差
SetConsoleTextAttribute(hOut,BACKGROUND_INTENSITY|BACKGROUND_RED
        |BACKGROUND_GREEN|BACKGROUND_BLUE);                       //恢复文字颜色
printf("】天。\r\n");
break;
```

7. 设置选项七：显示二十四节气

在程序的主界面选择数字键“7”之后，即可显示某一年的二十四节气的信息，输入想要查询的年份，比如2016，查询的结果界面如图5.20所示。

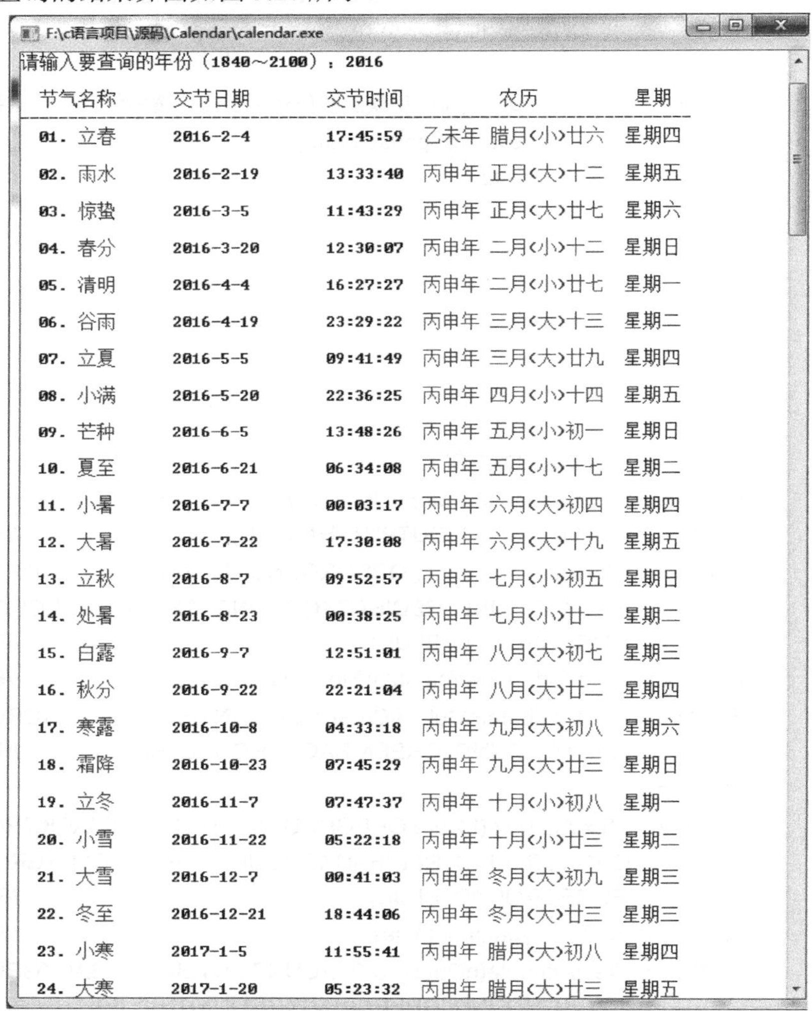

F:\c语言项目\源码\Calendar\calendar.exe

请输入要查询的年份（1840～2100）：2016

节气名称	交节日期	交节时间	农历	星期
01．立春	2016-2-4	17:45:59	乙未年 腊月(小)廿六	星期四
02．雨水	2016-2-19	13:33:40	丙申年 正月(大)十二	星期五
03．惊蛰	2016-3-5	11:43:29	丙申年 正月(大)廿七	星期六
04．春分	2016-3-20	12:30:07	丙申年 二月(小)十二	星期日
05．清明	2016-4-4	16:27:27	丙申年 二月(小)廿七	星期一
06．谷雨	2016-4-19	23:29:22	丙申年 三月(大)十三	星期二
07．立夏	2016-5-5	09:41:49	丙申年 三月(大)廿九	星期四
08．小满	2016-5-20	22:36:25	丙申年 四月(小)十四	星期五
09．芒种	2016-6-5	13:48:26	丙申年 五月(小)初一	星期日
10．夏至	2016-6-21	06:34:08	丙申年 五月(小)十七	星期二
11．小暑	2016-7-7	00:03:17	丙申年 六月(大)初四	星期四
12．大暑	2016-7-22	17:30:08	丙申年 六月(大)十九	星期五
13．立秋	2016-8-7	09:52:57	丙申年 七月(小)初五	星期日
14．处暑	2016-8-23	00:38:25	丙申年 七月(小)廿一	星期二
15．白露	2016-9-7	12:51:01	丙申年 八月(大)初七	星期三
16．秋分	2016-9-22	22:21:04	丙申年 八月(大)廿二	星期四
17．寒露	2016-10-8	04:33:18	丙申年 九月(大)初八	星期六
18．霜降	2016-10-23	07:45:29	丙申年 九月(大)廿三	星期日
19．立冬	2016-11-7	07:47:37	丙申年 十月(小)初八	星期一
20．小雪	2016-11-22	05:22:18	丙申年 十月(小)廿三	星期二
21．大雪	2016-12-7	00:41:03	丙申年 冬月(大)初九	星期三
22．冬至	2016-12-21	18:44:06	丙申年 冬月(大)廿三	星期三
23．小寒	2017-1-5	11:55:41	丙申年 腊月(大)初八	星期四
24．大寒	2017-1-20	05:23:32	丙申年 腊月(大)廿三	星期五

图5.20　显示某一年的二十四节气信息

输入一个合法年份之后，调用ShowSolarTerms()方法，来显示当年的节气信息。详细代码如下：

```
//选项“7”
case 7:
    printf("显示二十四节气：\r\n\r\n");
    printf("请输入要查询的年份（1840～2100）：");
    while (1)
    {
        scanf("%d",&year);                  //输入要查询节气的年份
        //对输入的年份进行判断，在 1840 和 2100 之间
        if (year<=start_year||year>end_year)
        {
            error_times++;
            printf("您输入的年份有误，请重新输入（错误%d 次/5 次）：Year>",error_times);
            if (error_times>=5)
            {
                printf("\r\n 错误次数已达到上限，请按任意键退出程序。");
                system("pause >nul");
                return 1;
            }
        }
        else
        {
            break;
        }
    }
    ShowSolarTerms(year);                       //调用 ShowSolarTerms()显示当年的节气
    break;
```

8．设置选项八：显示节日

在程序的主界面选择数字键“8”之后，进入显示节日界面，在此界面中，通过数字键“1”“2”来选择想要显示公历节日还是农历节日，界面如图 5.21 所示。

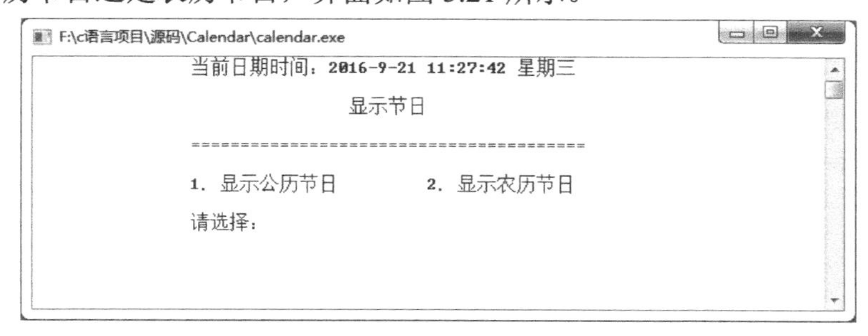

图 5.21　选择显示公历节日还是农历节日

选择“1”显示公历节日，由于公历节日比较多，所以还需要选择要查询的月份，输入月份，比如查看 2 月份，输入数字 2，按下 Enter 键之后，显示的结果如图 5.22 所示。

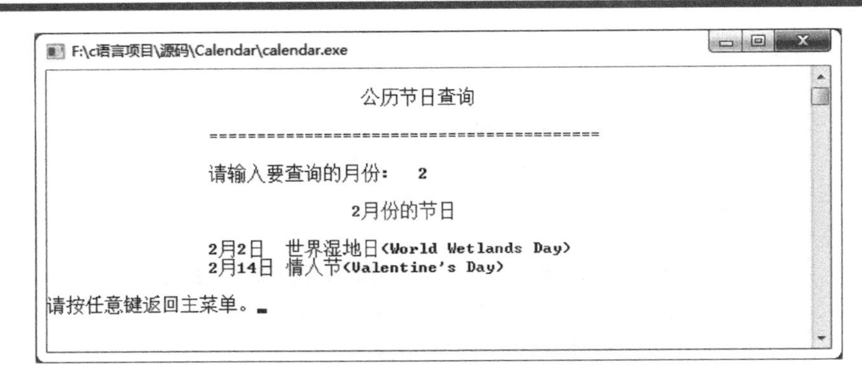

图 5.22　显示 2 月的公历节日信息

选择“2”显示农历节日，由于农历节日相对较少，所以按 Enter 键之后，便直接显示所有的农历节日信息，如图 5.23 所示。

图 5.23　显示农历节日

在本段代码中有一个 switch 选择语句，让用户做出“1”或“2”（即“公历节日”或“农历节日”）的选择。如果选择显示公历节日，输入要查看的月份，调用 Holiday()函数则可以查看这个月份的公历节日。如果选择显示农历节日，会直接打印输出全部农历节日信息。详细代码如下：

```
//选项“8”
case 8:
    printf("\t\t\t              显示节日\r\n\r\n");
    printf("\t\t============================================\n");
    printf("\n\t\t1、显示公历节日\t\t2、显示农历节日\n");
    printf("\n\t\t 请选择：");
    int choice=0;
    //输入选项，在 1 和 2 之间。输入 1，查询公历节日。输入 2，查询农历节日
    scanf("%d",&choice);
```

```
            system("cls");                              //调用 DOS 清屏命令
            switch(choice)
            {
                case 1:
                    printf("\n\t\t\t\t\t 公历节日查询\n\n");
                    printf("\t\t ==========================================\n");
                    printf("\n");
                    printf("\t\t 请输入要查询的月份:    ");
                    while(1)
                    {
                        int month=0;
                        scanf("%d",&month);             //输入要查询的公历节日的月份
                        if(month<0||month>13)
                        {
                            printf("\t\t 输入错误，请输入正确月份（1~12）:");
                        }
                        else
                        {
                            hOut = GetStdHandle(STD_OUTPUT_HANDLE);   //获取控制台句柄
                            SetConsoleTextAttribute(hOut,FOREGROUND_INTENSITY
                                    |BACKGROUND_INTENSITY|BACKGROUND_RED
                                    |BACKGROUND_GREEN|BACKGROUND_BLUE
                                    |FOREGROUND_RED);                 //红字
                            printf("\n\t\t\t\t\t%d 月份的节日\n",month);
                            SetConsoleTextAttribute(hOut,BACKGROUND_INTENSITY
                                    |BACKGROUND_RED|BACKGROUND_GREEN
                                    |BACKGROUND_BLUE); //恢复文字颜色
                            Holiday(month);             //调用 Holiday()，显示节日信息
                            break;
                        }
                    }
                    break;
                case 2:                                 //如果查询农历节日，则直接显示
                    printf("\n\t\t\t\t\t 农历节日查询\n\n");
                    printf("\t\t==============================================\n");
                    printf("\n");
                    hOut = GetStdHandle(STD_OUTPUT_HANDLE);          //获取控制台句柄
                    SetConsoleTextAttribute(hOut,FOREGROUND_INTENSITY
|BACKGROUND_INTENSITY|BACKGROUND_RED|BACKGROUND_GREEN
                            |BACKGROUND_BLUE|FOREGROUND_BLUE);         //蓝字
                    printf("\n\t\t 农历正月初一    春节(the Spring Festival)\n");
```

```
                    printf("\n\t\t 农历正月十五    元宵节(Lantern Festival)\n");
                    printf("\n\t\t 农历五月初五    端午节(the Dragon-Boat Festival)\n");
                    printf("\n\t\t 农历七月初七    七夕节(中国情人节）(Double-Seventh "
                        "Day)\n");
                    printf("\n\t\t 农历八月十五    中秋节(the Mid-Autumn Festival)\n");
                    printf("\n\t\t 农历九月初九    重阳节(the Double Ninth Festival)\n");
                    printf("\n\t\t 农历腊月初八    腊八节(the laba Rice Porridge "
                        "Festival)\n");
                    printf("\n\t\t 农历腊月二十四 传统扫房日\n\n");

    SetConsoleTextAttribute(hOut,BACKGROUND_INTENSITY|BACKGROUND_RED
                        |BACKGROUND_GREEN|BACKGROUND_BLUE);  //恢复文字颜色
                    break;
                }
                break;
            default:               //如果输入除了 1、2 以外的数字，会给出错误提示
                error_times++;
                printf("您的输入有误，请重新输入（错误%d 次/5 次）。\r\n\r\n",error_times);
                if (error_times>=5)
                {
                    printf("\r\n 错误次数已达到上限，请按任意键退出程序。");
                    system("pause >nul");
                    return 1;
                }
                break;
        }
        printf("请按任意键返回主菜单。");
        system("pause >nul");
        system("cls");
    }
    return 0;
}
```

5.6 打印月历

5.6.1 打印月历概述

在主函数中实现的“查询农历”和“显示月历”两项功能中，都打印了月历，月历显示如图 5.24 所示。

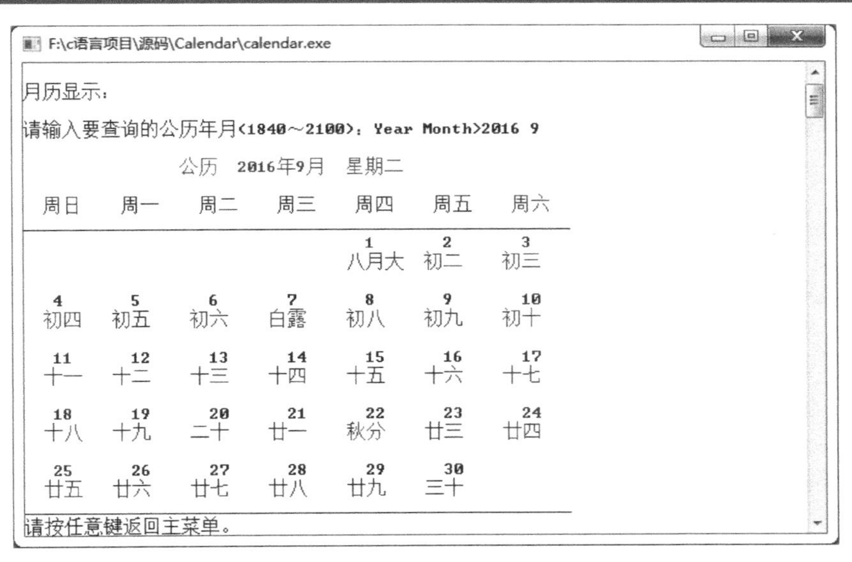

图 5.24　月历

通过观察可以发现，在月历中包含了公历日期、农历日期和节气。公历日期容易打印显示，只要找到了公历月首是星期几，对应位置输出就可以。农历日期需要先确定月历中第一天的农历日期，还要判断此月是大月（月有 31 天）还是小月（月有 30 天），如果当天是节气，突出显示。

为了更符合平时常见的月历，周六、周日的字体颜色使用红色突出显示。

如要打印月历，需要调用 ShowCalendar()方法，在 5.6.3 节将介绍如何定义此方法。

5.6.2　技术分析

在月历上需要显示此农历日期是否是闰月，并且是大月还是小月。如图 5.25 所示，显示的是 2017 年 7 月的月历，用红字标记了“闰六月大”。

公历　2017年7月　星期四

周日	周一	周二	周三	周四	周五	周六
						1 初八
2 初九	3 初十	4 十一	5 十二	6 十三	7 小暑	8 十五
9 十六	10 十七	11 十八	12 十九	13 二十	14 廿一	15 廿二
16 廿三	17 廿四	18 廿五	19 廿六	20 廿七	21 廿八	22 大暑
23 闰六月大	24 初二	25 初三	26 初四	27 初五	28 初六	29 初七
30 初八	31 初九					

标记闰月、大月、小月

图 5.25　标记闰月、大月、小月

什么是闰月呢？就是在农历中有两个月的月序相同，那么下个月为闰月月名与前一月相同，在前加“闰”字，比如2017年有闰六月，2020年有闰四月等。

判断闰月的详细代码如下：

```
//闰月
if (Yuexu[hang*14+lie-1]==Yuexu[hang*14+lie])
{
    leap="闰";              //标记为闰月
}
```

什么是大月、小月呢？大月有31天，小月有30天。一年中有7个大月，分别是1月、3月、5月、7月、8月、10月、12月。一年中有4个小月，分别是4月、6月、9月、11月。2月比较特殊，平年的2月有28天，闰年2月有29天。判断大、小月的详细代码如下：

```
//判断此农历月有几天，如有31天，为“大月”；有30天，则为“小月”
lunar_ndays=Yueshou[hang*15+lie+1]-Yueshou[hang*15+lie];  //农历月总天数
if (lunar_ndays==31)                                       //农历月大月31天,小月30天
{
    daxiao="大";
}else if (lunar_ndays==30)
{
    daxiao="小";
}
```

5.6.3 功能实现

1. 查询公历月首所在的农历月

想要查询公历月首所在的农历月，就是要知道要查询的月份第一天是农历的几月，只有知道了农历月份，才能随即判断此月是闰月、大月还是小月。详细代码如下：

```
/**
 * 打印出一个月的月历
 */
void ShowCalendar(int year,int month,int day)
{
    int dM0=Jizhun(year,month,1);          //公历月首天数
    int jd_day=dM0;                        //用以查询公历月首所在农历月份
    int base_days=0;                       //基准日
    base_days=Jizhun(year,month,day);
    int dw0=(dM0+142113)%7;                //月首星期
```

```
int idw=dw0;                          //idw 用于标记星期，用于第一行填充
int dMn=GetDaysOfMonth(year,month,false,false);//本月总天数
int hang=0,lie=0;                     //行与列
int Lyear=0,Lmonth=0,Lday=0;          //农历年、月、日
int nday0=1,nday1=1;                  //nday0 为公历，nday1 为农历
int lunar_ndays=0;                    //农历月总天数
char *leap="";                        //闰月
char *daxiao="";                      //大月或小月
int dM0_lunar=0,dM_lunar=0;           //月首的农历
int cal_item=0;                       //格子计数，从 0 开始且小于 7
bool isfirstline=true;                //标记第一行输出
bool fillblanks=true;                 //是否填充空格
bool islunarcal=false;                //是否为农历计算
double jq1,jq2;                       //用于存放本月节气交节时间（此历中每个公历月有两个节气）
int Lmonth_index=0;                   //农历月序
int index_jieqi=0;                    //节气序号
LONGTIME lt;                          //时间结构体
hang=year-start_year;                 //当前年份所处数据表中的行号，从 0 开始
lie=month-1;          //考虑到查询的范围，所以月份减 1 为初始查询列号，农历月号与公历月号最多相差 2

//查询公历月首所在的农历月
for (lie;lie<15;lie++)                //注意数据一行有 15 列
{
   //查找当前公历月首所在农历月
    if ((Yueshou[hang*15+lie-1]<=dM0)&&(Yueshou[hang*15+lie]>dM0))
    {
        break;
    }
}
lie--;                                //减掉 for 循环多加的 1
```

2．计算月历中第一天的农历日期

想要打印月历的一个难点，就是要知道月历第一天是农历的初几，只有知道了农历日期，才能打印接下来的农历月历。详细代码如下：

```
//计算月历中第一天的农历日期
Lyear=year;                           //农历年
Lmonth_index=hang*14+lie;             //农历月索引
Lmonth=Yuexu[Lmonth_index]-1;         //农历月，从十一月开始（即冬至所在农历月为首）
if (Lmonth<1)
{
```

```
        Lmonth+=12;
    }
    if (Lmonth>10&&((hang*14+lie)%14<2))
    {
        Lyear--;                              //对于十一月和十二月的，年份应为上一年的
    }
    Lday=dM0-Yueshou[hang*15+lie];            //农历日则是距农历月首的天数来算
```

3. 计算节气日期所在位置

从图 5.26 中可以看出，月历中使用红字标注了节气。

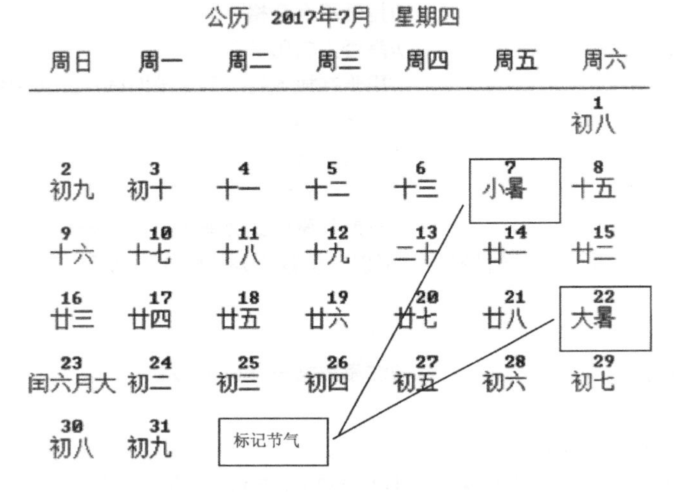

图 5.26 标记节气

一年中有二十四个节气，每个月中有两个。在本程序中定义了 jieqi[24]数组表示二十四节气。详细代码如下：

```
    //计算节气日期所在位置
    dM0_lunar=Lday;                              //农历月首所在的位置
    dM_lunar=dM0_lunar;
    for (index_jieqi=(month-1)*2;index_jieqi<24;index_jieqi++)
    {
        jq1=Jieqi[hang*24+index_jieqi];
        jq2=Jieqi[hang*24+index_jieqi+1];
        if (int2(jq1+0.5)<=(dM0+14)&&int2(jq2+0.5)>(dM0+14))
        {
            break;
        }
    }
```

4．打印公历月历

月历中的公历月历显示如图 5.27 所示。

公历　2017年7月　星期四

周日	周一	周二	周三	周四	周五	周六
						1
2	3	4	5	6	7	8
9	10	11	12	13	14	15
16	17	18	19	20	21	22
23	24	25	26	27	28	29
30	31					

图 5.27　打印公历月历

打印公历月历一共可以分为两个步骤：

首先绘制月历表头和边框，详细代码如下：

```
    //开始打印日历
    HANDLE handle = GetStdHandle(STD_OUTPUT_HANDLE);                    //获取控制台句柄
    SetConsoleTextAttribute(handle,FOREGROUND_INTENSITY|BACKGROUND_INTENSITY|BACKGROU
ND_RED|BACKGROUND_GREEN|BACKGROUND_BLUE|FOREGROUND_BLUE|FOREGROUND_RED);
//更改文字颜色，为粉色
    printf("\r\n\t\t 公历　%d 年%d 月　%s%s\r\n\r\n",year,month, Xingqi [(base_days+142113)%7],leap);
    SetConsoleTextAttribute(handle,BACKGROUND_INTENSITY|BACKGROUND_RED|BACKGROUND_GR
EEN|BACKGROUND_BLUE);
    SetConsoleTextAttribute(handle,FOREGROUND_INTENSITY|BACKGROUND_INTENSITY|BACKGROU
ND_RED|BACKGROUND_GREEN|BACKGROUND_BLUE|FOREGROUND_RED);    //更改文字颜色，为红色
    printf("　周日\t");
    SetConsoleTextAttribute(handle,BACKGROUND_INTENSITY|BACKGROUND_RED|BACKGROUND_GR
EEN|BACKGROUND_BLUE);
    printf("　周一\t　周二\t　周三\t　周四\t　周五\t");
    SetConsoleTextAttribute(handle,FOREGROUND_INTENSITY|BACKGROUND_INTENSITY|BACKGROU
ND_RED|BACKGROUND_GREEN|BACKGROUND_BLUE|FOREGROUND_RED);    //更改文字颜色，为红色
    printf("　周六\r\n");
    SetConsoleTextAttribute(handle,BACKGROUND_INTENSITY|BACKGROUND_RED|BACKGROUND_GR
EEN|BACKGROUND_BLUE);
    printf("________________________________________________________________\r\n");
```

然后将公历日期添加到月历表中，详细代码如下：

```
    //以下 for 循环开始打印日期，对应星期
    for (cal_item=0;cal_item<7;cal_item++)
    {
        if (!islunarcal)                            //判断是否是农历
        {
            //公历填充表格
            if (fillblanks)                         //判断是否是空格
            {
                if (isfirstline&&dw0!=0)            //第一天不为周日且在第一行
                {
                    printf("    \t    ");           //格式控制，下同
                }
                if (dw0==0)
                {
                    printf("");
                 //本次没有任何填充，所以序号仍然是 0，而下个 for 循环时，此值会递增，因此设置成-1
                    cal_item=-1;
                }
                for (idw;idw>1;idw--)
                {
                    //填充空格，因为上一个 if 已经填充了一次，所以这里要少填充一次，条件控制到 idw>1
                    printf("\t    ");               //输出月首所在星期的前面几格
                    cal_item++;                     //当前填充位置往后移一格
                }
                //空格输出完毕，到日期输出
                idw=dw0;                            //重新赋值公历月首所在星期，为了控制对应的农历输出
                fillblanks=false;                   //取消填充空格
            }else
            {
                if (cal_item==0)
                {
                    printf("    ");                 //格式控制，下同
                }
                printf("%d\t    ",nday0);
                nday0++;                            //公历日序增加一天

                if (cal_item==5||cal_item==6)       //星期六和星期日红色字体输出公历日期
                {
                    handle = GetStdHandle(STD_OUTPUT_HANDLE);           //获取控制台句柄
    SetConsoleTextAttribute(handle,FOREGROUND_INTENSITY|BACKGROUND_INTENSITY
|BACKGROUND_RED|BACKGROUND_GREEN|BACKGROUND_BLUE|FOREGROUND_RED);
```

```
            }else
            {
    SetConsoleTextAttribute(handle,BACKGROUND_INTENSITY|BACKGROUND_RED
                    |BACKGROUND_GREEN|BACKGROUND_BLUE);
            }
            //如果日期大于当月的总天数
            if (nday0>dMn)
            {
                printf("\r\n");
                cal_item=-1;           //for 循环之后立刻加 1，因此赋为-1
                islunarcal=true;       //开始输出农历
            }
            if (cal_item==6)
            {
                cal_item=-1;
                printf("\r\n");
                islunarcal=true;       //一行公历输出完成，转到农历输出
                if (isfirstline)
                {
                    fillblanks=true;   //开始填充空格
                }
            }
        }
```

5. 打印农历月历

打印完公历日期之后，就要打印农历日期了。加上农历月历之后，显示如图 5.28 所示。

公历　2017年7月　星期四

周日	周一	周二	周三	周四	周五	周六
						1 初八
2 初九	3 初十	4 十一	5 十二	6 十三	7 小暑	8 十五
9 十六	10 十七	11 十八	12 十九	13 二十	14 廿一	15 廿二
16 廿三	17 廿四	18 廿五	19 廿六	20 廿七	21 廿八	22 大暑
23 闰六月大	24 初二	25 初三	26 初四	27 初五	28 初六	29 初七
30 初八	31 初九					

图 5.28　打印农历月历

与公历日期相同，休息日（周六、周日）都使用红色字体打印。另外，如果某一日是某一个节气，那么在显示农历日期的地方显示节气名称，同样节气名称也使用红色字体打印。关键代码如下：

```
//打印农历
}else
{
    if (fillblanks)
    {
        //农历填充空格
        if (isfirstline&&dw0!=0)
        {
            printf("     \t ");
        }
        if (dw0==0)
        {
            cal_item=-1;
        }
        for (idw;idw>2;idw--)
        {

            printf("\t     ");  //填充首行农历前面空格，条件与公历不同，原因在于控制输出布局
            cal_item++;       //当前填充位置往后移一格
        }
        if (dw0>1)
        {
            printf("\t ");
            cal_item++;
        }
        fillblanks=false;       //停止填充空格
    }else
    {
        if (dM_lunar>=lunar_ndays)
        {
            //农历日超出本月天数，则为下一月
            //下一月重新查询
            Lmonth_index++;
            Lmonth=Yuexu[Lmonth_index]-1;
            if (Lmonth<1)
            {
                Lmonth+=12;
            }
            if (Lmonth>10)
```

```
            {
                year--;          //对于十一月和十二月的，年份应为上一年的
            }
            //重新计算新的一个农历月天数
            lunar_ndays=Yueshou[hang*15+lie+2]-Yueshou[hang*15+lie+1];
            dM_lunar=0;          //从初一开始
        }
        //星期六和星期日以红色字体输出农历日期
        if (cal_item==0||cal_item==6)
        {
            handle = GetStdHandle(STD_OUTPUT_HANDLE);          //获取控制台句柄
    SetConsoleTextAttribute(handle,FOREGROUND_INTENSITY|BACKGROUND_INTENSITY|BACKGROU
ND_RED|BACKGROUND_GREEN|BACKGROUND_BLUE|FOREGROUND_RED);
        }else
        {
    SetConsoleTextAttribute(handle,BACKGROUND_INTENSITY|BACKGROUND_RED|BACKGROUND_GR
EEN|BACKGROUND_BLUE);
        }

        if (int2(jq1+0.5)==jd_day)
        {
            if (cal_item==0)
            {
                printf("   ");
            }
            HANDLE handle = GetStdHandle(STD_OUTPUT_HANDLE);   //获取控制台句柄
    SetConsoleTextAttribute(handle,FOREGROUND_INTENSITY|BACKGROUND_INTENSITY|BACKGROU
ND_RED|BACKGROUND_GREEN|BACKGROUND_BLUE|FOREGROUND_RED);     //更改文字颜色，为红色
            //如果当天有节气（jq1），则打印出节气名称
            printf("%s",jieqi[(index_jieqi)%24]);
    SetConsoleTextAttribute(handle,BACKGROUND_INTENSITY|BACKGROUND_RED|BACKGROUND_GR
EEN|BACKGROUND_BLUE);
        }else if (int2(jq2+0.5)==jd_day)
        {
            if (cal_item==0)
            {
                printf("   ");
            }
            HANDLE handle = GetStdHandle(STD_OUTPUT_HANDLE);   //获取控制台句柄
    SetConsoleTextAttribute(handle,FOREGROUND_INTENSITY|BACKGROUND_INTENSITY|BACKGROU
ND_RED|BACKGROUND_GREEN|BACKGROUND_BLUE|FOREGROUND_RED);    //更改文字颜色，为红色
          //如果当天有节气（jq2），则打印出节气名称
            printf("%s",jieqi[(index_jieqi+1)%24]);
```

```
    SetConsoleTextAttribute(handle,BACKGROUND_INTENSITY|BACKGROUND_RED|BACKGROUND_GR
EEN|BACKGROUND_BLUE);
                        }
```

视频讲解

5.7 其他算法

5.7.1 其他算法概述

在万年历程序中，还有很多计算时间和日期的算法，本章由于篇幅有限，只介绍下面几个重点算法。

（1）计算当前月份的天数。

（2）查询某天农历和节气。

（3）农历查公历。

（4）显示二十四节气。

（5）获得公历节日。

5.7.2 技术分析

在主界面选择“1”查询农历的结果界面中，如图 5.29 所示的部分就是通过 DateRefer()方法来实现的。DateRefer()方法可以查询出某天的农历日期和节气。

农历　丙申【猴】年 八月（小）廿二

今日节气：秋分 交节时间：2016-9-22 22:21:04

图 5.29　调用 DateRefer()方法显示的文字

此方法中共有 4 个参数，分别是公历的年份 year，公历的月份 month，公历的日期 day，最后是一个布尔值 SST。SST 如果为 true，则显示农历而不显示节气；为 false 时，既显示农历又显示节气。在功能 1 查询农历时，调用 DateRefer()方法使用的语句如下：

```
DateRefer(year,month,day,false);
```

此语句的作用是，调用 DateRefer()方法显示公历日期 year-month-day 对应的农历日期和节气。

5.7.3 功能实现

1. 计算当前月份的天数

使用 GetDaysOfMonth()方法可以返回当前公历月份的天数，在此方法中定义了两个布尔变量 mode

和 bLeap。mode 为 false 时，查公历；mode 为 true 时，查农历。bLeap 表示是否是闰月。实现代码如下：

```
/**
 * 计算当前月份的天数
 */
int GetDaysOfMonth(int year,int month,bool mode,bool bLeap)
{
    int dM0=0,dMn=0;
    if (!mode)
    {
        dM0=Jizhun(year,month,1);                       //月首天数
        if (month==12)
        {
            dMn=Jizhun(++year,1,1)-dM0;                 //元旦
        }else
        {
            dMn=Jizhun(year,++month,1)-dM0;             //下个月
        }
    }else
    {
        int leap_Month=-1;                              //农历闰月所在位置
        int hang=year-start_year;                       //所在行
        int i=0;
        int lie=month+1;
        for (i=0;i<14;i++)
        {
            if (Yuexu[hang*14+i+1]==Yuexu[hang*14+i])
            {
                leap_Month=i-1;
                break;
            }
        }
        if (leap_Month==-1)
        {
            if (bLeap)
            {
                return -1;          //如果当前年份无闰月，而输入有闰月，则返回-1，以代表输入错误
            }
        }else
        {
            if (bLeap)
            {
```

```
                    if (leap_Month!=month)
                    {
                        return -1;        //当前年份有闰月，但并非当前输入月份
                    }
                }
            }
            if (leap_Month!=-1)
            {
                if (month>leap_Month)     //在当年闰月以及之后
                {

                    lie++;
                }else
                {
                    if (bLeap==true&&month==leap_Month)
                    {
                        lie++;
                    }
                }
            }
            dMn=Yueshou[hang*15+lie+1]-Yueshou[hang*15+lie];
        }
        return dMn;                        //返回当前公历月份的天数
}
```

2．公历查询农历

公历查询农历的详细代码如下：

```
/**
 * 查询某天农历和节气
 */
void DateRefer(int year,int month,int day,bool SST)
{
        int Lyear=0,Lmonth=0,Lday=0;
        int base_days=0;                 //基准日
        int hang=0,lie=0;                //行与列
        int i=0,ijq0=0,ijq1=0; //节气
        char *leap="";                   //闰月
        char *daxiao="";                 //大月或小月
        Lyear=year;
        base_days=Jizhun(year,month,day);
        hang=year-start_year;
```

```
lie=month-1;

for (lie;lie<15;lie++)
{
    if ((Yueshou[hang*15+lie-1]<=base_days)&&(Yueshou[hang*15+lie]>base_days))
    {
        break;
    }
}
lie--;                          //减掉多加的 1
if (Yuexu[hang*14+lie-1]==Yuexu[hang*14+lie])
{
    leap="闰";
}
if ((Yueshou[hang*15+lie+1]-Yueshou[hang*15+lie])==31)
{
    daxiao="大";
}else
{
    daxiao="小";
}
Lmonth=Yuexu[hang*14+lie]-1;
if (Lmonth<1)
{
    Lmonth+=12;
}
if (Lmonth>10&&((hang*14+lie)%14<2))
{
    Lyear--;                    //对于十一月和十二月，年份应为上一年的
}
Lday=base_days-Yueshou[hang*15+lie];//从初一开始
if (SST)                        //SST 为 true 时，显示农历而不显示节气
{
    HANDLE handle = GetStdHandle(STD_OUTPUT_HANDLE);   //获取控制台句柄
    SetConsoleTextAttribute(handle,FOREGROUND_INTENSITY|BACKGROUND_INTENSITY
|BACKGROUND_RED|BACKGROUND_GREEN|BACKGROUND_BLUE|FOREGROUND_BLUE
            |FOREGROUND_RED);                       //更改文字颜色，为粉色
    printf("%s%s 年 %s%s(%s)%s",tiangan[(Lyear-1984+9000)%10],
        dizhi[(Lyear-1984+9000)%12],leap,mName[Lmonth-1],daxiao,dName[Lday]);
    SetConsoleTextAttribute(handle,BACKGROUND_INTENSITY|BACKGROUND_RED
            |BACKGROUND_GREEN|BACKGROUND_BLUE);
```

```
}else
{
    HANDLE handle = GetStdHandle(STD_OUTPUT_HANDLE);   //获取控制台句柄
    SetConsoleTextAttribute(handle,FOREGROUND_INTENSITY|BACKGROUND_INTENSITY

|BACKGROUND_RED|BACKGROUND_GREEN|BACKGROUND_BLUE|FOREGROUND_BLUE
            |FOREGROUND_RED);                        //更改文字颜色，为粉色
    printf("\n\t\t 农历  %s%s[%s]年 %s%s（%s）%s\t\n",tiangan[(Lyear-1984+9000)%10],
        dizhi[(Lyear-1984+9000)%12],shengxiao[(Lyear-1984+9000)%12],
        leap,mName[Lmonth-1],daxiao,dName[Lday]);
    SetConsoleTextAttribute(handle,BACKGROUND_INTENSITY|BACKGROUND_RED
            |BACKGROUND_GREEN|BACKGROUND_BLUE);
    for (i=(month-1)*2;i<48;i++)
    {
        ijq0=int2(Jieqi[hang*24+i]+0.5);
        ijq1=int2(Jieqi[hang*24+i+1]+0.5);
        if (ijq1>base_days&&ijq0<=base_days)
        {
            if (ijq0==base_days)
            {
                LONGTIME lt=GetDate(Jieqi[hang*24+i]);
                printf("\n\t 今日节气：");
                HANDLE handle = GetStdHandle(STD_OUTPUT_HANDLE);     //获取控制台句柄

    SetConsoleTextAttribute(handle,FOREGROUND_INTENSITY|BACKGROUND_INTENSITY|BACKGROU
ND_RED|BACKGROUND_GREEN|BACKGROUND_BLUE|FOREGROUND_RED); //更改文字颜色，为红色
                printf("%s",jieqi[i%24]);
                SetConsoleTextAttribute(handle,BACKGROUND_INTENSITY|BACKGROUND_RED
                        |BACKGROUND_GREEN|BACKGROUND_BLUE);
                printf("  交节时间：");
                SetConsoleTextAttribute(handle,FOREGROUND_INTENSITY
    |BACKGROUND_INTENSITY|BACKGROUND_RED|BACKGROUND_GREEN
                        |BACKGROUND_BLUE|FOREGROUND_RED);    //更改文字颜色，为红色
                printf("%d-%d-%d %02d:%02d:%02d\r\n\r\n",lt.wYear,lt.wMonth,
                        lt.wDay,lt.wHour,lt.wMinute,lt.wSecond);
                SetConsoleTextAttribute(handle,BACKGROUND_INTENSITY|BACKGROUND_RED
                        |BACKGROUND_GREEN|BACKGROUND_BLUE);
            }else
            {
                printf("\n\t 距离下一个节气『");
                HANDLE handle = GetStdHandle(STD_OUTPUT_HANDLE);   //获取控制台句柄
                SetConsoleTextAttribute(handle,FOREGROUND_INTENSITY
```

```
            |BACKGROUND_INTENSITY|BACKGROUND_RED|BACKGROUND_GREEN
                        |BACKGROUND_BLUE|FOREGROUND_RED);    //更改文字颜色，为红色
                printf("%s",jieqi[(i+1)%24]);
                SetConsoleTextAttribute(handle,BACKGROUND_INTENSITY
                        |BACKGROUND_RED|BACKGROUND_GREEN|BACKGROUND_BLUE);
                printf("』还有");
                SetConsoleTextAttribute(handle,FOREGROUND_INTENSITY
                    |BACKGROUND_INTENSITY|BACKGROUND_RED|BACKGROUND_GREEN
                    |BACKGROUND_BLUE|FOREGROUND_RED);        //更改文字颜色，为红色
                printf("%d",ijq1-base_days);
                SetConsoleTextAttribute(handle,BACKGROUND_INTENSITY
                        |BACKGROUND_RED|BACKGROUND_GREEN|BACKGROUND_BLUE);
                printf("天\n");
            }
            break;
        }
    }
  }
}
```

3. 农历查询公历

在主界面选择“2”查询公历的结果界面中，如图 5.30 所示的部分就是通过 GetGre()方法来实现的。GetGre()方法可以查询出某天的农历日期和节气。

2016（丙申）年［猴］八月廿二 的公历日期为：2016年9月22日 星期四

图 5.30　调用 GetGre()方法显示的文字

在程序中会首先判断当前输入的农历日期是否是闰月，如果是闰月，则会询问是否是闰月，因为闰月和前面的月份相同，比如闰 9 月，就是两个 9 月中的第二个 9 月，系统不知道用户想要查询的是 9 月还是闰 9 月。系统提示界面如图 5.31 所示。

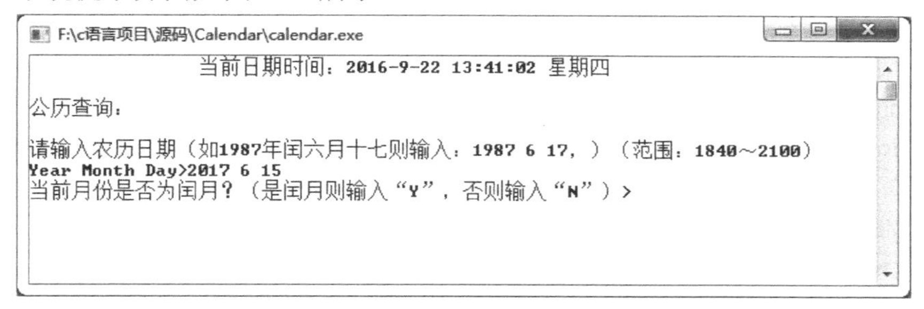

图 5.31　输入闰月时的系统提示

如果选择 y 或者 Y，则表示要查询的是闰月，就会在查询结果中的月份前面加个“闰”字，如图 5.32 所示。

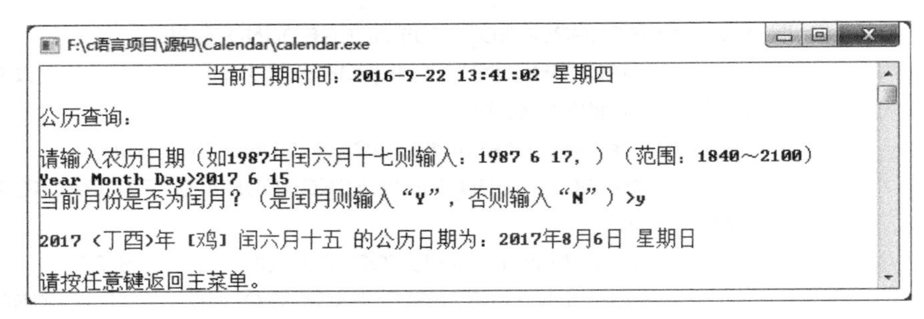

图 5.32　查询闰月

如果选择 n 或者 N，则表示要查询的是非闰月，查询结果如图 5.33 所示。

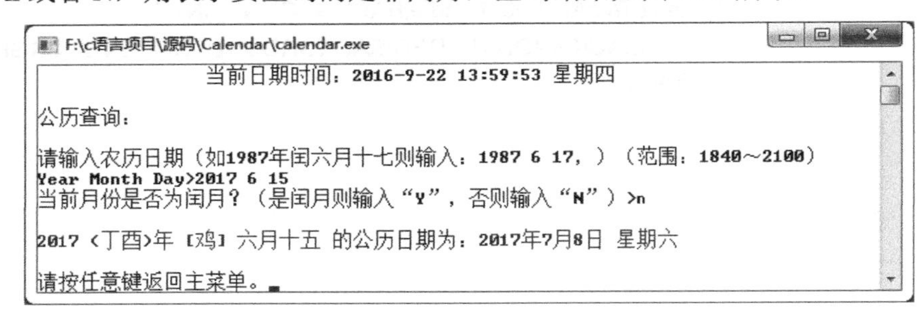

图 5.33　查询非闰月

从图 5.32 和 5.33 中可以看出，查询结果是不相同的，所以区分好是否为闰月是很重要的。农历查公历的详细代码如下：

```
/**
 * 农历查公历
 */
int GetGre(LUNARDATE LunarDate)
{
	int hang=LunarDate.iYear-start_year;
	int lie=LunarDate.wMonth+1;
	int leap_month=-1;
	int i=0;
	double ndays=0.0;
	int ileapMonth=0;
	int dMn=0;
	LONGTIME lt;
	for (i=0;i<14;i++)
	{
		if (Yuexu[hang*14+i+1]==Yuexu[hang*14+i])
		{
			leap_month=i-1;			//农历闰月
```

```
                if (leap_month<=0)
                {
                    leap_month+=12;
                }
                break;
            }
        }
        if (leap_month==LunarDate.wMonth)
        {
            printf("当前月份是否为闰月？（是闰月则输入"Y"，否则输入"N"）>");
            ileapMonth=getche();
            if (ileapMonth==89||ileapMonth==121)
            {
                LunarDate.bIsLeap=true;
            }else if (ileapMonth==78||ileapMonth==110)
            {
                LunarDate.bIsLeap=false;
            }
            printf("\r\n");
        }
        dMn=GetDaysOfMonth(LunarDate.iYear,LunarDate.wMonth,true,LunarDate.bIsLeap);
        if (dMn==-1)
        {
            printf("当前农历闰月信息有误，请重新输入：Year Month Day>");
            return 2;                          //返回错误
        }else
        {
            if (dMn<LunarDate.wDay)
            {
                if (LunarDate.bIsLeap)
                {
                    printf("%d 年闰%s 只有 %d 天，请重新输入：Year Month Day>",
                            LunarDate.iYear,mName[LunarDate.wMonth-1],dMn);
                }else
                {
                    printf("%d 年%s 只有 %d 天，请重新输入：Year Month Day>",
                            LunarDate.iYear,mName[LunarDate.wMonth-1],dMn);
                }
                return 1;
            }
        }
```

```
    if (leap_month!=-1)
    {
        //定位当前列
        if (LunarDate.wMonth>leap_month)
        {
            lie++;
        }else
        {
            if (LunarDate.wMonth==leap_month&&LunarDate.bIsLeap==true)
            {
                lie++;
            }
        }
    }
    ndays=Yueshou[hang*15+lie];
    ndays+=LunarDate.wDay;
    ndays--;
    lt=GetDate(ndays);
    HANDLE handle = GetStdHandle(STD_OUTPUT_HANDLE);    //获取控制台句柄
   //更改文字颜色，为红色
    SetConsoleTextAttribute(handle,FOREGROUND_INTENSITY|BACKGROUND_INTENSITY
    |BACKGROUND_RED|BACKGROUND_GREEN|BACKGROUND_BLUE|FOREGROUND_RED);
    printf("\r\n%d (%s%s)年  [%s] ",LunarDate.iYear,tiangan[(LunarDate.iYear-1984+9000)%10],
    dizhi[(LunarDate.iYear-1984+9000)%12],shengxiao[(LunarDate.iYear-1984+9000)%12]);
    if (LunarDate.bIsLeap)
    {
        printf("闰");
    }
    printf("%s%s ",mName[LunarDate.wMonth-1],dName[LunarDate.wDay-1]);
    SetConsoleTextAttribute(handle,BACKGROUND_INTENSITY|BACKGROUND_RED|BACKGROUND_
GREEN|BACKGROUND_BLUE);             //恢复颜色
    printf("的公历日期为：");
    SetConsoleTextAttribute(handle,FOREGROUND_INTENSITY|BACKGROUND_INTENSITY
    |BACKGROUND_RED|BACKGROUND_GREEN|BACKGROUND_BLUE|FOREGROUND_RED);
    printf("%d 年%d 月%d 日  %s\r\n",lt.wYear,lt.wMonth,lt.wDay,Xingqi[lt.wDayOfWeek]);
    SetConsoleTextAttribute(handle,BACKGROUND_INTENSITY|BACKGROUND_RED|BACKGROUND_
GREEN|BACKGROUND_BLUE);             //恢复颜色
    return 0;
}
```

4．显示二十四节气

主界面中选择数字“7”所实现的是显示二十四节气的功能，是调用 ShowSolarTerms()方法所实现的。图 5.34 显示的是输入年份之后，所显示的当年的二十四节气信息。

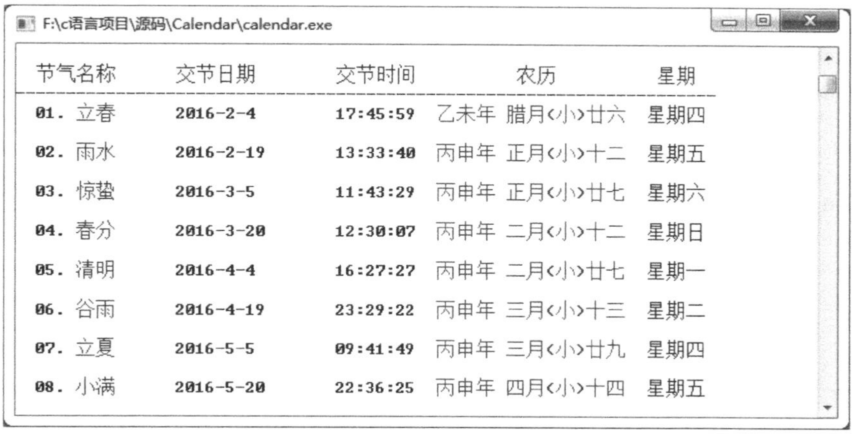

F:\c语言项目\源码\Calendar\calendar.exe

节气名称	交节日期	交节时间	农历	星期
01．立春	2016-2-4	17:45:59	乙未年 腊月‹小›廿六	星期四
02．雨水	2016-2-19	13:33:40	丙申年 正月‹小›十二	星期五
03．惊蛰	2016-3-5	11:43:29	丙申年 正月‹小›廿七	星期六
04．春分	2016-3-20	12:30:07	丙申年 二月‹小›十二	星期日
05．清明	2016-4-4	16:27:27	丙申年 二月‹小›廿七	星期一
06．谷雨	2016-4-19	23:29:22	丙申年 三月‹小›十三	星期二
07．立夏	2016-5-5	09:41:49	丙申年 三月‹小›廿九	星期四
08．小满	2016-5-20	22:36:25	丙申年 四月‹小›十四	星期五

图 5.34　显示二十四节气

从图 5.34 中可以看到，第一列显示的是节气名称，循环 jieqi[]数组中的数据；第二列和第三列显示的是节气时间，通过 GetDate()方法计算出节气对应的时间；第四列是节气的农历时间，直接调用 DateRefer()方法，将公历的年月日转换成农历的年月日；最后一列是星期，通过 Xingqi[lt.wDayOfWeek]计算出节气所在的星期。详细代码如下：

```
/**
 * 显示二十四节气
 */
void ShowSolarTerms(int year)
{
	int hang=year-start_year;
	int lie=3;				//从立春开始算
	LONGTIME lt;
	printf("\r\n	节气名称\t 交节日期\t 交节时间\t	农历\t\t 星期\r\n");
	printf("--------------------------------------------------------------------\r\n");
	for (lie;lie<27;lie++)		//因为 lie 初始为 3，则算 24 个节气后，为 26，因此小于 27
	{
		lt=GetDate(Jieqi[hang*24+lie]);
		printf("	%02d. ",lie-2);
		HANDLE handle = GetStdHandle(STD_OUTPUT_HANDLE);	//获取控制台句柄
		SetConsoleTextAttribute(handle,FOREGROUND_INTENSITY|BACKGROUND_INTENSITY
			|BACKGROUND_RED|BACKGROUND_GREEN|BACKGROUND_BLUE
			|FOREGROUND_RED);					//更改文字颜色，为红色
		printf("%s",jieqi[lie%24]);
```

```
            SetConsoleTextAttribute(handle,BACKGROUND_INTENSITY|BACKGROUND_RED
                    |BACKGROUND_GREEN|BACKGROUND_BLUE);
            printf("    \t%d-%d-%d\t%02d:%02d:%02d    ",lt.wYear,lt.wMonth,lt.wDay,lt.wHour,
                    lt.wMinute,lt.wSecond);

            DateRefer(lt.wYear,lt.wMonth,lt.wDay,true);
            if (lie==26)
            {
                printf("    %s\r\n",Xingqi[lt.wDayOfWeek]);
            }else
            {
                printf("    %s\r\n\r\n",Xingqi[lt.wDayOfWeek]);
            }
        }
        printf("-------------------------------------------------------------------\r\n");
}
```

5. 获得公历节日

在主界面选择“8”查询节日时，会继续给出提示，是选择 1 显示公历节日，还是选择 2 显示农历节日。如果选择 1，就要调用 Holiday()方法来显示公历节日了。

在 Holiday()方法中，首先获得输入的月份，根据月份进行 switch 分支，不同的月份显示不同的节日信息，关键代码如下：

```
/**
 * 获得公历节日
 */
void Holiday(int month)
{
        HANDLE handle = GetStdHandle(STD_OUTPUT_HANDLE);          //获取控制台句柄
        switch(month)
        {
            case 1:
                SetConsoleTextAttribute(handle,FOREGROUND_INTENSITY|BACKGROUND_INTENSITY
        |BACKGROUND_RED|BACKGROUND_GREEN|BACKGROUND_BLUE|FOREGROUND_BLUE);  //蓝字
                printf("\n\t\t 1 月 1 日元旦(New Year's Day)\n");
                printf("\t\t 1 月最后一个星期日国际麻风节\n\n");
                SetConsoleTextAttribute(handle,BACKGROUND_INTENSITY|BACKGROUND_RED
                        |BACKGROUND_GREEN|BACKGROUND_BLUE);          //恢复文字颜色
                break;
            case 2:
```

```
        SetConsoleTextAttribute(handle,FOREGROUND_INTENSITY|BACKGROUND_INTENSITY
|BACKGROUND_RED|BACKGROUND_GREEN|BACKGROUND_BLUE|FOREGROUND_BLUE);  //蓝字
        printf("\n\t\t 2 月 2 日  世界湿地日(World Wetlands Day)\n");
        printf("\t\t 2 月 14 日 情人节(Valentine's Day)\n\n");
        SetConsoleTextAttribute(handle,BACKGROUND_INTENSITY|BACKGROUND_RED
                |BACKGROUND_GREEN|BACKGROUND_BLUE);       //恢复文字颜色
        break;
    case 3:
        SetConsoleTextAttribute(handle,FOREGROUND_INTENSITY|BACKGROUND_INTENSITY
|BACKGROUND_RED|BACKGROUND_GREEN|BACKGROUND_BLUE|FOREGROUND_BLUE);  //蓝字
        printf("\n\t\t 3 月 3 日  全国爱耳日\n");
        printf("\t\t 3 月 5 日  青年志愿者服务日\n");
        printf("\t\t 3 月 8 日  国际妇女节(International Women' Day)\n");
        printf("\t\t 3 月 9 日  保护母亲河日\n");
        printf("\t\t 3 月 12 日 中国植树节(China Arbor Day)\n");
        printf("\t\t 3 月 14 日 白色情人节(White Day)\n");
        printf("\t\t 3 月 14 日 国际警察日(International Policemen' Day)\n");
        printf("\t\t 3 月 15 日 世界消费者权益日(World Consumer Right Day)\n");
        printf("\t\t 3 月 21 日 世界森林日(World Forest Day)\n");
        printf("\t\t 3 月 21 日 世界睡眠日(World Sleep Day)\n");
        printf("\t\t 3 月 22 日 世界水日(World Water Day)\n");
        printf("\t\t 3 月 23 日 世界气象日(World Meteorological Day)\n");
        printf("\t\t 3 月 24 日 世界防治结核病日(World Tuberculosis Day)\n");
        printf("\t\t 3 月最后一个完整周的星期一中小学生安全教育日\n\n");
        SetConsoleTextAttribute(handle,BACKGROUND_INTENSITY|BACKGROUND_RED
                |BACKGROUND_GREEN|BACKGROUND_BLUE);       //恢复文字颜色
        break;
```

5.8 开发总结

本章通过开发一个有实际应用价值的应用程序—万年历，帮助用户了解从设计到开发程序的过程。在开发万年历项目的过程中，首先需要了解万年历的功能。由于万年历包含很多关于时间的算法，因此在开发此项目时，需要掌握万年历的多个算法，如判断闰年、计算星期等。

下面通过一个思维导图对本章所讲模块及主要知识点进行总结，如图 5.35 所示。

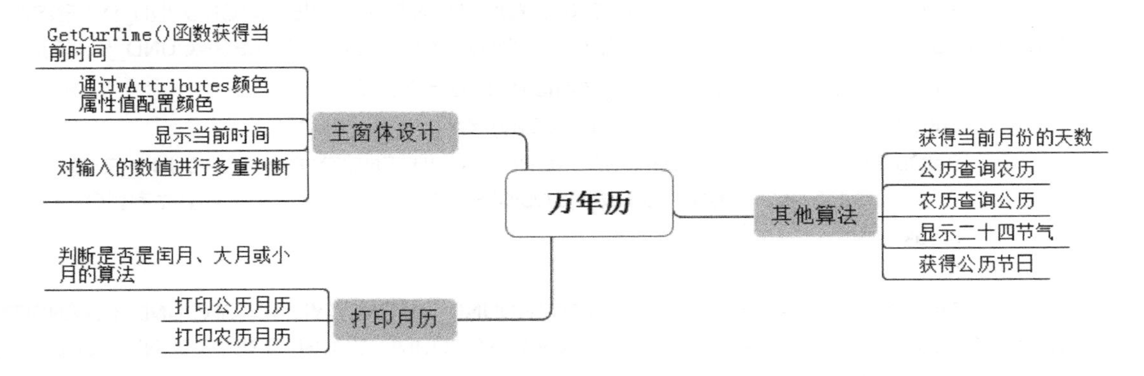

图 5.35　本章知识点总结

第6章

贪吃蛇游戏

（Visual C++ 6.0 实现）

贪吃蛇游戏是一款老少皆宜的经典敏捷类游戏，该游戏的趣味性是很多游戏都无法比拟的。游戏的规则很简单，控制蛇的移动，去吃食物，食物被吃之后还会随机出现，但要注意蛇不能撞到墙壁。通过本章的学习，读者能够学到：

- 文件的打开和关闭
- 文件的读写
- 指针空间的申请和释放
- Sleep()进程挂起函数
- GetAsyncKeyState()函数
- 监听键盘按键

6.1 开发背景

贪吃蛇是一款特别流行的小游戏，深受许多人的喜爱，已经出现过很多不同平台上的版本，手机、电脑、平板等。本章介绍如何在电脑上设计一款好玩的贪吃蛇游戏。

贪吃蛇的游戏规则也很简单，具体为：一条蛇出现在封闭的空间中，同时此空间里会随机出现一个食物，通过键盘的上、下、左、右方向键来控制蛇的前进方向。蛇头撞到食物，则食物消失，表示被蛇吃掉了。蛇身增加一节，累计得分，接着又出现食物，等待蛇来吃。如果蛇在前进过程中，撞到墙或蛇头撞到自己的身体，那么游戏结束。

本章将使用 Microsoft Visual C++ 6.0 开发一个贪吃蛇的游戏，并详细介绍开发游戏时需要了解和掌握的相关开发细节。本游戏开发细节设计如图 6.1 所示。

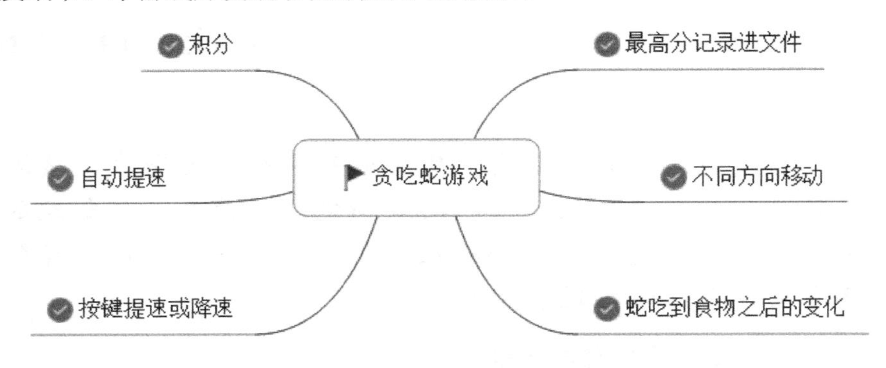

图 6.1　贪吃蛇游戏相关的开发细节

6.2 需求分析

本项目可以实现的是制作贪吃蛇游戏，在此游戏中，蛇不允许碰触墙壁及自己的身体，否则游戏失败；蛇吃到食物才会得分，并且增长身体的长度。

在该系统中主要包含了以下的关键技术：

☑　设计字符画装饰。
☑　绘制游戏地图。
☑　从文件中读取最高分。
☑　绘制贪吃蛇。
☑　设计不按键时，蛇自动前进。
☑　设计键盘按键控制蛇的前进方向。

6.3　系统功能设计

6.3.1　系统功能结构

贪吃蛇游戏共分为 4 个界面，分别是游戏欢迎界面、游戏主窗体、游戏说明界面和游戏结束界面。该游戏具体功能如图 6.2 所示。

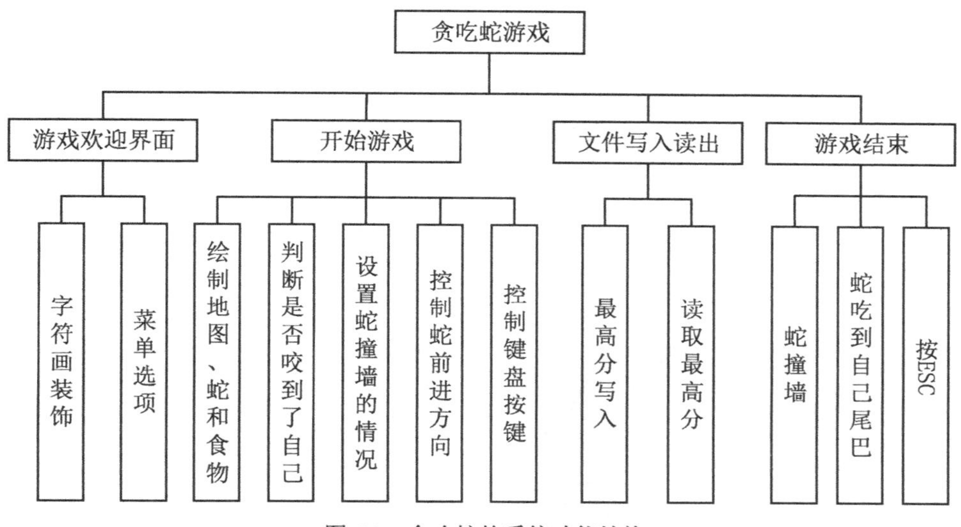

图 6.2　贪吃蛇的系统功能结构

6.3.2　业务流程图

贪吃蛇游戏的业务流程图如图 6.3 所示。

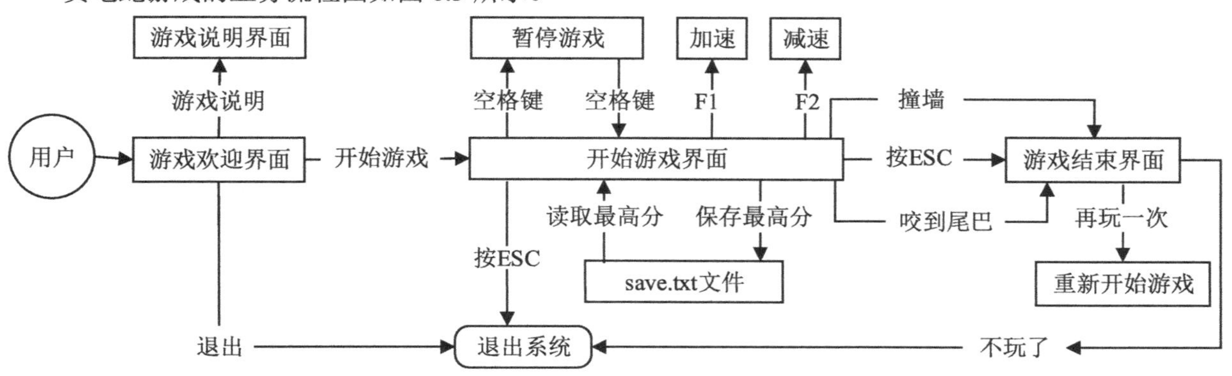

图 6.3　贪吃蛇的业务流程图

6.3.3　系统预览

打开贪吃蛇游戏，进入游戏欢迎界面，如图 6.4 所示。

然后进入游戏的主界面，如图 6.5 所示。

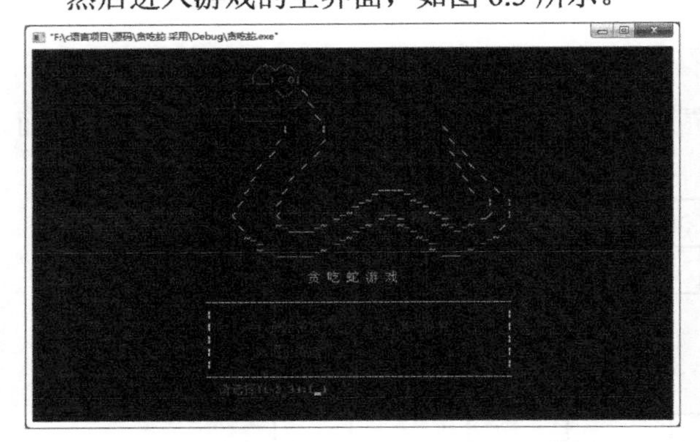

图 6.4　游戏欢迎界面

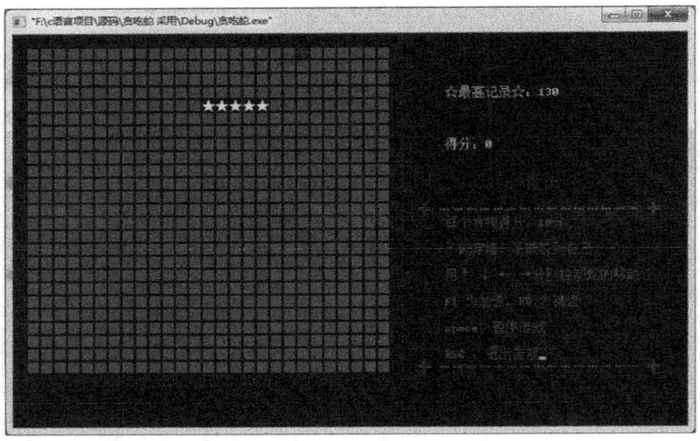

图 6.5　游戏主界面

游戏失败分为几种，分别如图 6.6～图 6.8 所示。游戏的说明界面如图 6.9 所示。

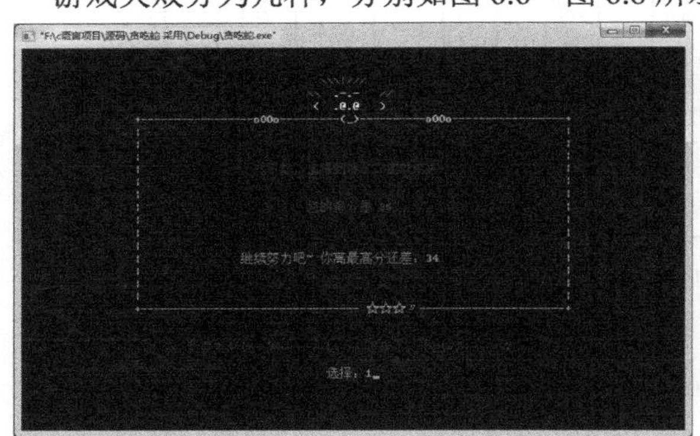

图 6.6　失败界面—— 撞墙

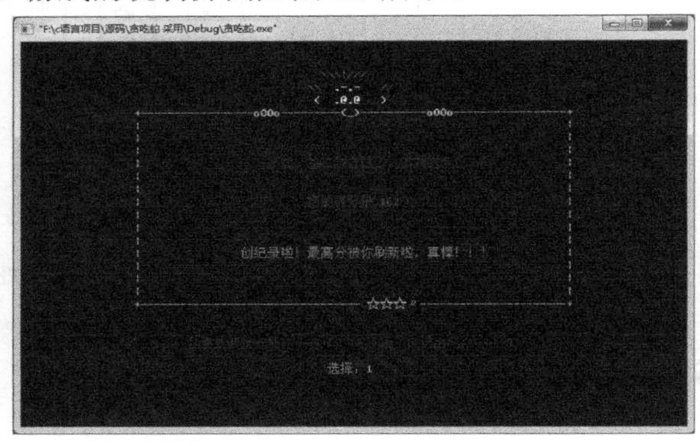

图 6.7　失败界面—— 咬到自己

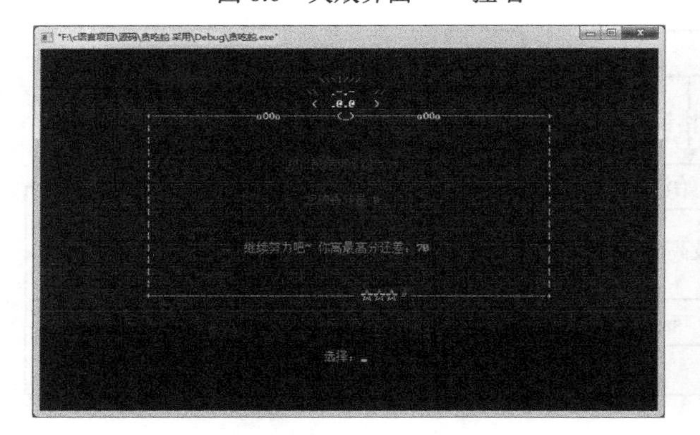

图 6.8　失败界面—— 按 ESC

图 6.9　游戏说明界面

6.4 预处理模块设计

6.4.1 模块概述

贪吃蛇游戏在预处理模块中宏定义了在整个程序中用到的上、下、左、右四个方向；另外定义蛇身结构体和一些全局变量；该模块中还对系统中的各个功能模块的函数做了声明。

6.4.2 技术分析

为了使程序更好地运行，程序中需要引入一些库文件，对程序的一些基本函数进行支持，在引用文件时需要使用#include 命令。

在本程序中使用到了 stdafx.h 头文件。stdafx.h 是 Visual C++ 6.0 创建项目时自动创建的预编译头文件，在编译其他文件之前，Visual C++ 先预编译此文件。头文件 stdafx.h 引入了项目中需要的一些通用的头文件，比如 window.h 等，在自己的头文件中包括 stdafx.h 就相当于包含了那些通用的头文件。

说明 什么是头文件预编译呢？

就是把一个工程（project）中使用的一些 MFC 标准头文件预先编译，以后该工程编译时，不再编译这部分头文件，仅仅使用预编译的结果。这样可以加快编译速度，节省时间。

在 Visual C++ 6.0 中每个 cpp 文件都是以 stdafx.h 开始的，这是什么原因呢？下面进行介绍。

在文件结构处，除了“贪吃蛇游戏.cpp”之外，还有一个 cpp 文件，就是 stdafx.cpp，如图 6.10 所示。预编译头文件就是通过编译 stdafx.cpp 生成的，以工程名命名，以.pch 为后缀。以本工程贪吃蛇为例，它的预编译头文件名为“贪吃蛇游戏.pch”。

图 6.10 stdafx.cpp 文件

编译器通过头文件 stdafx.h 来使用预编译头文件。编译器认为，所有在指定#include "stdafx.h"前的代码都是预编译的，它跳过#include "stdafx.h"指令，去编译之后的所有代码。

因此，在 Visual C++ 6.0 中所有的 cpp 文件的第一条语句都是：#include "stdafx.h"。

6.4.3 功能实现

1．文件引用

下面是本程序引用的头文件，具体代码如下：

```
/*******头  文  件*******/
#include<stdafx.h>                  // Visual C++自带头文件
#include<stdio.h>                   //标准输入输出函数库
#include<time.h>                    //用于获得随机数
#include<windows.h>                 //控制 dos 界面
#include<stdlib.h>                  //即 standard library 标志库头文件，里面定义了一些宏和通用工具函数
#include<conio.h>                   //接收键盘输入输出
```

2．宏定义

宏定义是以#define 开头的一种可以替换源代码中字符串的语句。本程序中使用宏定义分别定义了上、下、左、右 4 个方向，把方向定义成整型数字，方便在后面的代码中进行逻辑运算。

宏定义的具体代码如下：

```
/*******宏  定  义*******/
#define U 1
#define D 2
#define L 3
#define R 4                         //蛇的状态，U：上；D：下；L：左；R：右
```

3．定义全局变量

把程序中经常会用到的变量放在程序的最前面，即为全局变量。

定义全局变量的具体代码如下：

```
/*******定  义  全  局  变  量 *******/
typedef struct snake                //蛇身的一个节点
{
    int x;                          //节点的 x 坐标
    int y;                          //节点的 y 坐标
    struct snake *next;             //蛇身的下一节点
}snake;
int score=0,add=10;                 //总得分与每次吃食物得分
int HighScore = 0;                  //最高分
int status,sleeptime=200;           //蛇前进状态，每次运行的时间间隔
snake *head, *food;                 //蛇头指针，食物指针
```

```
snake *q;                    //遍历蛇的时候用到的指针
int endgamestatus=0;         //游戏结束的情况，1：撞到墙；2：咬到自己；3：主动退出游戏
HANDLE hOut;                 //控制台句柄
```

在本段代码中使用到了结构体 snake，下面介绍一下有关结构体的知识点。

有时，不同类型的数据需要组合成一个整体，以便于引用。这些组合在一个整体中的数据是相互联系的，例如，一个学生的学号、姓名、性别、年龄、成绩、家庭地址等。其中学号的数据类型是整型，姓名的数据类型是字符型，那么在一个整体中包含若干个类型不同的数据项，这就叫作结构体。

声明一个结构体类型的一般形式为：

```
typedef struct 结构体名
{
成员表列
}变量名;
```

了解了结构体的知识之后，下面介绍如何用指针处理链表，因为在本游戏中定义的 snake 不光是结构体，还是链表。

链表是一种数据结构，能够动态地进行存储分配数据。图 6.11 为最简单的链表的结构。

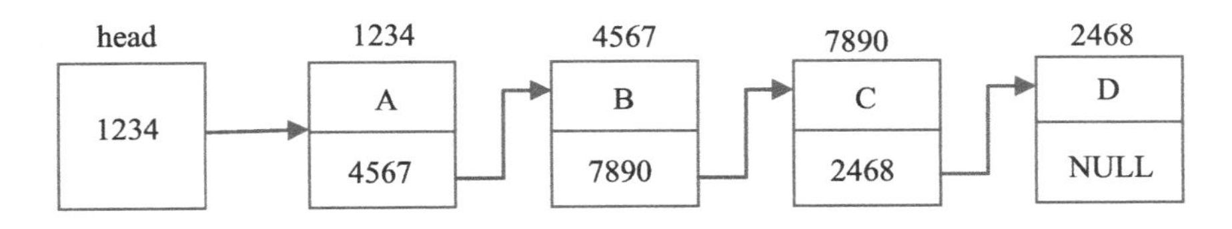

图 6.11 最简单的链表结构

链表有一个“头指针”变量，图 6.11 中以 head 表示，它存放一个地址，该地址指向一个元素。链表中每个元素称为“节点”，每个节点都包括两个部分：用户需要用的实际数据和下一个节点的地址。可以看出，head 指向第一个元素；第一个元素又指向第二个元素……直到最后一个元素，该元素不再指向其他元素，它称为“表尾”，地址部分放一个“NULL”，表示空地址，链表到此结束。

如果想要找到某一元素，必须先要找到上一个元素，根据它提供的下一元素地址才能找到下一个元素。如果没有头指针 head，那么整个链表都无法访问。

这种链表的数据结构，必须利用指针变量才能实现，即一个节点中应包含一个指针变量，用它存放下一节点的地址。

前面介绍了结构体变量，用它作链表中的节点是最合适的。一个结构体变量包含若干成员，这些成员可以是数值类型、字符类型、数组类型，也可以是指针类型。可以用指针类型成员来存放下一个节点的地址。例如，本程序中是这样来定义一个链表的。

```
typedef struct snake         //蛇身的一个节点
{
    int x;                   //节点的 x 坐标
```

```
    int y;                          //节点的y坐标
    struct snake *next;             //蛇身的下一节点
}snake;
```

其中，x和y用来存放节点中有用的数据（用户需要用到的数据），相当于图6.11节点中的A、B、C、D。next是指针类型的成员，它指向struct snake类型数据（这就是next的结构体类型）。一个指针类型的成员既可以指向其他类型的结构体数据，也可以指向自己所在的结构体类型的数据。现在，next是struct snake类型中的一个成员，它又指向struct snake类型的数据。用这种方法就可以建立链表，如图6.12所示。

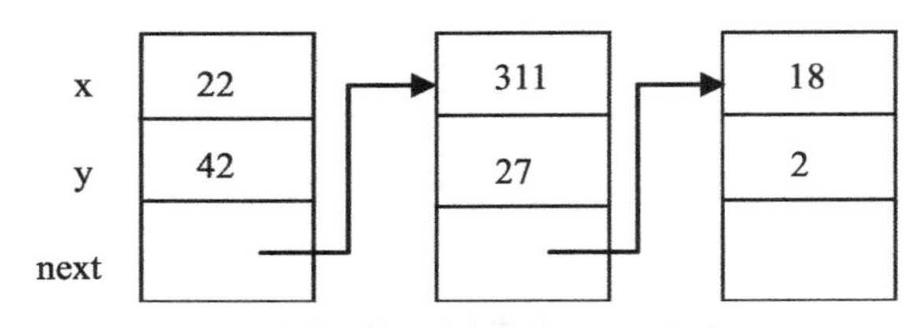

图6.12　含next成员的链表结构

上图中每个节点都属于struct snake类型，它的成员next存放下一节点的地址，程序设计人员可以不必具体指导各节点的地址，只要保证将下一个节点的地址放到前一节点的成员next中即可。

4．函数声明

在本程序中，函数声明的具体代码如下：

```
/*******函　数　声　明 *******/
void gotoxy(int x,int y);          //设置光标位置
int  color(int c);                 //更改文字颜色
void printsnake();                 //字符画—— 蛇
void welcometogame();              //开始界面
void createMap();                  //绘制地图
void scoreandtips();               //游戏界面右侧的得分和小提示
void initsnake();                  //初始化蛇身，画蛇身
void createfood();                 //创建并随机出现食物
int  biteself();                   //判断是否咬到了自己
void cantcrosswall();              //设置蛇撞墙的情况
void speedup();                    //加速
void speeddown();                  //减速
void snakemove();                  //控制蛇前进方向
void keyboardControl();            //控制键盘按键
void Lostdraw();                   //游戏结束界面
void endgame();                    //游戏结束
void choose();                     //游戏失败之后的选择
void File_out();                   //在文件中读取最高分
```

```
void File_in();                //储存最高分进文件
void explation();              //游戏说明
```

视频讲解

6.5　游戏欢迎界面设计

6.5.1　欢迎界面概述

游戏欢迎界面为用户提供了一个了解和运行游戏的平台。在这里不仅可以实现开始游戏、阅读游戏说明、退出游戏等操作，还对游戏界面进行了适当的美化，用各种字符打印出一条蛇的图案。主程序运行效果如图 6.4 所示。

6.5.2　技术分析

欢迎界面主要由两部分组成，第一部分是蛇的字符画；第二部分是菜单选项。这节主要介绍如何绘制字符画蛇，以起到装饰界面的作用。

字符画蛇的界面如图 6.13 所示。

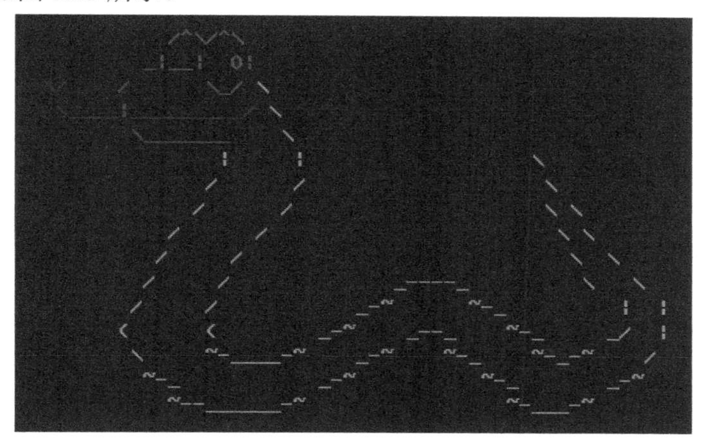

图 6.13　字符画蛇的界面

想要绘制出美观的界面，还需要设置控制台文字的颜色和获得控制台坐标。在编写标题代码之前，首先定义 color()函数和 gotoxy()函数。

color()函数和 gotoxy()函数在前面的章节中已经详细讲过，这里只给出代码。

1．定义 color()函数

```
/**
 * 文字颜色函数
*/
```

```
int color(int c)
{
    SetConsoleTextAttribute(GetStdHandle(STD_OUTPUT_HANDLE), c);        //更改文字颜色
    return 0;
}
```

2．定义 gotoxy()函数

定义 gotoxy()函数的详细代码如下：

```
/**
 * 设置光标位置
 */
void gotoxy(int x,int y)
{
    COORD c;
    c.X=x;
    c.Y=y;
    SetConsoleCursorPosition(GetStdHandle(STD_OUTPUT_HANDLE),c);
}
```

6.5.3　功能实现

1．蛇的字符画

绘制技巧：打印时从上至下，从左至右，算好空行和空格的数量，读者可根据喜好，自行搭配颜色。绘制字符画的详细代码如下：

```
/*
*    字符画——蛇
*/
void printsnake()
{
    gotoxy(35,1);
    color(6);
    printf("/^\\/^\\");              //蛇眼睛

    gotoxy(34,2);
    printf("|__|   O|");             //蛇眼睛

    gotoxy(33,2);
    color(2);
```

```
printf("_");

gotoxy(25,3);
color(12);
printf("\\/");                              //蛇信

gotoxy(31,3);
color(2);
printf("/");

gotoxy(37,3);
color(6);
printf(" \\_/");                            //蛇眼睛

gotoxy(41,3);
color(10);
printf(" \\");

gotoxy(26,4);
color(12);
printf("\\_____");                          //舌头

gotoxy(32,4);
printf("___________/");

gotoxy(31,4);
color(2);
printf("|");

gotoxy(43,4);
color(10);
printf("\\");

gotoxy(32,5);
color(2);
printf("\\_________");                      //蛇嘴

gotoxy(44,5);
color(10);
printf("\\");

gotoxy(39,6);
```

```
    printf("|       |                          \\");       //下面都是画蛇身

    gotoxy(38,7);
    printf("/       /                          \\");

    gotoxy(37,8);
    printf("/       /                            \\ \\");

    gotoxy(35,9);
    printf("/       /                               \\ \\");

    gotoxy(34,10);
    printf("/      /                                  \\   \\");

    gotoxy(33,11);
    printf("/      /                _----_            \\    \\");

    gotoxy(32,12);
    printf("/      /             _-~        ~-_            |   |");

    gotoxy(31,13);
    printf("(        (          _-~     _--_     ~-_       _/   |");

    gotoxy(32,14);
    printf("\\      ~-_____-~      _-~      ~-_      ~-_-~      /");

    gotoxy(33,15);
    printf("~-_               _-~              ~-_          _-~");

    gotoxy(35,16);
    printf("~--_______-~                         ~-___-~");
}
```

在上面代码的后面添加 main()函数作为程序的入口，进入程序时，首先显示字符蛇。main()函数代码如下：

```
/**
* 主函数
*/
int main()
{
    system("mode con cols=100 lines=30");          //设置控制台的宽高
    printsnake();                                  //绘制字符蛇
```

```
    return 0;
}
```

2．字符蛇下方的菜单选项

对于菜单选项可以分为边框和文字两部分。想要画边框，通过两个循环嵌套即可实现。打印文字部分只要找准坐标位置，并配以颜色，进行打印输出就可以。要实现的界面如图 6.14 所示。

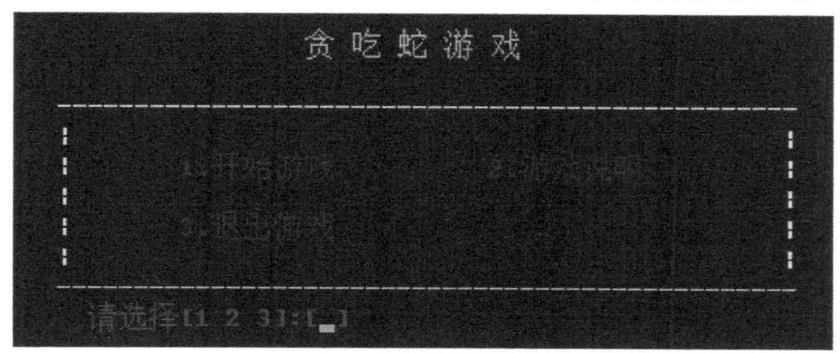

图 6.14　菜单选项

详细代码如下：

```
/**
 * 开始界面
 */
void welcometogame()
{
    int n;
    int i,j = 1;
    gotoxy(43,18);
    color(11);
    printf("贪 吃 蛇 游 戏");
    color(14);                                    //黄色边框
    for (i = 20; i <= 26; i++)                    //输出上下边框---
    {
        for (j = 27; j <= 74; j++)                //输出左右边框┇
        {
            gotoxy(j, i);
            if (i == 20 || i == 26)
            {
                printf("-");
        }
            else if (j == 27 || j == 74)
        {
                printf("|");
        }
```

```
            }
        }
        color(12);
        gotoxy(35, 22);
        printf("1.开始游戏");
        gotoxy(55, 22);
        printf("2.游戏说明");
        gotoxy(35, 24);
        printf("3.退出游戏");
        gotoxy(29,27);
        color(3);
        printf("请选择[1 2 3]:[ ]\b\b");                //\b 为退格，使得光标处于[]中间
        color(14);
        scanf("%d", &n);                                //输入选项
        switch (n)                                      //3 个选项
        {
         case 1:                                        //选项 1，还没有添加选项内容，之后添加
                system("cls");                          //清屏
                break;
         case 2:                                        //选项 2，还没有添加选项内容，之后添加
                break;
         case 3:                                        //选项 3，还没有添加选项内容，之后添加
                exit(0);                                //退出程序
                break;
         default:                                       //输入非 1~3 的选项
                    color(12);
                    gotoxy(40,28);
                    printf("请输入 1~3 之间的数!");
                    getch();                            //输入任意键
                    system("cls");                      //清屏
                    printsnake();
                    welcometogame();
        }
}
```

向 main()函数中添加调用 welcometogame()方法的语句，进入程序时，会首先显示字符蛇和其下面的菜单选项。代码如下：

```
/**
 * 主  函  数
 */
int main()
```

```
{
    system("mode con cols=100 lines=30");          //设置控制台的宽高
    printsnake();                                  //绘制字符蛇
    welcometogame();                               //需新添加的语句
    return 0;
}
```

这样，贪吃蛇的欢迎界面就制作完成了。

6.6　游戏主窗体设计

6.6.1　游戏主窗体设计概述

在欢迎界面选择数字键“1”之后，就会进入游戏主窗体界面，如图 6.5 所示。

在游戏主窗体中可以玩贪吃蛇的游戏。在界面绘制方面，此界面大致可以分为两部分，一部分是左边的游戏地图，另一部分是右边的得分信息和按键小提示。那么要制作这样的一个窗体，它的设计思路是：首先应该把游戏地图绘制出来，然后打印右边得分信息和按键小提示，最后分别添加蛇和食物。下面分别详细介绍如何打印游戏主窗体。

6.6.2　技术分析

通过观察游戏地图，发现它的边框是由空心方块组成，内部是由实心方块组成的。游戏地图如图 6.15 所示。

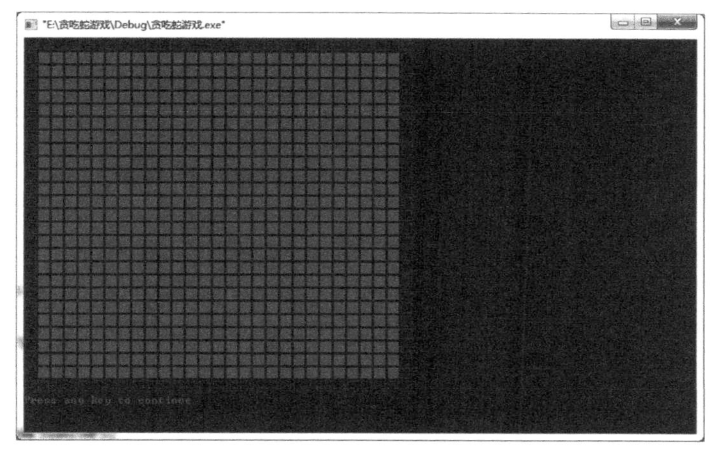

图 6.15　打印游戏地图

要实现游戏地图得打印，主要通过两个 for 循环来打印深紫色的由空心方块组成的边框，通过 1

个 for 循环嵌套来打印深蓝绿色的实心方块作为内部填充图案。

6.6.3 功能实现

1. 创建游戏地图

绘制游戏地图的详细代码如下：

```
/**
 * 创建地图
 */
void createMap()
{
     int i,j;
     for(i=0;i<58;i+=2)                       //打印上下边框
     {
          gotoxy(i,0);
            color(5);                         //深紫色的边框
          printf("□");
          gotoxy(i,26);
          printf("□");
     }
     for(i=1;i<26;i++)                        //打印左右边框
     {
          gotoxy(0,i);
          printf("□");
          gotoxy(56,i);
          printf("□");
     }
      for(i=2;i<56;i+=2)                      //打印中间网格
      {
            for(j=1;j<26;j++)
            {
                  gotoxy(i,j);
                  color(3);
                  printf("■\n\n");
            }
      }
}
```

同时修改 welcometogame()方法中的代码，在 switch 语句中加入 createMap()方法的调用，在欢迎界面按数字键“1”之后，会进入游戏主窗体中，显示游戏地图。修改的语句如下：

```
switch (n)
{
 case 1:
        system("cls");
        createMap();                    //新添加的语句
        break;
 case 2:
        break;
 case 3:
        exit(0);                        //退出程序
        break;
 default:                               //输入非 1~3 的选项
        color(12);
        gotoxy(40,28);
        printf("请输入 1~3 之间的数!");
                getch();                //输入任意键
                system("cls");          //清屏
                printsnake();
                welcometogame();
}
```

2．绘制右侧得分和小提示

在游戏主窗体中，右侧的得分和小提示如图 6.16 所示。

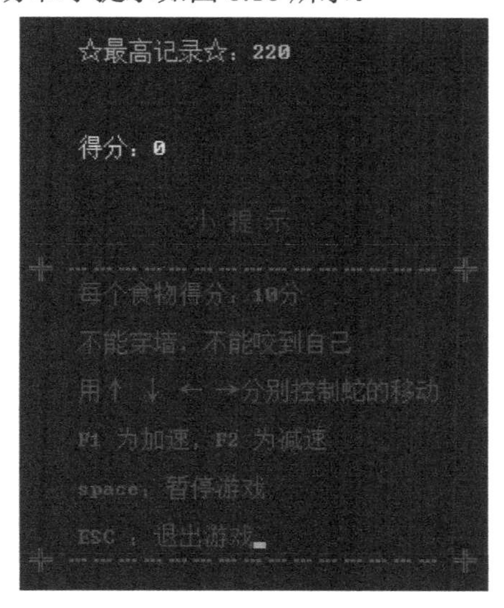

图 6.16　右侧的得分和小提示

从图 6.16 中可以看出，最上面是最高纪录，最高纪录是从文件 save.txt 中读取出来的，所以首先应该调用读取文件函数 File_out()读出最高分，下面的文字打印输出就可以了，详细代码如下：

```
/**
 *  游戏界面右侧的得分和小提示
 */
void scoreandtips()
{
      File_out();                                          //调用 File_out()，读取文件 save.txt 中的内容
      gotoxy(64,4);                                        //确定打印输出的位置
      color(11);                                           //设置颜色
      printf("☆最高纪录☆：%d",HighScore);                  //打印游戏最高分
      gotoxy(64,8);
      color(14);
      printf("得分：%d  ",score);
      color(13);
      gotoxy(73,11);
      printf("小 提 示");
      gotoxy(60,13);
      color(6);
      printf("╬ -------------------------------- ╬");        //打印边框
      gotoxy(60,25);
      printf("╬ -------------------------------- ╬");
      color(3);
      gotoxy(64,14);
      printf("每个食物得分：%d 分",add);
      gotoxy(64,16);
      printf("不能穿墙，不能咬到自己");
      gotoxy(64,18);
      printf("用↑↓←→分别控制蛇的移动");
      gotoxy(64,20);
      printf("F1 为加速，F2 为减速");
      gotoxy(64,22);
      printf("space：暂停游戏");
      gotoxy(64,24);
     printf("ESC ：退出游戏");
}
```

3．从文件中读取游戏最高分

在游戏主窗体的右侧显示了最高分，这个最高分需要从文件 save.txt 中读取。在 File_out()函数中使用 fscanf 方法读取文件 save.txt 中的数据，详细代码如下：

```
/**
 * 在文件中读取最高分
```

```
 */
void File_out()
{
	FILE *fp;
	fp = fopen("save.txt", "a+");                          //打开文件 save.txt
	fscanf(fp, "%d", &HighScore);                          //把文件中的最高分读出来
	fclose(fp);                                            //关闭文件
}
```

scoreandtips()函数要何时调用呢？应该在按键控制的函数中调用，因为每次按键之后蛇如果吃到食物，“得分”的分数才会随时变化。

向主函数 main()中添加调用 File_out()方法的语句，代码如下：

```
/**
 * 主　函　数
 */
int main()
{
	 system("mode con cols=100 lines=30");          //设置控制台的宽高
	printsnake();                                   //字符画—— 蛇
	 welcometogame();                               //欢迎界面
	File_out();                                     //新添加的语句
	return 0;
}
```

4．绘制蛇身

蛇身是由 5 个黄色的五角星组成，如图 6.17 所示。

图 6.17　贪吃蛇蛇身

在绘制蛇身的代码中，需要使用 while 循环来打印蛇身。在设计蛇身时，首先定义的是蛇尾，设置蛇尾的初始位置，坐标为（24,5）。然后绘制蛇头，蛇头的坐标为（24+2*i,5），i 的值在 1~4，i 等于 1 时，蛇头坐标为（26,5）；i 等于 2 时，坐标（26,5）位置的蛇头变成蛇身，蛇头的坐标变成（26,5），如此循环设计蛇头至蛇尾的初始位置。绘制蛇身的详细代码如下：

```
/**
 * 初始化蛇身，画蛇身
 */
void initsnake()
{
```

```
    snake *tail;
    int i;
    tail=(snake*)malloc(sizeof(snake));          //从蛇尾开始，头插法，以 x,y 设定开始的位置
    tail->x=24;                                  //蛇的初始位置（24,5）
    tail->y=5;
    tail->next=NULL;
    for(i=1;i<=4;i++)                            //设置蛇身，长度为 5
    {
        head=(snake*)malloc(sizeof(snake));      //初始化蛇头
        head->next=tail;                         //蛇头的下一位为蛇尾
        head->x=24+2*i;                          //设置蛇头位置
        head->y=5;
        tail=head;                               //蛇头变成蛇尾，然后重复循环
    }
    while(tail!=NULL)                            //从头到尾，输出蛇身
    {
        gotoxy(tail->x,tail->y);
         color(14);
        printf("★");                            //输出蛇身，蛇身使用★组成
        tail=tail->next;                         //蛇头输出完毕，输出蛇头的下一位，一直输出到蛇尾
    }
}
```

同时修改 welcometogame()方法中的代码，在 switch 语句中加入 initsnake()方法的调用，在欢迎界面按数字键“1”之后，进入游戏主窗体中，显示游戏地图和黄色的贪吃蛇。修改的语句如下：

```
    switch (n)
    {
     case 1:
           system("cls");
           createMap();                          //创建地图
           initsnake();                          //新添加的语句
           break;
     case 2:
           break;
     case 3:
           exit(0);                              //退出程序
           break;
     default:                                    //输入非 1~3 的选项
           color(12);
           gotoxy(40,28);
           printf("请输入 1~3 之间的数!");
```

```
        getch();                              //输入任意键
        system("cls");                        //清屏
        printsnake();
        welcometogame();
    }
```

5. 创建并随机出现食物

在绘制了蛇身之后，就要绘制食物了。在本游戏中，食物是随机出现的，但是这个随机也是有限制的，食物只能出现在网格中间，不能出现在网格线上，同时食物也不能和蛇身重合。同时满足这些条件后，食物使用红色的●表示。创建并随机出现食物的详细代码如下：

```
/**
 * 随机出现食物
 */
void createfood()
{
    snake *food_1;
    srand((unsigned)time(NULL));                  //初始化随机数
    food_1=(snake*)malloc(sizeof(snake));         //初始化 food_1
    //保证其为偶数，使得食物能与蛇头对齐，然后食物会出现在网格线上
    while((food_1->x%2)!=0)
    {
        food_1->x=rand()%52+2;                    //设置食物的 x 坐标随机出现，食物的 x 坐标在 2~53
    }
    food_1->y=rand()%24+1;                        //食物的 y 坐标在 1~24
    q=head;
    while(q->next==NULL)
    {
        if(q->x==food_1->x && q->y==food_1->y)    //判断蛇身是否与食物重合
        {
            free(food_1);                         //如果蛇身和食物重合，那么释放食物指针
            createfood();                         //重新创建食物
        }
        q=q->next;
    }
    gotoxy(food_1->x,food_1->y);                  //设置食物的位置
    food=food_1;
     color(12);
    printf("●");                                  //输出食物
}
```

同时修改 welcometogame()方法中的代码，在 switch 语句中加入 createfood()方法的调用，在开始界面选择数字键“1”之后，创建游戏地图，初始化蛇身并显示食物。修改的语句如下：

```
switch (n)
{
 case 1:
        system("cls");
        createMap();                          //创建地图
        initsnake();                          //初始化蛇身
        createfood();                         //新添加的语句
        break;
 case 2:
        break;
 case 3:
        exit(0);                              //退出程序
        break;
default:                                //输入非 1~3 的选项
      color(12);
      gotoxy(40,28);
      printf("请输入 1~3 的数!");
      getch();                                //输入任意键
      system("cls");                          //清屏
      printsnake();
      welcometogame();
}
```

视频讲解

6.7 游戏逻辑

6.7.1 游戏逻辑概述

导致游戏失败的因素有两点：咬到自己和撞到墙。所以需要判断和解决的问题有下面几点，分别为：

（1）判断蛇是否咬到了自己。

（2）判断蛇是否撞到墙。

（3）不按键时，设置蛇的前进方向。

（4）通过键盘按键控制蛇的前进方向。

6.7.2　技术分析

在设置通过键盘按键控制蛇前进方向的代码中，用到了 GetAsyncKeyState() 方法。GetAsyncKeyState()方法是用来确定，用户是否按下了键盘上的一个按键，可以实现监听键盘按键，并做出对应操作。

函数原型为：

```
short GetAsyncKeyState(int nVirtKey);
```

参数 nVirtKey 为虚拟键盘值常量。常用的虚拟键盘值常量如表 6.1 所示。

表 6.1　常用的虚拟键盘值常量

键 盘 按 键	虚拟按键值
ESC 键	VK_ESCAPE
Enter 键	VK_RETURN
Shift 键	VK_SHIFT
Alt 键	VK_MENU
Ctrl 键	VK_CONTROL
空格键	VK_SPACE
Page Up	VK_PRIOR
Page Down	VK_NEXT
方向键（←）	VK_LEFT
方向键（↑）	VK_UP
方向键（→）	VK_RIGHT
方向键（↓）	VK_DOWN
0 键	VK_0
…	…
9 键	VK_9
小键盘 0 键	VK_NUMPAD0
…	…
小键盘 9 键	VK_NUMPAD9
A 键	VK_A
…	…
Z 键	VK_Z
F1 键	VK_F1

续表

键 盘 按 键	虚拟按键值
…	…
F12 键	VK_F12

6.7.3 功能实现

1. 判断蛇是否咬到自己

当蛇头和蛇身围成了一个圈的时候，就说明蛇咬到了自己，如图 6.18 所示。

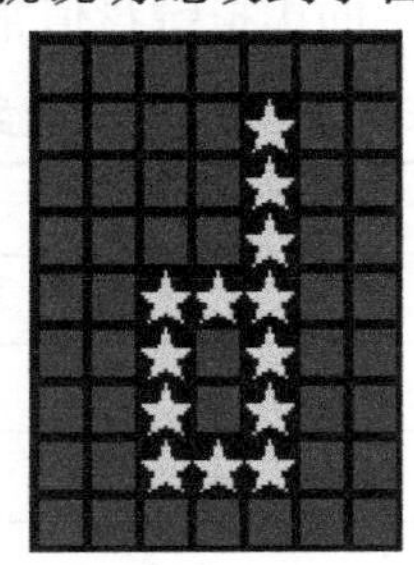

图 6.18　蛇咬到了自己

那么在代码中如何定义蛇咬到自己呢？只要蛇头的坐标值和蛇身上的任意坐标值重合，那么就判定为蛇咬到了自己，实现代码如下：

```
/**
 * 判断是否咬到了自己
 */
int biteself()
{
    snake *self;                                          //定义 self 为蛇身上的一个节点
    self=head->next;                                      //self 是蛇头之外的蛇身上的节点
    while(self!=NULL)
    {
        if(self->x==head->x && self->y==head->y)          //如果 self 和蛇头上的节点重合
        {
            return 1;                                     //返回 1
        }
        self=self->next;                                  //循环蛇身上的每一个节点
    }
    return 0;
}
```

如果蛇咬到了自己，为什么要返回 1 呢？

其实并不是非要返回 1，返回任何一个数都是可以的，只要在判断是否咬到自己的时候：biteself()等于这个数，那么就表示蛇咬到了自己。

2．判断蛇是否撞到墙

当蛇头触碰到游戏边框也就是墙的时候，游戏效果如图 6.19 所示。

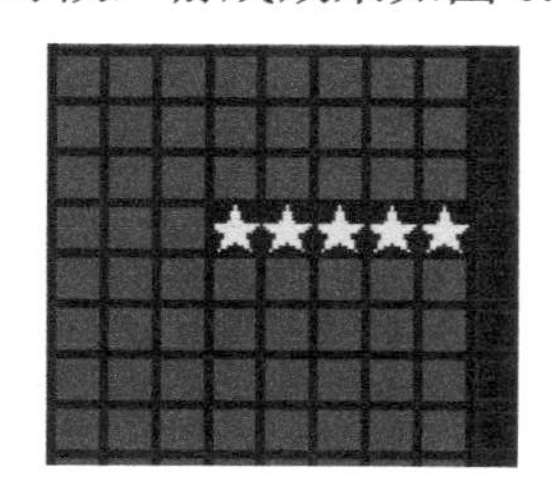

图 6.19　蛇撞到墙

游戏中，墙的长宽已经在创建地图函数 createMap()中设定好，长的坐标范围为 0~56，宽的坐标范围为 0~26。蛇头（head）的 x 坐标为 0 或者为 56，y 坐标为 0 或者为 26 时，说明蛇头坐标与游戏地图边界坐标重合，则判断为蛇撞到了墙。判断蛇是否撞到墙的详细代码如下：

```
/**
 * 设置蛇撞墙的情况
 */
void cantcrosswall()
{
    if(head->x==0 || head->x==56 ||head->y==0 || head->y==26)     //如果蛇头碰到了墙壁
    {
        endgamestatus=1;                                          //返回第一种情况
    }
}
```

一旦蛇头触碰到了地图边界，即游戏失败，标记 endgamestatus 为 1，进入 endgamestatus 为 1 时的失败界面。

3．设置蛇加速前进

在两种情况下蛇会加速前进，分别为蛇吃到了食物和按 F1 键。加速时，时间间隔 sleeptime 减 10，得分比提速前多 2 分。如果时间间隔 sleeptime 为 320，那么每次吃到食物的得分会变为 2，防止减到 1 之后再加回来有错。设置加速的代码如下：

```
/**
 *  加速，蛇吃到食物，或按 F1，会自动提速
 */
void speedup()
```

```
{
    if(sleeptime>=50)                    //如果时间间隔大于等于 50
    {
        sleeptime=sleeptime-10;          //时间间隔减 10
        add=add+2;                       //每吃一次食物的得分加 2
        if(sleeptime==320)
        {
            add=2;                       //防止减到 1 之后再加回来有错
        }
    }
}
```

4．设置蛇减速前进

当按 F2 键时，蛇会减速前进。减速时，时间间隔 sleeptime 加 30，得分比减速前少 2 分。如果时间间隔 sleeptime 为 350，那么每次吃到食物的得分变为 1，如果不设置 if(sleeptime==350)，那么蛇吃到食物的得分会变成 0，得保证蛇吃食物能得分，所以设置 add=1。设置减速的代码如下：

```
/**
 *  减速，按 F2，会自动减速
 */
void speeddown()
{
    if(sleeptime<350)                    //如果时间间隔小于 350
    {
        sleeptime=sleeptime+30;          //时间间隔加上 30
        add=add-2;                       //每吃一次食物的得分减 2
        if(sleeptime==350)
        {
            add=1;                       //保证最低分为 1
        }
    }
}
```

5．不按键时设置蛇的前进方向

贪吃蛇游戏有一个不同于一般游戏的最大特点，就是在不进行按键操作的时候，蛇是会一直移动的。如图 6.20 所示，蛇在没有按键操作的情况下，会按照原本的前进方向一直前进。

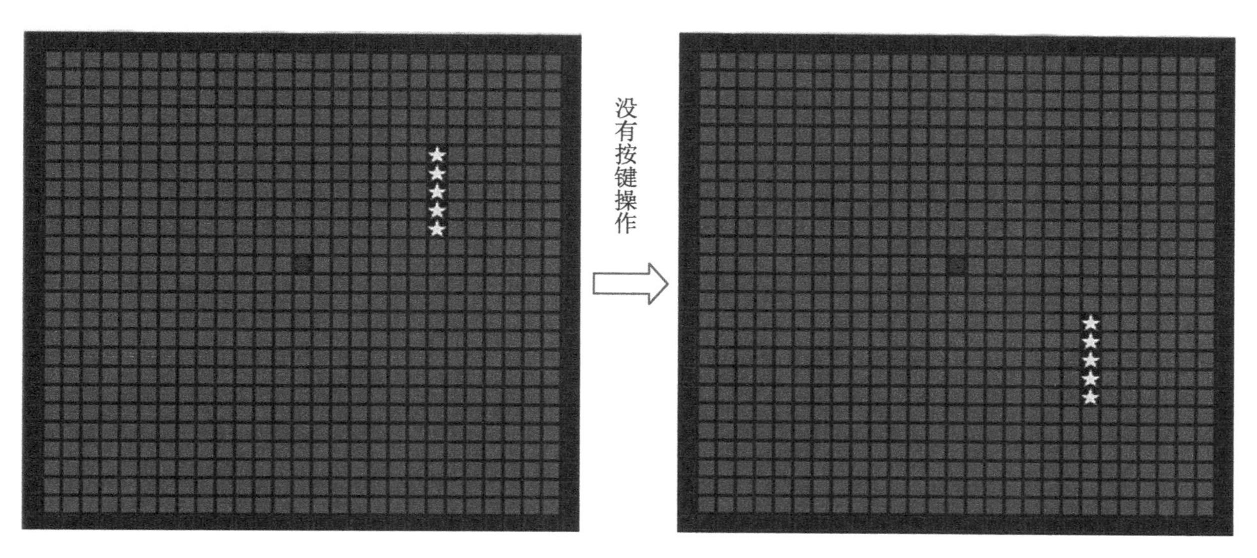

图 6.20　蛇自动前进

蛇在上、下、左、右 4 个方向上移动的时候，会遇到两种情况，一种是在前进的道路上有食物；另一种是没有食物。如果吃到了食物，那么蛇会自动提速；如果没吃到食物，蛇会继续前进。设置蛇前进的详细代码如下：

```
/**
 *  控制方向
 */
void snakemove()                                    //蛇前进，上 U，下 D，左 L，右 R
{
     snake * nexthead;
    cantcrosswall();
    nexthead=(snake*)malloc(sizeof(snake));          //为下一步开辟空间
    if(status==U)
    {
        nexthead->x=head->x;                         //向上前进时，x 坐标不动，y 坐标-1
        nexthead->y=head->y-1;
        nexthead->next=head;
        head=nexthead;
        q=head;                                      //指针 q 指向蛇头
        //如果下一个有食物，下一个位置的坐标和食物的坐标相同
        if(nexthead->x==food->x && nexthead->y==food->y)
        {

            while(q!=NULL)
            {
                gotoxy(q->x,q->y);
```

```
                color(14);
                printf("★");                                    //原来食物的位置，从●换成★
                q=q->next;                                      //指针 q 指向的蛇身的下一位也执行循环里的操作

            }
            score=score+add;                                    //吃了一个食物，在总分上加上食物的分
            speedup();
            createfood();                                       //创建食物
        }
        else
        {
            while(q->next->next!=NULL)                          //如果没遇到食物
            {
                gotoxy(q->x,q->y);
                color(14);
                printf("★");                                    //蛇正常往前走，输出当前位置的蛇身
                q=q->next;                                      //继续输出整个蛇身
            }
            //经过上面的循环，q 指向蛇尾，蛇尾的下一位，就是蛇走过去的位置
            gotoxy(q->next->x,q->next->y);
            color(3);
            printf("■");
            free(q->next);                                      //进行输出■之后，释放指向下一位的指针
            q->next=NULL;                                       //指针下一位指向空
        }
    }
    if(status==D)
    {
        nexthead->x=head->x;                                    //向下前进时，x 坐标不动，y 坐标+1
        nexthead->y=head->y+1;
        nexthead->next=head;
        head=nexthead;
        q=head;
        if(nexthead->x==food->x && nexthead->y==food->y)  //有食物
        {

            while(q!=NULL)
            {
                gotoxy(q->x,q->y);
                color(14);
                printf("★");
                q=q->next;
```

```
            }
            score=score+add;
            speedup();
            createfood();
        }
        else                                            //没有食物
        {
            while(q->next->next!=NULL)
            {
                gotoxy(q->x,q->y);
                color(14);
                printf("★");
                q=q->next;
            }
            gotoxy(q->next->x,q->next->y);
            color(3);
            printf("■");
            free(q->next);
            q->next=NULL;
        }
    }
    if(status==L)
    {
        nexthead->x=head->x-2;                          //向左前进时，x 坐标向左移动-2，y 坐标不动
        nexthead->y=head->y;
        nexthead->next=head;
        head=nexthead;
        q=head;
        if(nexthead->x==food->x && nexthead->y==food->y) //有食物
        {
            while(q!=NULL)
            {
                gotoxy(q->x,q->y);
                color(14);
                printf("★");
                q=q->next;
            }
            score=score+add;
            speedup();
            createfood();
        }
        else                                            //没有食物
```

```
        {
            while(q->next->next!=NULL)
            {
                gotoxy(q->x,q->y);
                color(14);
                printf("★");
                q=q->next;
            }
            gotoxy(q->next->x,q->next->y);
            color(3);
            printf("■");
            free(q->next);
            q->next=NULL;
        }
    }
    if(status==R)
    {
        nexthead->x=head->x+2;                              //向右前进时，x 坐标向右移动+2，y 坐标不动
        nexthead->y=head->y;
        nexthead->next=head;
        head=nexthead;
        q=head;
        if(nexthead->x==food->x && nexthead->y==food->y)  //有食物
        {
            while(q!=NULL)
            {
                gotoxy(q->x,q->y);
                color(14);
                printf("★");
                q=q->next;
            }
            score=score+add;
              speedup();
            createfood();
        }
        else                                                    //没有食物
        {
            while(q->next->next!=NULL)
            {
                gotoxy(q->x,q->y);
                color(14);
                printf("★");
```

```
                q=q->next;
            }
            gotoxy(q->next->x,q->next->y);
              color(3);
            printf("■");
            free(q->next);
            q->next=NULL;
        }
    }
    if(biteself()==1)                                         //判断是否会咬到自己
    {
        endgamestatus=2;
    }
}
```

6．通过键盘按键控制蛇的前进方向

当蛇在原本的方向上前进时，可以通过方向键来控制蛇的前进方向。如图 6.21 所示，蛇在原本的方向上前进时，通过键盘上的向左方向键，改变了前进方向。

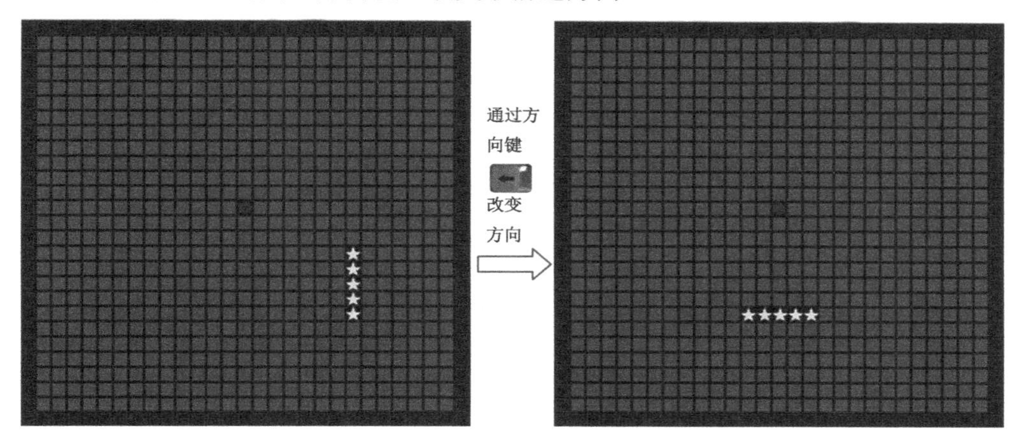

图 6.21　键盘按键控制蛇的前进方向

不过需要注意的是，蛇头只能转向左右，不能转向与前进方向相反的方向。比如，原本蛇是向上前进的，这时可以按左右方向键，但是不能按向下的方向键。通过键盘按键控制蛇前进方向的详细代码如下：

```
/**
 * 控制键盘按键
 */
void keyboardControl()
{
    status=R;                                    //初始蛇向右移动
```

```
while(1)
{
    scoreandtips();                         //游戏界面右侧的得分和小提示
    //GetAsyncKeyState 函数用来判断函数调用时指定虚拟键的状态
    if(GetAsyncKeyState(VK_UP) && status!=D)
    {
        status=U;                           //如果蛇不是向下前进的时候，按向上键，执行向上前进操作
    }
    //如果蛇不是向上前进的时候，按向下键，执行向下前进操作
    else if(GetAsyncKeyState(VK_DOWN) && status!=U)
    {
        status=D;
    }
    //如果蛇不是向右前进的时候，按向左键，执行向左前进
    else if(GetAsyncKeyState(VK_LEFT)&& status!=R)
    {
        status=L;
    }
    //如果蛇不是向左前进的时候，按向右键，执行向右前进
    else if(GetAsyncKeyState(VK_RIGHT)&& status!=L)
    {
        status=R;
    }
    if(GetAsyncKeyState(VK_SPACE))                  //按暂停键，执行 pause 暂停函数
    {
        while(1)
        {
            //Sleep()函数，头文件#include <unistd.h>  另进程暂停，知道达到里面设定的参数的时间
            Sleep(300);
            if(GetAsyncKeyState(VK_SPACE))  //按空格键暂停
            {
                break;
            }
        }
    }
    else if(GetAsyncKeyState(VK_ESCAPE))
    {
        endgamestatus=3;                            //按 ESC 键，直接到结束界面
        break;
    }
    else if(GetAsyncKeyState(VK_F1))                //按 F1 键，加速
    {
        speedup();
```

```
        }
        else if(GetAsyncKeyState(VK_F2))                //按 F2 键，减速
        {
            if(sleeptime<350)                           //如果时间间隔小于 350
            {
                sleeptime=sleeptime+30;                 //时间间隔加上 30
                add=add-2;                              //每吃一次食物的得分减 2
                if(sleeptime==350)
                {
                    add=1;                              //保证最低分为 1
                }
            }
        }
        Sleep(sleeptime);
        snakemove();                                    //不按键时，蛇保持前进
    }
}
```

向主函数 main()中添加调用 keyboardControl()方法的语句，代码如下：

```
/**
 * 主 函 数
 */
int main()
{
     system("mode con cols=100 lines=30");              //设置控制台的宽高
    printsnake();                                       //字符画——蛇
     welcometogame();                                   //欢迎界面
    File_out();                                         //读取文件信息
    keyboardControl();                                  //需新添加的语句
    return 0;
}
```

6.8　游戏失败界面设计

6.8.1　游戏失败界面概述

以下 3 种情况会进入失败界面，分别为：①蛇头撞到地图边界；②蛇头触碰到自己身体，也就是咬到自己；③游戏时按 ESC 键。

每种情况下，进入的失败界面都不尽相同。

（1）蛇头撞到地图边界时，进入的失败界面如图 6.22 所示。

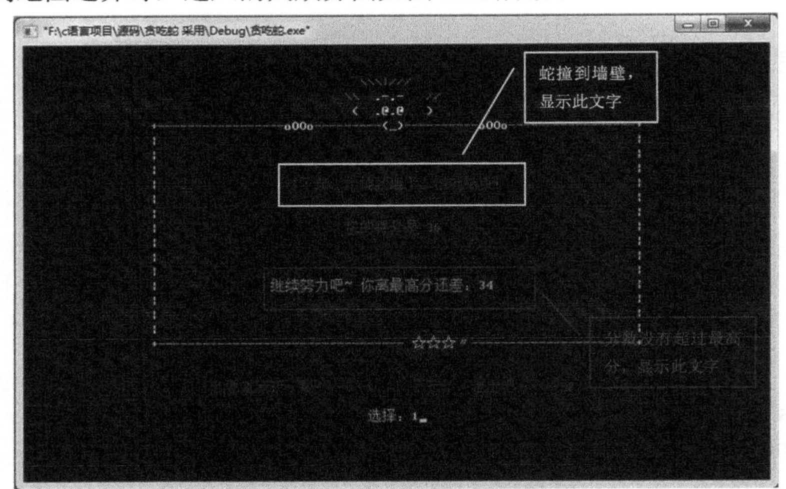

图 6.22　失败界面—— 撞墙

（2）蛇咬到自己时，进入的失败界面如图 6.23 所示。

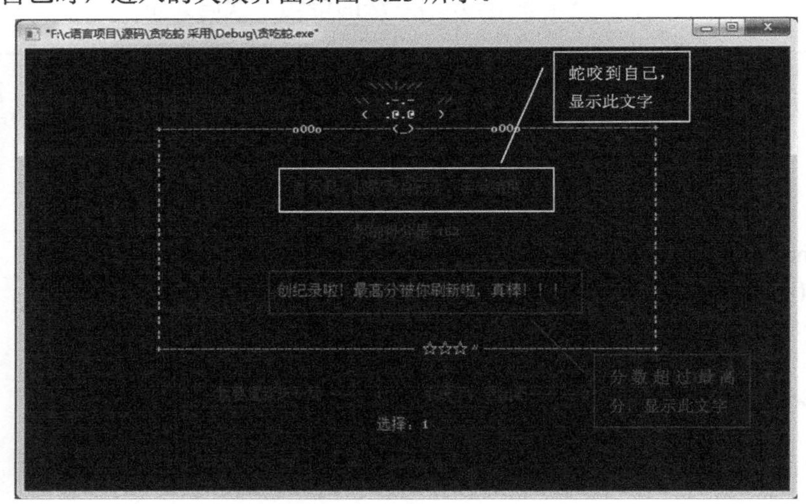

图 6.23　失败界面—— 咬到自己

（3）游戏中按 ESC 键时，进入的失败界面如图 6.24 所示。

在失败界面中记录了最高分，如果没有超过最高分，那么失败界面上会显示“继续努力吧~ 你离最高分还差：”，后面显示距离最高分还差多少分；如果得分高于最高分，会在失败界面上显示“创纪录啦！最高分被你刷新啦，真棒！！！”。

在界面下方，有个接下来要做的事情的分支选项，一共有两项，1 是重玩，2 是退出游戏，输入各自的序号即可实现各自的功能。但是如果输入的数字不是 1 或 2，那么会显示如图 6.25 所示界面。

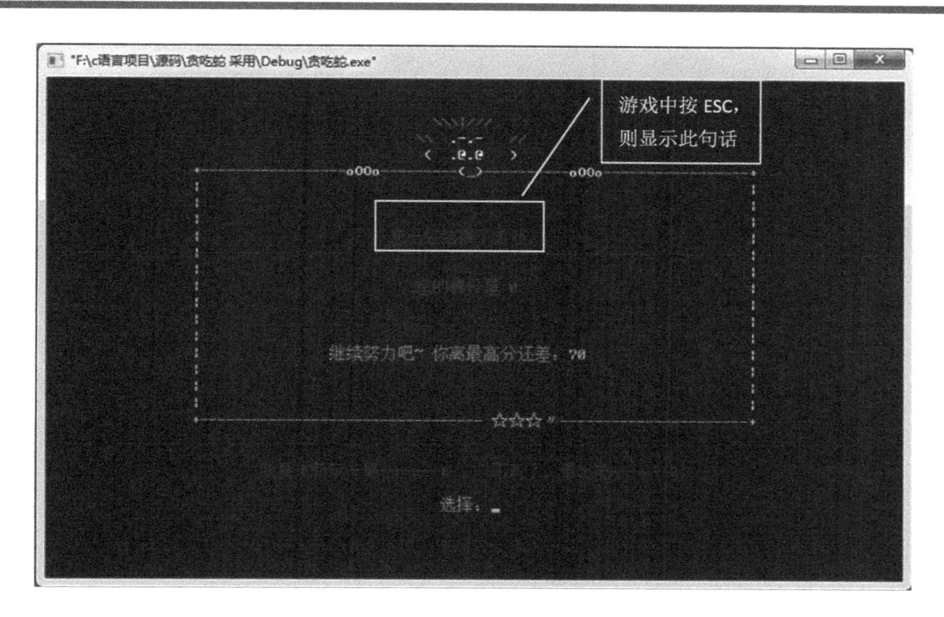

图 6.24　失败界面—— 按 ESC 键

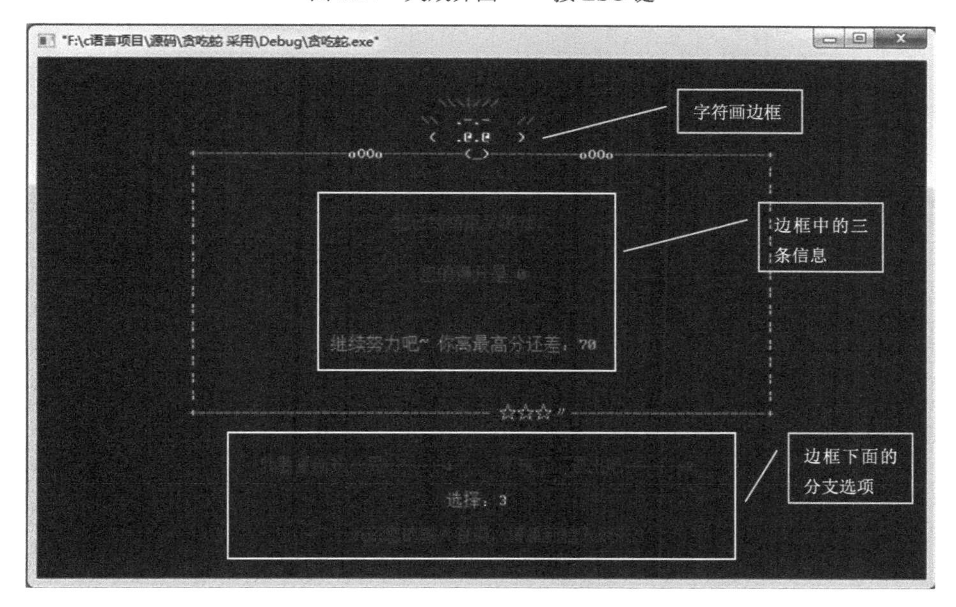

图 6.25　分支选项输入错误序号

接下来，按任意键又可返回结束界面，重新做出选择。

6.8.2　技术分析

如果玩出了最高分，最高分会被写进文件 save.txt 中，把原先的得分替换掉。save.txt 文件被创建在源代码的目录中，如图 6.26 所示。

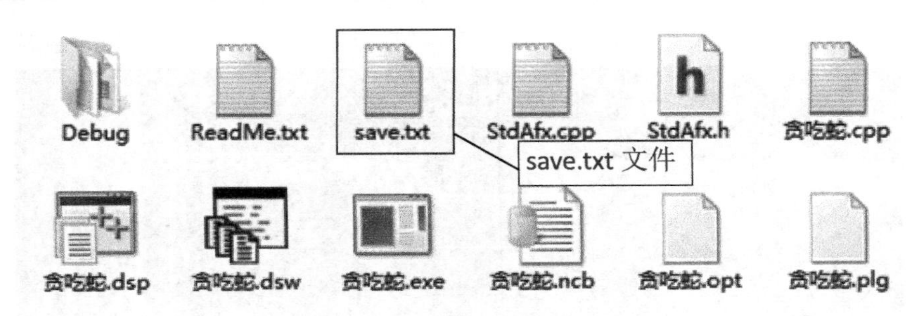

图 6.26 save.txt 文件所在位置

save.txt 文件中的内容如图 6.27 所示。

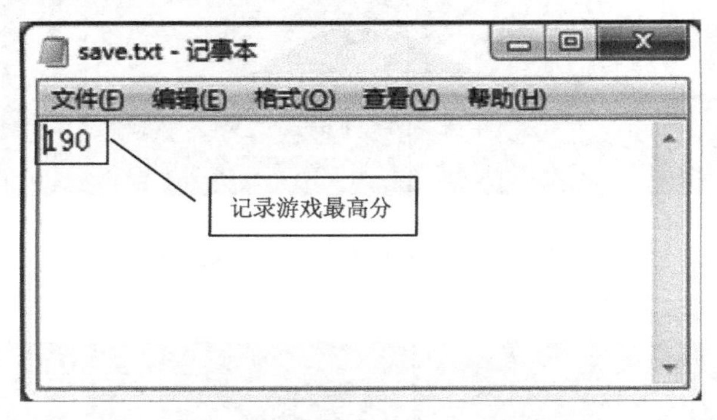

图 6.27 save.txt 文件中的内容

向文件中写入数据的步骤为：首先使用 fopen()方法来打开文件，如果要打开的文件不存在，那么创建此文件；然后通过 fprintf()方法把数据写入文件；最后使用 fclose()方法关闭文件。

6.8.3 功能实现

1．绘制字符边框

失败界面由 3 部分组成：第一部分，字符画边框；第二部分，边框中的三条信息；第三部分，边框下面的分支选项。首先，本小节介绍如何绘制字符边框

本段代码使用 gotoxy()函数定位，输出字符画的各个部分，其中两条竖边框使用 for 循环输出。详细代码如下：

```
/**
 * 失败界面
 */
void Lostdraw()
{
	system("cls");
```

```
int i,j;
gotoxy(45,2);
color(6);
printf("\\\\\\|///");                        //小人的头发
gotoxy(43,3);
printf("\\\\");
gotoxy(47,3);
color(15);
printf(".-.-");                             //眉毛
gotoxy(54,3);
color(6);
printf("//");

gotoxy(44,4);
color(14);
printf("(");                                //左耳

gotoxy(47,4);
color(15);
printf(".@.@");                             //眼睛

gotoxy(54,4);
color(14);
printf(")");                                //右耳

gotoxy(17,5);
color(11);
printf("+----------------------");          //上边框

gotoxy(35,5);
color(14);
printf("oOOo");                             //左手

gotoxy(39,5);
color(11);
printf("----------");                       //上边框

gotoxy(48,5);
color(14);
printf("(_)");                              //嘴
```

```
    gotoxy(51,5);
    color(11);
    printf("----------");                          //上边框

    gotoxy(61,5);
    color(14);
    printf("oOOo");                                //右手

    gotoxy(65,5);
    color(11);
    printf("----------------+");                   //上边框

    for(i = 6;i<=19;i++)                           //竖边框
    {
        gotoxy(17,i);
        printf("|");
        gotoxy(82,i);
        printf("|");
    }

    gotoxy(17,20);
    printf("+----------------------------------");  //下边框

    gotoxy(52,20);
    color(14);
    printf("☆☆☆〃");

    gotoxy(60,20);
    color(11);
    printf("----------------------+");             //下边框
}
```

2. 边框中的三条信息

在本段代码中使用 if 语句来判断 endgamestatus 的数值，如果 endgamestatus 的值等于 1（endgamestatus==1 在 **cantcrosswall()**方法中设置过），则判断蛇撞到了墙，在结束界面显示蛇撞到墙的提示；如果 endgamestatus 的值等于 2（**biteself()**中设定，如果蛇咬到自己，返回 1。接着在 **snakemove()** 设定，biteself()==1 的时候，endgamestatus==2），则判断蛇咬到了自己，在结束界面显示蛇咬到自己的提示；如果 endgamestatus 的值等于 3（在 **keyboardControl()**方法中设定，如果按 ESC 键，则 endgamestatus==3），则在结束界面显示结束游戏的提示。详细代码如下：

```
/**
 * 结束游戏
 */
void endgame()
{
    system("cls");
    if(endgamestatus==1)                                    //如果蛇撞到了墙
    {
        Lostdraw();
        gotoxy(35,9);
     color(12);
        printf("对不起，您撞到墙了。游戏结束！");
    }
    else if(endgamestatus==2)                               //如果蛇咬到了自己
    {
       Lostdraw();
       gotoxy(35,9);
     color(12);
       printf("对不起，您咬到自己了。游戏结束！");
    }
    else if(endgamestatus==3)                               //如果按 ESC 键退出
    {
        Lostdraw();
        gotoxy(40,9);
     color(12);
       printf("您已经结束了游戏。");
    }
    gotoxy(43,12);
    color(13);
    printf("您的得分是 %d",score);
     if(score >= HighScore)                                 //如果分数高于最高分
     {
        color(10);
        gotoxy(33,16);
        printf("创纪录啦！最高分被你刷新啦，真棒!!! ");
        File_in();                                          //把最高分写进文件
     }
     else                                                   //如果分数低于最高分
     {
        color(10);
        gotoxy(33,16);
```

```
            printf("继续努力吧~ 你离最高分还差：%d",HighScore-score);
        }
        choose();                                          //边框下面的分支选项
}
```

同时修改 cantcrosswall()蛇撞墙函数中，添加 endgame()方法，修改的代码如下：

```
void cantcrosswall()
{
    if(head->x==0 || head->x==56 ||head->y==0 || head->y==26)   //如果蛇头碰到了墙壁
    {
        endgamestatus=1;                                    //返回第一种情况
        endgame();                                          //新添加的语句
    }
}
```

修改 snakemove()控制方向函数的最后一段代码，添加 endgame()方法，修改的代码如下：

```
    if(biteself()==1)                                       //判断是否会咬到自己
    {
        endgamestatus=2;
        endgame();                                          //新添加的语句
    }
```

向 main()函数中添加调用 endgame ()方法的语句，代码如下：

```
/**
 * 主  函  数
 */
int main()
{
     system("mode con cols=100 lines=30");                 //设置控制台的宽高
    printsnake();                                          //字符画—— 蛇
     welcometogame();                                      //欢迎界面
    File_out();                                            //读取文件信息
    keyboardControl();                                     //控制键盘按键
    endgame();                                             //需新添加的语句
    return 0;
}
```

3．向文件中存储游戏最高分

详细代码如下：

```
/**
 * 储存最高分进文件
 */
void File_in()
{
    FILE *fp;
    fp = fopen("save.txt", "w+");                    //以读写的方式建立一个名为 save.txt 的文件
    fprintf(fp, "%d", score);                        //把分数写进文件中
    fclose(fp);                                      //关闭文件
}
```

4．边框下面的分支选项

本段代码首先输出选项文字，分别为“我要重新玩一局-------1”和“不玩了，退出吧-------2”。接下来使用 switch 分支语句，进行分支选项，如果选择 1，则会回到游戏欢迎界面，并初始化各变量值，可重新开始游戏；如果选择 2，则会直接退出游戏。如果选择 1 或 2 以外的数字，那么会给出错误提示信息，并可重新进行选择。程序代码如下：

```
/**
 *边框下面的分支选项
 */
void choose()
{
    int n;
    gotoxy(25,23);
    color(12);
    printf("我要重新玩一局-------1");
    gotoxy(52,23);
    printf("不玩了，退出吧-------2");
    gotoxy(46,25);
    color(11);
    printf("选择：");
    scanf("%d", &n);
   switch (n)
   {
        case 1:
            system("cls");          //清屏
            score=0;                //分数归零
            sleeptime=200;          //设定初始速度
            add = 10;               //使 add 设定为初值，吃一个食物得 10 分，然后累加
            printsnake();           //返回欢迎界面
```

```
            welcometogame();
            break;
        case 2:
            exit(0);                    //退出游戏
            break;
        default:                        //输入 1 或 2 以外的数字
            gotoxy(35,27);
            color(12);
            printf("※※您的输入有误，请重新输入※※");
            system("pause >nul");       //按任意键
            endgame();
            choose();                   //边框下面的分支选项
            break;
    }
}
```

6.9 游戏说明模块

6.9.1 游戏说明模块概述

在游戏欢迎界面中选择数字键“2”，即可进入游戏说明界面，在此界面中显示了游戏的详细说明。游戏说明界面如图 6.28 所示。

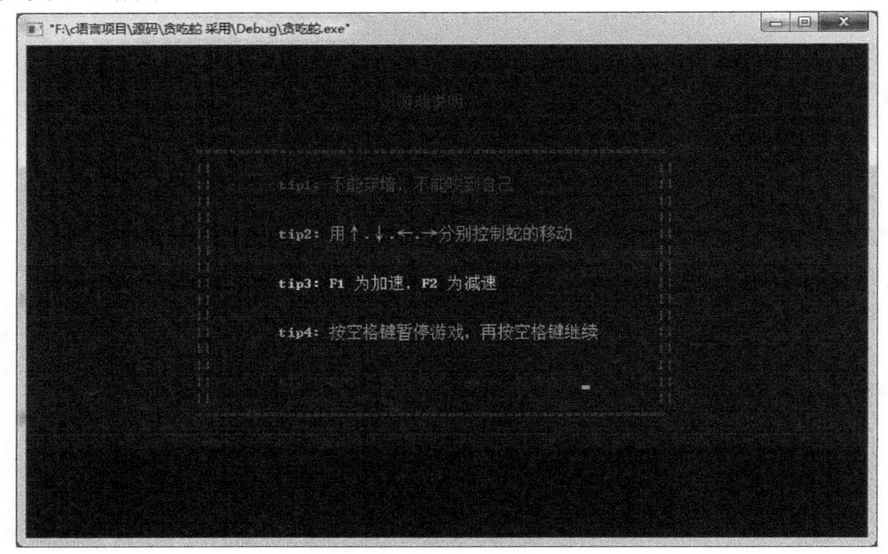

图 6.28　游戏说明界面

6.9.2 技术分析

本模块由两部分组成，一部分为绘制边框，另一部分为显示中间的文字说明。边框是由一个 for 循环嵌套创建的，中间的文字在设定好位置和颜色之后打印就可以了。

6.9.3 功能实现

游戏说明模块的实现代码如下：

```
/*
*    游戏说明
*/
void explation()
{
     int i,j = 1;
    system("cls");
    color(13);
    gotoxy(44,3);
    printf("游戏说明");
    color(2);
    for (i = 6; i <= 22; i++)                   //输出上下边框===
     {
          for (j = 20; j <= 75; j++)            //输出左右边框||
          {
               gotoxy(j, i);
               if (i == 6 || i == 22) printf("=");
               else if (j == 20 || j == 75) printf("||");
          }
     }
    color(3);
    gotoxy(30,8);
    printf("tip1: 不能穿墙，不能咬到自己");
    color(10);
    gotoxy(30,11);
    printf("tip2: 用↑.↓.←.→分别控制蛇的移动");
    color(14);
    gotoxy(30,14);
    printf("tip3: F1 为加速，F2 为减速");
    color(11);
    gotoxy(30,17);
```

```
    printf("tip4: 按空格键暂停游戏，再按空格键继续");
    color(4);
    gotoxy(30,20);
    printf("tip5: ESC ：退出游戏.space：暂停游戏");
    getch();                          //按任意键返回主界面
    system("cls");
    printsnake();
    welcometogame();
}
```

同时修改 welcometogame()方法中的代码，在 switch 语句中加入 createMap()方法的调用，修改的语句如下：

```
    switch (n)
    {
     case 1:
            system("cls");
            createMap();              //创建地图
            initsnake();              //初始化蛇身
            createfood();             //创建食物
            keyboardControl();        //控制键盘按键
            break;
     case 2:
            explation();              //新添加的语句
            break;
     case 3:
            exit(0);                  //退出程序
            break;
     default:                         //输入非 1~3 的选项
            color(12);
            gotoxy(40,28);
            printf("请输入 1~3 之间的数!");
            getch();                  //输入任意键
            system("cls");            //清屏
            printsnake();
            welcometogame();

    }
```

至此，贪吃蛇游戏的全部代码已经编写完毕。

6.10　开 发 总 结

下面通过一个思维导图对本章所讲模块及主要知识点进行总结，如图 6.29 所示。

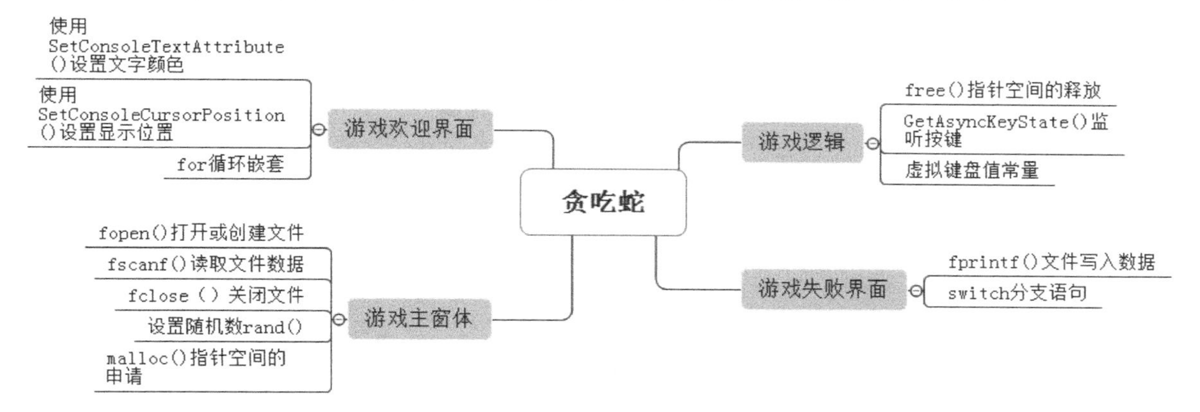

图 6.29　本章知识点总结

第7章

学生信息管理系统

（Visual C++ 6.0 实现）

学生信息管理系统是一个信息化管理软件，可以帮助学校快速录入学生的信息，并且对学生的信息进行基本的增、删、改操作；还可以根据排序功能，宏观地看到学生成绩从高到低地排列，随时掌握学生近期的学习状态。实时地将学生的信息保存到磁盘文件中，方便查看。通过本章的学习，读者能够学到：

- **如何插入学生信息**
- **如何查找学生信息**
- **如何删除学生信息**
- **如何从文件中读写数据块**
- **如何将学生信息进行排序**

7.1　开 发 背 景

在科技日益发展的今天，学生成为国家关注培养的重点，衡量一个学生在校状态的指标就是学生的成绩。现如今的学生人数多，信息更新快，手工记录学生信息已经跟不上时代的发展，容易出错，不能及时反馈给家长、老师和同学关于学生成绩的更新，无法快速定位学生最近的状态，导致引导学生进步也就相对迟缓。而智能化、信息化的学生信息管理系统能够更方便快捷地统计学生、记录学生的信息，对学生信息的变化及时更新，同样也可以使人们实时地了解学生成绩的动态，更好地管理学生，更准确地指引学生的学习方向。

7.2　需 求 分 析

本项目的具体任务是制作一个学生信息管理系统，能够对学生的学号、姓名和各科成绩进行统计、处理、更新，并且可以方便学校老师、领导对学生成绩进行整体分析。

该系统主要需要满足以下功能：

☑　学生信息界面美观、简洁。
☑　能够从磁盘文件输出数据。
☑　能够对信息进行检索。
☑　具有增、删、改信息的功能。
☑　能够对学生的成绩进行从高到低排序。
☑　可以保存信息到磁盘文件中。

7.3　系 统 设 计

7.3.1　系统目标

根据需求分析和用户的实际情况，设定系统目标如下：

☑　使系统界面简洁美观。
☑　提供输入学生信息的功能。
☑　提供查询学生信息的功能。
☑　提供对学生信息的增、删、改功能。
☑　提供保存输入信息到磁盘文件的功能。
☑　提供显示学生消费信息的功能。

☑ 提供根据学生信息的变动，随时统计学生人数的功能。
☑ 提供对学生的成绩从高到低排序的功能。

7.3.2　系统功能结构

根据上述系统的分析，可以将学生信息管理系统分为八大功能模块，主要包括录入学生信息模块、查找学生信息模块、删除学生信息模块、修改学生信息模块、插入学生信息模块、学生成绩排名模块、学生人数统计模块和显示学生信息模块。学生信息管理系统的主要功能结构如图 7.1 所示。

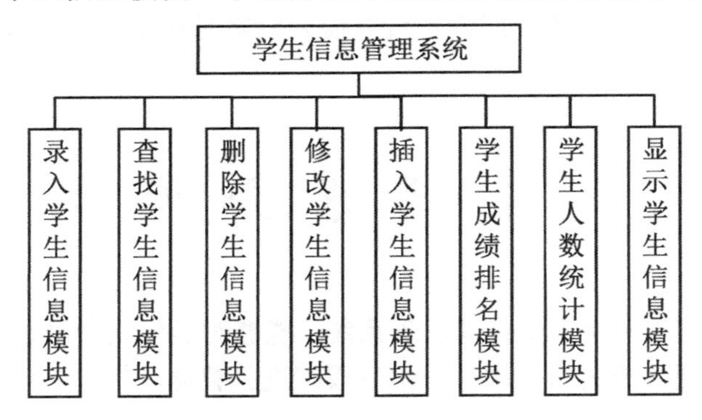

图 7.1　学生信息管理系统的主要功能结构

7.3.3　系统预览

学生信息管理系统由多个模块组成，下面列出几个典型模块的界面，以帮助读者更好地理解该系统，其他界面请参见本书资源包中源程序的运行结果。

学生信息管理系统主界面包括功能菜单显示部分和输入选择功能部分，其运行效果如图 7.2 所示。在主界面上输入 0～8 内的数字，可以实现相应的功能。

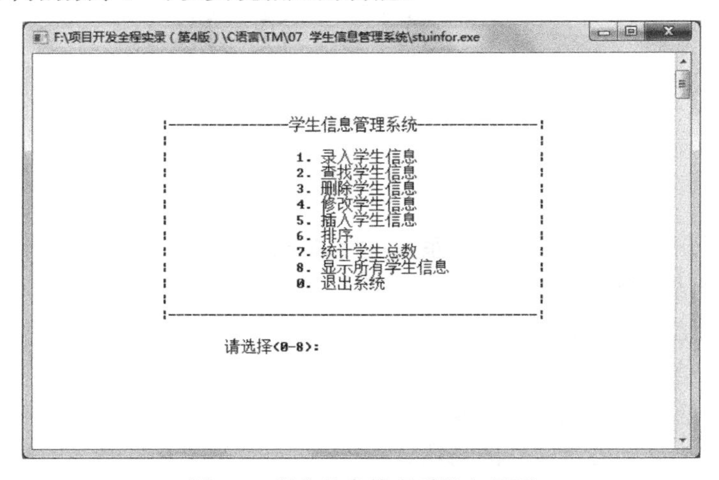

图 7.2　学生信息管理系统主界面

在主界面中输入“1”时，进入录入学生信息的界面，当没有存储记录时，根据提示对学生的信息进行输入，运行效果如图 7.3 所示。

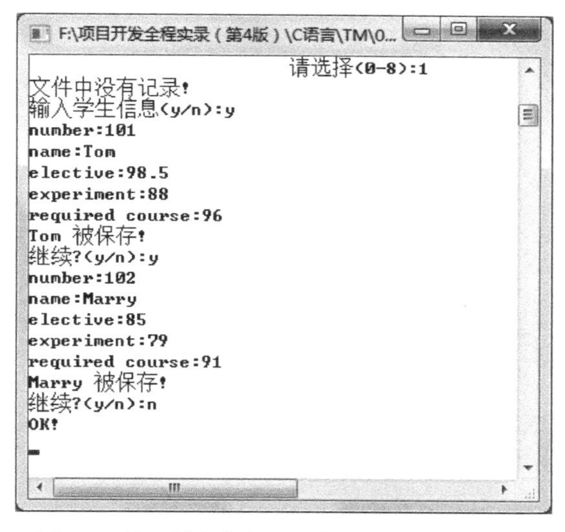

图 7.3　输入学生信息（文件中没有存储记录）

在存在学生信息的情况下继续添加学生信息时，会首先显示存在的学生信息，运行效果如图 7.4 所示。

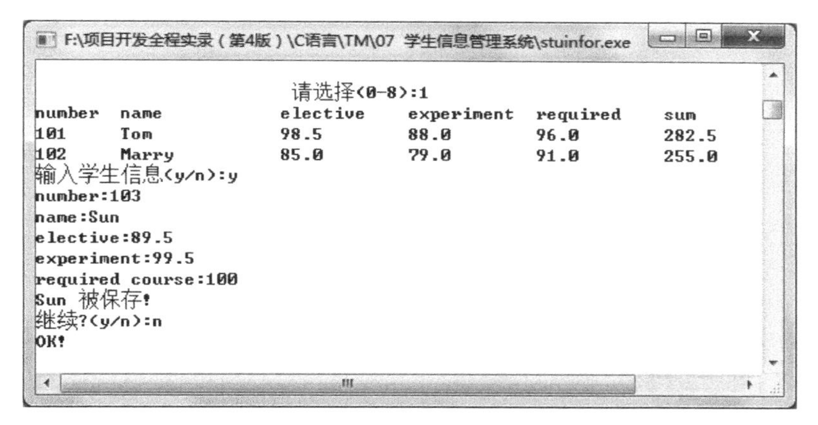

图 7.4　输入学生信息（文件中有存储记录）

在主界面中输入“2”时，进入查询学生信息模块，根据学生学号对学生信息进行查询，运行效果如图 7.5 所示。

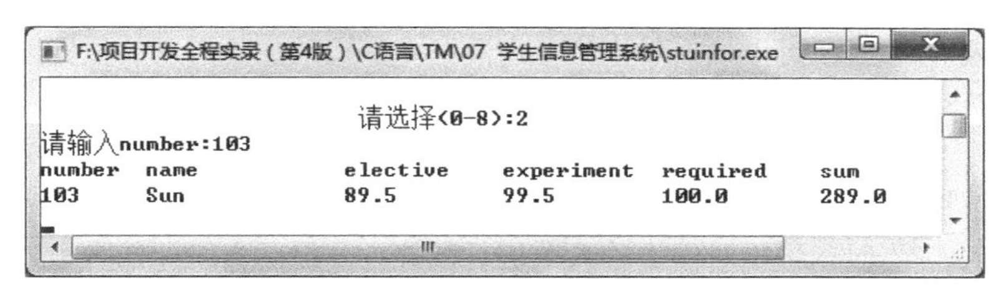

图 7.5　查询学生信息

在主界面中输入“3”时，进入删除学生信息模块，输入需要删除的学生学号，即可在文件中将该学号的所有信息删除，运行效果如图 7.6 所示。

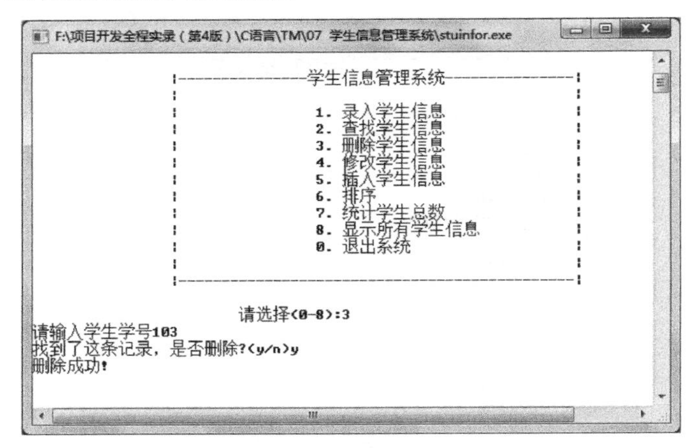

图 7.6　删除学生信息

在主界面中输入“4”时，系统进入修改学生信息模块，首先会显示出所有学生的信息，输入要修改的学生学号，系统会对输入的学号进行匹配，若在显示出来的学生信息中存在，则会提示输入修改的内容，运行效果如图 7.7 所示。

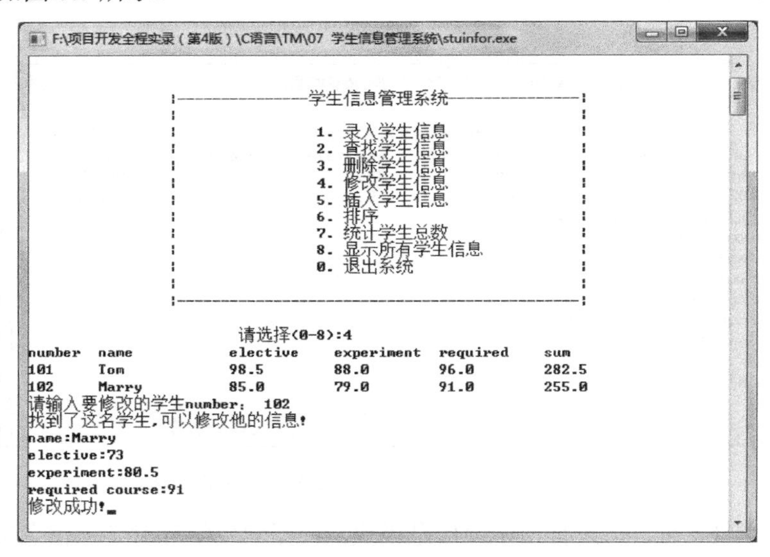

图 7.7　修改学生信息

在主界面中输入“5”时，可以插入学生信息，根据提示输入想要插入的位置以及插入的学号等信息，运行效果如图 7.8 所示。

在主界面中输入“6”时，可以根据学生的总成绩从高到低进行排序。排序完成后，将排序结果保存，但是排序后的结果并不显示在该界面，运行效果如图 7.9 所示。

在主界面中输入“7”时，可以对学生的人数进行统计，并显示出统计的人数，运行效果如图 7.10 所示。

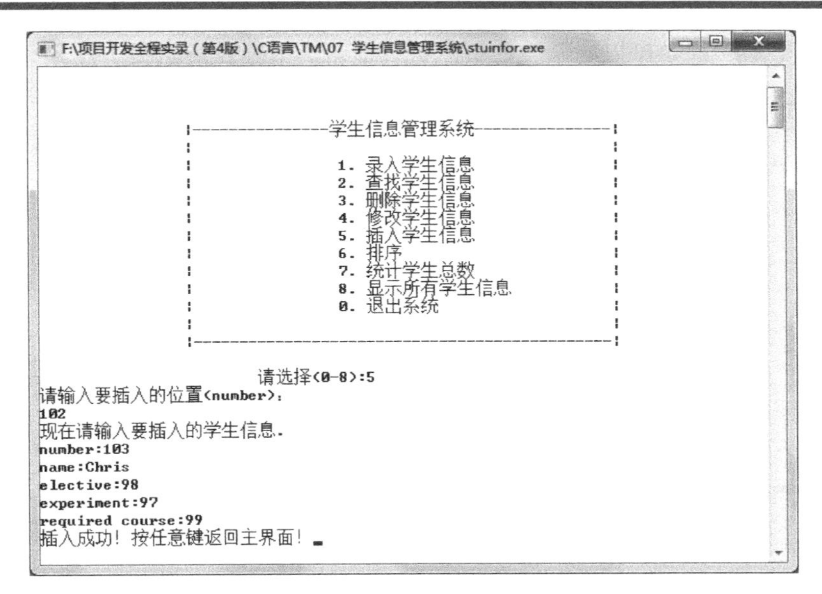

图 7.8　插入学生信息

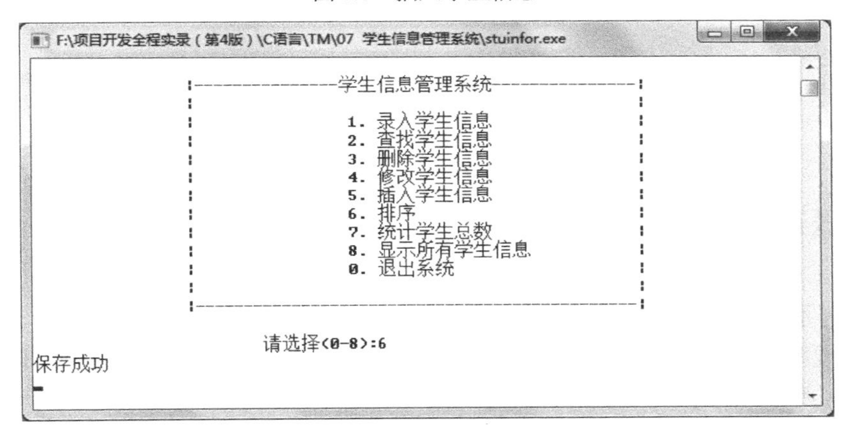

图 7.9　排序效果

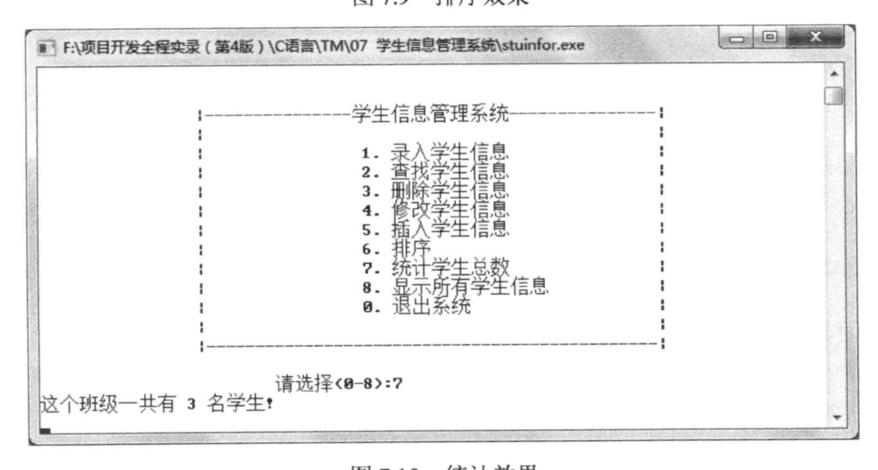

图 7.10　统计效果

在主界面中输入“8”时，可以对学生的信息进行显示，运行效果如图 7.11 所示，该图为对成绩进行排序后的结果。

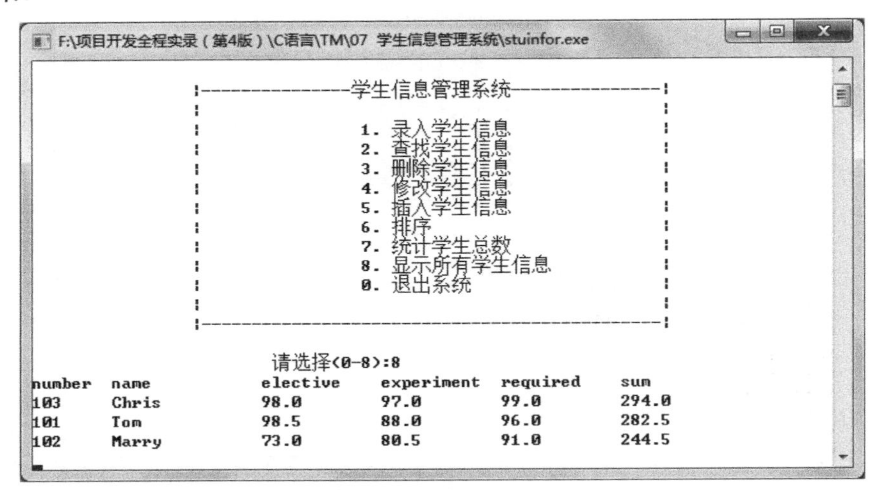

图 7.11 显示学生信息

7.4 预处理模块设计

7.4.1 模块概述

学生信息管理系统在预处理模块中宏定义了在整个系统程序中常用到的结构体类型的长度，以及输入/输出的格式说明，由于在学生信息的结构体中成员太多，对所有的成员进行应用时，代码太长，容易输入错误，因此在预处理模块中将其宏定义为 DATA。该模块中还对系统中的各个功能模块的函数做了声明，同时为了提高程序的理解性将学生的信息封装在一个结构体中。

7.4.2 技术分析

由于学生信息的成员多，信息数据类型又不相同，显示学生成员信息时会比较凌乱。为了使界面看上去简洁美观、不凌乱，这里应用了对输出的格式说明进行格式规划。可以用如下代码解决：

```
#define FORMAT "%-8d%-15s%-12.1lf%-12.1lf%-12.1lf%-12.1lf\n"
```

以上代码为对输出的格式控制部分进行宏定义，每一个格式说明中间都插有附加字符。格式说明由“%”和格式字符组成，如%d、%lf 等，它的作用是将输出的数据转换为指定的格式输出。格式说明总是由“%”字符开始，以一个格式字符结束，中间可以插入附加的字符。下面以%s 为例说明中间插入的附加字符的含义，如表 7.1 所示。

表 7.1　格式说明含义

格式说明	含　义
%s	输出一个实际长度的字符串
%ms	输出的字符占 m 列，若字符本身长度小于 m，则左补空格；若大于 m，则全部输出
%-ms	若字符串长小于 m，则在 m 列范围内向左靠，右补空格
%m.ns	输出占 m 列，但只取字符串中左端 n 个字符。这 n 个字符输出在 m 列的右侧，左补空格
%-m.ns	其中 m、n 含义同上，n 个字符输出在 m 列范围的左侧，右补空格，如果 n>m，则 m 自动取 n 值，即保证 n 个字符正常输出

7.4.3　功能实现

学生管理系统的预处理模块的实现过程如下。

（1）首先实现在系统程序中的文件包含处理，节省程序员的重复劳动。相应代码如下：

```
#include <stdio.h>
#include <stdlib.h>
#include <string.h>
#include<conio.h>
#include<dos.h>
```

（2）然后宏定义自定义结构体类型的长度、输出的格式控制部分和结构体类型的数组引用成员的输出列表。相应代码如下：

```
#define LEN sizeof(struct student)
#define FORMAT "%-8d%-15s%-12.1lf%-12.1lf%-12.1lf%-12.1lf\n"
#define DATA stu[i].num,stu[i].name,stu[i].elec,stu[i].expe,stu[i].requ,stu[i].sum
```

（3）最后对功能模块的函数进行了声明，也自定义了结构体类型。相关代码如下：

```
/**
*  结 构 体
*/
struct student                  /*定义学生成绩结构体*/
{
        int num;                /*学号*/
        char name[15];          /*姓名*/
        double elec;            /*选修课*/
        double expe;            /*实验课*/
        double requ;            /*必修课*/
        double sum;             /*总分*/
};
/**
*  函数声明
```

```
*/
struct student stu[50];        /*定义结构体数组*/
void in();                     /*录入学生成绩信息*/
void show();                   /*显示学生信息*/
void order();                  /*按总分排序*/
void del();                    /*删除学生成绩信息*/
void modify();                 /*修改学生成绩信息*/
void menu();                   /*主菜单*/
void insert();                 /*插入学生信息*/
void total();                  /*计算总人数*/
void search();                 /*查找学生信息*/
```

7.5 主函数设计

7.5.1 功能概述

在学生信息管理系统的 main()函数中主要实现了调用 menu()函数显示主功能选择菜单，并且在 switch 分支选择结构中调用各个子函数实现对学生信息的输入、查询、显示、保存以及增、删、改等功能。主功能选择菜单界面如图 7.12 所示。

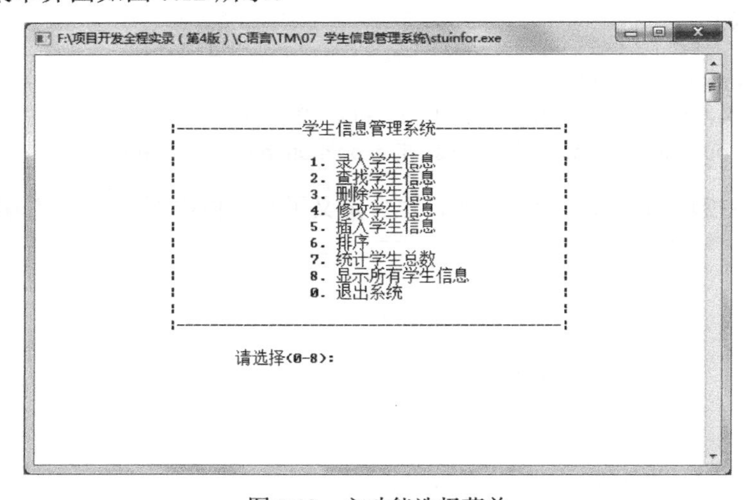

图 7.12　主功能选择菜单

7.5.2 功能实现

运行学生信息管理系统，首先会进入主功能菜单的选择界面，其中列出了程序中的所有功能，以及如何调用相应的功能等，用户可以根据需要输入想要执行的功能，然后进入子功能中。在 menu 显示

主功能菜单的函数中主要使用了 printf()函数在控制台输出文字或特殊字符。当输入相应数字后，程序会根据该数字调用不同的函数，具体数字表示的功能如表 7.2 所示。

表 7.2　菜单中的数字所表示的功能

编　号	功　能
0	退出系统
1	输入学生信息，调用 in()函数
2	查询学生信息，调用 search()函数
3	删除学生信息，调用 del()函数
4	修改学生信息，调用 modify()函数
5	插入学生信息，调用 insert()函数
6	对学生的成绩从高到低排序，调用 order()函数
7	统计学生人数，调用 total()函数
8	显示学生信息，调用 show()函数

menu()函数的实现代码如下：

```
void menu()/*自定义函数实现菜单功能*/
{
	system("cls");
	printf("\n\n\n\n");
	printf("\t\t|---------------学生信息管理系统---------------|\n");
	printf("\t\t|\t\t\t\t\t            |\n");
	printf("\t\t|\t\t 1. 录入学生信息\t            |\n");
	printf("\t\t|\t\t 2. 查找学生信息\t            |\n");
	printf("\t\t|\t\t 3. 删除学生信息\t            |\n");
	printf("\t\t|\t\t 4. 修改学生信息\t            |\n");
	printf("\t\t|\t\t 5. 插入学生信息\t            |\n");
	printf("\t\t|\t\t 6. 排序\t\t            |\n");
	printf("\t\t|\t\t 7. 统计学生总数\t            |\n");
	printf("\t\t|\t\t 8. 显示所有学生信息\t            |\n");
	printf("\t\t|\t\t 0. 退出系统\t\t            |\n");
	printf("\t\t|\t\t\t\t\t            |\n");
	printf("\t\t|----------------------------------------------|\n\n");
	printf("\t\t\t 请选择(0-8):");
}
```

main()函数的实现代码如下：

```
void main()                         /*主函数*/
{
	system("color f0\n");          //白地黑字
	int n;
```

```
    menu();
    scanf("%d",&n);              /*输入选择功能的编号*/
    while(n)
    {
        switch(n)
        {
            case 1: in();break;
            case 2: search();break;
            case 3: del();break;
            case 4: modify();break;
            case 5: insert();break;
            case 6: order();break;
            case 7: total();break;
            case 8: show();break;
            default:break;
        }
    getch();
    menu();                      /*执行完功能再次显示菜单界面*/
    scanf("%d",&n);
    }
}
```

7.6　录入学生信息模块

7.6.1　模块概述

在学生信息管理系统中，录入学生信息模块主要用于根据提示信息将学生的学号、姓名、选修课成绩、实验课成绩和必修课成绩依次输入，录入结束后系统会自动将学生信息保存到磁盘文件中，并计算出学生的总成绩。

在功能选择界面中输入 1，即可进入录入学生信息状态。当磁盘文件有存储记录时，向文件中添加学生信息，运行后的效果如图 7.4 所示。

当磁盘文件中没有学生信息记录时，系统界面会提示没有记录，然后根据提示决定是否输入学生信息，运行效果如图 7.3 所示。

7.6.2　技术分析

通常情况下，无论是从键盘上输入数据，还是程序运行产生的结果，都会随着运行结果的结束而

丢失。在学生信息管理系统中，需要保留学生的数据，当程序运行结束，关闭程序，学生数据不丢失。在该系统中采用文件来实现数据的保留。以下为在录入学生信息模块中对文件的操作。

（1）对磁盘文件进行处理操作需要首先打开文件。代码如下：

```
FILE *fp;              /*定义文件指针*/
if((fp=fopen("data.txt","a+"))==NULL)/*打开指定文件*/
{
    printf("文件不存在！ \n");
    return;
}
```

（2）当文件成功打开，需要测试文件指针是否在文件尾部，若不在文件尾部，需要读取文件中的数据。代码如下：

```
while(!feof(fp))
{
    if(fread(&stu[m] ,LEN,1,fp)==1)
    {
        m++;        /*统计当前记录条数*/
    }
}
```

（3）对文件操作结束需要关闭文件。代码如下：

```
fclose(fp);
```

对指定的磁盘文件进行写操作同读操作相同，实现代码如下：

```
fwrite(&stu[m],LEN,1,fp)
```

7.6.3　录入时文件中无内容

在录入学生信息模块中需要将学生的信息进行保留，当程序运行结束，关闭程序，下次运行程序时录入的信息仍然保留。因此在该模块中我们应用文件读写操作，对录入的信息保存到磁盘文件中，下次运行程序时，可以从磁盘文件中将存储数据读出并显示。

录入信息时，首先查询 data 文件是否存在，如果存在，但不知是否有内容，需给用户做出提示。如果文件中没有内容，提示“文件中没有内容”。实现代码如下：

```
/**
*  录入学生信息
*/
void in()
```

```
{
    int i,m=0;                                          //m 是记录的条数
    char ch[2];
    FILE *fp;                                           //定义文件指针
    if((fp=fopen("data.txt","a+"))==NULL)//打开指定文件
    {
        printf("文件不存在！ \n");
        return;
    }
    while(!feof(fp))
    {
        if(fread(&stu[m] ,LEN,1,fp)==1)
        {
            m++;                                        //统计当前记录条数
        }
    }
    fclose(fp);
    if(m==0)
    {
        printf("文件中没有记录!\n");
    }
```

7.6.4 录入时文件中有内容

如果录入信息时，查询到文件 data 中有数据，会首先显示文件中的内容，再询问是否插入数据，如图 7.13 所示。

```
number   name          elective    experiment   required    sum
101      Tom           98.5        88.0         96.0        282.5
102      Marry         85.0        79.0         91.0        255.0
输入学生信息(y/n):
```

图 7.13　先显示文件内容，再选择插入数据

如果选择插入数据，系统首先会对输入的学号进行检查，只有在输入的学号与已经存在的学号不重复的情况下，才能够继续输入其他学生的信息。实现代码如下：

```
    else
    {
        show();                                         //调用 show 函数，显示原有信息
    }
    if((fp=fopen("data.txt","wb"))==NULL)
    {
        printf("文件不存在！ \n");
```

```
            return;
        }
    printf("输入学生信息(y/n):");
    scanf("%s",ch);
    while(strcmp(ch,"Y")==0||strcmp(ch,"y")==0)             //判断是否要录入新信息
    {
    printf("number:");
        scanf("%d",&stu[m].num);                            //输入学生学号
    for(i=0;i<m;i++)
        if(stu[i].num==stu[m].num)
        {
                printf("number 已经存在了，按任意键继续!");
            getch();
            fclose(fp);
            return;
        }
        printf("name:");
        scanf("%s",stu[m].name);                            //输入学生姓名
        printf("elective:");
        scanf("%lf",&stu[m].elec);                          //输入选修课成绩
        printf("experiment:");
        scanf("%lf",&stu[m].expe);                          //输入实验课成绩
        printf("required course:");
        scanf("%lf",&stu[m].requ);                          //输入必修课成绩
        stu[m].sum=stu[m].elec+stu[m].expe+stu[m].requ;     //计算出总成绩
        if(fwrite(&stu[m],LEN,1,fp)!=1)                     //将新录入的信息写入指定的磁盘文件
        {
            printf("不能保存!");
            getch();
        }
        else
        {
            printf("%s 被保存!\n",stu[m].name);
            m++;
        }
        printf("继续?(y/n):");                              //询问是否继续
        scanf("%s",ch);
    }
    fclose(fp);
    printf("OK!\n");
}
```

7.7　查询学生信息模块

7.7.1　模块概述

查询学生信息模块的主要功能是根据输入的学生学号对学生信息进行搜索，若查找到该学生，则选择是否显示该学生信息。在主界面中输入“2”，进入查询状态，运行效果如图 7.14 所示。

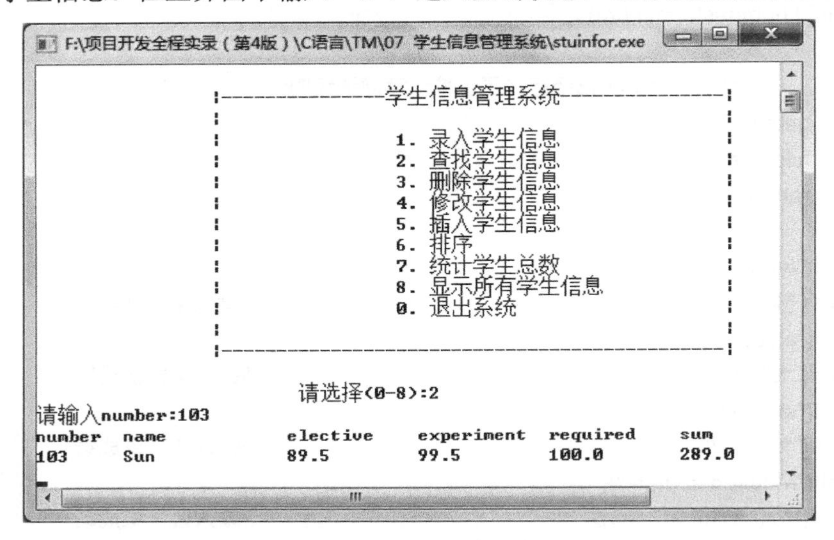

图 7.14　查询学生信息

如果查询一个文件中不存在的学号，会提示“没有找到这名学生”，如图 7.15 所示。

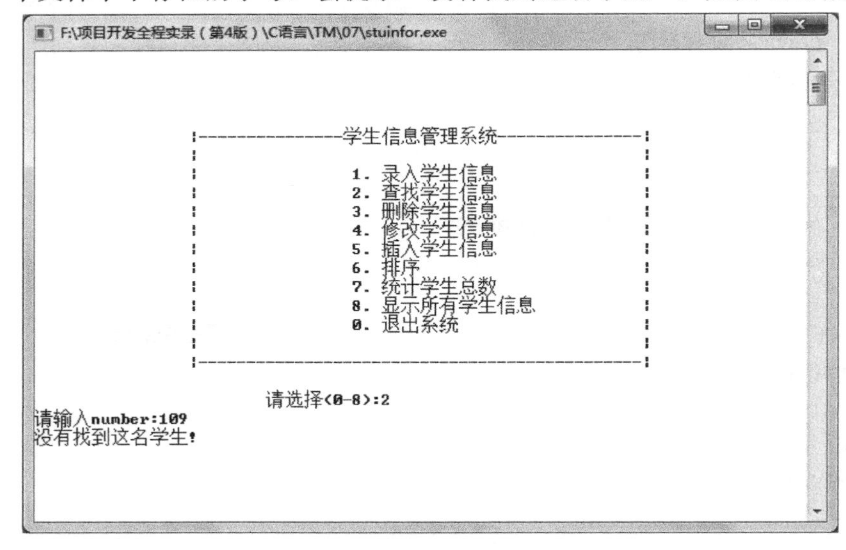

图 7.15　没有找到此学号

如果文件中没有记录，进行查询的时候会显示“文件中没有记录”，如图 7.16 所示。

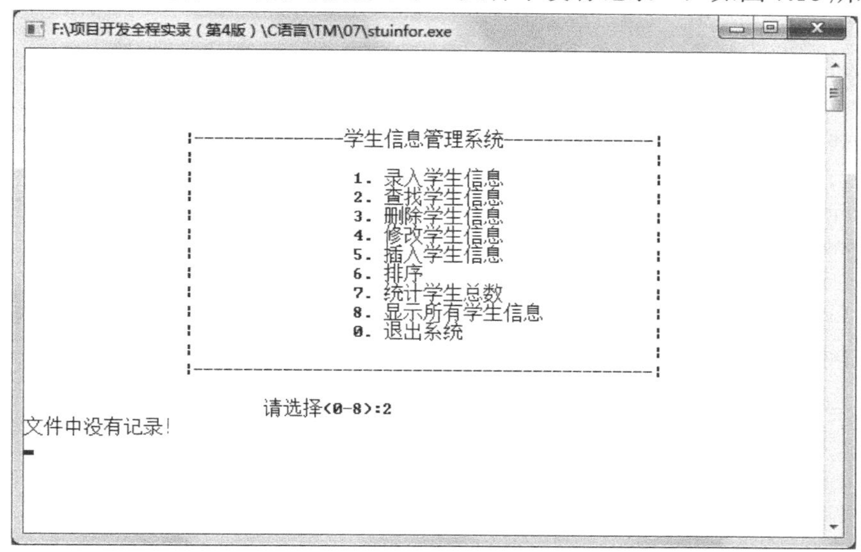

图 7.16　文件中没有记录

7.7.2　功能实现

由于学生的信息都及时地存储在磁盘文件中，因此想要查找学生的信息需要首先对文件进行操作，打开文件，读取文件中的数据，再关闭文件。根据输入的想要查找的学生的学号进行信息匹配，查找到学生的信息后将其显示出来。实现代码如下：

```
void search()/*自定义查找函数*/                    //新增：搜索文件中没有匹配学号时的情况
{
    FILE *fp;
    int snum,i,m=0;
    if((fp=fopen("data.txt","rb"))==NULL)
    {
        printf("文件不存在！\n");
        return;
    }
    while(!feof(fp))
      if(fread(&stu[m],LEN,1,fp)==1)
      m++;
    fclose(fp);
    if(m==0)
    {
        printf("文件中没有记录！\n");
        return;
```

```
    }
    printf("请输入 number:");
    scanf("%d",&snum);
    for(i=0;i<m;i++)
   if(snum==stu[i].num)                          /*查找输入的学号是否在记录中*/
   {
        printf("number   name            elective    experiment   required    sum\t\n");
        printf(FORMAT,DATA);                     /*将查找出的结果按指定格式输出*/
      break;
   }
    if(i==m) printf("没有找到这名学生!\n");       /*未找到要查找的信息*/
}
```

7.8 删除学生信息模块

7.8.1 模块概述

删除学生信息模块主要的功能是从磁盘文件中将学生信息读取出来，从读出的信息中将要删除的学生的信息查找到，然后将该学生的信息节点与链表断开，即将其所有信息删除，将更改后的信息再写入磁盘文件。在主界面中输入“3”时，调用删除功能函数，运行效果如图 7.6 所示。

7.8.2 功能实现

删除学生信息的实现步骤如下：

（1）将磁盘文件中的学生信息读取出来，方便对其进行查找、删除等操作。代码如下：

```
void del()/*自定义删除函数*/
{
    FILE *fp;
    int snum,i,j,m=0;
    char ch[2];
    if((fp=fopen("data.txt","r+"))==NULL)        //data.txt 文件不存在
   {
        printf("文件不存在！ \n");
        return;
    }
    while(!feof(fp))   if(fread(&stu[m],LEN,1,fp)==1) m++;
    fclose(fp);
```

（2）根据输入的想要删除的学生学号与读取出来的学生信息进行匹配查找。当查找到与该学号匹配的学生信息时，根据提示，输入是否对该学生信息进行删除操作，代码如下：

```
    printf("请输入学生学号");
    scanf("%d",&snum);
   for(i=0;i<m;i++)
        if(snum==stu[i].num)
        {
            printf("找到了这条记录，是否删除?(y/n)");
            scanf("%s",ch);
```

（3）若进行删除操作，则使用如下代码对该学生信息进行删除，并将删除后的学生信息重新写入磁盘文件中。实现代码如下：

```
            if(strcmp(ch,"Y")==0||strcmp(ch,"y")==0)/*判断是否要进行删除*/
            {
                for(j=i;j<m;j++)
                stu[j]=stu[j+1];              /*将后一个记录移到前一个记录的位置*/
                m--;                          /*记录的总个数减 1*/
                if((fp=fopen("data.txt","wb"))==NULL)
                {
                    printf("文件不存在\n");
                    return;
                }
                for(j=0;j<m;j++)              /*将更改后的记录重新写入指定的磁盘文件中*/
                if(fwrite(&stu[j] ,LEN,1,fp)!=1)
                {
                    printf("can not save!\n");
                    getch();
                }
                fclose(fp);
                printf("删除成功!\n");
            }else{
                printf("找到了记录，选择不删除！");
            }
                break;
        }
        else
        {
            printf("没有找到这名学生!\n");        /*未找到要查找的信息*/
        }
}
```

视频讲解

7.9 修改学生信息模块

7.9.1 功能概述

要想实现学生信息修改的功能需要在主功能菜单界面选择编号“4”来实现，进入修改学生信息模块以后，程序首先列出已存在的所有信息，然后提示用户输入要修改的学生学号，如果存在该记录，会让用户重新输入“name”“elective”“experiment”“required”等字段的数值，如图 7.7 所示。

如果输入的学号在记录中不存在，会提示“没有找到这名学生！”，运行效果如图 7.17 所示。

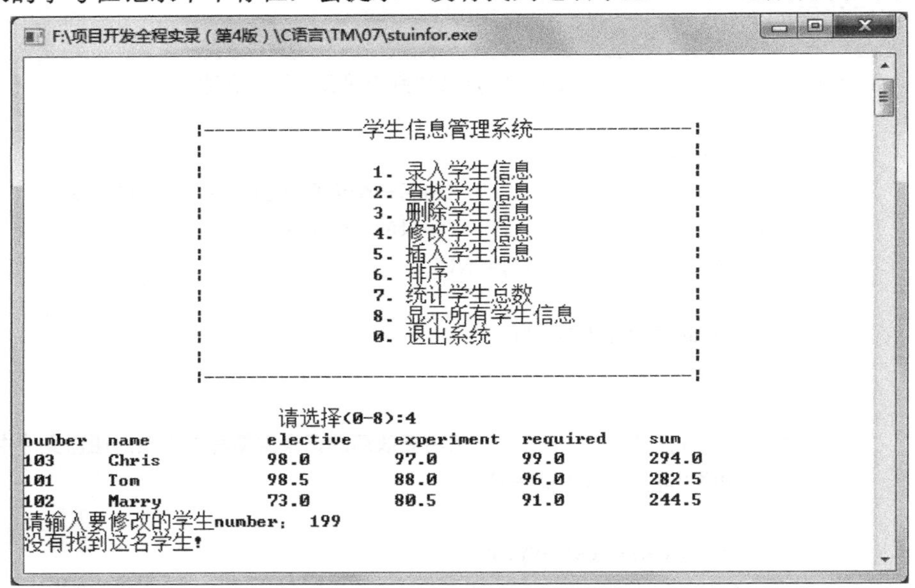

图 7.17　没有找到要修改的记录

7.9.2 实现修改学生信息

在系统的功能菜单中选择修改学生信息选项后，系统会首先显示已存在的学生信息，供用户选择，并提示输入需要修改信息的学生学号，如果系统在数据文件中发现对应学号，接下来会一一修改字段。如果找不到对应学号，会提示“没有找到这名学生！”。程序代码如下：

```
/**
*  自定义修改函数
*/
void modify()
{
```

```
FILE *fp;
struct student t;
int i=0,j=0,m=0,snum;
if((fp=fopen("data.txt","r+"))==NULL)
{
    printf("文件不存在！ \n");
    return;
}
while(!feof(fp))
    if(fread(&stu[m] ,LEN,1,fp)==1)
        m++;
if(m==0)
{
    printf("文件中没有记录！ \n");
    fclose(fp);
    return;
}
show();
printf("请输入要修改的学生 number：  ");
scanf("%d",&snum);
for(i=0;i<m;i++)
    if(snum==stu[i].num)                    //检索记录中是否有要修改的信息
     {
       printf("找到了这名学生,可以修改他的信息!\n");
       printf("name:");
       scanf("%s",stu[i].name);             //输入名字
       printf("elective:");
       scanf("%lf",&stu[i].elec);           //输入选修课成绩
      printf("experiment:");
       scanf("%lf",&stu[i].expe);           //输入实验课成绩
      printf("required course:");
       scanf("%lf",&stu[i].requ);           //输入必修课成绩
       printf("修改成功!");
       stu[i].sum=stu[i].elec+stu[i].expe+stu[i].requ;
       if((fp=fopen("data.txt","wb"))==NULL)
       {
           printf("不能打开文件\n");
           return;
       }
       for(j=0;j<m;j++)                     //将新修改的信息写入指定的磁盘文件中
       if(fwrite(&stu[j] ,LEN,1,fp)!=1)
       {
```

```
                    printf("不能保存文件!");
                    getch();
                }
                fclose(fp);
                break;
            }
            if(i==m)
            {
                printf("没有找到这名学生!\n");                    //未找到要查找的信息
            }
}
```

7.10　插入学生信息模块

7.10.1　功能概述

插入学生信息模块的主要功能是在需要的位置插入新的学生信息。在主界面中输入“5”时，进入插入信息模块，运行效果如图 7.8 所示。

7.10.2　功能实现

插入学生信息模块的实现过程如下：

（1）因为该系统的学生信息都及时地存储在磁盘文件中，所以每次操作都要先将数据从文件中读取出来，实现代码如下：

```
void insert()/*自定义插入函数*/
{
    FILE *fp;
    int i,j,k,m=0,snum;
    if((fp=fopen("data.txt","r+"))==NULL)
   {
        printf("文件不存在！ \n");
        return;
    }
    while(!feof(fp))
        if(fread(&stu[m],LEN,1,fp)==1)
         m++;
    if(m==0)
```

```
{
        printf("文件中没有记录!\n");
        fclose(fp);
        return;
}
```

（2）输入需要插入信息的位置，即需要插在哪个学生的学号后面，然后查找该学号，从最后一条信息开始均向后移一位，为新插入的信息提供位置。实现代码如下：

```
printf("请输入要插入的位置(number)：\n");
scanf("%d",&snum);/*输入要插入的位置*/
for(i=0;i<m;i++)
        if(snum==stu[i].num)
                break;
        for(j=m-1;j>i;j--)
                stu[j+1]=stu[j];/*从最后一条记录开始均向后移一位*/
```

（3）设置好要插入的位置后，向该位置录入新学生的信息，然后将该学生的信息写入磁盘文件中。实现代码如下：

```
printf("现在请输入要插入的学生信息.\n");
        printf("number:");
scanf("%d",&stu[i+1].num);
for(k=0;k<m;k++)
if(stu[k].num==stu[m].num)
{
        printf("number 已经存在，按任意键继续!");
        getch();
        fclose(fp);
        return;
}
printf("name:");
scanf("%s",stu[i+1].name);
 printf("elective:");
scanf("%lf",&stu[i+1].elec);
        printf("experiment:");
scanf("%lf",&stu[i+1].expe);
        printf("required course:");
scanf("%lf",&stu[i+1].requ);
 stu[i+1].sum=stu[i+1].elec+stu[i+1].expe+stu[i+1].requ;
 printf("插入成功！按任意键返回主界面！");
 if((fp=fopen("data.txt","wb"))==NULL)
 {
```

```
                printf("不能打开！\n");
                 return;
            }
            for(k=0;k<=m;k++)
            if(fwrite(&stu[k] ,LEN,1,fp)!=1)/*将修改后的记录写入磁盘文件中*/
            {
                printf("不能保存!");
                getch();
            }
        fclose(fp);
}
```

7.11 学生成绩排名模块

7.11.1 功能概述

根据学生的总成绩将所有学生的信息按照从高到低进行排序，将排序后的信息写入磁盘文件中保存，如图 7.18 所示为排序后显示出来的效果。

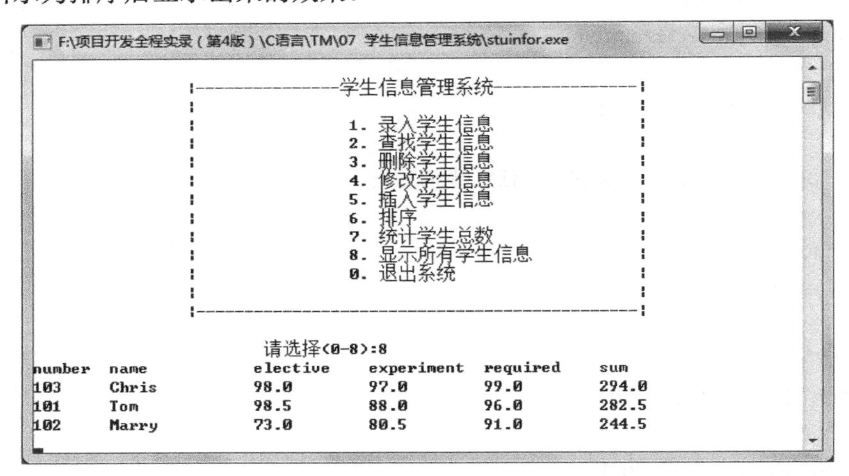

图 7.18 显示排序效果

7.11.2 技术分析

对于学生成绩如何从高到低进行排序，主要运用了数组排序算法。排序算法有很多种，有选择法排序、冒泡法排序、交换法排序、插入法排序、折半法排序。在这里应用比较稳定、简单的交换法排序对学生的成绩进行比较并交换。交换法排序与冒泡法排序都为正序时快，逆序时慢，排列有序数据

时效果最好。在该模块中使用如下代码解决排序问题：

```
for(i=0;i<m-1;i++)
        for(j=i+1;j<m;j++)/*双重循环实现成绩比较并交换*/
            if(stu[i].sum<stu[j].sum)
            {
                t=stu[i];
                stu[i]=stu[j];
                stu[j]=t;
             }
```

7.11.3　功能实现

学生成绩排名模块的实现过程是首先需要将录入的学生信息从磁盘文件中读出，然后将读出的学生信息按照成绩进行比较交换，从高到低排列，为学生排名次，然后再将排好名次的学生信息保存写入磁盘文件中。实现代码如下：

```
void order()/*自定义排序函数*/
{
    FILE *fp;
    struct student t;
    int i=0,j=0,m=0;
    if((fp=fopen("data.txt","r+"))==NULL)
   {
        printf("文件不存在！ \n");
      return;
    }
    while(!feof(fp))
    if(fread(&stu[m] ,LEN,1,fp)==1)
        m++;
    fclose(fp);
    if(m==0)
    {
        printf("文件中没有记录!\n");
        return;
    }
    if((fp=fopen("data.txt","wb"))==NULL)
   {
        printf("文件不存在！ \n");
        return;
    }
```

```
    for(i=0;i<m-1;i++)
      for(j=i+1;j<m;j++)/*双重循环实现成绩比较并交换*/
        if(stu[i].sum<stu[j].sum)
        {
            t=stu[i];stu[i]=stu[j];stu[j]=t;
        }
    if((fp=fopen("data.txt","wb"))==NULL)
    {
        printf("文件不存在！ \n");
        return;
    }
    for(i=0;i<m;i++)/*将重新排好序的内容重新写入指定的磁盘文件中*/
        if(fwrite(&stu[i] ,LEN,1,fp)!=1)
        {
        printf("%s  不能保存文件!\n");
        getch();
        }
    fclose(fp);
    printf("保存成功\n");
}
```

视频讲解

7.12 显示所有学生信息

7.12.1 模块概述

在功能界面选择数字键“8”，会显示所有的学生信息，运行结果如图 7.11 所示。

7.12.2 读取并显示所有学生信息

要实现读取并显示所有学生信息的功能，首先需要读取 data 文件中的内容，然后把这些内容按照指定格式打印出来。具体实现代码如下：

```
/**
*   显示所有学生信息
*/
void show()
 {
     FILE *fp;
```

```
        int i,m=0;
        fp=fopen("data.txt","rb");
        while(!feof(fp))
        {
            if(fread(&stu[m] ,LEN,1,fp)==1)
            m++;
        }
        fclose(fp);
        printf("number   name              elective     experiment   required      sum\t\n");
        for(i=0;i<m;i++)
       {
           printf(FORMAT,DATA);              //将信息按指定格式打印
       }
}
```

7.13　开发总结

开发人员根据学生信息管理系统的需求分析对项目整体进行结构分析，并对各个功能进行编程实现，最终完成该系统。在该系统中由于学生的信息类型较多且复杂，因此在对学生信息进行处理时需要对学生数据整体进行处理，例如录入学生信息时，需要向磁盘文件中写入信息，开发人员为了项目简洁、不容易出错，对学生信息进行了数据块形式的读写操作。

第 8 章

图书管理系统

（Visual C++ 6.0+MySQL 实现）

本系统是结合 MySQL 数据库设计而成的一个数据库管理系统，它可以对图书信息进行添加、删除、修改、查询等操作。本实例将综合应用前面学过的很多知识，详细介绍该程序的开发过程。通过本章的学习，读者能够学到：

- 在实际应用中了解开发环境
- 数据库的设计
- C 语言开发数据库程序的流程
- C 语言操作 MySQL 数据库
- 各个模块的设计过程

8.1　概　　述

8.1.1　需求分析

目前，图书市场的竞争日益激烈，这迫使图书企业希望采用一种新的管理方式来加快图书流通信息的反馈速度，而计算机信息技术的发展为图书管理注入了新的生机。通过对市场的调查得知，一款合格的图书管理系统必须具备以下 3 个特点：

（1）能够对图书信息进行集中管理。

（2）能够大大提高用户的工作效率。

（3）能够对图书的部分信息进行查询。

一个图书管理系统最重要的功能是管理图书，包括图书的增加、删除、修改、查询等功能。

8.1.2　开发工具选择

本系统前台采用 Microsoft 公司的 Visual C++ 6.0 作为主要的开发工具；数据库选择 MySQL 5.0 数据库系统，该系统在安全性、准确性和运行速度方面都占有一定优势。

8.2　系 统 设 计

8.2.1　系统目标

根据上面的需求分析，得出该图书管理系统要实现的功能有以下几方面：

☑　录入图书信息。

☑　实现删除功能，即输入图书号删除相应的记录。

☑　实现查找功能，即输入图书号或图书名查询该书相关信息。

☑　实现修改功能，即输入图书号或图书名修改相应信息。

☑　添加会员信息，只有会员才可借书。

☑　实现借书功能，即输入图书号及会员号进行借书。

☑　实现还书功能，还书时也同样需要输入图书号及会员号。

☑　保存添加的图书信息。

☑　保存添加的会员信息。

8.2.2 系统功能结构

图书管理系统的系统功能结构如图 8.1 所示。

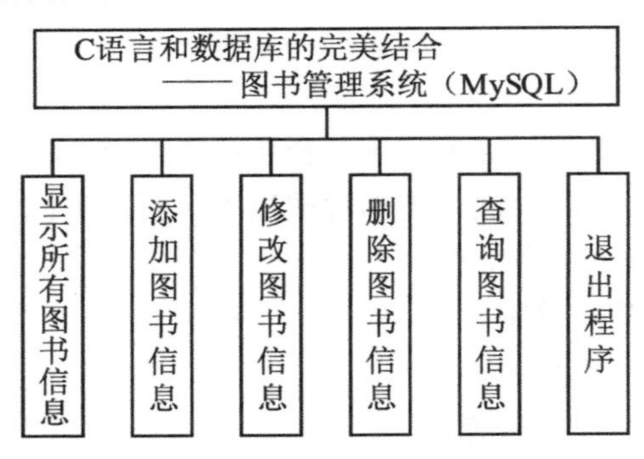

图 8.1 系统功能结构

8.2.3 系统预览

为了方便用户掌握程序，这里将程序中主要窗体界面列出来，以便快速了解。

程序运行起来，首先进入主功能菜单的选择界面，在这里展示了程序中的所有功能，以及如何调用相应的功能等，用户可以根据需要输入想要执行的功能，然后进入子功能中去，运行效果如图 8.2 所示。

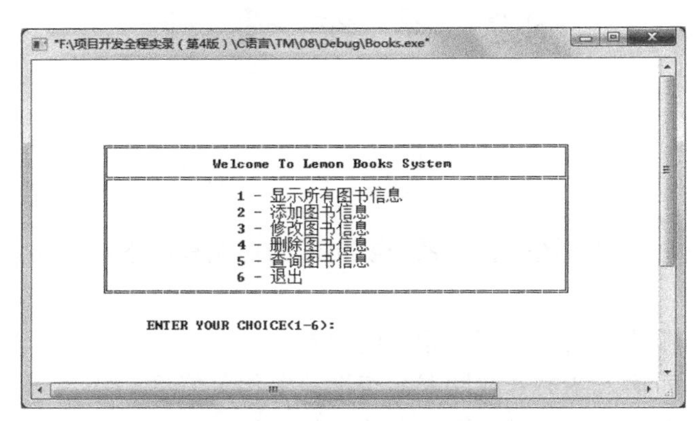

图 8.2 主功能菜单选择界面

在主菜单中选择功能菜单“1”，然后按 Enter 键即可显示出当前数据库中所有的图书记录信息，如图 8.3 所示。

在主功能菜单中输入编码“2”，即可以进入添加图书的模块中，首先会弹出添加图书的表头，并提示用户输入 ID，即图书的编号，程序的运行效果如图 8.4 所示。

在程序的使用过程中，如果发现某些记录有错误，可以通过修改图书信息模块来修改，在主功能菜单中选择功能编号“3”，即可进入修改图书信息功能模块中，如图 8.5 所示。

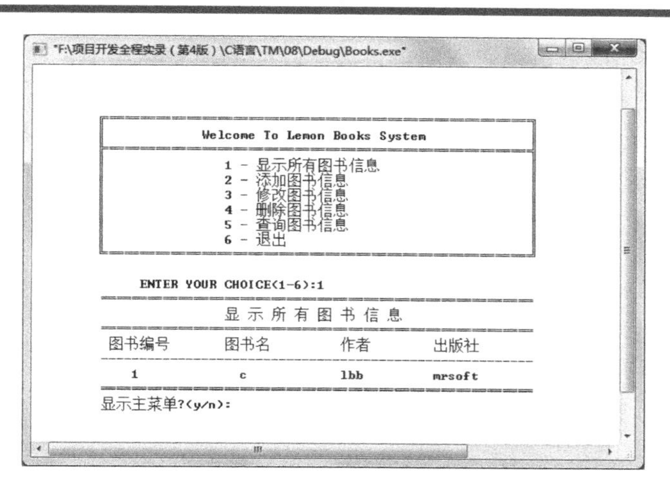

图 8.3　查询显示图书信息

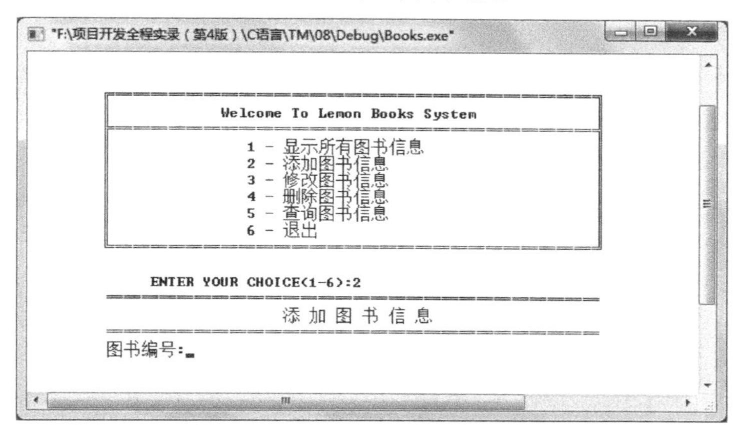

图 8.4　添加图书信息

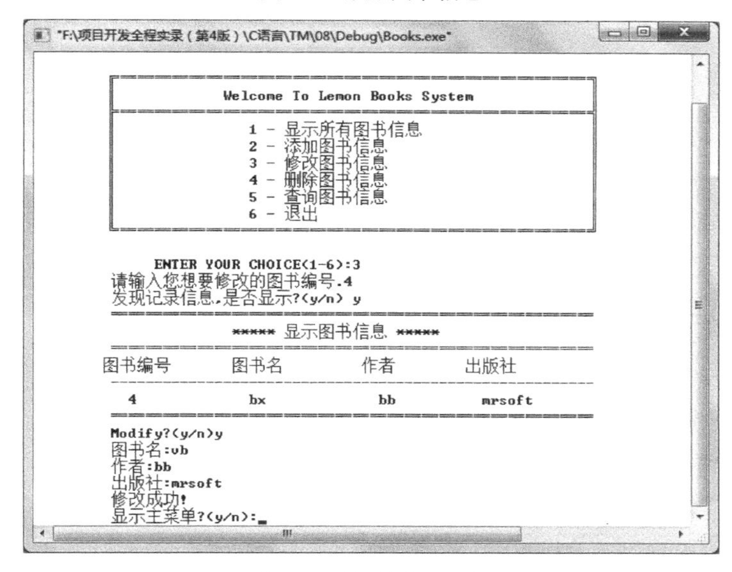

图 8.5　修改图书信息

在主功能菜单中选择功能菜单“4”，即可进入删除图书信息模块中，在其中可以对不需要的图书信息执行删除操作，如图8.6所示。

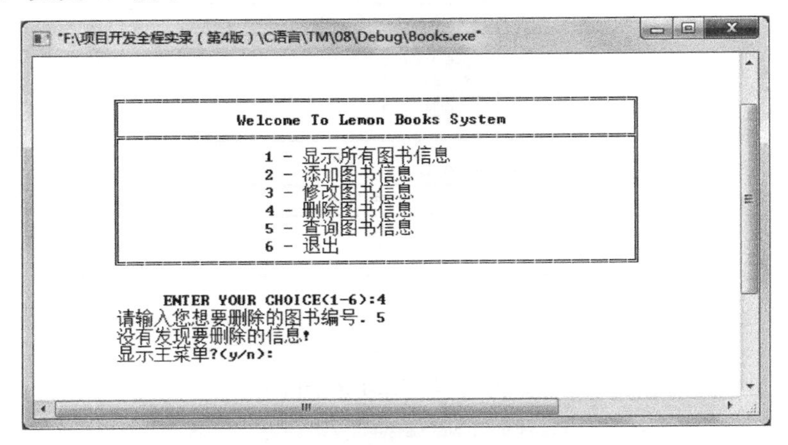

图8.6　删除图书信息

在查询图书信息时，首先需要从主功能菜单中进入查询图书信息的模块中，主要通过在主功能菜单中选择菜单项编号“5”来实现。执行查询图书信息的效果如图8.7所示。

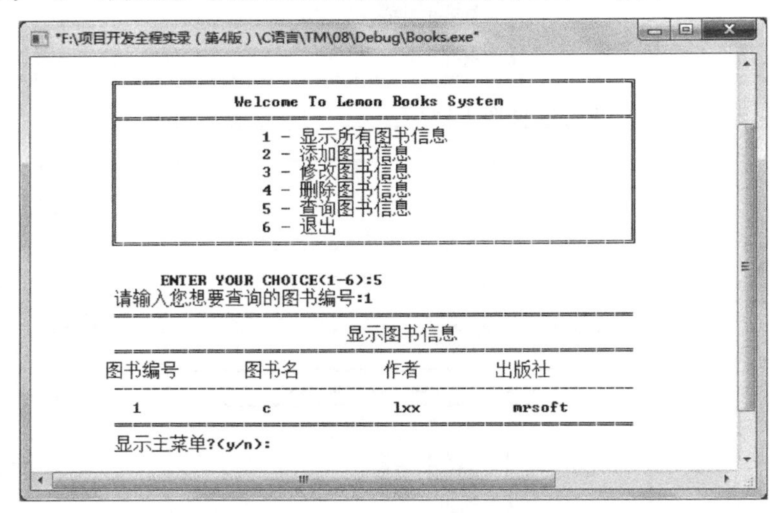

图8.7　查询图书信息

8.2.4　开发及运行环境

图书管理系统的开发及运行环境如下。

（1）系统开发平台：Visual C++ 6.0。

（2）数据库管理平台：MySQL 5.6。

（3）运行平台：Windows 7/Windows XP及以下。

8.3　数据库设计

视频讲解

数据库的设计在管理系统开发中占有十分重要的地位，一个好的数据库是一个成功系统的关键，所以，要根据系统的信息量设计合适的数据库。下面介绍创建系统数据库的过程。

8.3.1　安装 MySQL 数据库

MySQL 是一款广受欢迎的数据库，由于开源所以市场占有率高，备受程序开发者的青睐。这不仅因为 MySQL 是完全网络化的跨平台关系型数据库系统，也是具有客户机/服务器体系结构的分布式数据库管理系统。它具有功能性强、使用简捷、管理方便、运行速度快、版本升级快、安全性高等优点，而且 MySQL 数据库完全免费，从官方网站 http://dev.mysql.com 即可免费下载到新版本的 MySQL 安装包 mysql-installer-community-5.6.24.0.msi。

在 Windows 7 操作系统下下载 MySQL 的步骤如下：

（1）登录 MySQL 官网 http://dev.mysql.com，选择 Downloads→Community→MySQL on Windows→MySQL Installer 命令，或直接打开 http://dev.mysql.com/downloads/windows/installer/链接，如图 8.8 所示。

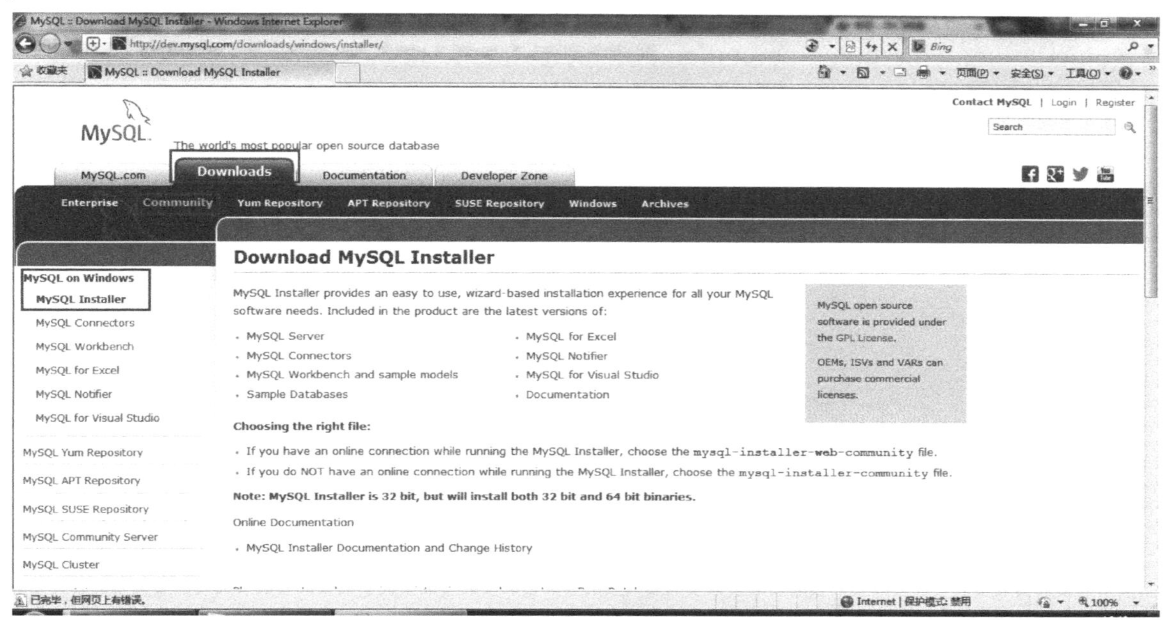

图 8.8　MySQL 官网

（2）拉到网页下方，下载 MySQL Installer，在下拉列表框中选择 Microsoft Windows 版本，然后单击第 2 个 Download 按钮，如图 8.9 所示。

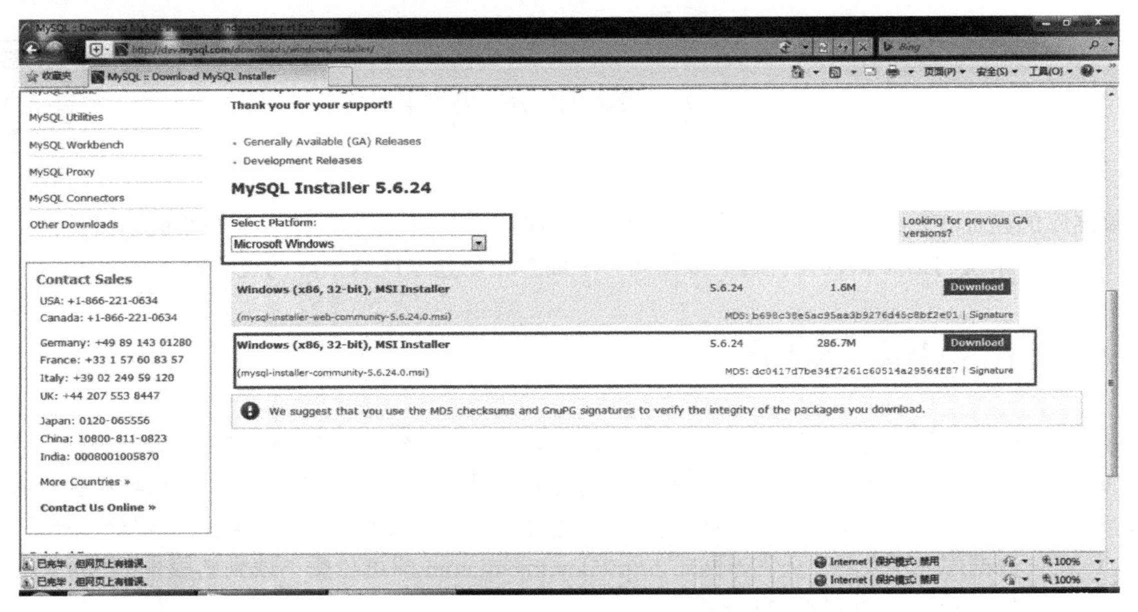

图 8.9　MySQL 下载页面

（3）在弹出的页面下方单击“No thanks,just start my download.”超链接，开始下载安装包，如图 8.10 所示。

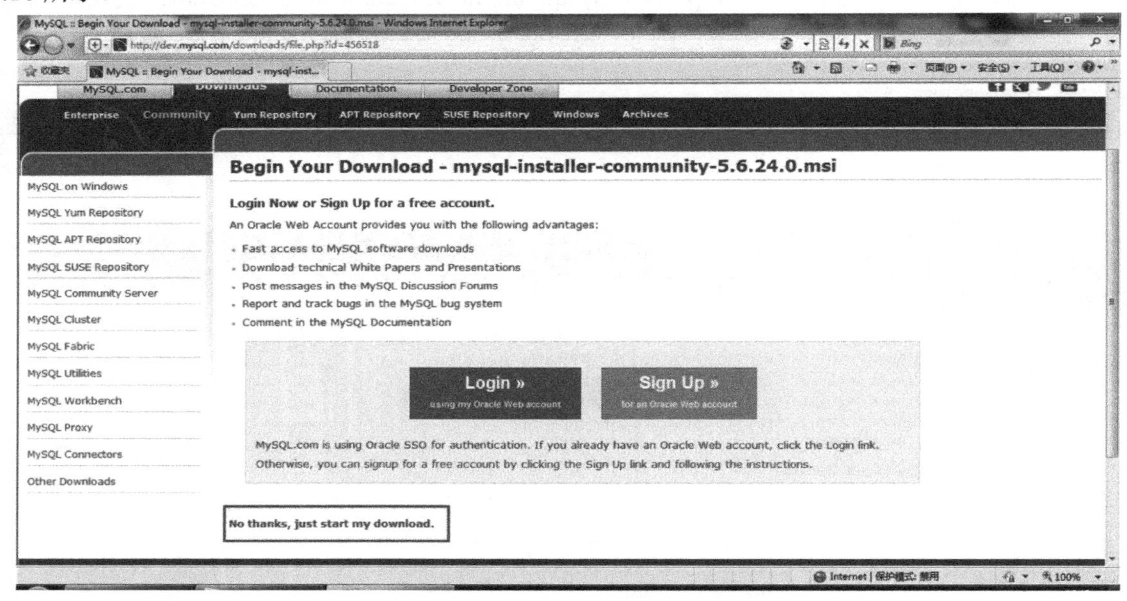

图 8.10　MySQL 下载链接

在 Windows 7 操作系统下安装 MySQL 的步骤如下：

（1）双击下载后的 mysql-installer-community-5.6.24.0.msi 文件，打开安装向导对话框，如果没有打开安装向导对话框，而是弹出如图 8.11 所示的对话框，那么还需要先安装.NET 4.0 框架，然后再重新安装下载后的安装文件，打开安装向导对话框，如图 8.12 所示。

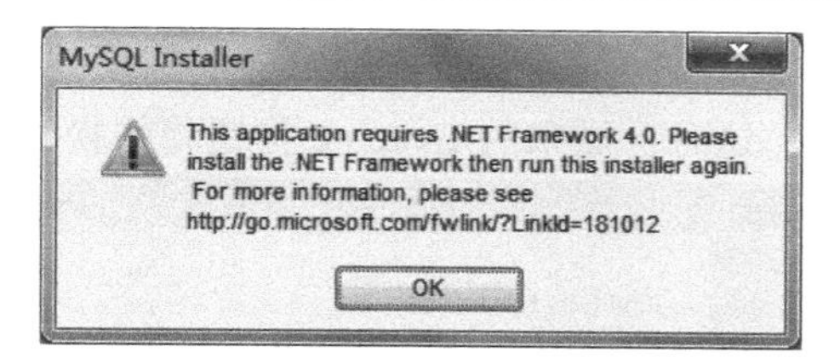

图 8.11 提示需要安装.NET 4.0 框架的提示对话框

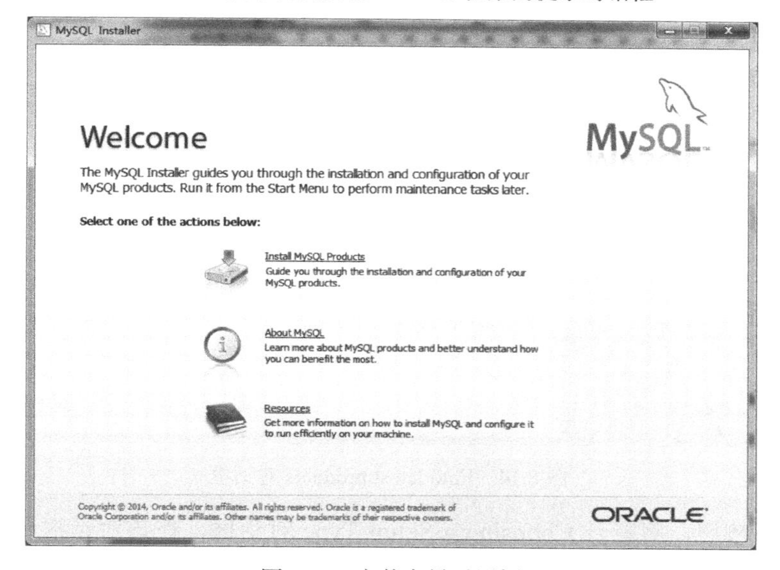

图 8.12 安装向导对话框

（2）在打开的安装向导对话框中，单击 Install MySQL Products 超链接，将打开 License Agreement 对话框，询问是否接受协议，选中 I accept the license terms 复选框，接受协议，如图 8.13 所示。

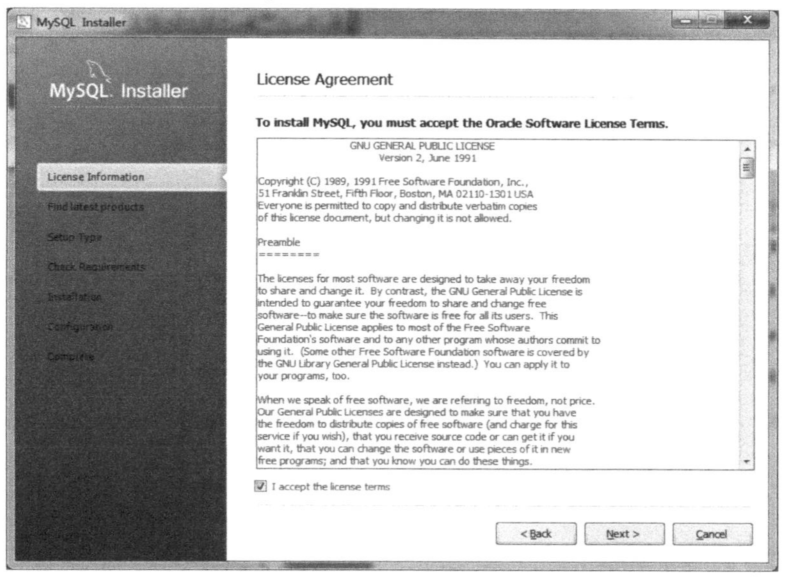

图 8.13 License Agreement 对话框

（3）单击 Next 按钮，将打开 Find latest products 对话框。在该对话框中选中 Skip the check for updates(not recommended)复选框，这时，原来的 Execute 按钮将转换为 Next 按钮，如图 8.14 所示。

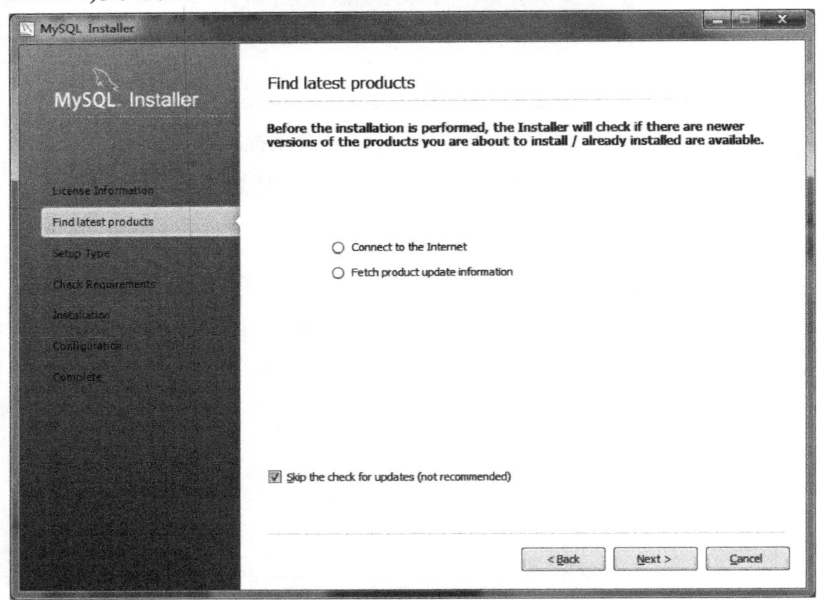

图 8.14　Find latest products 对话框

（4）单击 Next 按钮，将打开 Choosing a Setup Type 对话框，在该对话框中，共包括 Developer Default（开发者默认）、Server only（仅服务器）、Client only（仅客户端）、Full（完全）和 Custom（自定义）5 种安装类型，这里选择开发者默认，并且将安装路径修改为“C:\Program Files\MySQL\”，数据存放路径修改为“C:\ProgramData\MySQL\MySQL Server 5.6”，如图 8.15 所示。

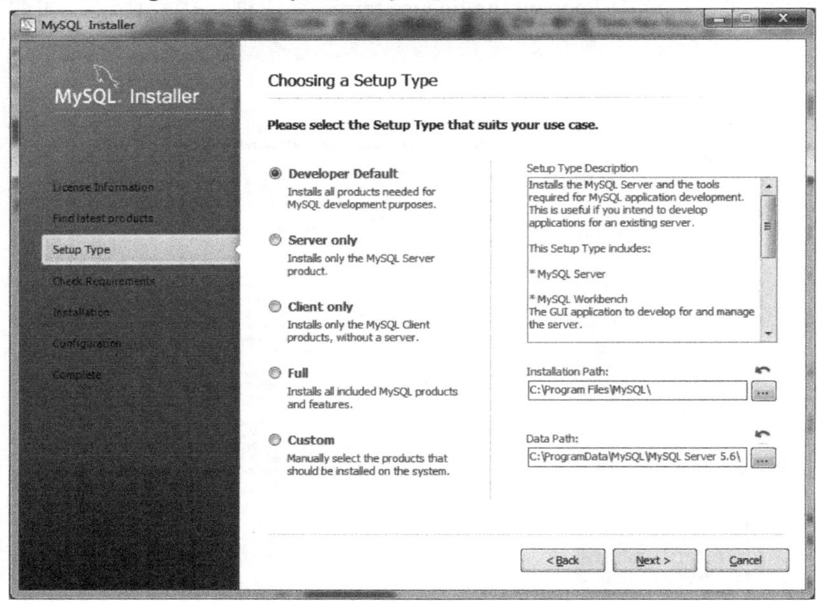

图 8.15　Choosing a Setup Type 对话框

（5）单击 Next 按钮，将打开如图 8.16 所示的 Check Requirements 对话框，在该对话框中检查系统是否具备安装所必需的.NET 4.0 框架和 Microsoft Visual C++ 2010 32-bit runtime，如果不存在，单击 Execute 按钮，将在线安装所需插件，安装完成后，将显示如图 8.17 所示的对话框。

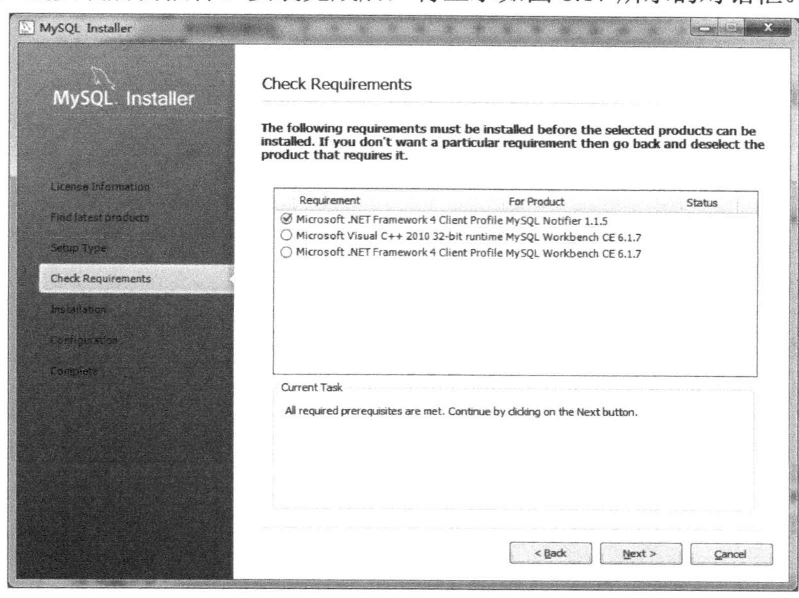

图 8.16　未满足全部安装条件时的 Check Requirements 对话框

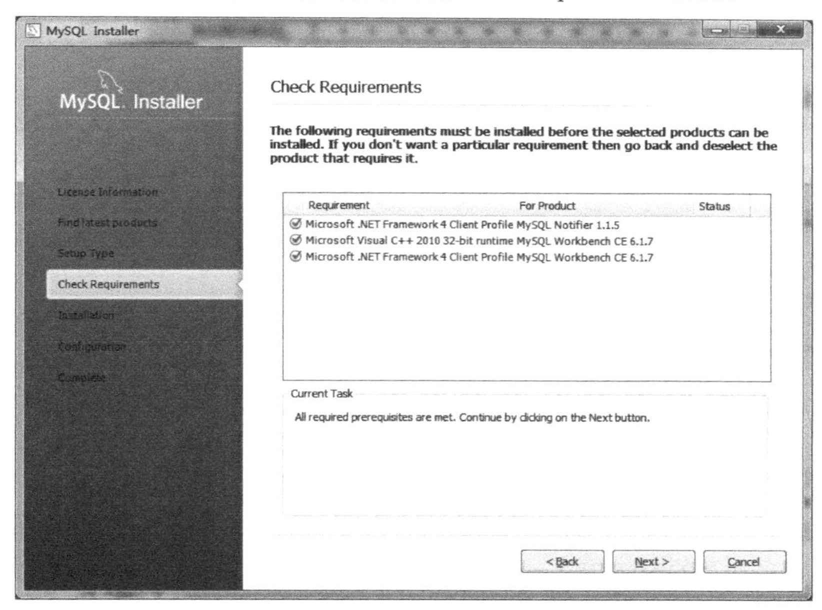

图 8.17　安装条件已全部满足时的 Check Requirements 对话框

（6）单击 Next 按钮，将打开如图 8.18 所示的 Installation Progress 对话框。

（7）单击 Execute 按钮，将开始安装，并显示安装进度。安装完成后，将显示如图 8.19 所示的对话框。

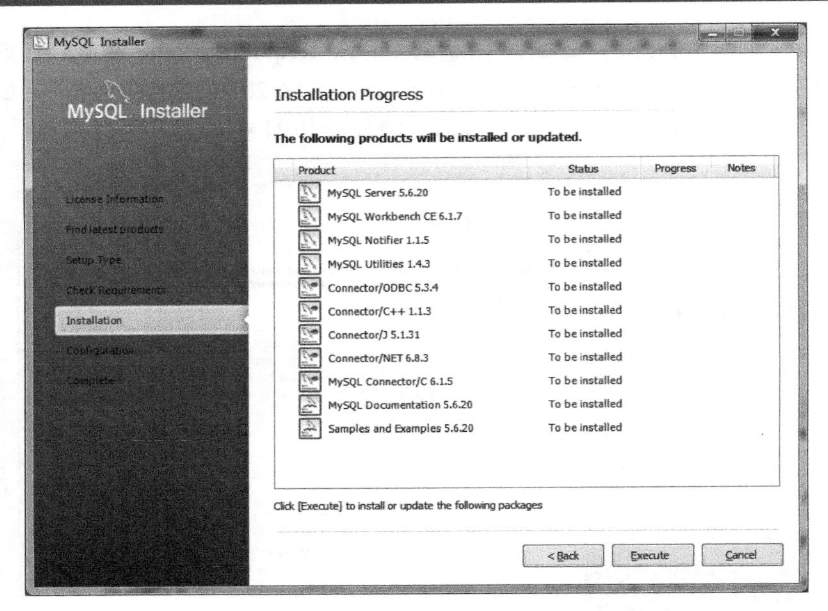

图 8.18　未安装完成的 Installation Progress 对话框

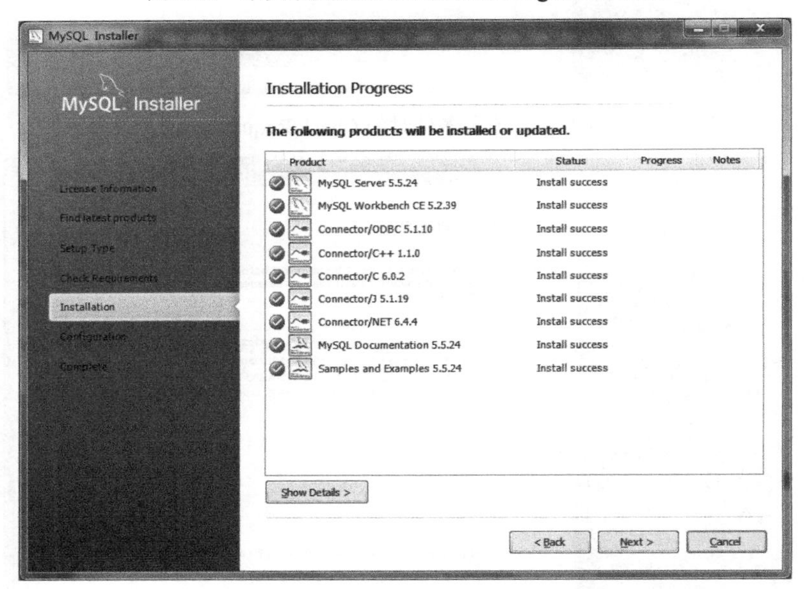

图 8.19　安装完成时的 Installation Progress 对话框

（8）单击 Next 按钮，将打开 Configuration Overview 对话框，在该对话框中，单击 Next 按钮，将打开用于选择服务器的类型的 MySQL Server Configuration 对话框，在该对话框中共提供了 Development Machine（开发者类型）、Server Machine（服务器类型）和 Dedicated Machine（致力于 MySQL 服务类型）。这里选择默认的开发者类型，如图 8.20 所示。

（9）单击 Next 按钮，将打开用于设置用户和安全的 MySQL Server Configuration 对话框，在这个对话框中，可以设置 root 用户的登录密码，也可以添加新用户，这里只设置 root 用户的登录密码为 root，其他采用默认，如图 8.21 所示。

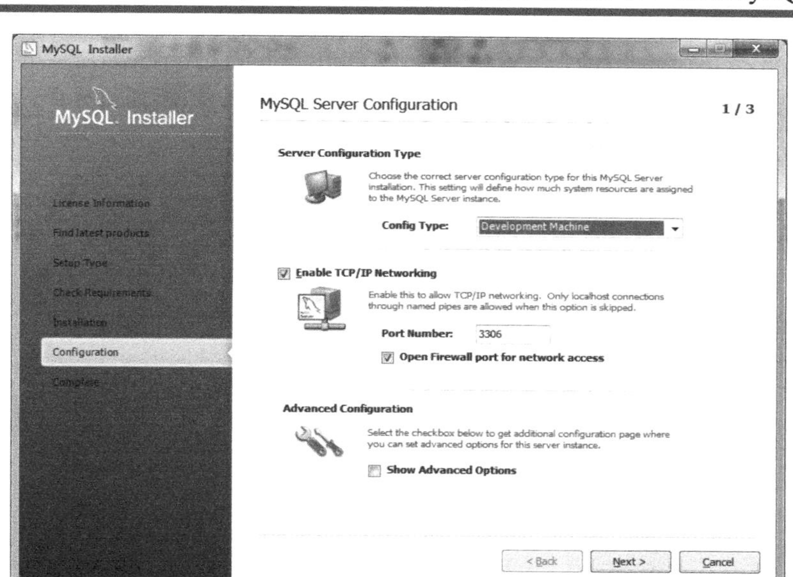

图 8.20　配置服务器类型和网络选项的对话框

说明　MySQL 使用的默认端口是 3306，在安装时，可以修改为其他的，例如 3307。但是一般情况下，不要修改默认的端口号，除非 3306 端口已经被占用。

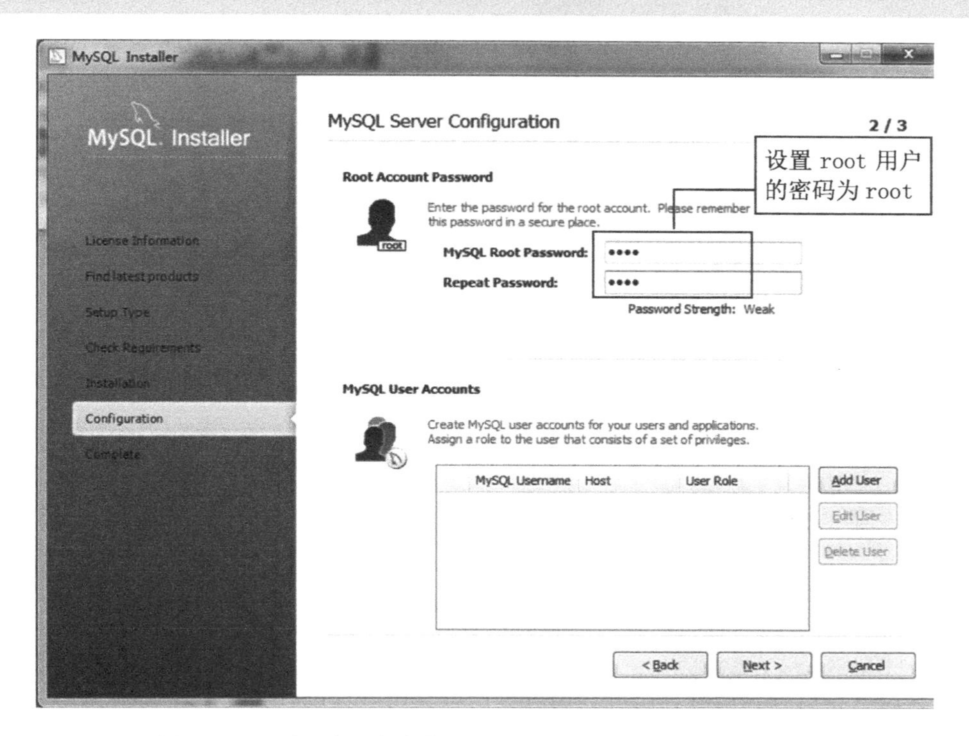

图 8.21　设置用户和安全的 MySQL Server Configuration 对话框

（10）单击 Next 按钮，如图 8.22 所示，将打开 Configuration Overview 对话框，开始配置 MySQL 服务器，这里采用默认设置。

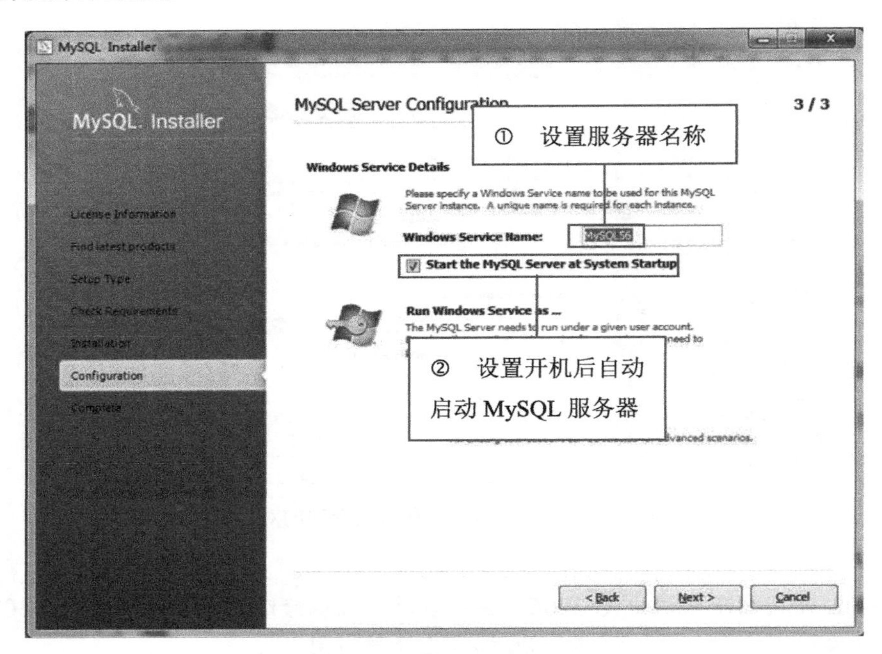

图 8.22 配置 MySQL 服务器

（11）单击 Next 按钮，将显示如图 8.23 所示的界面，提示安装 MySQL 提供的简单的示例。

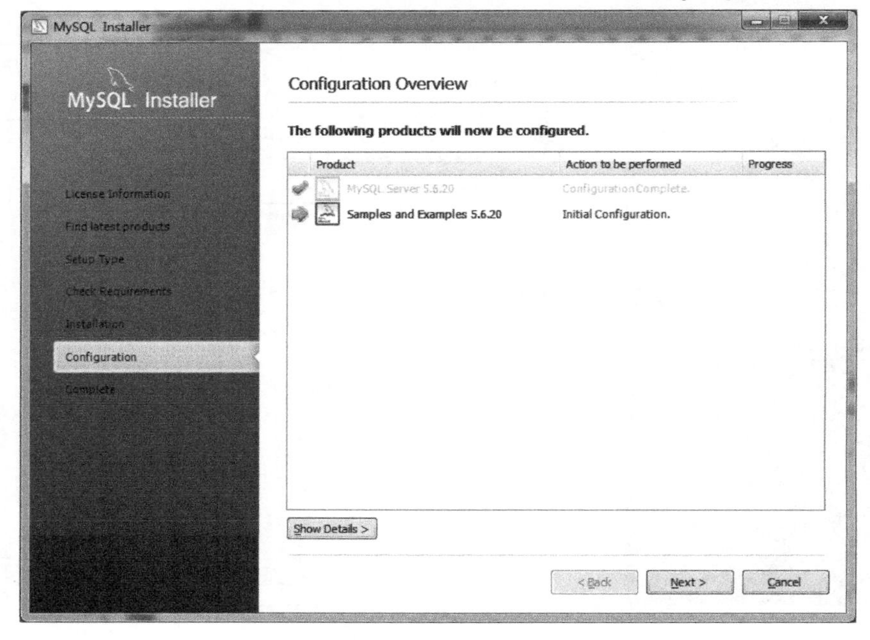

图 8.23 提示安装 MySQL 提供的简单的示例

（12）单击 Next 按钮，开始安装，安装完成后将显示如图 8.24 所示的界面。

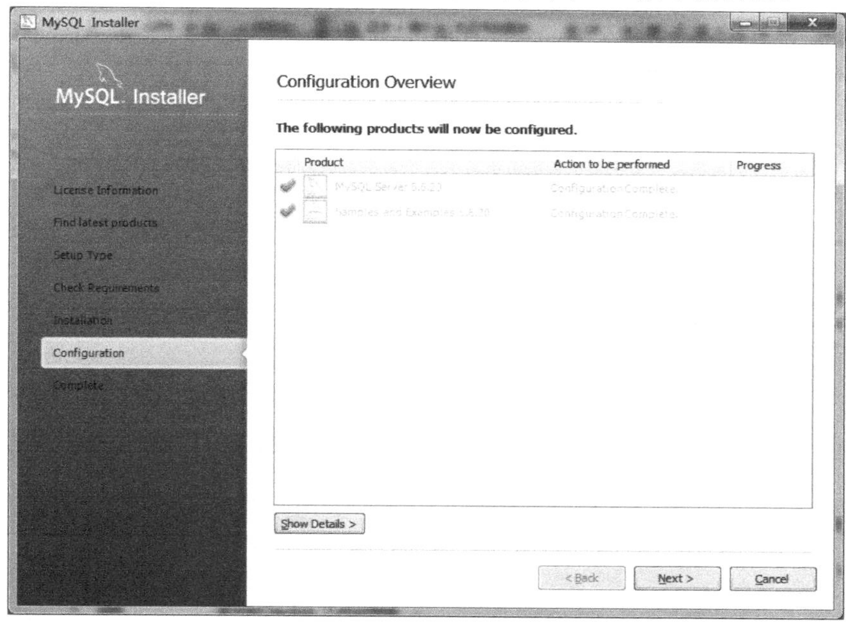

图 8.24　配置完成界面

（13）单击 Next 按钮，将显示如图 8.25 所示的安装完成界面。取消选中 Start MySQL Workbench after Setup 复选框，单击 Finish 按钮，完成 MySQL 的安装。

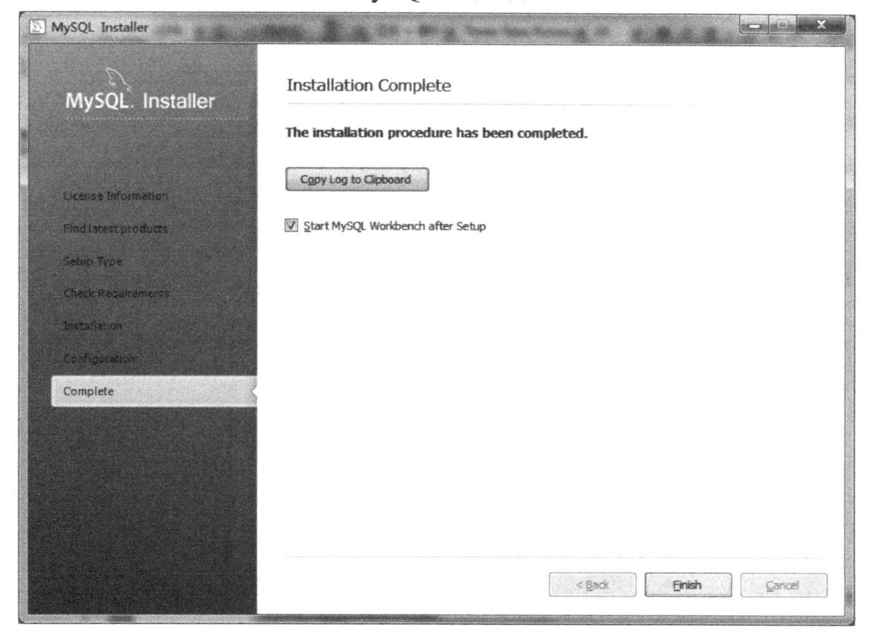

图 8.25　安装完成对话框

8.3.2 启动 MySQL 数据库

MySQL 服务器安装完成后，则可以通过其提供的 MySQL 5.6 Command Line Client 程序来操作 MySQL 数据，这时，必须先打开 MySQL 5.6 Command Line Client 程序，并登录 MySQL 服务器。下面介绍具体的步骤。

（1）在“开始”菜单中，选择“所有程序”→MySQL→MySQL Server 5.6→MySQL 5.6 Command Line Client 命令，将打开 MySQL 5.6 Command Line Client 窗口，如图 8.26 所示。

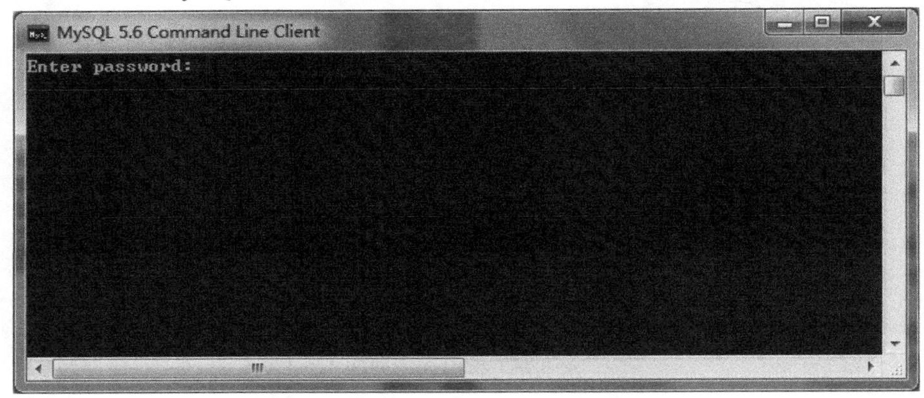

图 8.26　MySQL 客户端命令行窗口

（2）在该窗口中，输入 root 用户的密码（这里为 root），将登录到 MySQL 服务器，如图 8.27 所示。

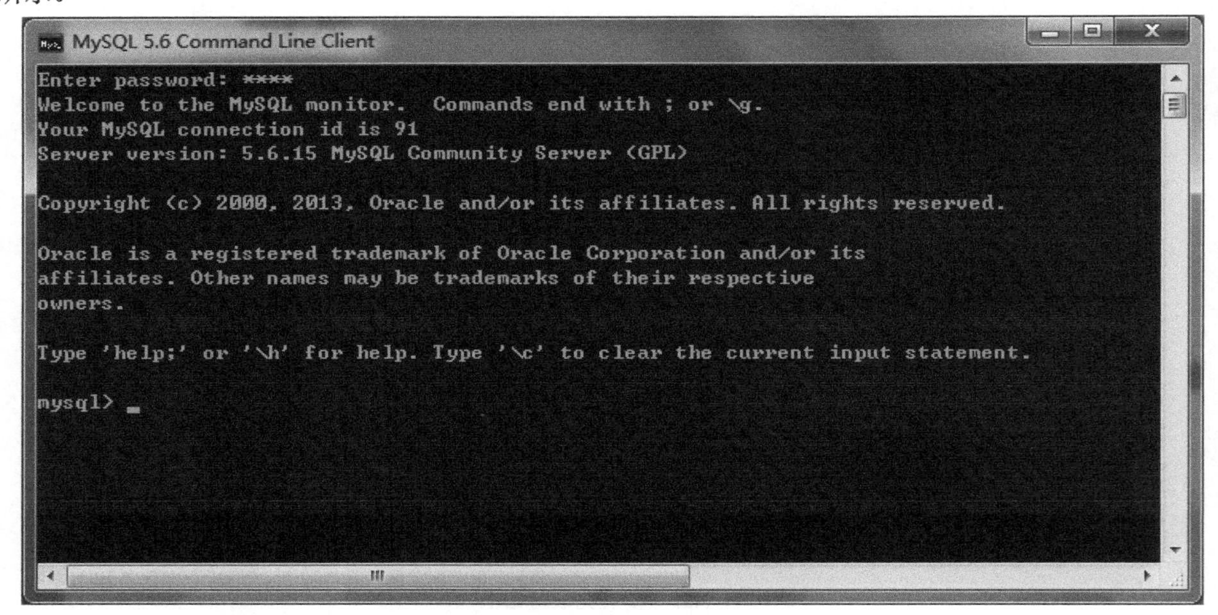

图 8.27　登录到 MySQL 服务器

8.3.3　创建数据库

使用 SQL 语句创建数据库，这里使用的是 create 语句，其语法形式如下：

```
CREATE {DATABASE | SCHEMA} [IF NOT EXISTS] db_name
    [create_specification [, create_specification] ...]
```

本程序中，创建一个名为 db_books 的数据库，SQL 语句如下：

```
create database db_books;
```

在 MySQL 的命令行客户端中，执行的效果如图 8.28 所示。

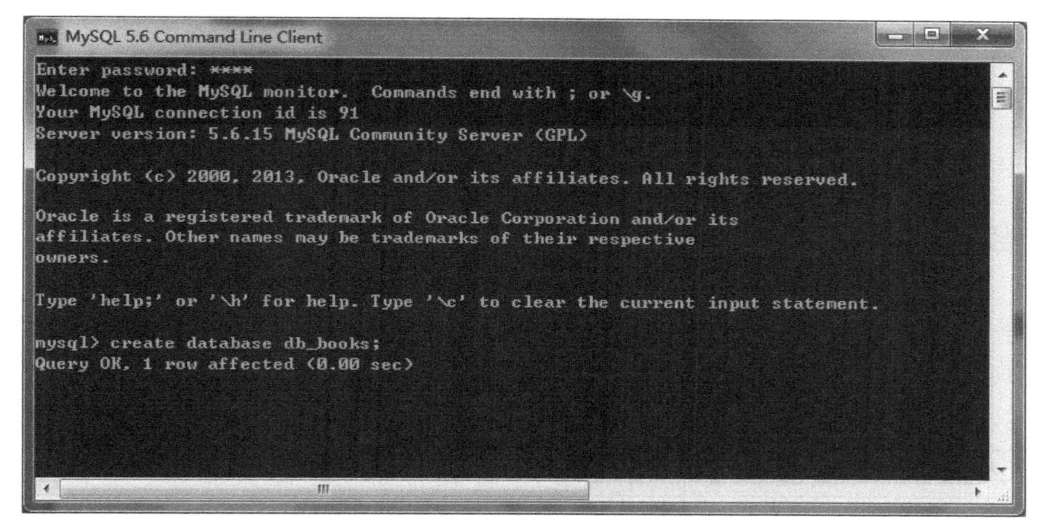

图 8.28　创建 db_books 数据库

创建完成数据库以后使用 use 语句来改变当前的数据库，本程序中，使用的 SQL 语句如下：

```
use db_books;
```

使用 use 语句，可以改变当前的数据库。在进入 db_books 数据库中以后，就需要创建数据表，数据表需要使用 create table 语句来创建，在本例中使用的创建数据表的代码如下：

```
create table tb_book(
ID char(10) NOT NULL,
bookname char(50) NOT NULL,
author char(50) NOT NULL,
bookconcern char(100) NOT NULL,
PRIMARY KEY (ID)
) ENGINE = MYISAM;
```

在上述创建语句中，创建了一个具有 4 个字段的数据库，分别包括 ID（编号）、bookname（图书名）、author（作者）、bookconcern（出版社）。其中，字段 ID 是主键，这些字段都不能为空。

在 MySQL 的命令行客户端中，使用 create table 语句成功创建数据表的执行效果如图 8.29 所示。

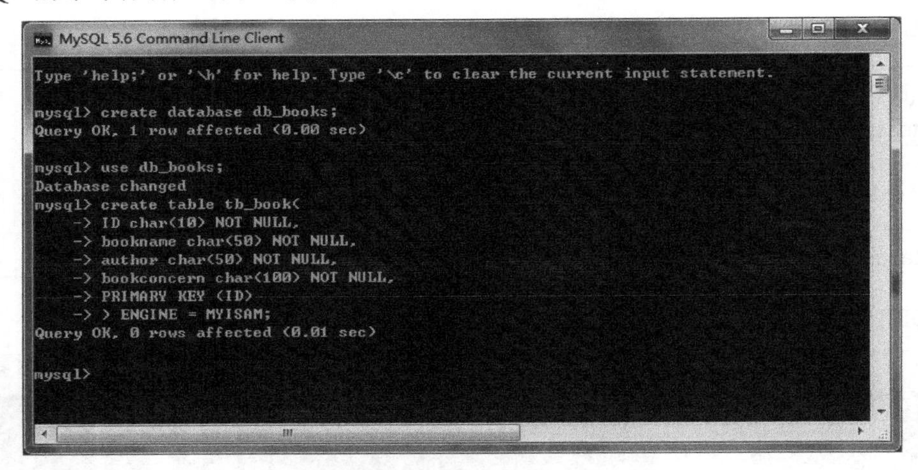

图 8.29　成功创建数据表

8.3.4　数据表结构

为了便于读者更好地学习，下面给出图书表的数据表结构，图书表用来保存图书信息。其数据表结构如表 8.1 所示。

表 8.1　tb_books 的表结构

字 段 名	数 据 类 型	长　　度	是 否 为 空	是 否 主 键	描　　述
ID	char	10	否	是	图书编号
bookname	char	50	否	否	图书名
author	char	50	否	否	作者
bookconcern	char	100	否	否	出版社

8.4　C 语言开发数据库程序的流程

刚刚接触 MySQL 的用户，如果想用 C 语言连接 MySQL，往往会是一件很麻烦的事情。下面整理一下 C 语言开发数据库的流程。

MySQL 为 C 语言提供了连接数据库的 API，要想正常使用这些 API，需要做以下两件事情：

（1）包含这些 API 的声明文件，即 mysql.h。

（2）让编译器找到这些 API 的可执行程序，即 DLL 库。

下面介绍详细的步骤。

（1）在 C 语言中引入如下头文件：

```
#include <windows.h>
#include <mysql.h>
```

下面解决让编译器找到 mysql.h 的问题，需要在编译环境中做如下设置：

在 Visual C++ 6.0 中选择“工具”→“选项”命令，如图 8.30 所示。即可打开“选项”对话框，在其中选择“目录”选项卡，在“目录”下拉列表框中选择 Include files 选项，在 Directiories 列表框中添加本地安装 MySQL 的 Include 目录路径，如图 8.31 所示。默认的路径应该为 C:\PROGRAMDATA\MYSQL\MYSQL SERVER 5.6\INCLUDE。

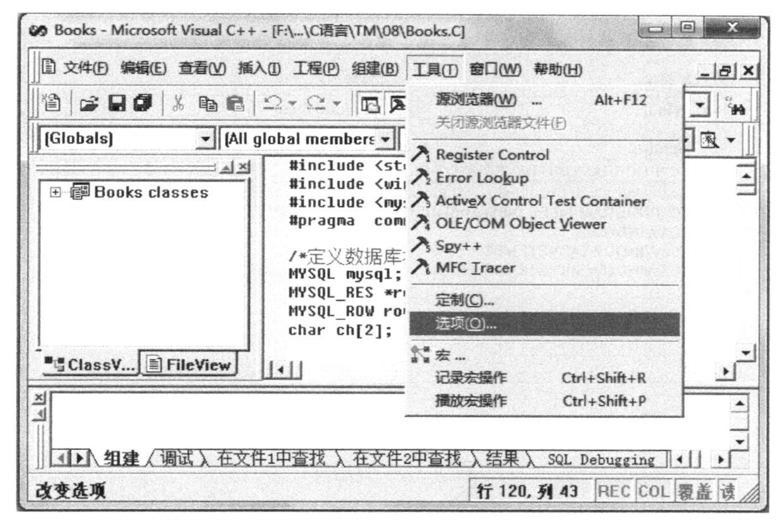

图 8.30　选择菜单命令

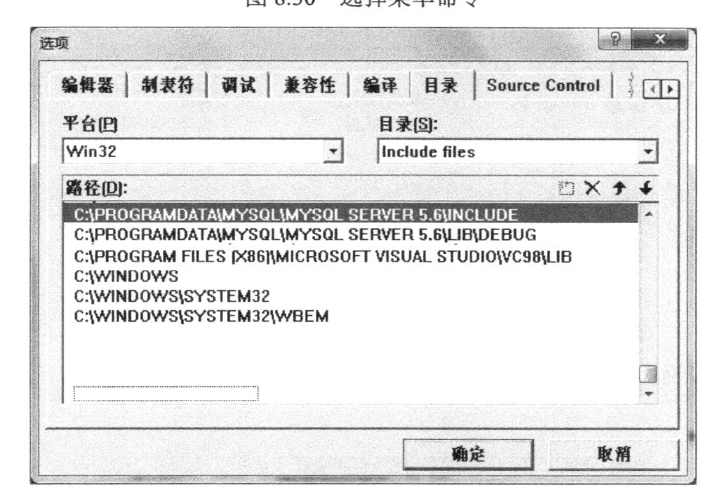

图 8.31　添加 mysql.h 文件

通过上述设置，编译器就可以知道MySQL的API接口中有哪些函数，以及函数的原型是怎样的。在编译时，所编写的程序已经能够通过编译（Compile）了。

（2）引入库函数。

经过第（1）步的设置，程序已经可以编译通过了，但是编译通过并不等于可以生成可执行文件，还需要告诉编译器这些API函数的可执行文件在哪个DLL文件（libmysql.dll）中。

在工程中选择“工具”→“选项”命令，将弹出“选项”对话框，在其中选择“目录”选项卡，在“目录”下拉列表框中选择Include files选项。添加本地安装的MySQL的Lib目录路径。默认的安装路径是C:\PROGRAMDATA\MYSQL\MYSQL SERVER 5.6\LIB\DEBUG。设置完成的效果如图8.32所示。

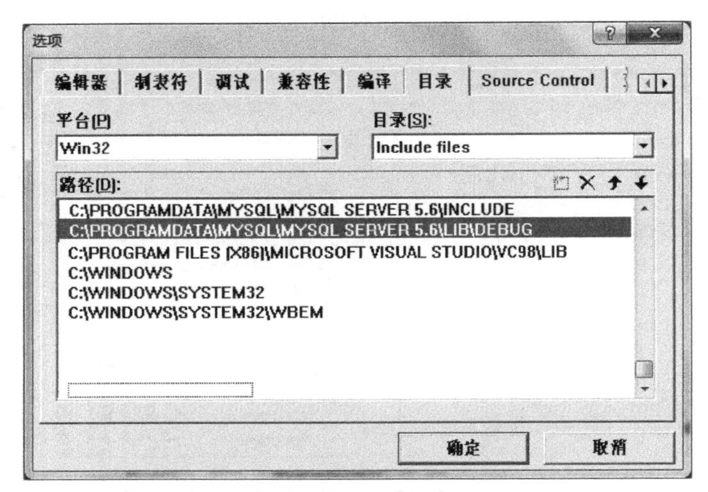

图8.32　引用库

单击“确定”按钮，关闭“选项”对话框。选择“工程”→“设置”菜单命令，如图8.33所示。

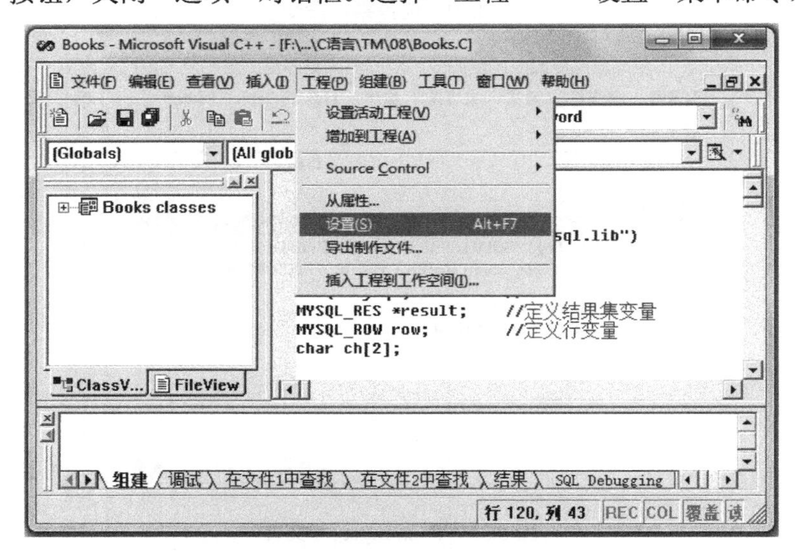

图8.33　选择“工程”→“设置”菜单命令

下面添加 libmysql.lib 到工程中。即选择“工程”→“设置”菜单命令，将弹出 Project Settings 对话框，在其中选择“连接”选项卡。在“对象/模块库”文本框末尾添加 libmysql.lib，如图 8.34 所示。

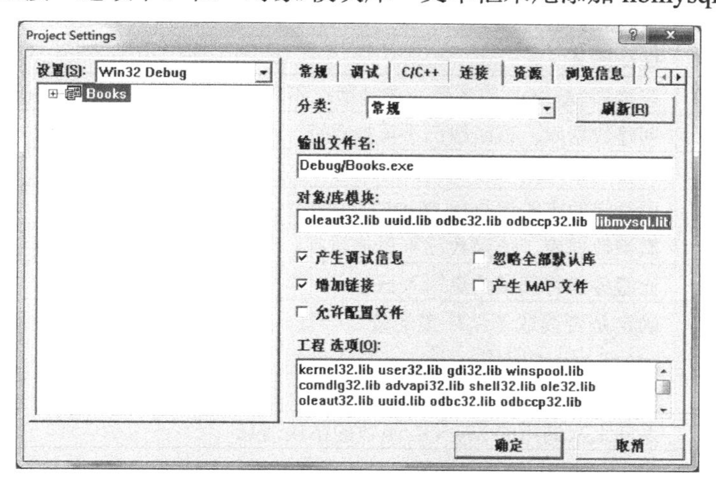

图 8.34　添加 libmysql.lib 到工程中

最好将 libmysql.lib 以及 libmysql.dll 文件复制到工程的目录下。

在程序中需要添加的代码如下：

```
#include <windows.h>
#include <mysql.h>
#pragma   comment(lib,"libmysql.lib")
```

（3）设置好环境以后，剩下的就是编写程序代码了，代码将在后面的部分进行详细介绍。

8.5　C 语言操作 MySQL 数据库

8.5.1　MySQL 常用数据库操作函数

MySQL 常用数据库操作函数如表 8.2 所示。

表 8.2　MySQL 常用数据库操作函数

函　　数	描　　述
mysql_affected_rows()	返回上次 UPDATE、DELETE 或 INSERT 查询更改/删除/插入的行数
mysql_autocommit()	切换 autocommit 模式，ON/OFF
mysql_change_user()	更改打开连接上的用户和数据库
mysql_charset_name()	返回用于连接的默认字符集的名称

续表

函　　数	描　　述
mysql_close()	关闭服务器连接
mysql_commit()	提交事务
mysql_connect()	连接到 MySQL 服务器。该函数已不再被重视，使用 mysql_real_connect()取代
mysql_create_db()	创建数据库。该函数已不再被重视，使用 SQL 语句 CREATE DATABASE 取代
mysql_data_seek()	在查询结果集中查找属性行编号
mysql_debug()	用给定的字符串执行 DEBUG_PUSH
mysql_drop_db()	撤销数据库。该函数已不再被重视，使用 SQL 语句 DROP DATABASE 取代
mysql_dump_debug_info()	让服务器将调试信息写入日志
mysql_eof()	确定是否读取了结果集的最后一行。该函数已不再被重视，可以使用 mysql_errno()或 mysql_error()取代
mysql_errno()	返回上次调用的 MySQL 函数的错误编号
mysql_error()	返回上次调用的 MySQL 函数的错误消息
mysql_escape_string()	为了在 SQL 语句中使用，对特殊字符进行转义处理
mysql_fetch_field()	返回下一个表字段的类型
mysql_fetch_field_direct()	给定字段编号，返回表字段的类型
mysql_fetch_fields()	返回所有字段结构的数组
mysql_fetch_lengths()	返回当前行中所有列的长度
mysql_fetch_row()	从结果集中获取下一行
mysql_field_seek()	将列光标置于指定的列
mysql_field_count()	返回上次执行语句的结果列的数目
mysql_field_tell()	返回上次 mysql_fetch_field()所使用字段光标的位置
mysql_free_result()	释放结果集使用的内存
mysql_get_client_info()	以字符串形式返回客户端版本信息
mysql_get_client_version()	以整数形式返回客户端版本信息
mysql_get_host_info()	返回描述连接的字符串
mysql_get_server_version()	以整数形式返回服务器的版本号
mysql_get_proto_info()	返回连接所使用的协议版本
mysql_get_server_info()	返回服务器的版本号
mysql_info()	返回关于最近所执行查询的信息
mysql_init()	获取或初始化 MySQL 结构
mysql_insert_id()	返回上一个查询为 AUTO_INCREMENT 列生成的 ID
mysql_kill()	杀死给定的线程
mysql_library_end()	最终确定 MySQL C API 库
mysql_library_init()	初始化 MySQL C API 库
mysql_list_dbs()	返回与简单正则表达式匹配的数据库名称
mysql_list_fields()	返回与简单正则表达式匹配的字段名称
mysql_list_processes()	返回当前服务器线程的列表
mysql_list_tables()	返回与简单正则表达式匹配的表名
mysql_more_results()	检查是否还存在其他结果

续表

函　　数	描　　述
mysql_next_result()	在多语句执行过程中返回/初始化下一个结果
mysql_num_fields()	返回结果集中的列数
mysql_num_rows()	返回结果集中的行数
mysql_options()	为 mysql_connect()设置连接选项
mysql_ping()	检查与服务器的连接是否工作，如有必要重新连接
mysql_query()	执行指定为"以 Null 终结的字符串"的 SQL 查询
mysql_real_connect()	连接到 MySQL 服务器
mysql_real_escape_string()	考虑到连接的当前字符集，为了在 SQL 语句中使用，对字符串中的特殊字符进行转义处理
mysql_real_query()	执行指定为计数字符串的 SQL 查询
mysql_refresh()	刷新或复位表和高速缓冲
mysql_reload()	通知服务器再次加载授权表
mysql_rollback()	回滚事务
mysql_row_seek()	使用从 mysql_row_tell()返回的值，查找结果集中的行偏移
mysql_row_tell()	返回行光标位置
mysql_select_db()	选择数据库
mysql_server_end()	最终确定嵌入式服务器库
mysql_server_init()	初始化嵌入式服务器库
mysql_set_server_option()	为连接设置选项（如多语句）
mysql_sqlstate()	返回关于上一个错误的 SQLSTATE 错误代码
mysql_shutdown()	关闭数据库服务器
mysql_stat()	以字符串形式返回服务器状态
mysql_store_result()	检索完整的结果集至客户端
mysql_thread_id()	返回当前线程 ID
mysql_thread_safe()	如果客户端已编译为线程安全的，返回 1
mysql_use_result()	初始化逐行的结果集检索
mysql_warning_count()	返回上一个 SQL 语句的警告数

8.5.2　连接 MySQL 数据库

MySQL 提供的 mysql_real_connect()函数用于数据库连接，其语法形式如下：

```
MYSQL * mysql_real_connect(MYSQL * connection,
                           const char * server_host,
                           const char * sql_user_name,
                           const char * sql_password,
                           const char *db_name,
                           unsigned int port_number,
```

```
                    const char * unix_socket_name,
                    unsigned int flags
        );
```

参数说明如表 8.3 所示。

表 8.3　mysql_real_connect()函数的参数说明

参　数	描　述
connection	必须是已经初始化的连接句柄结构
server_host	可以是主机名，也可以是 IP 地址，如果仅连接到本机，可以使用 localhost 来优化连接类型
sql_user_name	MySQL 数据库的用户名，默认情况下是 root
sql_password	root 账户的密码，默认情况下是没有密码的，即为 NULL
db_name	要连接的数据库，如果为空，则连接到默认的数据库 test 中
port_number	经常被设置为 0
unix_socket_name	经常被设置为 NULL
flags	经常被设置为 0

mysql_real_connect()函数在本程序中应用的代码如下：

```
/*连接数据库*/
MYSQL mysql;
if(!mysql_real_connect(&mysql,"localhost","root","root","db_books",0,NULL,0))
{
    printf("\n\t Can not connect db_books!\n");
}
else
{
    /*数据库连接成功*/
}
```

在上述代码的链接操作中，&mysql 是一个初始化连接句柄；localhost 是本机名；root 是 MySQL 数据库的账户；root 是 root 账户的密码；db_books 是要连接的数据库，其他参数均为默认设置。

8.5.3　查询图书表记录

1．mysql_query()函数

MySQL 提供的 mysql_query()函数用于执行 SQL 语句，执行指定为“以 Null 终结的字符串”的 SQL 查询。

2．SELECT 子句

SELECT 子句是 SQL 的核心，在 SQL 语句中用得最多的就是它，主要用于查询数据库并检索与指

定内容相匹配的数据。

SELECT 子句的语法格式如下：

```
SELECT [DISTINCT|UNIQUE](*,columnname[AS alias],...)
FROM tablename
[WHERE condition]
[GROUP BY group_by_list]
[HAVING search_conditions]
[ORDER BY columnname[ASC | DESC]]
```

参数说明如下：

- ☑ [DISTINCT|UNIQUE]：可删除查询结构中的重复列表。
- ☑ columnname：该参数为所要查询的字段名称，[AS alias]子句为查询字段的别名；“*”表示查询所有字段。
- ☑ FROM tablename：该参数用于指定检索数据的数据源表的列表。
- ☑ [WHERE condition]：该子句是一个或多个筛选条件的组合，这个筛选条件的组合将使得只有满足该条件的记录才能被这个 SELECT 语句检索出来。
- ☑ [GROUP BY group_by_list]：GROUP BY 子句将根据参数 group_by_list 提供的字段将结果集分成组。
- ☑ [HAVING search_conditions]：HAVING 子句是应用于结果集的附加筛选。
- ☑ [ORDER BY columnname[ASC | DESC]]：ORDER BY 子句用来定义结果集中的记录排行的顺序。

由上面的 SELECT 语句的结构可知，SELECT 语句包含很多子句。执行 SELECT 语句时，DBMS 的执行步骤如下：

（1）执行 FROM 子句，根据 FROM 子句中的表创建工作表，如果 FROM 子句中的表超过两张，DBMS 会对这些表进行交叉连接。

（2）如果 SELECT 语句后有 WHERE 语句，DBMS 会将 WHERE 列出的查询条件作用在由 FROM 子句生成的工作表。DBMS 会保存满足条件的记录，删除不满足条件的记录。

（3）如果有 GROUP BY 子句，DBMS 会将查询结果生成的工作表进行分组。每个组中都要满足 group_by_list 字段具有相同的值。DBMS 将分组后的结果重新返回到工作表中。

（4）如果有 HAVING 字段，DBMS 将执行 GROUP BY 子句后的结果进行搜索，保留符合条件的记录，删除不符合条件的记录。

（5）在 SELECT 子句的结果表中，删除不在 SELECT 子句后面的列，如果 SELECT 子句后包含 UNIQUE 关键字，DBMS 将删除重复的行。

（6）如果包含 ORDER BY 子句，DBMS 会将查询结果按照指定的表达式进行排序。

对于嵌入式 SQL，使用游标将查询结果传递给宿主程序中。

（1）查询所有记录

利用 SELECT 子句获得数据表中所有列和所有行，也就是说，原表和结果表是相同的。SELECT* 是可以编写的最简单的 SQL 语句。SELECT 子句和 FROM 子句在任何 SQL 语句中都是必需的。所有其他子句的使用则是任意的。使用 SELECT *可以按照表格中显示所有这些列的顺序显示它们，“*”代表数据表中的所有字段。

例如，下面的代码实现在 tb_book 数据表中查询所有记录：

```
/*数据库连接成功*/
if(mysql_query(&mysql,"select * from tb_book"))
{    /*如果查询失败*/
     printf("\n\t Query tb_book failed !\n");
}
else
{
     /*查询成功*/
}
```

（2）查询指定条件的记录

查询指定条件的记录就是条件查询。“条件”指定了必须存在什么或必须满足什么要求。数据库搜索每一个记录以确定条件是否为 TRUE。如果记录满足指定的条件，那么查询结果就将返回它。WHERE 子句的条件部分语法如下：

```
WHERE<search_condition>
```

其中，search_condition 为查询条件。对于简单的检索来说，WHERE 子句使用如下格式：

```
<column name><comparison operator><another named column or a value>
```

本实例查询的是学号为 ID001 的学生信息，WHERE 子句为：

```
where 学号='ID001'
```

where 是关键字，“学号”为检索的列的名称，比较运算符“=”表示它必须包含所指定的那个值，而指定的值就是 ID001。要注意在使用串文字值作为搜索条件时，这个值必须包括在单引号中，结果就会像单引号中列出的那样准确解释这个值。相反，如果目标字段只包括数字，则不需要使用单引号。当然使用单引号也不会出现错误。

如果本实例的查询条件为“年龄=13”，在一般情况下数据表中存储的年龄信息都为数字，可以使用指定数值的检索条件来搜索这个字段，不需要使用单引号。但是如果表中包含了一个字母的记录，则查询结果会返回一条错误信息。因此，只要不是将列定义为数字字段，那么总是应该使用单引号。

例如，下面的代码即为查询 tb_book 数据表中编号为 2 的图书记录：

```
if(mysql_query(&mysql," select * from tb_book where id= 2"))
{    /*如果查询失败*/
     printf("\n Query tb_book failed!\n");
}
else
{
```

```
    /*查询成功获得结果集*/
}
```

8.5.4 插入图书表记录

插入图书记录同样是使用 mysql_query()函数和 INSERT INTO 语句来实现的。mysql_query()函数在 8.5.3 节中已经做了详细介绍，这里不再过多介绍，本节仅介绍 INSERT INTO 语句。

INSERT INTO 语句用于向数据库中插入数据，其语法格式如下：

```
INSERT INTO <table name> VALUES ([column value],…,[last column value])
```

☑ <table name>：指出插入记录的表名。

☑ ([column value],…,[last column value])：指出插入的记录。

说明 插入记录应遵循的规则

（1）插入的数据类型应与被加入列的数据类型对应相同或者系统可以自动转换。

（2）添加的数据大小必须在列规定的范围内，例如，定义一个列的数据类型为 10 个字符的字符串，就不能将一个长度为 20 的字符串插入该列中。

例如，在本程序向数据库中插入记录，通过 INSERT INTO 语句对图书信息表中每个字段实现插入的关键代码如下：

```
sql="insert into tb_book (ID,bookname,author,bookconcern) values(";
strcat(dest,sql);
strcat(dest,"'");
strcat(dest,id);
strcat(dest,"', '");
strcat(dest,bookname);                                    /*将图书编号追加到 SQL 语句后面*/
printf("\t Author:");
scanf("%s",&author);                                      /*输入作者*/
strcat(dest,"', '");
strcat(dest,author);
printf("\t Bookconcern:");
scanf("%s",&bookconcern);                                 /*输入出版社*/
strcat(dest,"', '");
strcat(dest,bookconcern);
strcat(dest,"')");
if ( mysql_query(&mysql,dest)!=0)
{
    fprintf(stderr,"\t Can not insert record!",mysql_error(&mysql));
```

```
}
else
{
    printf("\t Insert success!\n");
 }
```

8.5.5 修改图书表记录

修改图书表记录是通过 mysql_query()函数和 UPDATE 语句实现的。通过 UPDATE 语句可以实现更改一列数据的功能。UPDATE 语句的语法格式如下：

```
UPDATE
{<table name | view name>}
SET
{    <column name>=<expression>|DEFAULT|NULL
     [...,<last column name>=<last expression>]
     [WHERE <search condition>]
}
```

- ☑ table name：需要更新的表的名称。如果该表不在当前服务器或数据库中，或不为当前用户所有，这个名称可用链接服务器、数据库和所有者名称来限定。
- ☑ view name：要更新的视图的名称。通过 view_name 来引用的视图必须是可更新的。
- ☑ column name：含有要更改数据的列的名称。column_name 必须驻留于 UPDATE 子句中所指定的表或视图中。标识列不能进行更新。如果指定了限定的列名称，限定符必须同 UPDATE 子句中的表或视图的名称相匹配。例如，下面的内容有效：

```
UPDATE authors
    SET authors.au_fname = 'Annie'
    WHERE au_fname = 'Anne'
```

- ☑ expression：变量、字面值、表达式或加上括号的返回单个值的 subSELECT 语句。expression 返回的值将替换 column_name 或@variable 中的现有值。
- ☑ DEFAULT：指定使用对列定义的默认值替换列中的现有值。如果该列没有默认值并且定义为允许空值，这也可用来将列更改为 NULL。

```
printf("\t BookName:");
scanf("%s",&bookname);                                    /*输入图书名*/
sql = "update tb_book set bookname= '";
strcat(dest1,sql);
strcat(dest1,bookname);
printf("\t Author:");
```

```
scanf("%s",&author);                                    /*输入作者*/
strcat(dest1,"', author= '");
strcat(dest1,author);                                   /*追加 SQL 语句*/
printf("\t Bookconcern:");
scanf("%s",&bookconcern);                               /*输入图书单价*/
strcat(dest1,"', bookconcern = '");
strcat(dest1,bookconcern);                              /*追加 SQL 语句*/
strcat(dest1,"' where id= ");
strcat(dest1,id);
if(mysql_query(&mysql,dest1)!=0)
{
    fprintf(stderr,"\t Can not modify record!\n",mysql_error(&mysql));
}
    else
{
    printf("\t Modify success!\n");
}
```

8.5.6　删除图书表记录

删除图书表中的记录是通过使用 mysql_query()函数和 DELETE 语句来实现的。可以在 DELETE 语句的 WHERE 条件中指定要删除某条图书信息的条件，即可实现删除单条记录的功能。

DELETE 语句的语法格式如下：

```
DELETE from <table name>
[WHERE <search condition>]
```

<search condition>：指定删除行的限定条件。在这里按条件查询的结果只可以是一条记录。

例如，tb_Student 表中“学号”列的值唯一，删除“学号”为“001108”的记录的代码如下：

```
USE DB_SQL
DELETE FROM tb_Student
WHERE  学号  = '001108'
```

例如，在本程序中用于实现删除数据库中数据的代码如下：

```
scanf("%s",id);                                         /*输入图书编号*/
sql = "select * from tb_book where id=";
strcat(dest,sql);
strcat(dest,id);                                        /*将图书编号追加到 SQL 语句后面*/
sql = "delete from tb_book where ID= ";
```

```
printf("%s",dest1);
strcat(dest1,sql);
strcat(dest1,id);
if(mysql_query(&mysql,dest1)!=0)
{
    fprintf(stderr,"\t Can not delete \n",mysql_error(&mysql));
}
else
{
    printf("\t Delete success!\n");
}
```

8.6 文件引用

在图书信息管理系统中需要引用一些头文件，这些头文件可以帮助程序更好地运行。头文件的引用是通过#include 命令来实现的，下面即为本程序中所引用的头文件：

```
#include <stdio.h>                              /*输入/输出函数*/
#include <windows.h>                            /*包含了其他 Windows 头文件*/
#include <mysql.h>                              /*MySQL 数据库头文件*/
#pragma   comment(lib,"libmysql.lib")           /*引用 libmysql.lib 库*/
```

技巧 windows.h 头文件

windows.h 头文件包含了其他 Windows 头文件，这些头文件的某些文件也包含了其他头文件，这些头文件中最重要和最基本的有：

WINDEF.H	基本形态定义
WINNT.H	支持 Unicode 的形态定义
WINBASE.H	Kernel 函数
WINUSER.H	使用者界面函数
WINGDI.H	图形装置界面函数

这些头文件定义了 Windows 的所有资料形态、函数调用、资料结构和常数识别字，它们是 Windows 文件中一个重要的组成部分。

在本程序中，windows.h 头文件是为了 mysql.h 头文件服务的，而且该头文件必须写在 mysql.h 头文件的前面，否则会出现如图 8.35 所示的错误信息。

```
d:\program files\microsoft visual studio\vc98\include\mysql.h(420) : error C2143: syntax erro
d:\program files\microsoft visual studio\vc98\include\mysql.h(420) : error C2059: syntax erro
d:\program files\microsoft visual studio\vc98\include\mysql.h(421) : error C2143: syntax erro
d:\program files\microsoft visual studio\vc98\include\mysql.h(421) : error C2143: syntax erro
d:\program files\microsoft visual studio\vc98\include\mysql.h(421) : error C2059: syntax erro
d:\program files\microsoft visual studio\vc98\include\mysql.h(422) : error C2143: syntax erro
d:\program files\microsoft visual studio\vc98\include\mysql.h(422) : fatal error C1003: error
Error executing cl.exe.

Books.obj - 102 error(s), 1 warning(s)
```

图 8.35　错误信息

8.7　变量和函数定义

视频讲解

在编写程序之前需要首先声明一些变量，这些变量都是在程序中进行数据库操作时需要用到的变量，声明形式如下：

```
/*定义数据库相关操作变量*/
MYSQL mysql;                          /*定义 mysql 对象*/
MYSQL_RES *result;                    /*定义结果集变量*/
MYSQL_ROW row;                        /*定义行变量*/
char ch[2];                           /*定义字符变量*/
```

在本程序中使用了几个自定义的函数，这些函数的功能及声明形式如下：

```
void ShowAll();                       /*显示所有的图书信息*/
void AddBook();                       /*添加图书信息*/
void ModifyBook();                    /*修改图书信息*/
void DeleteBook();                    /*删除图书信息*/
void QueryBook();                     /*查询图书信息*/
```

8.8　主要功能模块设计

视频讲解

8.8.1　显示主菜单信息

程序运行起来，首先进入主功能菜单的选择界面，在这里展示了程序中的所有功能，以及如何调用相应的功能等，用户可以根据需要输入想要执行的功能，然后进入子功能中去，运行效果如图 8.36 所示。

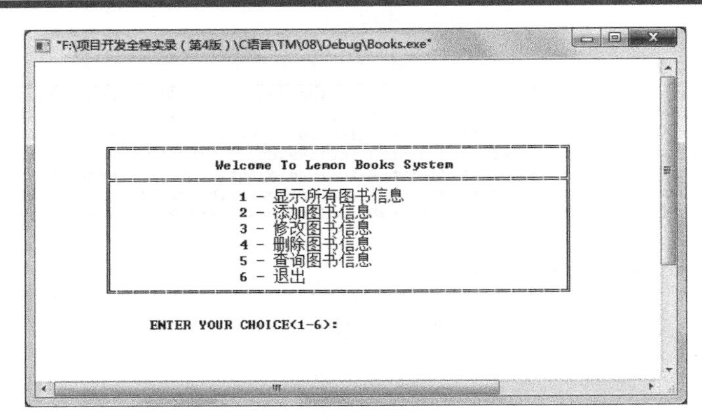

图 8.36　显示主菜单信息

图 8.36 中的界面效果是通过在 main()函数中调用自定义过程 showmenu()函数实现的，在这个函数中主要使用了 printf()函数在控制台输出文字和特殊的符号。

程序代码如下：

```
void showmenu()
{
    system("cls");                                          /*清屏*/
    printf("\n\n\n\n\n");
    printf("\t┌────────────────────────────────────────┐\n");
    printf("\t│        Welcome To Lemon Books System   │\n");
    printf("\t├────────────────────────────────────────┤\n");
    printf("\t│\t 1 - 显示所有图书信息                  │\n");
    printf("\t│\t 2 - 添加图书信息                      │\n");
    printf("\t│\t 3 - 修改图书信息                      │\n");
    printf("\t│\t 4 - 删除图书信息                      │\n");
    printf("\t│\t 5 - 查询图书信息                      │\n");
    printf("\t│\t 6 - 退出                              │\n");
    printf("\t└────────────────────────────────────────┘\n");
    printf("\n              ENTER YOUR CHOICE(1-6):");
}
```

showmenu()函数必须在被调用时才能执行，在本程序中，showmenu()函数的调用是在主函数 main()中实现的。

在 main()函数中，首先调用 showmenu()函数来显示主功能菜单，然后根据用户输入的数字执行相应的操作。在 main()函数中使用了 while 语句，用于判断输入的 n 值，然后使用 switch 语句根据不同的 n 值执行不同的操作。本程序中不同数字代表的功能如表 8.4 所示。

表 8.4　主菜单中的各个数字所表示的功能

编　　号	功　　能	编　　号	功　　能
1	显示所有的记录信息	2	添加图书信息

续表

编　　号	功　　能	编　　号	功　　能
3	修改图书信息	5	查询图书信息
4	删除图书信息	6	退出

main()函数的程序代码如下：

```
int main()                                      /*显示主菜单*/
{
    int n ;                                     /*定义变量存储用户输入的编号*/
    mysql_init(&mysql);                         /*初始化 mysql 结构*/
    showmenu();                                 /*显示菜单*/
    scanf("%d",&n);                             /*输入选择功能的编号*/
    while(n)
    {
        switch(n){
        case 1: ShowAll();                      /*调用显示所有图书数据的过程*/
            break;
        case 2:AddBook();                       /*添加图书信息*/
            break;
        case 3:ModifyBook();                    /*修改图书信息*/
            break;
        case 4:DeleteBook();                    /*删除图书信息*/
            break;
        case 5:QueryBook();                     /*查询图书信息*/
            break;
        case 6:exit(0);                         /*退出*/
        default:break;
        }
        scanf("%d",&n);
    }
}
```

8.8.2　显示所有图书信息

在主菜单中选择功能菜单“1”，然后按 Enter 键即可显示出当前数据库中所有的图书记录信息，如图 8.37 所示。

要想显示图书表中所有的图书信息，首先需要连接到数据库中。如果数据库连接成功，就继续查询数据表；如果数据库连接不成功，则结束过程。

如果查询数据表成功，则判断结果集是否为空；如果查询数据表失败，则提示查询错误结束过程。

如果查询得到的结果集为空，则提示没有找到数据，结束过程，否则，显示查询结果数据。

显示所有图书信息的流程如图 8.38 所示。

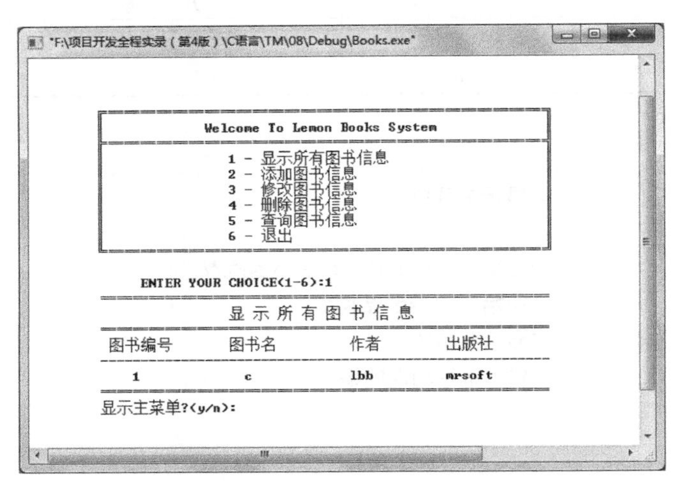

图 8.37　显示图书信息

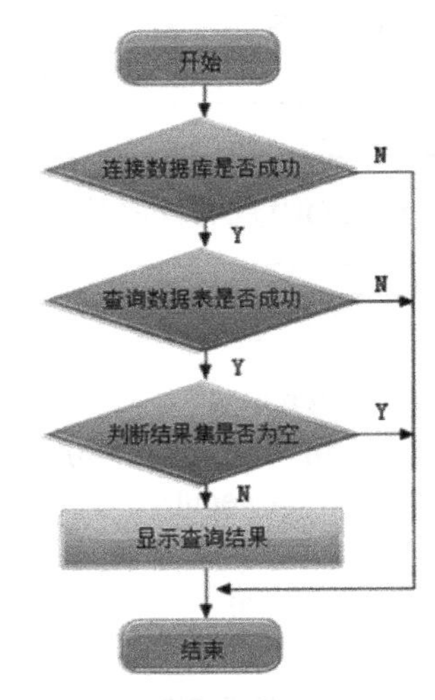

图 8.38　显示所有图书信息的流程

程序代码如下：

```
void ShowAll()                                    /*调用显示所有图书数据的过程*/
{
    /*连接数据库*/
    if(!mysql_real_connect(&mysql,"localhost","root","123","db_books",0,NULL,0))
    {
        printf("\n\t 不能连接数据库!\n");
    }
    else
    {
        /*数据库连接成功*/
        if(mysql_query(&mysql,"select * from tb_book"))
        {   /*如果查询失败*/
            printf("\n\t 查询 tb_book 数据表失败 !\n");
        }
        else
        {
            result=mysql_store_result(&mysql);            /*获得结果集*/
            if(mysql_num_rows(result)!=NULL)
            {  /*有记录的情况，只有有记录取数据才有意义*/
                printf("\t ══════════════════════════════════ \n");
                printf("\t              显 示 所 有 图 书 信 息              \n");
                printf("\t ══════════════════════════════════ \n");
                printf("\t 图书编号       图书名        作者        出版社       \n");
                printf("\t -------------------------------------------------- \n");
```

```
                while((row=mysql_fetch_row(result)))          /*取出结果集中记录*/
                {   /*输出这行记录*/
                    fprintf(stdout,"\t    %s        %s          %s            %s    \n",row[0],row[1],row[2],row[3]);
                }
                printf("\t ———————————————————————————————————————— \n");
            }
            else
            {
                printf("\n\t 没有记录信息 !\n");
            }
            mysql_free_result(result);                        /*释放结果集*/
        }
        mysql_close(&mysql);                                  /*释放连接*/
    }
    inquire();                                                /*询问是否显示主菜单*/
}
```

在上述代码中使用到了自定义函数 inquire()，用于在程序执行完毕以后询问用户是否返回到主程序菜单中。用户如果要想显示主菜单，就输入“y”或者“Y”，否则就结束程序的执行，程序的执行流程如图 8.39 所示。

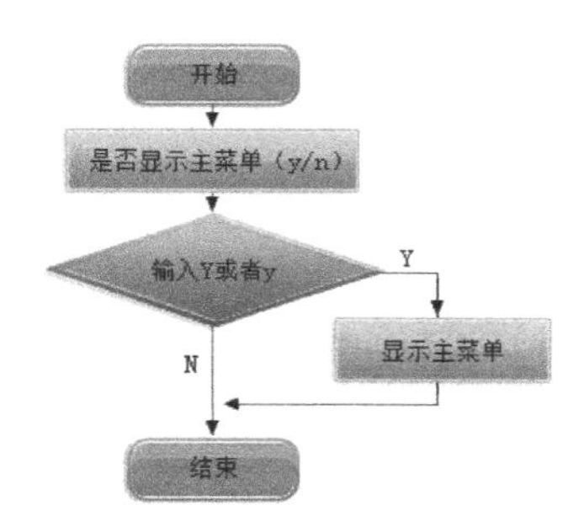

图 8.39　inquire()函数的执行流程

程序代码如下：

```
void inquire()                                                /*询问用户是否显示主菜单*/
{
    printf("\t 显示主菜单?(y/n):");
    scanf("%s",ch);
    if(strcmp(ch,"Y")==0||strcmp(ch,"y")==0)                  /*判断是否要显示查找到的信息*/
    {
        showmenu();                                           /*显示菜单*/
    }
    else
    {
```

```
            exit(0);
        }
}
```

8.8.3　添加图书信息

在主功能菜单中输入编码“2”就可以进入添加图书信息的模块中，进入添加图书模块中首先会弹出添加图书的表头，并提示用户输入ID，即图书的编号，程序的运行效果如图8.40所示。

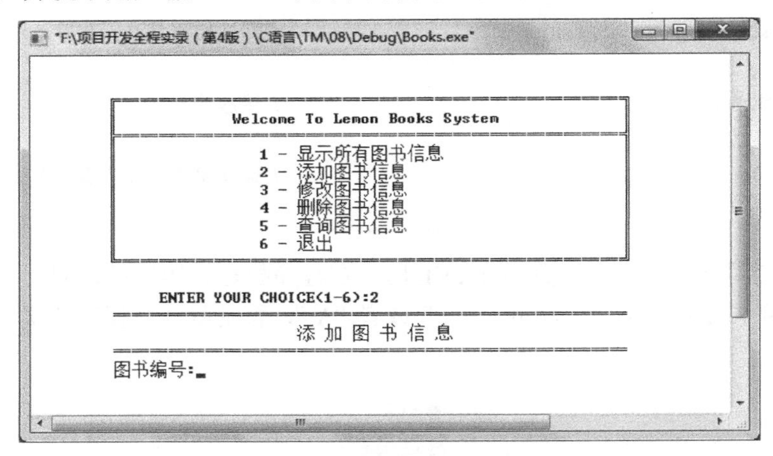

图8.40　添加图书信息

实现上述功能的代码如下：

```
/*数据库连接成功，插入数据*/
printf("\t ——————————————————————————— \n");
printf("\t                添 加 图 书 信 息                  \n");
printf("\t ——————————————————————————— \n");
if(mysql_query(&mysql,"select * from tb_book"))
{   /*如果查询失败*/
    printf("\n\t 查询 tb_book 数据表失败!\n");
}
else
{
    result=mysql_store_result(&mysql);                  /*获得结果集*/
    rowcount=mysql_num_rows(result) ;                   /*获得行数*/
    row=mysql_fetch_row(result);                        /*获取结果集的行*/
    printf("\t ID:");
    scanf("%s",id);                                     /*输入图书编号*/
}
```

注意　上述代码为截取代码，并不是完整代码。

接着输入图书的编号、图书名、作者、出版社，如果插入成功，则提示插入成功的提示信息。程序的执行效果如图 8.41 所示。

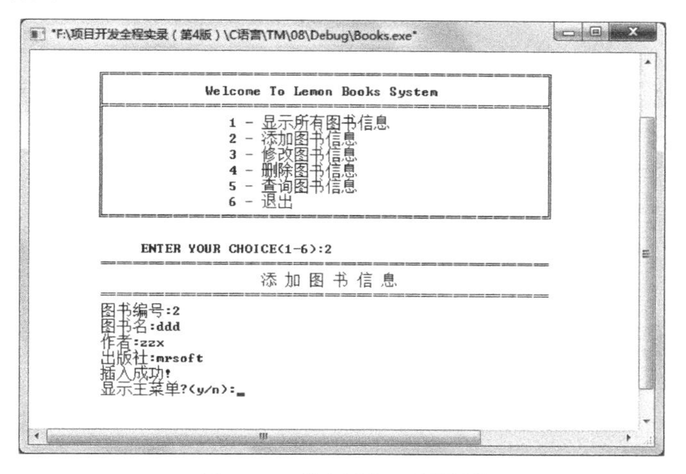

图 8.41　成功插入一条数据

添加成功以后，返回到主菜单，可以通过功能菜单“1”显示所有的图书信息，可以看到新添加的图书记录，如图 8.42 所示。

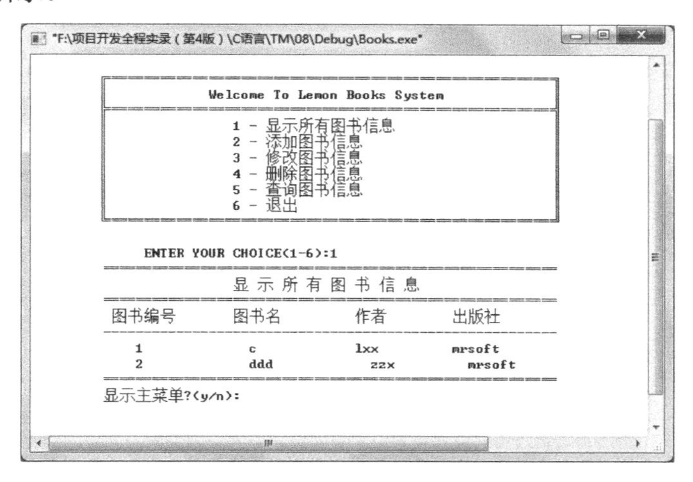

图 8.42　显示新添加的图书信息

在实现数据添加操作时首先会判断用户输入的编号在数据库中是否存在（判断的方法将在后面进行介绍），如果不存在相同的记录，则可以继续输入数据。在数据的添加过程中，每添加一个字段就将其追加到插入操作的 SQL 语句的末尾，这里使用的是 strcat()函数。最后执行 SQL 语句向数据库中插入数据。

程序代码如下：

```
printf("\t 图书名:");
scanf("%s",&bookname);                                         /*输入图书名*/
sql="insert into tb_book (ID,bookname,author,bookconcern) values(";
strcat(dest,sql);
strcat(dest,"'");
strcat(dest,id);
strcat(dest,"', '");
strcat(dest,bookname);                                         /*将图书编号追加到 SQL 语句后面*/
printf("\t Author:");
scanf("%s",&author);                                           /*输入作者*/
strcat(dest,"', '");
strcat(dest,author);
printf("\t 出版社:");
scanf("%s",&bookconcern);                                      /*输入出版社*/
strcat(dest,"', '");
strcat(dest,bookconcern);
strcat(dest,"')");
if ( mysql_query(&mysql,dest)!=0)
    fprintf(stderr," 不能插入记录!",mysql_error(&mysql));
else
    printf("\t 插入成功!\n");                                  /*插入成功*/
```

如果用户输入的编号在数据库中已经存在，程序会提示用户该记录已经存在，按任意键继续，然后返回到主功能菜单，用户可以显示所有的记录，以查看哪些记录编号没有被使用，程序执行效果如图 8.43 所示。

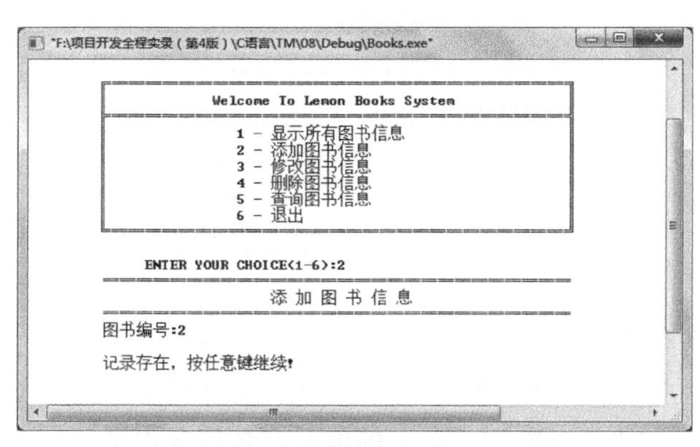

图 8.43　存在相同的记录编号

在实现上述功能时，首先判断数据表中是否存在数据，如果数据表不为空，那么判断当前输入的编号在数据库中是否存在。如果存在，则提示已经存在该记录，并退出插入操作。

在判断数据库中是否存在相同编号的记录时，使用循环语句遍历数据集中的所有记录，并取出 ID 字段与当前输入的 ID 相比较，如果相同则退出，否则继续。

在比较的过程中有一点需要注意，在循环的过程中使用的是 do-while 循环，这样循环会先执行一次，如果使用 while 循环，会将第一条记录忽略。

说明 do-while 和 while 的区别

while 语句和 do-while 语句类似，都是要判断循环条件是否为真，如果为真则执行循环体，否则退出循环。while 语句和 do-while 语句的区别在于 do-while 语句是先执行一次循环体，然后再判断。因此，do-while 语句至少要执行一次循环体。而 while 是先判断、后执行，如果条件不成立、不满足，则一次循环体也不执行。

执行比较操作的程序代码如下：

```
if(mysql_num_rows(result)!=NULL)
{      /*判断输入的编号是否存在*/
    do{    /*存在相同编号*/
        if(!strcmp(id,row[0]))
        {    printf("\n\t 记录存在，按任意键继续!\n");
            getch();
            mysql_free_result(result);                    /*释放结果集*/
            mysql_close(&mysql);                          /*释放连接*/
            inquire();                                    /*询问是否显示主菜单*/
            return;
        }
    }while(row=mysql_fetch_row(result));
}
```

添加图书信息的程序执行流程如图 8.44 所示。

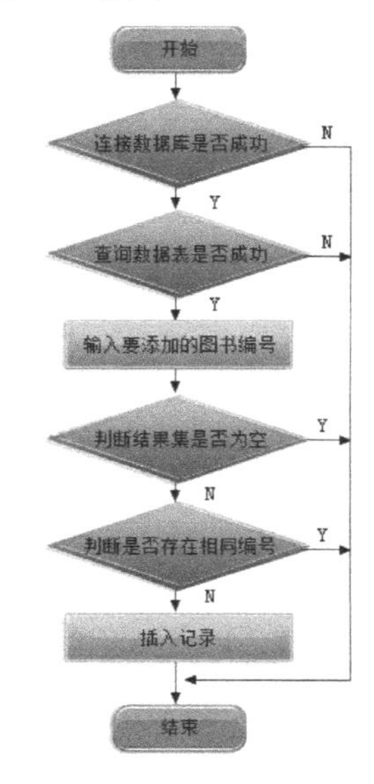

图 8.44　添加图书信息的流程

根据上述流程图，下面给出图书信息添加操作的完整代码：

```
void AddBook()                                          /*添加图书信息*/
{
    int rowcount;                                       /*结果集中的行数*/
    char id[10];                                        /*编号*/
    char *bookname;
    char *author;
    char *bookconcern;
    char *sql;
    char dest[100] ={"  "};
    /*连接数据库*/
    if(!mysql_real_connect(&mysql,"localhost","root","123","db_books",0,NULL,0))
        printf("\n\t Can not connect db_books!\n");
    else
    { /*数据库连接成功，插入数据*/
        printf("\t ────────────────────────────────── \n");
        printf("\t                 添 加 图 书 信 息                 \n");
        printf("\t ────────────────────────────────── \n");
        if(mysql_query(&mysql,"select * from tb_book"))     /*如果查询失败*/
            printf("\n\t 查询 tb_book 数据表失败!\n");
        else
        {
            result=mysql_store_result(&mysql);              /*获得结果集*/
            rowcount=mysql_num_rows(result) ;               /*获得行数*/
            row=mysql_fetch_row(result);                    /*获取结果集的行*/
            printf("\t ID:");
            scanf("%s",id);                                 /*输入图书编号*/
            if(mysql_num_rows(result)!=NULL)
            {
                /*判断输入的编号是否存在*/
                do
                {   /*存在相同编号*/
                    if(!strcmp(id,row[0]))
                    {
                        printf("\t 记录存在，按任意键继续!");
                        getch();
                        mysql_free_result(result);          /*释放结果集*/
                        mysql_close(&mysql);                /*释放连接*/
                        return;
                    }
```

```
                }while(row=mysql_fetch_row(result));
            }
            /*不存在相同的编号*/
            printf("\t 图书名:");
            scanf("%s",&bookname);                          /*输入图书名*/
            sql="insert into tb_book (ID,bookname,author,bookconcern) values(";
            strcat(dest,sql);
            strcat(dest,"'");
            strcat(dest,id);
            strcat(dest,"', '");
            strcat(dest,bookname);                          /*将图书编号追加到 SQL 语句后面*/
            printf("\t 作者:");
            scanf("%s",&author);                            /*输入作者*/
            strcat(dest,"', '");
            strcat(dest,author);
            printf("\t 出版社:");
            scanf("%s",&bookconcern);                       /*输入出版社*/
            strcat(dest,"', '");
            strcat(dest,bookconcern);
            strcat(dest,"')");
            printf("%s",dest);
            if ( mysql_query(&mysql,dest)!=0)
                fprintf(stderr," 不能插入记录!",mysql_error(&mysql));
            else
                printf("\t 插入成功!\n");
            mysql_free_result(result);                      /*释放结果集*/
        }
        mysql_close(&mysql);                                /*释放连接*/
    }
    inquire();                                              /*询问是否显示主菜单*/
}
```

8.8.4　修改图书信息

在程序的使用过程中，如果发现某些记录有错误，可以通过修改图书信息模块来修改，在主功能菜单中选择功能编号“3”，即可进入修改图书信息功能模块中。进入以后，程序会提示输入要修改的图书记录的编号。例如，输入“9”，然后按 Enter 键，程序会判断该记录是否存在，如果不存在，则提示没有找到，说明在数据库中不存在用户输入的编号的记录信息，如图 8.45 所示。

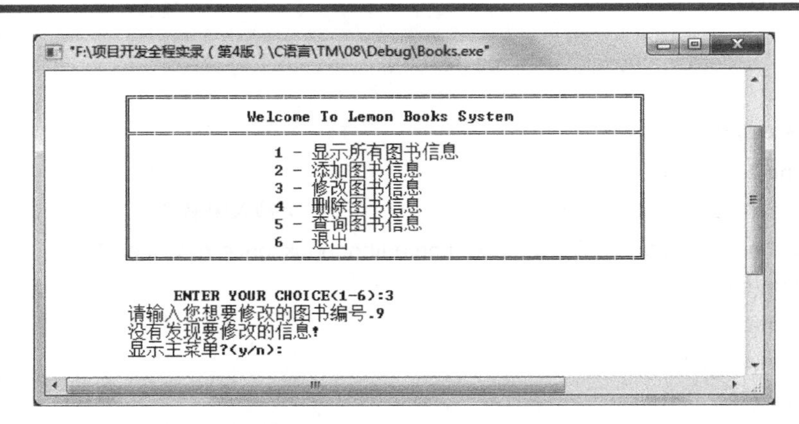

图 8.45　没有找到用户要修改的记录

上述功能是通过执行 SQL 语句实现的，当用户输入要修改图书的编号以后，程序将这个编号追加到 SQL 语句中，然后利用 mysql_query()函数执行 SQL 语句，并判断结果集是否为空，如果结果集为空，则说明数据库中没有用户需要的图书记录，否则，如果结果集不为空，则进行修改。

没有查询到相应图书记录的程序代码如下：

```
printf("\t 请输入您想要修改的图书编号.");
scanf("%s",id);                                    /*输入图书编号*/
sql = "select * from tb_book where id=";
strcat(dest,sql);
strcat(dest,id);                                   /*将图书编号追加到 SQL 语句后面*/
if(mysql_query(&mysql,dest))                       /*查询该图书信息是否存在*/
    printf("\n   查询 tb_book 数据表失败! \n");      /*如果查询失败*/
else
{
    result=mysql_store_result(&mysql);             /*获得结果集*/
    if(mysql_num_rows(result)!=NULL)
    {
        /*此处省略若干代码*/
    }
    else
        printf("\t 没有发现要修改的信息!\n");
}
```

如果输入的编号在数据库中没有，用户可以通过功能菜单“1”来显示数据库中的所有数据，显示方法在 8.8.2 节中已经介绍过了。

在查看数据库中的信息时，发现编号为 2 的记录中，书名为 dxd，在录入时写成了 ddd，需要对该记录进行修改，如图 8.46 所示。

返回到主菜单，进入修改图书功能模块，输入要修改的图书的编号“2”，按 Enter 键之后，程序会查询数据库，如果查询到相应编号的记录，则提示用户已经找到，是否显示该数据，如果输入“y”或者“Y”，即可显示出该记录数据，如图 8.47 所示。

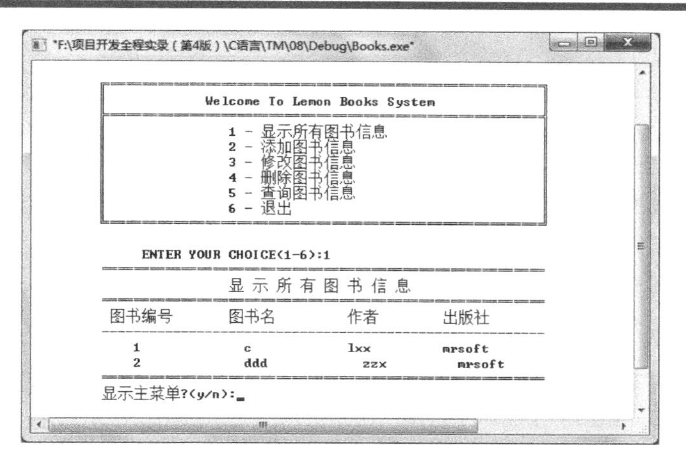

图 8.46　查看数据库中要修改的数据

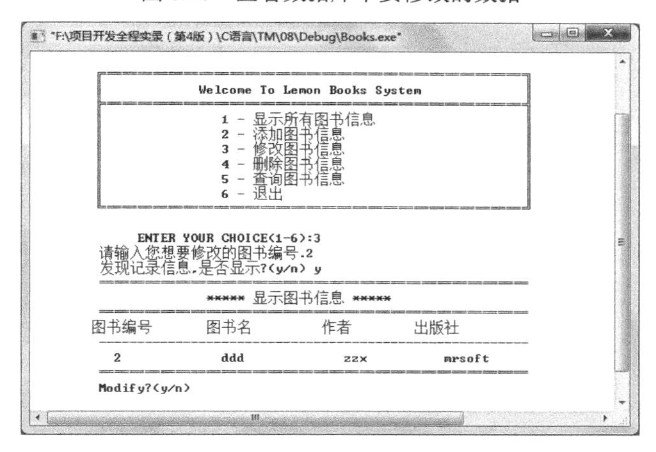

图 8.47　显示要修改的记录

显示要修改记录的程序代码如下：

```
printf("\t 发现记录信息,是否显示?(y/n) ");
scanf("%s",ch);
if(strcmp(ch,"Y")==0||strcmp(ch,"y")==0)                /*判断是否要显示查找到的信息*/
{    printf("\t ————————————————————————————————— \n");
     printf("\t              ***** 显示图书信息 *****               \n");
     printf("\t ————————————————————————————————— \n");
     printf("\t 图书编号        图书名          作者          出版社        \n");
     printf("\t -------------------------------------------------------- \n");
     while((row=mysql_fetch_row(result)))               /*取出结果集中记录*/
          fprintf(stdout,"\t    %s        %s          %s            %s    \n",row[0],row[1],row[2],row[3]);
     printf("\t ————————————————————————————————— \n");
}
printf("\t Modify?(y/n)");
scanf("%s",ch);
```

说明　如果不想显示要查询的图书信息，可以输入n或N，跳过上述代码段中的if语句，直接输出是否修改的提示信息。

在程序提示是否修改时，输入“y”，进入修改状态，根据程序的提示，逐一输入要修改的信息，输入完成以后，程序提示修改成功，如图8.48所示。

修改完成以后，返回到主功能菜单，显示所有的数据，在所有的图书信息中可以看到已经修改完成的数据信息，如图8.49所示。

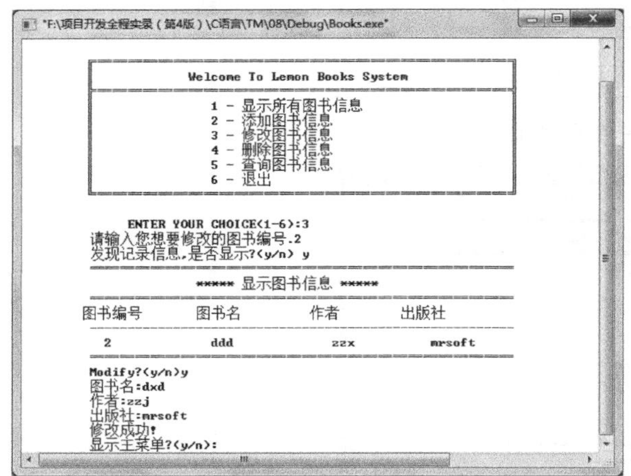

图8.48　输入修改信息

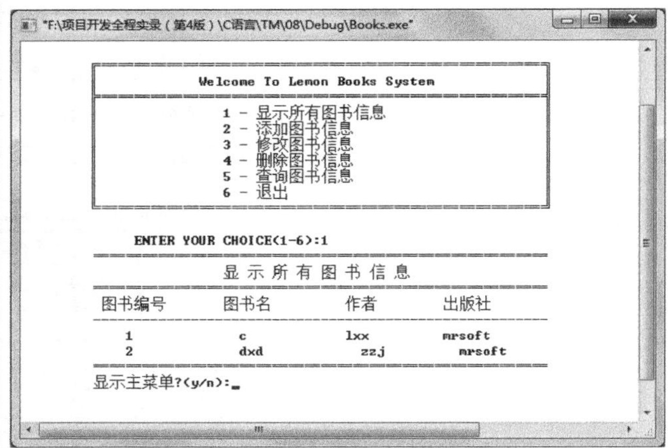

图8.49　修改完的数据信息

图书信息修改的操作同样是通过执行SQL语句来实现的，当用户同意修改该数据以后，程序会发出提示信息，要求用户输入图书名、作者、出版社，并将这些字段追加到SQL语句的末尾，然后利用mysql_query()函数执行这个SQL语句。

执行此功能的程序代码如下：

```
printf("\t Modify?(y/n)");
scanf("%s",ch);
if (strcmp(ch,"Y")==0||strcmp(ch,"y")==0)                    /*判断是否需要录入*/
{
    printf("\t 图书名:");
    scanf("%s",&bookname);                                   /*输入图书名*/
    sql = "update tb_book set bookname= '";
    strcat(dest1,sql);
    strcat(dest1,bookname);
    printf("\t 作者:");
    scanf("%s",&author);                                     /*输入作者*/
    strcat(dest1,"', author= '");
    strcat(dest1,author);                                    /*追加 SQL 语句*/
    printf("\t 出版社:");
```

```
    scanf("%s",&bookconcern);                                    /*输入出版社*/
    strcat(dest1,"', bookconcern = '");
    strcat(dest1,bookconcern);                                   /*追加 SQL 语句*/
    strcat(dest1,"' where id= ");
    strcat(dest1,id);
    if(mysql_query(&mysql,dest1)!=0)
        fprintf(stderr,"\t 不能修改记录!\n",mysql_error(&mysql));
    else
        printf("\t 修改成功!\n");
}
```

注意 这里只能对这几个字段进行修改，不能对编号 ID 字段进行修改。

执行完上述操作，也就完成了图书信息的修改操作，其执行流程如图 8.50 所示。

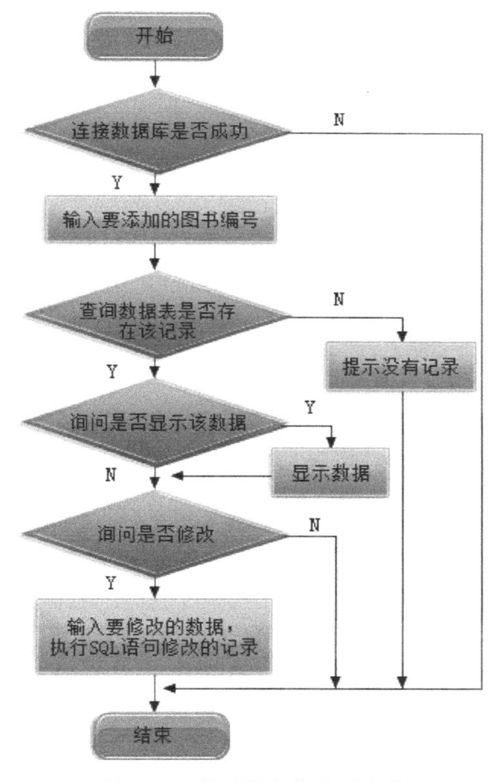

图 8.50　修改图书信息的流程

修改图书信息完整的程序代码如下：

```
void ModifyBook()                                                /*修改图书信息*/
{
```

```
char id[10];                                                    /*结果集中的行数*/
char *sql;
char dest[100] ={"    "};
char dest1[100] ={"    "};
char *bookname;
char *author;
char *bookconcern;
if (!mysql_real_connect(&mysql,"localhost","root","123","db_books",0,NULL,0))
    printf("\t 不能连接数据库!\n");
else
{
    /*数据库连接成功*/
    printf("\t 请输入您想要修改的图书编号\n");
    scanf("%s",id);                                             /*输入图书编号*/
    sql = "select * from tb_book where id=";
    strcat(dest,sql);
    strcat(dest,id);                                            /*将图书编号追加到 SQL 语句后面*/
    if(mysql_query(&mysql,dest))                                /*查询该图书信息是否存在*/
    {   /*如果查询失败*/
        printf("\n   查询  tb_book  数据表失败! \n");
    }
    else
    {
        result=mysql_store_result(&mysql);                      /*获得结果集*/
        if(mysql_num_rows(result)!=NULL)
        {   /*有记录的情况，只有有记录取数据才有意义*/
            printf("\t 发现记录信息,是否显示?(y/n)\n");
            scanf("%s",ch);
            if(strcmp(ch,"Y")==0||strcmp(ch,"y")==0)            /*判断是否要显示查找到的信息*/
            {
                printf("\t ══════════════════════════════════════════ \n");
                printf("\t               *****  显示图书信息  *****               \n");
                printf("\t ══════════════════════════════════════════ \n");
                printf("\t 图书编号         图书名          作者          出版社        \n");
                printf("\t ------------------------------------------------------------ \n");
                while((row=mysql_fetch_row(result)))            /*取出结果集中的记录*/
                {   /*输出这行记录*/
                    fprintf(stdout,"\t    %s       %s       %s       %s    \n",row[0],row[1],row[2],row[3]);
                }
                printf("\t ══════════════════════════════════════════ \n");
                printf("\t Modify?(y/n)\n");
                scanf("%s",ch);
```

```
                if (strcmp(ch,"Y")==0||strcmp(ch,"y")==0)          /*判断是否需要录入*/
                {
                    printf("\t 图书名:");
                    scanf("%s",&bookname);                         /*输入图书名*/
                    sql = "update tb_book set bookname= '";
                    strcat(dest1,sql);
                    strcat(dest1,bookname);
                    printf("\t 作者:");
                    scanf("%s",&author);                           /*输入作者*/
                    strcat(dest1,"', author= '");
                    strcat(dest1,author);                          /*追加 SQL 语句*/
                    printf("\t 作者:");
                    scanf("%s",&bookconcern);                      /*输入作者*/
                    strcat(dest1,"', bookconcern = '");
                    strcat(dest1,bookconcern);                     /*追加 SQL 语句*/
                    strcat(dest1,"' where id= ");
                    strcat(dest1,id);
                    if(mysql_query(&mysql,dest1)!=0)
                        fprintf(stderr,"\t 不能修改记录!\n",mysql_error(&mysql));
                    else
                        printf("\t 修改成功!\n");
                }
            }
        }
        else
            printf("没有发现要修改的信息!\n");
    }
    mysql_free_result(result);                                     /*释放结果集*/
}
mysql_close(&mysql);                                               /*释放连接*/
inquire();                                                         /*询问是否显示主菜单*/
}
```

8.8.5　删除图书信息

在主功能菜单中选择功能菜单“4”，即可进入删除图书信息模块中。进入该模块以后，程序会提示输入要删除的图书编号，这里输入编号“9”，程序查询数据库中是否存在该图书编号，如果不存在该编号，则弹出提示信息，提示没有找到该记录。程序的运行效果如图 8.51 所示。

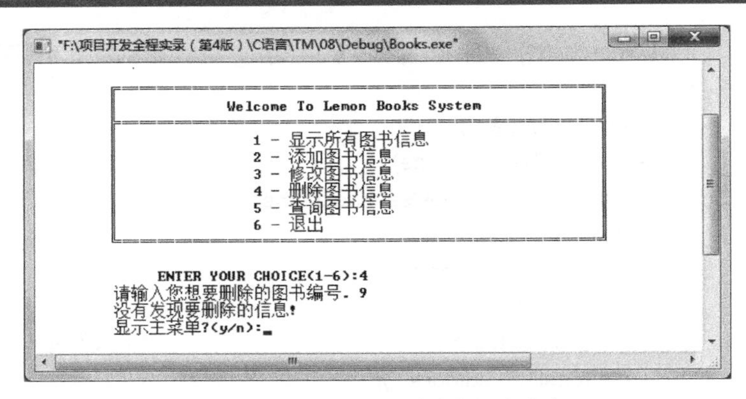

图 8.51　没有找到要删除的图书信息

在实现上述功能时，程序首先要求用户输入要删除的图书编号，并将这个编号追加到 SQL 语句中，应用 SQL 语句查询数据库中的记录，如果没有查询到，则提示用户没有找到，程序代码如下：

```
printf("\t 请输入您想要删除的图书编号. ");
scanf("%s",id);                                    /*输入图书编号*/
sql = "select * from tb_book where id=";
strcat(dest,sql);
strcat(dest,id);                                   /*将图书编号追加到 SQL 语句后面*/
/*查询该图书信息是否存在*/
if(mysql_query(&mysql,dest))
{    /*如果查询失败*/
     printf("\n 查询 tb_book 数据表失败! \n");
}
else
{
     result=mysql_store_result(&mysql);            /*获得结果集*/
     if(mysql_num_rows(result)!=NULL)
        /*此处省略若干代码*/
     else
          printf("\t 没有发现要删除的信息!\n");    /*输出没有找到该记录*/
}
```

如果没有找到要删除的信息，可以返回主功能菜单中，通过功能菜单项“1”来查询数据库中的所有图书信息，如图 8.52 所示。在该图中可以看出要查找的图书记录的编号为 2。

找到要删除的记录编号以后，返回到删除图书信息模块中，输入要删除的图书记录编号“2”，程序会在数据库中查找该记录，如果找到，会提示已经找到，是否显示该记录，输入“y”，即可显示该条记录，如图 8.53 所示。

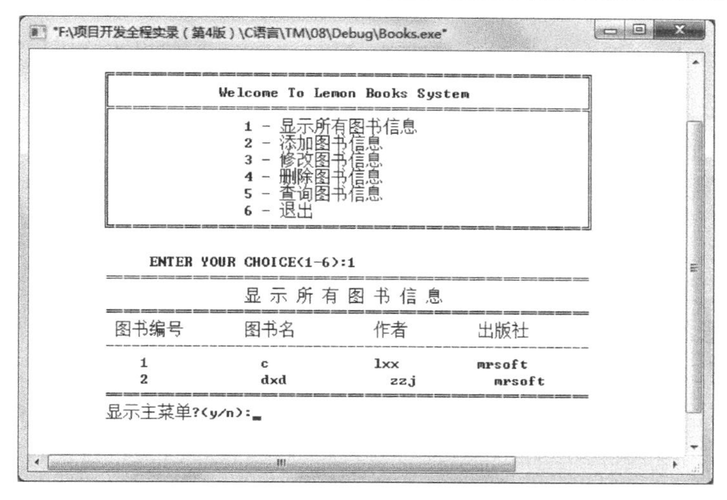

图 8.52　显示数据库中的图书信息

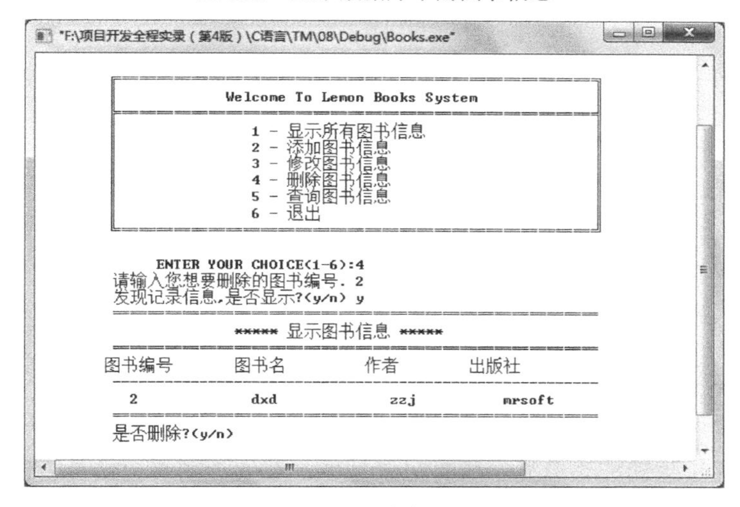

图 8.53　显示要删除的图书信息

当程序在数据库中找到要删除的图书记录以后，会提示用户是否显示，如果要显示该记录，则输入“y”，程序利用 strcmp()函数判断输入的字符。如果用户需要显示该记录，则应用 printf()函数以及 fprintf()函数将其输出，并在输出之后，提示用户是否删除该记录。程序代码如下：

```
printf("\t find the record,show?(y/n) ");
scanf("%s",ch);
if(strcmp(ch,"Y")==0||strcmp(ch,"y")==0)                /*判断是否要显示查找到的信息*/
{    printf("\t ═══════════════════════════════════════ \n");
     printf("\t              ***** 显示图书信息 *****                \n");
     printf("\t ═══════════════════════════════════════ \n");
     printf("\t 图书编号        图书名          作者          出版社        \n");
     while((row=mysql_fetch_row(result)))                /*取出结果集中记录*/
     {    /*输出这行记录*/
```

```
            fprintf(stdout,"\t      %s           %s                %s                    %s\n",row[0],row[1],row[2],row[3]);
        }
        printf("\t ——————————————————————————————————————— \n");
    }
        printf("\t 是否删除 ?(y/n) ");
        scanf("%s",ch);
```

在显示了要删除的图书信息以后，程序会提示是否删除该记录。如果用户不需要显示要删除的记录，程序会直接询问是否删除。如果选择不删除，则结束过程，返回到主菜单。如果选择删除记录，则程序会通过 SQL 语句将该记录删除，并输出提示信息。执行效果如图 8.54 所示。

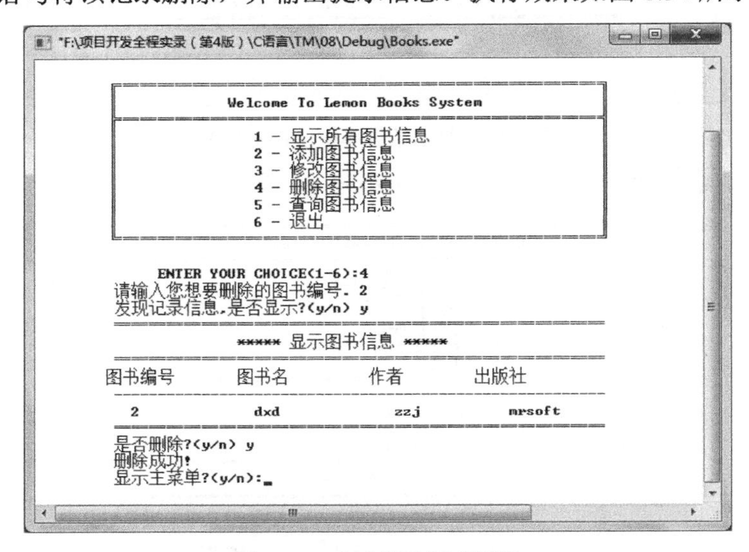

图 8.54　成功删除图书记录

删除记录以后，通过主功能菜单显示所有记录功能，查询该图书记录是否已经从数据库中删除。从图 8.55 中可以看出编号为 2 的图书记录已经被删除。

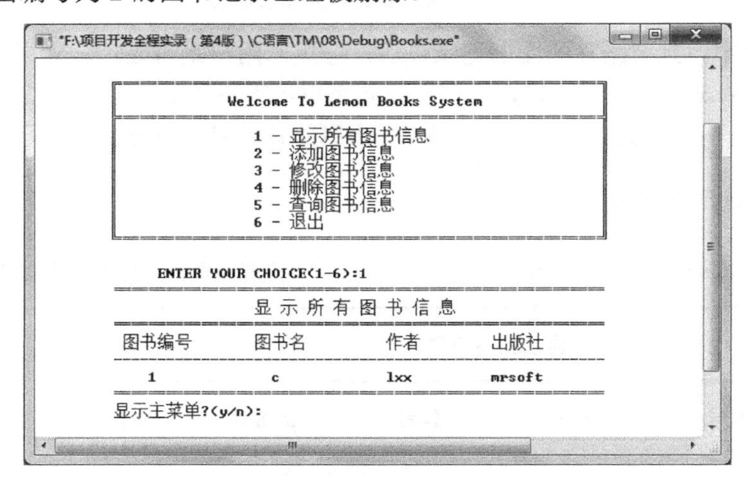

图 8.55　删除图书记录以后

图书记录的删除同样是通过 SQL 语句来实现的。程序代码如下：

```
printf("\t 是否删除 ?(y/n) ");
scanf("%s",ch);
if (strcmp(ch,"Y")==0||strcmp(ch,"y")==0)                    /*判断是否需要录入*/
{
    sql = "delete from tb_book where ID= ";
    printf("%s",dest1);
    strcat(dest1,sql);
    strcat(dest1,id);
    if(mysql_query(&mysql,dest1)!=0)
    {
        fprintf(stderr,"\t 不能删除记录 \n",mysql_error(&mysql));
    }
    else
    {
         printf("\t 删除成功!\n");
    }
```

整个图书信息删除功能的流程如图 8.56 所示。

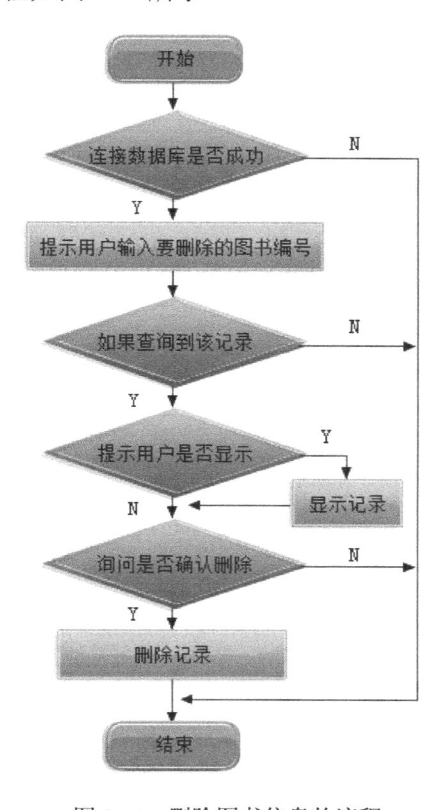

图 8.56　删除图书信息的流程

删除图书信息完整的程序代码如下：

```
void DeleteBook()                                         /*删除图书信息*/
{
    char id[10];                                          /*结果集中的行数*/
    char *sql;
    char dest[100] ={"   "};
    char dest1[100] ={"   "};
    if(!mysql_real_connect(&mysql,"localhost","root","123","db_books",0,NULL,0))
        printf("\t 不能连接数据库!\n");
    else
    {
        printf("\t 请输入您想要删除的图书编号.\n");
        scanf("%s",id);                                   /*输入图书编号*/
        sql = "select * from tb_book where id=";
        strcat(dest,sql);
        strcat(dest,id);                                  /*将图书编号追加到 SQL 语句后面*/
        /*查询该图书信息是否存在*/
        if(mysql_query(&mysql,dest))
        {   //如果查询失败
            printf("\n 查询 tb_book 数据表失败! \n");
        }
        else
        {
            result=mysql_store_result(&mysql);            /*获得结果集*/
            if(mysql_num_rows(result)!=NULL)
            { /*有记录的情况，只有有记录取数据才有意义*/
                printf("\t 发现记录信息,是否显示?(y/n)\n");
                scanf("%s",ch);
                if(strcmp(ch,"Y")==0||strcmp(ch,"y")==0)      /*判断是否要显示查找到的信息*/
                {
                    printf("\t ════════════════════════════════════ \n");
                    printf("\t             ***** 显示图书信息 *****             \n");
                    printf("\t ════════════════════════════════════ \n");
                    printf("\t 图书编号        图书名          作者          出版社       \n");
                    printf("\t ------------------------------------------------------- \n");
                    while((row=mysql_fetch_row(result)))      /*取出结果集中记录*/
                    {   /*输出这行记录*/
                        fprintf(stdout,"\t    %s       %s       %s        %s    \n",row[0],row[1],row[2],row[3]);
                    }
                    printf("\t ════════════════════════════════════ \n");
                }
```

```
                printf("\t 是否删除 ?(y/n)\n");
                scanf("%s",ch);
                if (strcmp(ch,"Y")==0||strcmp(ch,"y")==0)        /*判断是否需要录入*/
                {
                    sql = "delete from tb_book where ID= ";
                    printf("%s",dest1);
                    strcat(dest1,sql);
                    strcat(dest1,id);
                    printf("%s",dest1);
                    if(mysql_query(&mysql,dest1)!=0)
                    {
                        fprintf(stderr,"\t 不能删除记录！  \n",mysql_error(&mysql));
                    }
                    else
                    {
                        printf("\t 删除成功!\n");
                    }
                }
            }
            else
            {
                printf("\t 没有发现要删除的信息!\n");
            }
        }
        mysql_free_result(result);                                /*释放结果集*/
    }
    mysql_close(&mysql);
    inquire();                                                    /*询问是否显示主菜单*/
}
```

8.8.6　查询图书信息

查询图书信息的功能在前面的几节中或多或少都有些涉及，这里不做过多的介绍。在查询图书信息时，首先需要从主功能菜单进入查询图书信息的模块中。主要通过在主功能菜单中选择菜单项编号“5”来实现，进入查询图书信息模块以后，程序会提示用户输入要查询的图书的编号，如果输入的编号在数据库中没有，则提示没有找到要查询的图书记录，如图 8.57 所示。

如果输入的图书编号在数据库中已经找到，则直接显示该条记录，如图 8.58 所示。

查询图书信息的流程如图 8.59 所示。

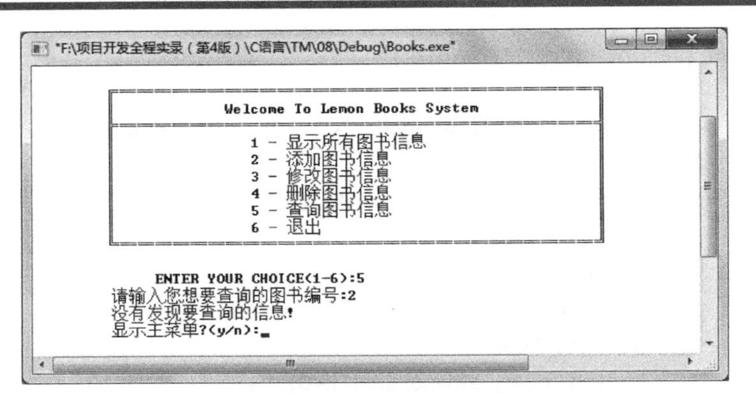

图 8.57　没有找到要查询的图书记录

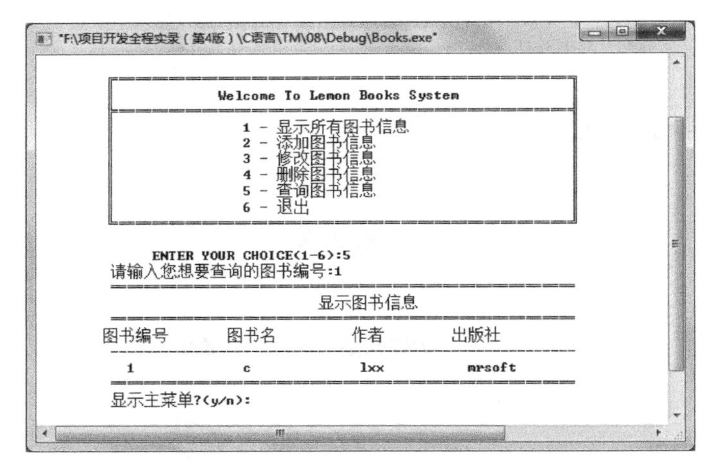

图 8.58　显示已经查询到的记录

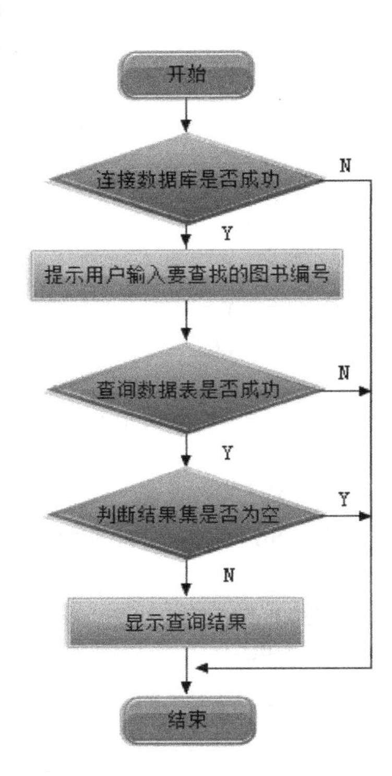

图 8.59　查询图书信息的流程

查询图书信息完整的程序代码如下：

```
void QueryBook()                                          /*查询图书信息*/
{
    char id[10];                                          /*结果集中的行数*/
    char *sql;
    char dest[100] ={"    "};
    if(!mysql_real_connect(&mysql,"localhost","root","123","db_books",0,NULL,0))
    {
        printf("\t 不能连接数据库!\n");
```

```
    }
    else
    {
        printf("\t 请输入您想要查询的图书编号:");
        scanf("%s",id);                                          /*输入图书编号*/
        sql = "select * from tb_book where id=";
        strcat(dest,sql);
        strcat(dest,id);                                         /*将图书编号追加到 SQL 语句后面*/
        if(mysql_query(&mysql,dest))
        {   /*如果查询失败*/
            printf("\n 查询 tb_book 数据表失败!\n");
        }
        else
        {
            result=mysql_store_result(&mysql);                   /*获得结果集*/
            if(mysql_num_rows(result)!=NULL)
            {   /*有记录的情况，只有有记录取数据才有意义*/
                printf("\t ════════════════════════════════ \n");
                printf("\t                 显示图书信息                 \n");
                printf("\t ════════════════════════════════ \n");
                printf("\t 图书编号      图书名        作者        出版社      \n");
                printf("\t -------------------------------------------------- \n");
                while((row=mysql_fetch_row(result)))             /*取出结果集中记录*/
                {   /*输出这行记录*/
                    fprintf(stdout,"\t   %s      %s      %s      %s   \n",row[0],row[1],row[2],row[3]);
                }
                printf("\t ════════════════════════════════ \n");
            }
            else
            {
                printf("\t 没有发现要查询的信息!\n");
            }
            mysql_free_result(result);                           /*释放结果集*/
        }
        mysql_close(&mysql);                                     /*释放连接*/
    }
    inquire();                                                   /*询问是否显示主菜单*/
}
```

8.9 开发总结

本章通过对图书管理系统开发过程的讲解，介绍了开发一个 C 语言系统的流程和一些技巧。本实例并没有太多难点，实例中介绍的几个功能都是在对文件进行操作的基础上来实现的，通过该实例的学习让读者明白一个管理系统开发的过程，为今后开发其他程序奠定基础。只要读者能够多读、多写、多练习，那么编写程序并非难事。

第 9 章

网络通信系统

（Visual C++ 6.0 实现）

网络已经遍及了生活的每一个角落，存在于生活中的每一天，学习编写网络应用程序也是学习编程的一部分。网络通信是网络应用程序的一部分，Windows 系统提供了 Socket 接口来实现网络应用程序的开发，本章将使用 Socket 接口来实现一个网络通信软件。通过本章的学习，读者能够学到：

- TCP/IP 协议
- 使用 Socket 建立连接
- 消息的发送和接收
- 如何将聊天记录保存为文件
- 网络消息的中转方式
- 多线程的使用

9.1 网络通信系统概述

9.1.1 开发背景

随着使用网络的人群日益增加，选择网络进行通信的人也与日俱增，使用网络通信不但可以节省开支，而且可以进行复杂的通信。网络通信系统是一个在公司内部使用的通信软件，公司内部员工都使用这套系统进行通信，不但解决了内部员工通信的需求，而且也可以防止员工和公司外的人进行通信而耽误工作时间。

9.1.2 需求分析

网络通信系统针对不同的用户群体会有不同的需求。如果对通信时的质量有要求，就使用面向连接的方式；如果想消息发送得很快，就使用面向无连接的方式。网络通信系统对通信的质量有要求，所以使用面向连接的方式，整个网络通信系统还有以下几方面要求：

☑ 功能完善，能够进行扩展。
☑ 能够进行点对点连接，也可以通过服务器进行消息的中转。
☑ 系统的每个单元相互独立。
☑ 能够进行多种方式的连接。
☑ 应保证发送消息的实时性和准确性。
☑ 能够保存聊天记录。
☑ 系统应简单实用，操作简便。
☑ 设计周到，增加程序的实用性。

9.1.3 功能结构图

网络通信系统一共由4个模块组成，分别是点对点客户端、点对点服务端、服务器中转服务端和服务器中转客户端。这4个模块是成对使用的，也就是说，点对点客户端和点对点服务端一起使用，服务器中转服务端和服务器中转客户端模块一起使用。功能结构图如图9.1所示。

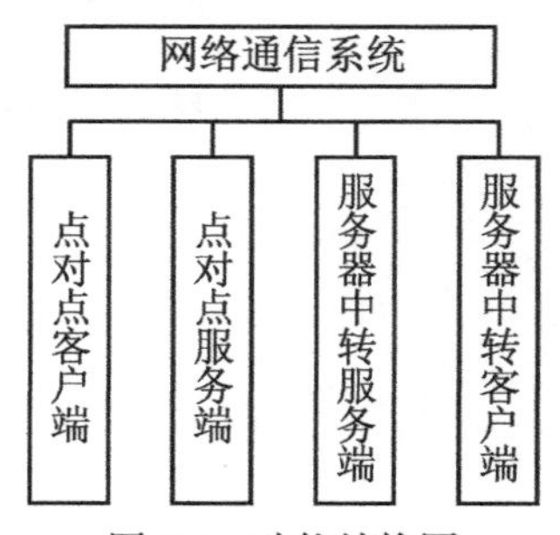

图9.1 功能结构图

其中点对点的工作方式如图9.2所示。点对点仅限于两台计算机之间进行通信，一台作为服务器，一台作为客户端，两者不能建立与其他计算机的通信。

服务器中转的工作方式如图 9.3 所示。该工作方式就是每台计算机所发送的消息首先都发送到服务器上，然后服务器将消息中转到目标计算机上。

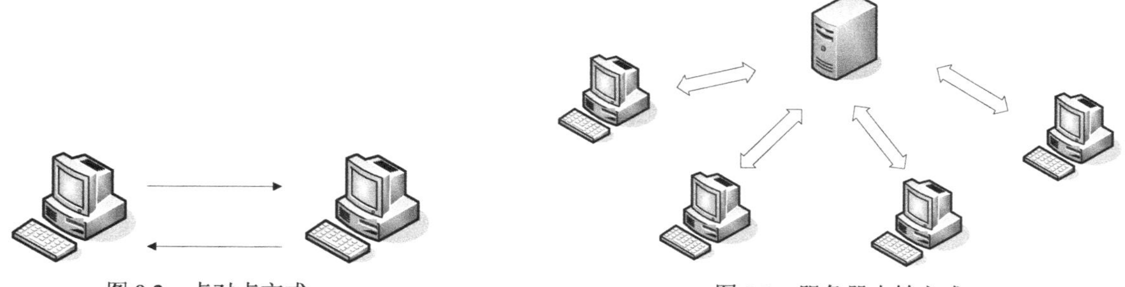

图 9.2　点对点方式

图 9.3　服务器中转方式

9.1.4　系统预览

为了使读者更清晰地了解本系统结构，下面给出本系统主要界面预览图。

程序主界面包含了 4 个功能选项，通过选择不同的选项执行不同的功能，如图 9.4 所示。

设置当前机器为点对点服务端时的程序界面如图 9.5 所示。

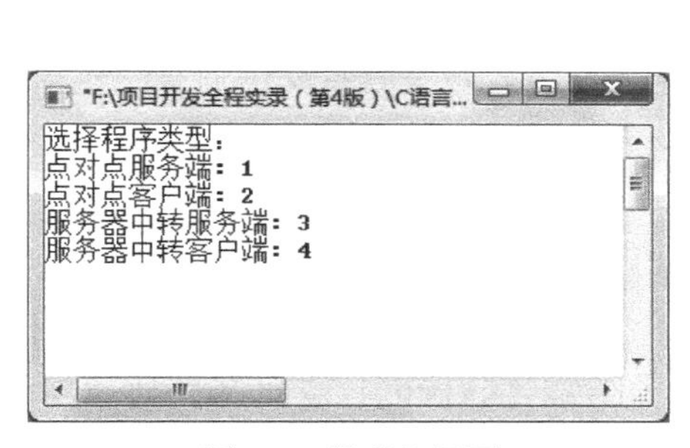

图 9.4　程序主界面

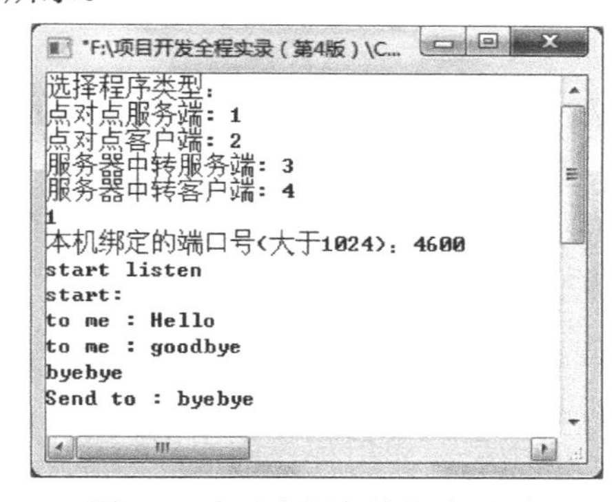

图 9.5　点对点服务端程序界面

设置当前机器为点对点客户端时的程序界面如图 9.6 所示。

启动服务器中转服务端的界面效果如图 9.7 所示。

图 9.6　点对点客户端程序界面

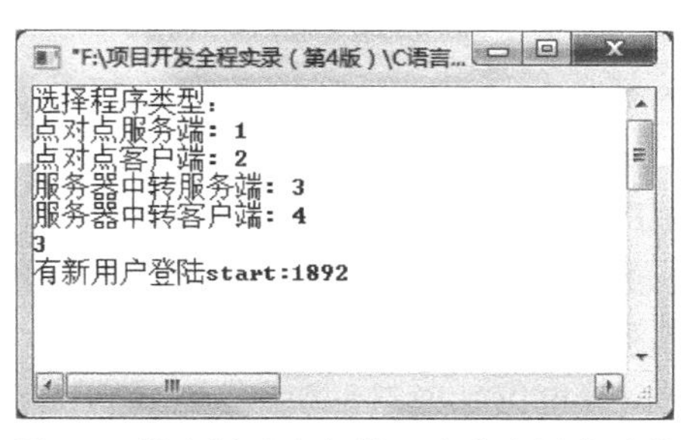

图 9.7　服务端建立与第一个客户端的连接

在主界面输入“4”可进入服务器中转客户端，与已处于监听状态的服务器中转服务端相连接，如图9.8所示。

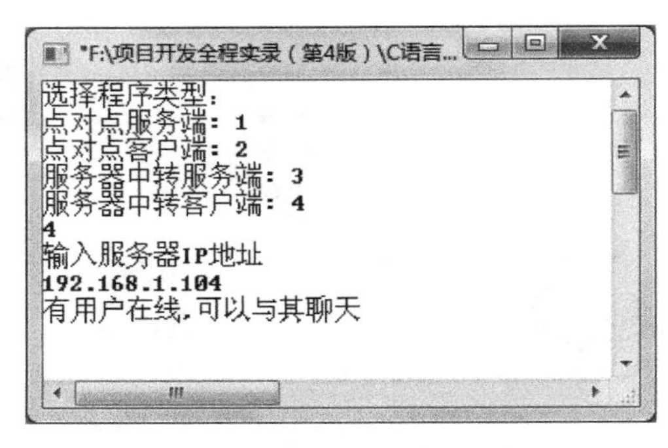

图9.8　启动服务器中转客户端

9.2　技术攻关

9.2.1　TCP/IP协议

TCP/IP协议（Transmission Control Protocal/Internet Protocal，传输控制协议/网际协议）是互联网上的协议，但它并不完全符合OSI的7层参考模型。传统的开放式系统互联参考模型是一种通信协议的7层抽象的参考模型，其中每一层执行某一特定任务。该模型的目的是使各种硬件在相同的层次上相互通信。7层分别是物理层、数据链路层、网络层、传输层、话路层、表示层和应用层。而TCP/IP通信协议采用了4层的层级结构，每一层都呼叫它的下一层所提供的网络来完成自己的需求。下面分别进行介绍。

（1）应用层：应用程序间沟通的层，如简单电子邮件传输（SMTP）、文件传输协议（FTP）、网络远程访问协议（Telnet）等。

（2）传输层：在此层中，它提供了节点间的数据传送服务，如传输控制协议（TCP）、用户数据报协议（UDP）等，TCP和UDP给数据包加入传输数据并把它传输到下一层中，这一层负责传送数据，并且确定数据已被送达并接收。

（3）网络层：负责提供基本的数据封包传送功能，让每一块数据包都能够到达目的主机（但不检查是否被正确接收），如网际协议（IP）。

（4）链路层：对实际的网络媒体的管理，定义如何使用实际网络（如Ethernet、Serial Line等）来传送数据。

TCP/IP协议的层次结构如图9.9所示。

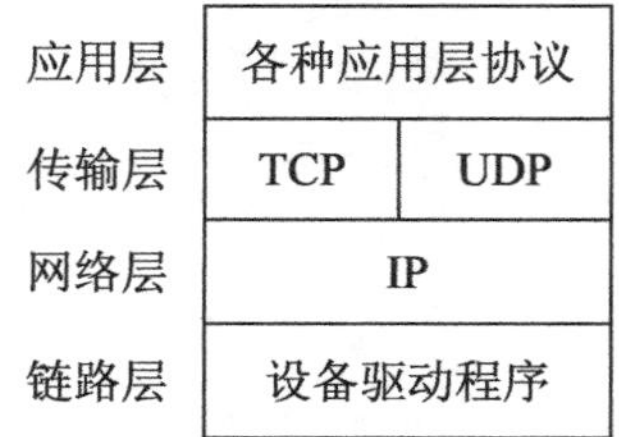

图9.9　TCP/IP层次结构

协议最底层是链路层，主要指具体发送的二进制数据，该层运行的软件是设备驱动程序。链路层上面是网络层，网络层主要是传输IP包，有IP包就可以知道目标机器，就可以为发送更高层次的数据进行

准备。网络层上面是传输层，传输层有两种类型的数据包，一种是 UDP，另一种是 TCP，两者的作用和格式都不同，TCP 是一种稳定的传输方式，它实现将每个数据包都准确地传输到目标地址，TCP 经过了 3 次握手协议才最终确定数据的发送完成，所以 TCP 也是比较耗时的。UDP 相对 TCP 来讲传输更快，但传输方式不稳定，UDP 不对发送的数据进行确认。屏幕监控专家系统将主要使用 UDP 来进行传输。传输层上是应用层，在该层就是对开发人员自己的数据进行封包，也就是说，前 3 层都是由操作系统负责，但开发人员也可以对前 3 层进行控制，如果将套接字的格式设置为原始（RAW），就可以对 UDP 包进行控制。

技巧 开放式系统互连（Open System Interconnection，OSI），是国际标准化组织（ISO）为了实现计算机网络的标准化而颁布的参考模型。OSI 参考模型采用分层的划分原则，将网络中的数据传输划分为 7 层，每一层使用下层的服务，并向上层提供服务。

9.2.2 IP 地址

IP 被称为网际协议，Internet 上使用的一个关键的底层协议就是 IP 协议，是一个共同遵守的通信协议，它提供了能适应各种各样网络硬件的灵活性，对底层网络硬件几乎没有任何要求，任何一个网络只要可以从一个地点向另一个地点传送二进制数据，就可以使用 IP 协议加入 Internet。

IP 地址由 IP 协议规定的 32 位二进制数表示，最新的 IPv6 协议将 IP 地址升为 128 位，这使得 IP 地址更加广泛，能够很好地解决目前 IP 地址紧缺的情况，但是 IPv6 协议距离实际应用还有一段距离，目前，多数操作系统和应用软件都是以 32 位的 IP 地址为基准的。

32 位的 IP 地址主要分为两部分，即前缀和后缀。前缀表示计算机所属的物理网络，后缀确定该网络上的唯一一台计算机。在互联网上，每一个物理网络都有一个唯一的网络号，根据网络号的不同，可以将 IP 地址分为 5 类，即 A 类、B 类、C 类、D 类和 E 类。其中，A 类、B 类和 C 类属于基本类，D 类用于多播发送，E 类属于保留。表 9.1 描述了各类 IP 地址的范围。

表 9.1 各类 IP 地址的范围

类 型	范 围
A 类	0.0.0.0…127.255.255.255
B 类	128.0.0.0…191.255.255.255
C 类	192.0.0.0…223.255.255.255
D 类	28.0.0.0…238.255.255.255
E 类	240.0.0.0…247.255.255.255

在上述 IP 地址中，有几个 IP 地址是特殊的，有其单独的用途。

（1）网络地址：在 IP 地址中主机地址为 0 的表示网络地址，如 128.111.0.0。

（2）广播地址：在网络号后跟所有位全是 1 的 IP 地址，表示广播地址。

（3）回送地址：127.0.0.1 表示回送地址，用于测试。

9.2.3 数据包格式

TCP/IP 协议的每层都会发送不同的数据包，常用的数据有 IP 数据包、TCP 数据包和 UDP 数据包。

1. IP 数据包

IP 数据包是在 IP 协议间发送的，主要在以太网与网际协议模块之间传输，提供无连接数据包传输。IP 协议不保证数据包的发送，但最大限度地发送数据。IP 协议结构定义如下：

```
typedef struct HeadIP {
        unsigned char   headerlen:4;      //首部长度，占 4 位
        unsigned char   version:4;        //版本，占 4 位
        unsigned char   servertype;       //服务类型，占 8 位，即 1 个字节
        unsigned short totallen;          //总长度，占 16 位
        unsigned short id;                //与 idoff 构成标识，共占 16 位，前 3 位是标识，后 13 位是片偏移
        unsigned short idoff;
        unsigned char   ttl;              //生存时间，占 8 位
        unsigned char   proto;            //协议，占 8 位
        unsigned short checksum;          //首部检验和，占 16 位
        unsigned int   sourceIP;          //源 IP 地址，占 32 位
        unsigned int   destIP;            //目的 IP 地址，占 32 位
}HEADIP;
```

IP 数据包的最大长度是 655535 字节，这是由 IP 首部 16 位总长度字段所限制的。

2. TCP 数据包

传输控制协议 TCP 是一种提供可靠数据传输的通信协议，它在网际协议模块和 TCP 模块之间传输。TCP 数据包分 TCP 包头和数据两部分。TCP 包头包含了源端口、目的端口、序列号、确认序列号、头部长度、码元比特、窗口、校验和、紧急指针、可选项、填充位和数据区，在发送数据时，应用层的数据传输到传输层，加上 TCP 的 TCP 包头，数据就构成了报文。报文是网际层 IP 的数据，如果再加上 IP 首部，就构成了 IP 数据包。TCP 包头结构定义如下：

```
typedef struct HeadTCP {
        WORD    SourcePort;          //16 位源端口号
        WORD    DePort;              //16 位目的端口
        DWORD   SequenceNo;          //32 位序号
        DWORD   ConfirmNo;           //32 位确认序号
        BYTE    HeadLen;             //首部长度，占 4 位，保留 6 位，6 位标识，共 16 位
        BYTE    Flag;
        WORD    WndSize;             //16 位窗口大小
        WORD    CheckSum;            //16 位校验和
```

```
        WORD    UrgPtr;             //16 位紧急指针
} HEADTCP;
```

TCP 提供了一个完全可靠的、面向连接的、全双工的（包含两个独立且方向相反的连接）流传输服务，允许两个应用程序建立一个连接，并在全双工方向上发送数据，然后终止连接，每一个 TCP 连接可靠地建立并完善地终止，在终止发生前，所有数据都会被可靠地传送。

TCP 比较有名的概念就是 3 次握手，所谓 3 次握手指通信双方彼此交换 3 次信息。3 次握手是在存在数据包丢失、重复和延迟的情况下，确保通信双方信息交换确定性的充分必要条件。

可靠传输服务软件都是面向数据流的。

3．UDP 数据包

用户数据报协议 UDP 是一个面向无连接的协议，采用该协议，两个应用程序不需要先建立连接，它为应用程序提供一次性的数据传输服务。UDP 协议工作在网际协议模块与 UDP 模块之间，不提供差错恢复，不能提供数据重传，所以使用 UDP 协议的应用程序都比较复杂，如 DNS（域名解析服务）应用程序。UDP 数据包包头结构如下：

```
typedef struct HeadUDP {
        WORD SourcePort;            //16 位源端口号
        WORD DePort;                //16 位目的端口
        WORD Len;                   //16 位 UDP 长度
        WORD ChkSum;                //16 位 UDP 校验和
} HEADUDP;
```

UDP 数据包分为伪首部和首部两个部分。伪首部包含原 IP 地址、目标 IP 地址、协议字、UDP 长度、源端口、目的端口、报文长度、校验和、数据区。伪首部是为了计算和检验而设置的，包含 IP 首部一些字段，其目的是让 UDP 两次检查数据是否正确到达目的地。使用 UDP 协议时，协议字为 17，报文长度是包括头部和数据区的总长度，最小 8 个字节。校验和是以 16 位为单位，各位求补（首位为符号位）将和相加，然后再求补。现在的大部分系统都默认提供了可读写大于 8192 字节的 UDP 数据包（使用这个默认值是因为 8192 是 NFS 读写用户数据数的默认值）。因为 UDP 协议是无差错控制的，所以发送过程与 IP 协议类似，就是 IP 分组，然后用 ARP 协议来解析物理地址，然后发送。

技巧 套接字，实际上是一个指向传输提供者的句柄。在 WinSock 中，就是通过操作该句柄来实现网络通信和管理的。根据性质和作用的不同，套接字可以分为 3 种，分别为原始套接字、流式套接字和数据包套接字。原始套接字是在 WinSock 2 规范中提出的，它能够使程序开发人员对底层的网络传输机制进行控制，在原始套接字下接收的数据中包含有 IP 头。流式套接字提供了双向、有序的、可靠的数据传输服务，该类型套接字在通信前需要双方建立连接，大家熟悉的 TCP 协议采用的就是流式套接字。与流式套接字对应的是数据包套接字，数据包套接字提供双向的数据流，但是它不能保证数据传输的可靠性、有序性和无重复性，UDP 协议采用的就是数据包套接字。

9.2.4 建立连接

建立连接主要指通过面向连接方式建立可靠的连接。面向连接主要指通信双方，在通信前有建立连接的过程，发送完消息后，直到接收到确认消息后整个发送过程才完成。建立连接的步骤如下：

（1）创建套接字 socket。

（2）将创建的套接字绑定 bind 到本地的地址和端口上。

（3）服务端设置套接字的状态为监听状态 listen，准备接受客户端的连接请求。

（4）服务端接受请求 accpet，同时返回得到一个用于连接的新套接字。

（5）使用这个新套接字进行通信（通信函数使用 send/recv）。

（6）释放套接字资源 closesocket。

整个过程分为客户端和服务端，如图 9.10 所示，图 9.10（a）是服务端的连接过程，图 9.10（b）是客户端连接过程。

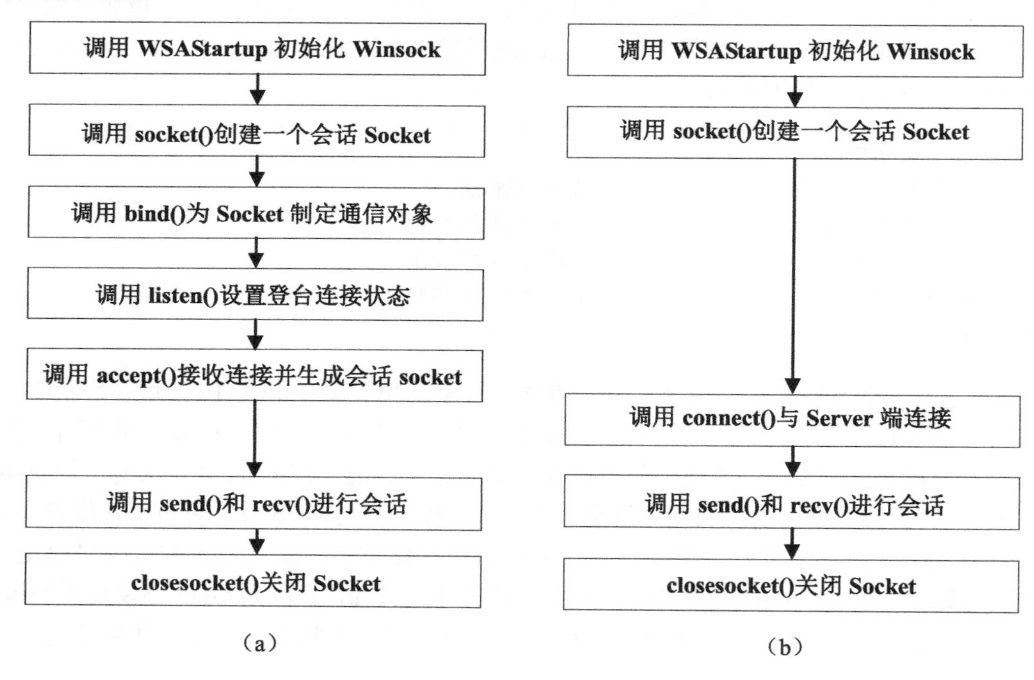

图 9.10 面向连接

网络通信系统就是采用面向连接方式创建的连接。

9.2.5 套接字库函数

建立网络通信一定会用到套接字 socket()库函数，Windows 系统开发网络连接程序就要用到 WinSock。以下是 WinSock 常用的一些函数。

1．WSAStartup()函数

该函数用于初始化 WS2_32.DLL 动态链接库。在使用套接字函数之前，一定要初始化 WS2_32.DLL 动态链接库。函数原型如下：

```
int WSAStartup( WORD wVersionRequested,LPWSADATA lpWSAData );
```

☑ wVersionRequested：表示调用者使用的 Windows Socket 版本，高字节记录修订版本，低字节记录主版本。例如，如果 Windows Socket 的版本为 2.1，则高字节记录 1，低字节记录 2。

☑ lpWSAData：是一个 WSADATA 结构指针，该结构详细记录了 Windows 套接字的相关信息。其定义如下：

```
typedef struct WSAData {
        WORD            wVersion;
        WORD            wHighVersion;
        char            szDescription[WSADESCRIPTION_LEN+1];
        char            szSystemStatus[WSASYS_STATUS_LEN+1];
        unsigned short  iMaxSockets;
        unsigned short  iMaxUdpDg;
        char FAR *      lpVendorInfo;
} WSADATA, FAR * LPWSADATA;
```

➢ wVersion：表示调用者使用的 WS2_32.DLL 动态链接库的版本号。
➢ wHighVersion：表示 WS2_32.DLL 支持的最高版本，通常与 wVersion 相同。
➢ szDescription：表示套接字的描述信息，通常没有实际意义。
➢ szSystemStatus：表示系统的配置或状态信息，通常没有实际意义。
➢ iMaxSockets：表示最多可以打开多少个套接字。在套接字版本 2 或以后的版本中，该成员将被忽略。
➢ iMaxUdpDg：表示数据包的最大长度。在套接字版本 2 或以后的版本中，该成员将被忽略。
➢ lpVendorInfo：表示套接字的厂商信息。在套接字版本 2 或以后的版本中，该成员将被忽略。

2．socket()函数

该函数用于创建一个套接字。函数原型如下：

```
SOCKET socket( int af,int type, int protocol );
```

☑ af：表示一个地址家族，通常为 AF_INET。

☑ type：表示套接字类型，如果为 SOCK_STREAM，表示创建面向连接的流式套接字；如果为 SOCK_DGRAM，表示创建面向无连接的数据报套接字；如果为 SOCK_RAW，表示创建原始套接字。对于这些值，用户可以在 WinSock2.h 头文件中找到。

☑ protocol：表示套接口所用的协议，如果用户不指定，可以设置为 0。

☑ 返回值：函数返回值是创建的套接字句柄。

3．bind()函数

该函数用于将套接字绑定到指定的端口和地址上。函数原型如下：

```
int bind(SOCKET s,const struct sockaddr FAR* name,int namelen );
```

- ☑ s：表示套接字标识。
- ☑ name：是一个 sockaddr 结构指针，该结构中包含了要结合的地址和端口号。
- ☑ namelen：确定 name 缓冲区的长度。
- ☑ 返回值：如果函数执行成功，返回值为 0，否则为 SOCKET_ERROR。

4．listen()函数

该函数用于将套接字设置为监听模式。对于流式套接字，必须处于监听模式才能够接收客户端套接字的连接。函数原型如下：

```
int listen( SOCKET s, int backlog);
```

- ☑ s：表示套接字标识。
- ☑ backlog：表示等待连接的最大队列长度。例如，如果 backlog 被设置为 2，此时有 3 个客户端同时发出连接请求，那么前两个客户端连接会放置在等待队列中，第 3 个客户端会得到错误信息。

5．accept()函数

该函数用于接收客户端的连接。在流式套接字中，在套接字处于监听状态时，才能接收客户端的连接。函数原型如下：

```
SOCKET accept( SOCKET s, struct sockaddr FAR* addr, int FAR* addrlen );
```

- ☑ s：是一个套接字，它应处于监听状态。
- ☑ addr：是一个 sockaddr_in 结构指针，包含一组客户端的端口号、IP 地址等信息。
- ☑ addrlen：用于接收参数 addr 的长度。
- ☑ 返回值：一个新的套接字，它对应于已经接收的客户端连接，对于该客户端的所有后续操作，都应使用这个新的套接字。

6．closesocket()函数

该函数用于关闭套接字。函数原型如下：

```
int closesocket(SOCKET s);
```

s：标识一个套接字。如果参数 s 设置有 SO_DONTLINGER 选项，则调用该函数后会立即返回，但此时如果有数据尚未传送完毕，会继续传递数据，然后才关闭套接字。

7. connect()函数

该函数用于发送一个连接请求。函数原型如下：

```
int connect(SOCKET s,const struct sockaddr FAR* name,int namelen );
```

- ☑ s：表示一个套接字。
- ☑ name：表示套接字 s 想要连接的主机地址和端口号。
- ☑ namelen：是 name 缓冲区的长度。
- ☑ 返回值：如果函数执行成功，返回值为 0，否则为 SOCKET_ERROR。用户可以通过 WSAGETLASTERROR 得到其错误描述。

8. htons()函数

该函数将一个 16 位的无符号短整型数据由主机排列方式转换为网络排列方式。函数原型如下：

```
u_short htons(u_short hostshort );
```

- ☑ hostshort：是一个主机排列方式的无符号短整型数据。
- ☑ 返回值：函数返回值是 16 位的网络排列方式数据。

9. htonl()函数

该函数将一个无符号长整型数据由主机排列方式转换为网络排列方式。函数原型如下：

```
u_long htonl( u_long hostlong);
```

- ☑ hostlong：表示一个主机排列方式的无符号长整型数据。
- ☑ 返回值：32 位的网络排列方式数据。

10. inet_addr()函数

该函数将一个由字符串表示的地址转换为 32 位的无符号长整型数据。函数原型如下：

```
unsigned long inet_addr(const char FAR * cp);
```

- ☑ cp：表示一个 IP 地址的字符串。
- ☑ 返回值：32 位无符号长整数。

11. recv()函数

该函数用于从面向连接的套接字中接收数据。函数原型如下：

```
int recv(SOCKET s,char FAR* buf,int len,int flags);
```

recv()函数的参数如表 9.2 所示。

表 9.2　recv()函数的参数

参　数	描　述
s	表示一个套接字
buf	表示接收数据的缓冲区
len	表示 buf 的长度
flags	表示函数的调用方式。如果为 MSG_PEEK，表示查看传来的数据，在序列前端的数据会被复制一份到返回缓冲区中，但是这个数据不会从序列中移走。如果为 MSG_OOB，表示用来处理 Out-Of-Band 数据，也就是外带数据

12. send()函数

该函数用于在面向连接方式的套接字间发送数据。函数原型如下：

```
int send(SOCKET s,const char FAR * buf, int len,int flags);
```

send()函数的参数如表 9.3 所示。

表 9.3　send()函数的参数

参　数	描　述
s	表示一个套接字
buf	表示存放要发送数据的缓冲区
len	表示缓冲区长度
flags	表示函数的调用方式

13. WSACleanup()函数

该函数用于释放为 WS2_32.DLL 动态链接库初始化时分配的资源。函数原型如下：

```
int   WSACleanup(void);
```

WSACleanup()函数和 WSAStartup()函数是成对出现的。

以上并不是所有的 WinSock()函数，在 WinSock 中还有可以进行异步通信的函数和套接字选择函数，这些都是套接字的高级应用。本章程序是在 Windows 系统的控制台中运行的，所以只是应用了 WinSock 的基础函数，套接字有阻塞函数和非阻塞函数，这些函数的执行情况受系统的约束，要改变这些函数的执行情况，需要使用系统底层函数，这些系统函数在不同操作系统下是不同的。为了程序的移植性，一般在程序中会针对不同的系统写不同的实现函数，本章程序使用的是 Windows 系统的默认设置，也就是说，没有进行修改。

技巧　依据套接字函数执行方式的不同，可以将套接字分为两类，即阻塞套接字和非阻塞套接字。在阻塞套接字中，套接字函数的执行会一直等待，直到函数调用完成才返回。这主要出现在 I/O 操作过程中，在 I/O 操作完成之前，不会将控制权交给程序。这也意味着在一个线程中同时只能进行一项 I/O 操作，其后的 I/O 操作必须等待正在执行的 I/O 操作完成后才会执行。在非阻塞套接字中，套接字函数的调用会立即返回，将控制权交给程序。默认情况下，套接字为阻塞套接字。为了将套接字设置为非阻塞套接字，需要使用 ioctlsocket()函数。例如：

```
ioctlsocket(clientSock, FIONBIO, &nCmd);//设置非阻塞模式
```

将程序设置成非阻塞套接字后，WinSock 通过异步选择函数 WSAAsyncSelect()来实现非阻塞通信。方法是由该函数指定某种网络事件（如有数据到达、可以发送数据、有程序请求连接等），当被指定的网络事件发生时，由 WinSock 发送由程序事先约定的消息。程序中就可以根据这些消息做相应的处理。

9.3　网络通信系统主程序

网络通信系统主程序主要负责主程序的循环，在主程序中通过用户的选择来决定执行哪个模块。主程序运行效果如图 9.11 所示。

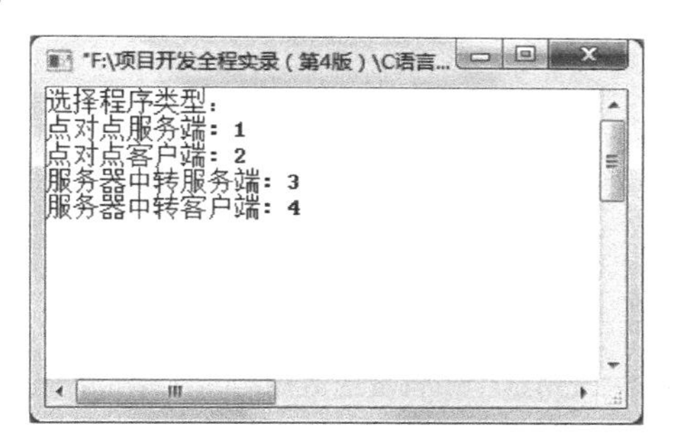

图 9.11　主程序

网络通信系统中主要用到的函数如表 9.4 所示。

表 9.4　系统自定义函数列表

函　数	描　述
CreateServer()	创建点对点的服务端
threadpro()	点对点方式中用来接收消息的线程，服务端和客户端使用相同的线程
CheckIP()	对输入的 IP 进行合法性检查
CreateClient()	创建点对点的客户端
ExitSystem()	退出点对点通信
CreateTranServer()	创建服务器中转方式的服务端
threadTranServer()	服务端用来接收消息的线程
NotyifyProc()	通知有新用户上线的线程，将消息发送给所有在线用户
CreateTranClient()	创建服务器中转的客户端
threadTranClient()	服务器中转的客户端用来接收消息的线程
ExitTranSystem()	退出服务器中转的客户端

系统添加网络连接的头文件引用及一些消息类型的宏定义，代码如下：

```
#include <stdio.h>
#include <winsock2.h>
#pragma comment (lib,"ws2_32.lib")
//客户端发送给服务端的消息类型
#define CLIENTSEND_EXIT 1
#define CLIENTSEND_TRAN 2
#define CLIENTSEND_LIST 3
//服务端发送给客户端的消息类型
#define SERVERSEND_SELFID 1
#define SERVERSEND_NEWUSR 2
#define SERVERSEND_SHOWMSG 3
#define SERVERSEND_ONLINE 4
//定义记录聊天记录的文件指针
FILE *ioutfileServer;
FILE *ioutfileClient;
//服务端接收消息的结构体，客户端使用这个结构发送数据
struct CReceivePackage
{
	int iType;                      //存放消息类型
	int iToID;                      //存放目标用户 ID
	int iFromID;                    //存放原用户 ID
	char cBuffer[1024];             //存放消息内容
};
//服务端发送消息的结构体，服务端使用这个结构发送数据
struct CSendPackage
{
	int iType;                      //消息类型
	int iCurConn;                   //当前在线用户数量
	char cBuffer[1024];             //存放消息内容
};
//服务端存储在线用户信息的结构体
struct CUserSocketInfo
{
	int ID;                         //用户的 ID
	char cDstIP[64];                //用户的 IP 地址，扩展使用
	int iPort;                      //用户应用程序端口扩展使用
	SOCKET sUserSocket;             //网络句柄
};
//客户端存储在线用户列表的结构体
struct CUser
```

```
{
    int ID;                          //用户的 ID
    char cDstIP[64];                 //用户的 IP 地址扩展时使用
};
struct CUser usr[20];                //客户端存储用户信息的对象
int bSend=0;                         //是否可以发送消息
int iMyself;                         //自己的 ID
int iNew=0;                          //在线用户数
struct CUserSocketInfo usrinfo[20];  //服务端存储用户信息的对象
```

注意　在 C 语言中需要使用 struct 关键字来声明结构体变量，如果系统的代码文件是 NetMessage.cpp 而不是 NetMessage.c，则声明结构体变量可以不使用 struct 关键字，并且还可以将变量的声明放在函数调用后，这个在扩展名为.cpp 的情况下是合法的。

main()函数是网络通信系统的主函数，在主函数中调用 WSAStartup()函数来初始化网络接口，然后使用 fopen()函数打开记录，了解记录的文件。代码如下：

```
int main(void)
{
    int iSel=0;
    WSADATA wsd;
    WSAStartup(MAKEWORD(2,2),&wsd);
    do
    {
        printf("选择程序类型：\n");
        printf("点对点服务端: 1\n");
        printf("点对点客户端: 2\n");
        printf("服务器中转服务端: 3\n");
        printf("服务器中转客户端: 4\n");
        scanf("%d",&iSel);
    }while(iSel<0 || iSel >4);
    switch(iSel)
    {
    case 1:
        CreateServer();
        break;
    case 2:
        CreateClient();
        break;
```

```
        case 3:
            CreateTranServer();
            break;
        case 4:
            CreateTranClient();
            break;
        }
        printf("退出系统\n");

        return 0;
}
```

技巧 #pragma commen 宏的使用

该宏可以添加一些编译时的属性，例如语句#pragma comment(lib,"ws2_32.lib")是告知编译器在连接编译后的文件时，可以连接 ws2_32.lib 这个文件。该语句所实现的功能也可以在开发环境中设置，如图 9.12 所示，在 Visual C++中，通过菜单 Project/Settings 打开 Project Settings 对话框，选择“连接”选项卡，在“对象/库模块”中添加 ws2_32.lib。

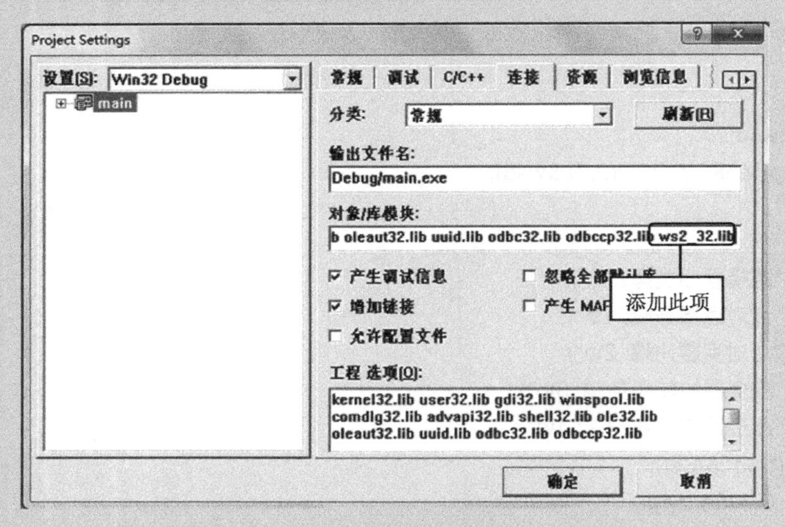

图 9.12 连接对象设置

9.4 点对点通信

点对点通信包括了点对点通信客户端和点对点通信服务端。如图 9.13 所示，选择 1 创建点对点服务端，选择 2 创建点对点客户端。

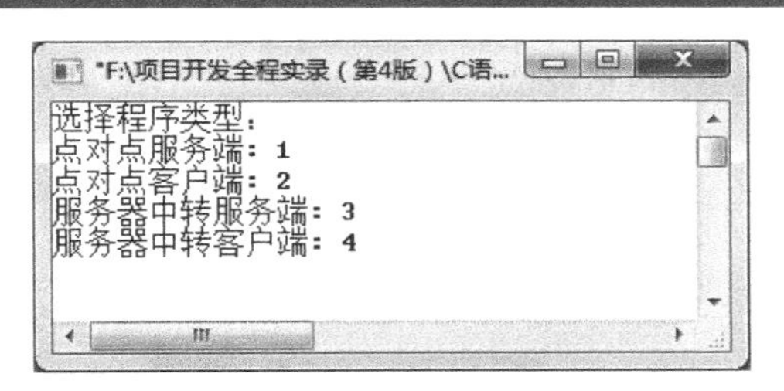

图 9.13　运行情况

点对点通信方式的启动步骤如下：

（1）启动系统，根据提示菜单选择 1，就可以创建点对点服务端，服务端需要用户输入一个端口号，该端口号应该是 4600（客户端连接服务器使用的端口），输入后服务启动后会处于监听状态，并输出字符 start listen。

（2）再次启动系统，根据提示菜单选择 2，创建点对点客户端，客户端需要用户输入一个服务器的 IP 地址，如果能正确建立连接，客户端和服务端会分别显示 start 字符。

（3）使用两个程序，相互发送消息，服务端如图 9.14 所示，客户端如图 9.15 所示。

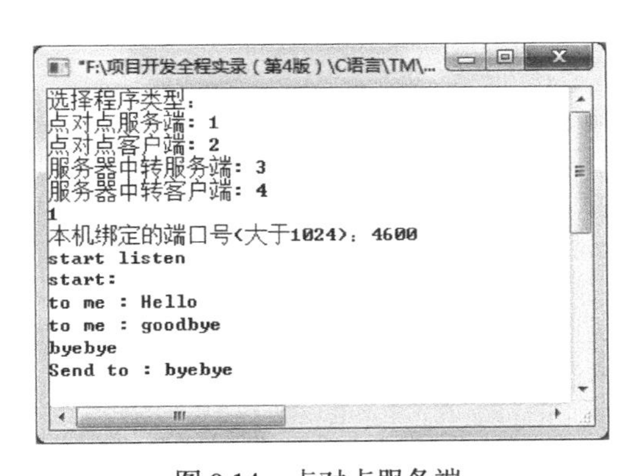

图 9.14　点对点服务端

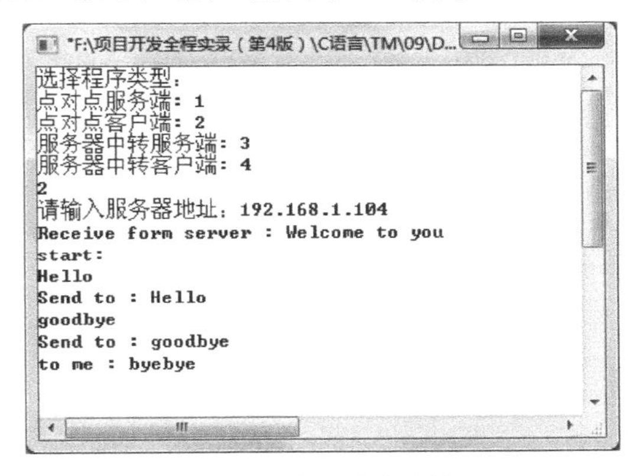

图 9.15　点对点客户端

CreateServer()函数用来创建点对点服务端，服务端负责监听客户端发送过来的连接请求，当有客户端发送连接过来后，启动接收消息的线程并进入发送消息的循环中。代码如下：

```
void CreateServer()
{
    SOCKET m_SockServer;
    struct sockaddr_in serveraddr;              //本地地址信息
    struct sockaddr_in serveraddrfrom;          //连接的地址信息
    int iPort=4600;                             //设定为固定端口
    int iBindResult=-1;                         //绑定结果
    int iWhileCount=200;
    struct hostent* localHost;
    char* localIP;
    SOCKET m_Server;
```

```
	char cWelcomBuffer[]="Welcome to you\0";
	int len=sizeof(struct sockaddr);
	int iWhileListenCount=10;
	DWORD nThreadId = 0;
	int ires;                                                    //发送的返回值
	char cSendBuffer[1024];                                      //发送消息缓存
	char cShowBuffer[1024];                                      //接收消息缓存
	ioutfileServer= fopen("MessageServer.txt","a");              //打开记录消息的文件
❶	m_SockServer = socket ( AF_INET,SOCK_STREAM,  0);
	printf("本机绑定的端口号(大于 1024)：");
	scanf("%d",&iPort);
	localHost = gethostbyname("");
	localIP = inet_ntoa (*(struct in_addr *)*localHost->h_addr_list);
	//设置网络地址信息
	serveraddr.sin_family = AF_INET;
	serveraddr.sin_port = htons(iPort);                          //端口
	serveraddr.sin_addr.S_un.S_addr = inet_addr(localIP);        //地址
	//绑定地址信息
	iBindResult=bind(m_SockServer,(struct sockaddr*)&serveraddr,sizeof(struct sockaddr));
	//如果端口不能被绑定，重新设置端口
	while(iBindResult!=0 && iWhileCount > 0)
	{
		printf("绑定失败，重新输入：");
		scanf("%d",iPort);
		//设置网络地址信息
		serveraddr.sin_family = AF_INET;
		serveraddr.sin_port = htons(iPort);                      //端口
		serveraddr.sin_addr.S_un.S_addr = inet_addr(localIP);    //IP
		//绑定地址信息
❷		iBindResult = bind(m_SockServer,(struct sockaddr*)&serveraddr,sizeof(struct sockaddr));
		iWhileCount--;
		if(iWhileCount<=0)
		{
			printf("端口绑定失败，重新运行程序\n");
			exit(0);
		}
	}
	while(iWhileListenCount>0)
	{
		printf("start listen\n");
		listen(m_SockServer,0);                                  //返回值判断单个监听是否超时
❸		m_Server=accept(m_SockServer,(struct sockaddr*)&serveraddrfrom,&len);
```

```
                if(m_Server!=INVALID_SOCKET)
                {
                    //有连接成功，发送欢迎信息
                    send(m_Server,cWelcomBuffer,sizeof(cWelcomBuffer),0);
                    //启动接收消息的线程
                    CreateThread(NULL,0,threadproServer,
                    (LPVOID)m_Server,0,&nThreadId );
                    break;
                }
            printf(".");
            iWhileListenCount--;
            if(iWhileListenCount<=0)
            {
                printf("\n 建立连接失败\n");
                exit(0);
            }
        }
        while(1)
        {
            memset(cSendBuffer,0,1024);
            scanf("%s",cSendBuffer);                                        //输入消息
            if(strlen(cSendBuffer)>0)                                       //输入消息不能为空
            {
                ires = send(m_Server,cSendBuffer,strlen(cSendBuffer),0);    //发送消息
                if(ires<0)
                {
                    printf("发送失败");
                }
                else
                {
                    sprintf(cShowBuffer,"Send to : %s\n",cSendBuffer);
                    printf("%s",cShowBuffer);
                    fwrite(cShowBuffer ,sizeof(char),strlen(cShowBuffer)
                    ,ioutfileServer);                                       //将消息写入日志
                }
                if(strcmp("exit",cSendBuffer)==0)
                {
                    ExitSystem();
                }
            }
        }
}
```

说明

❶ 建立 socket 句柄，函数 socket()不仅可以创建 TCP 连接，也可以创建 UDP 连接。
❷ 作为服务端绑定一个本地 IP 地址和端口。
❸ 当有客户端连接后，函数会返回一个新的套接字句柄。

threadproClient()函数是客户端接收消息的线程，实现代码如下：

```
DWORD WINAPI threadproClient(LPVOID pParam)
{
    SOCKET hsock=(SOCKET)pParam;
    char cRecvBuffer[1024];
    char cShowBuffer[1024];
    int num=0;
    if(hsock!=INVALID_SOCKET)
        printf("start:\n");
    while(1)
    {
        num = recv(hsock,cRecvBuffer,1024,0);
        if(num >= 0)
        {
            cRecvBuffer[num]='\0';
            sprintf(cShowBuffer,"to me : %s\n",cRecvBuffer);
            printf("%s",cShowBuffer);
            fwrite(cShowBuffer ,sizeof(char),strlen(cShowBuffer),ioutfileClient);
            fflush(ioutfileClient);
            if(strcmp("exit",cRecvBuffer)==0)
            {
                ExitSystem();
            }
        }
    }
    return 0;
}
```

发送的消息和接收的消息都会记录在文件中形成聊天记录，聊天记录窗口如图 9.16 所示。

图 9.16 聊天记录窗口

threadproServer()函数是服务端接收消息的线程，实现代码如下：

```
DWORD WINAPI threadproServer(LPVOID pParam)
{
    SOCKET hsock=(SOCKET)pParam;
    char cRecvBuffer[1024];
    char cShowBuffer[1024];
    int num=0;
    if(hsock!=INVALID_SOCKET)
        printf("start:\n");
    while(1)
    {
        num = recv(hsock,cRecvBuffer,1024,0);          //接收消息
        if(num >= 0)
        {
            cRecvBuffer[num]='\0';
            sprintf(cShowBuffer,"to me : %s\n",cRecvBuffer);
            printf("%s",cShowBuffer);
            //记录消息
            fwrite(cShowBuffer ,sizeof(char),strlen(cShowBuffer),ioutfileServer);
            fflush(ioutfileServer);
            if(strcmp("exit",cRecvBuffer)==0)
            {
                ExitSystem();
            }
        }
    }
    return 0;
}
```

CheckIP()函数完成 IP 地址正确性的检查，实现代码如下：

```
int CheckIP(char *cIP)
{
    char IPAddress[128];                           //IP 地址字符串
    char IPNumber[4];                              //IP 地址中每组的数值
    int iSubIP=0;                                  //IP 地址中 4 段之一
    int iDot=0;                                    //IP 地址中“.”的个数
    int iResult=0;
    int iIPResult=1;
    int i;                                         //循环控制变量
    memset(IPNumber,0,4);
    strncpy(IPAddress,cIP,128);
```

```
	for(i=0;i<128;i++)
	{
		if(IPAddress[i]=='.')
		{
			iDot++;
			iSubIP=0;
			if(atoi(IPNumber)>255)
				iIPResult = 0;
			memset(IPNumber,0,4);
		}
		else
		{
			IPNumber[iSubIP++]=IPAddress[i];
		}
		if(iDot==3 && iIPResult!=0)
			iResult= 1;
	}
	return iResult;
}
```

注意 这里只对 IP 进行简单的检查，首先检查 IP 地址中的点是否是 3 个，以及每段 IP 的数值是否超过 255。

CreateClient()函数负责创建点对点的客户端模块，客户端需要用户数据服务端的 IP 地址，与服务端建立连接后，建立接收消息的线程，同时启动发送消息的循环。实现代码如下：

```
void CreateClient()
{
	SOCKET m_SockClient;
	struct sockaddr_in clientaddr;
	char cServerIP[128];
	int iWhileIP=10;                                    //循环次数
	int iCnnRes;                                        //连接结果
	DWORD nThreadId = 0;                                //线程 ID 值
	char cSendBuffer[1024];                             //发送缓存
	char cShowBuffer[1024];                             //显示缓存
	char cRecvBuffer[1024];                             //接收缓存
	int num;                                            //接收的字符个数
	int ires;                                           //发送消息的结果
	int iIPRes;                                         //检测 IP 是否正确
	m_SockClient = socket ( AF_INET,SOCK_STREAM, 0 );
```

```
printf("请输入服务器地址：");
scanf("%s",cServerIP);
//IP 地址判断
if(strlen(cServerIP)==0)
    strcpy(cServerIP,"127.0.0.1");                  //没有输入地址，使用回环地址
else
{
    iIPRes=CheckIP(cServerIP);
    while(!iIPRes && iWhileIP>0)
    {
        printf("请重新输入服务器地址：\n");
        scanf("%s",cServerIP);                      //重新输入 IP 地址
        iIPRes=CheckIP(cServerIP);                  //检测 IP 的合法性
        iWhileIP--;
        if(iWhileIP<=0)
        {
            printf("输入次数过多\n");
            exit(0);
        }
    }
}
ioutfileClient= fopen("MessageServerClient.txt","a");        //打开记录消息的文件
clientaddr.sin_family = AF_INET;
//客户端向服务端请求的端口号，应该和服务端绑定的一致
clientaddr.sin_port = htons(4600);
clientaddr.sin_addr.S_un.S_addr = inet_addr(cServerIP);
iCnnRes = connect(m_SockClient,(struct sockaddr*)&clientaddr,sizeof(struct sockaddr));
if(iCnnRes==0)                                        //连接成功
{
    num = recv(m_SockClient,cRecvBuffer,1024,0);      //接收消息
    if( num > 0 )
    {
        printf("Receive form server : %s\n",cRecvBuffer);
        //启动接收消息的线程
        CreateThread(NULL,0,threadproClient,(LPVOID)m_SockClient,0,&nThreadId );
    }
    while(1)
    {
        memset(cSendBuffer,0,1024);
        scanf("%s",cSendBuffer);
        if(strlen(cSendBuffer)>0)
        {
```

```
                    ires=send(m_SockClient,cSendBuffer,strlen(cSendBuffer),0);
                    if(ires<0)
                    {
                        printf("发送失败\n");
                    }
                    else
                    {
                        sprintf(cShowBuffer,"Send to : %s\n",cSendBuffer);                //整理要显示的字符串
                        printf("%s",cShowBuffer);
                        fwrite(cShowBuffer ,sizeof(char),strlen(cShowBuffer),ioutfileClient);   //记录发送消息
                        fflush(ioutfileClient);
                    }
                    if(strcmp("exit",cSendBuffer)==0)
                    {
                        ExitSystem();
                    }
                }
            }
    }//iCnnRes
    else
    {
        printf("连接不正确\n");
    }
}
```

ExitSystem()函数以点对点方式实现退出，实现代码如下：

```
void ExitSystem()
{
    if(ioutfileServer!=NULL)
        fclose(ioutfileServer);
    if(ioutfileClient!=NULL)
        fclose(ioutfileClient);
    WSACleanup();
    exit(0);
}
```

9.5 服务器中转通信

服务器中转通信包括服务器中转服务端和服务器中转客户端。如图 9.17 所示，选择 3 创建服务端；选择 4 创建客户端。

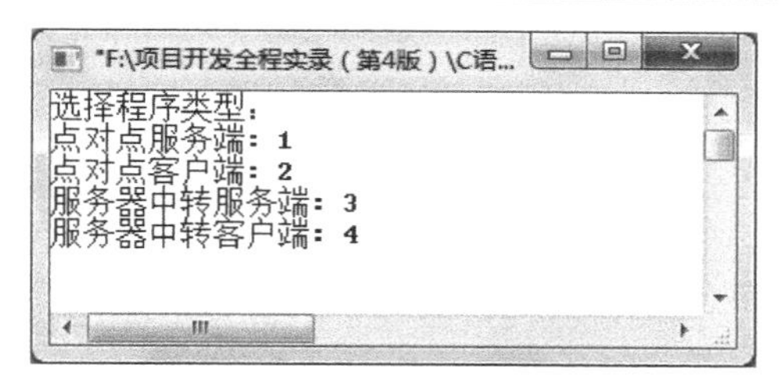

图 9.17　程序主界面

创建服务器中转通信的步骤如下：

（1）启动系统，根据提示菜单选择 3，中转通信的服务端开始处于监听状态，如图 9.18 所示。

（2）启动系统，根据提示菜单选择 4，中转通信的客户端启动，此时作为第一个登录的客户端，没有可以聊天的用户，如图 9.19 所示。

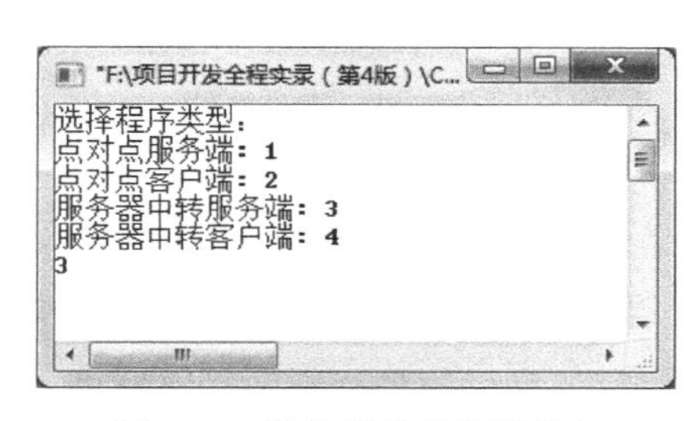

图 9.18　服务器处于监听状态

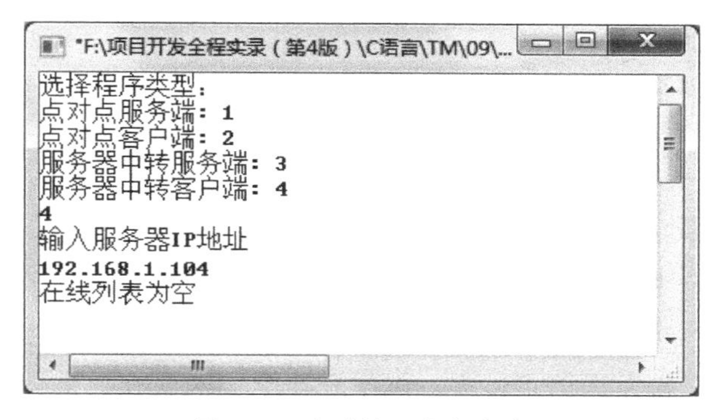

图 9.19　启动第一个客户端

此时服务端显示接收到客户端的连接，如图 9.20 所示。

（3）启动系统，根据提示菜单选择 4，中转通信的客户端启动，此时可以和第一个登录的客户端进行通信，如图 9.21 所示。

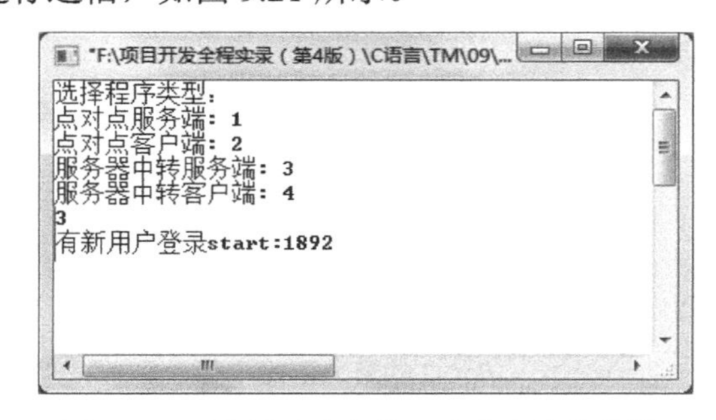

图 9.20　服务端建立与第一个客户端的连接

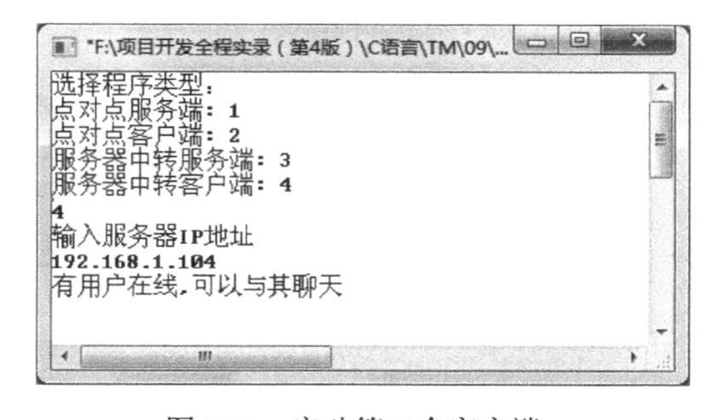

图 9.21　启动第二个客户端

第一个客户端会接收到服务端发送过来的通知信息，如图 9.22 所示。

此时服务端显示接收到客户端的连接，如图 9.23 所示。

（4）两个登录的客户端此时可以进行通信，如图 9.24 所示。

第二个客户端向第一个客户端发送消息，如图 9.25 所示，第一个客户端向第二个客户端回送消息。

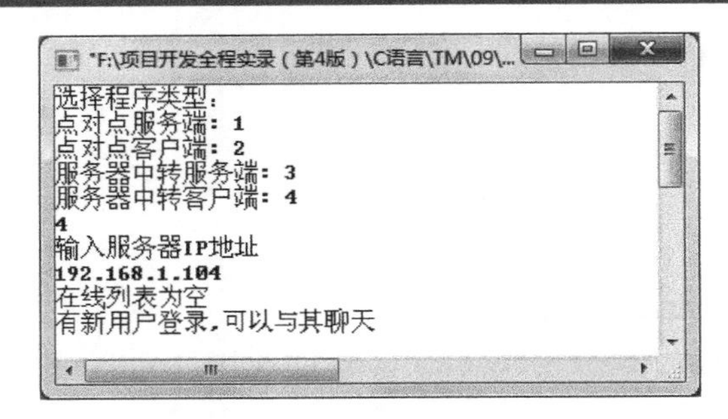

图 9.22　第一个客户端接收信息

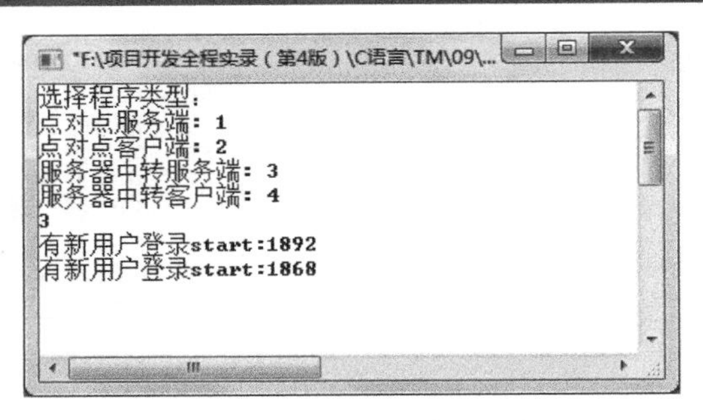

图 9.23　服务端情况

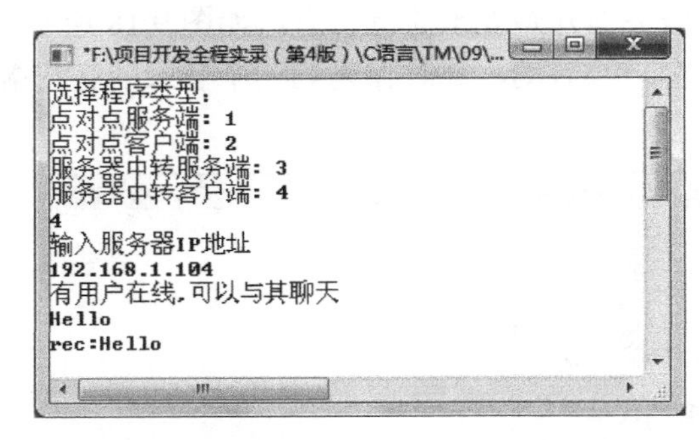

图 9.24　第一个客户端发送和接收消息

"F:\项目开发全程实录（第4版）\C语言\TM\09\...
选择程序类型:
点对点服务端: 1
点对点客户端: 2
服务器中转服务端: 3
服务器中转客户端: 4
4
输入服务器IP地址
192.168.1.104
在线列表为空
有新用户登录,可以与其聊天
rec:Hello
Hello

图 9.25　第二个客户端接收和发送消息

CreateTranServer()函数用来创建中转服务端，中转服务器主要负责监听客户端发送过来的请求，只要客户端发送请求过来，就将套接字句柄保存起来，然后每增加一个客户端就向前面登录过的客户端发送消息，通知有新用户登录。实现代码如下：

```
void CreateTranServer()
{
    SOCKET m_SockServer;                                    //开始监听的 SOCKET 句柄
    struct sockaddr_in serveraddr;                          //用于绑定的地址信息
    struct sockaddr_in serveraddrfrom;                      //接收到的连接的地址信息
    int iRes;                                               //获取绑定的结果
    SOCKET m_Server;                                        //已建立连接的 SOCKET 句柄
    struct hostent* localHost;                              //主机环境指针
    char* localIP;                                          //本地 IP 地址
    struct CSendPackage sp;                                 //发送包
    int iMaxConnect=20;                                     //允许的最大连接个数
    int iConnect=0;                                         //建立连接的个数
    DWORD nThreadId = 0;                                    //获取线程的 ID 值
    char cWarnBuffer[]="It is voer Max connect\0";          //警告字符串
    int len=sizeof(struct sockaddr);
    int id;                                                 //新分配的客户 ID
    localHost = gethostbyname("");
    localIP = inet_ntoa (*(struct in_addr *)*localHost->h_addr_list);     //获取本地 IP
    serveraddr.sin_family = AF_INET;
```

```
serveraddr.sin_port = htons(4600);                          //设置绑定的端口号
serveraddr.sin_addr.S_un.S_addr = inet_addr(localIP);       //设置本地 IP
//创建套接字
m_SockServer = socket ( AF_INET,SOCK_STREAM,  0);
if(m_SockServer == INVALID_SOCKET)
{
    printf("建立套接字失败\n");
    exit(0);
}
//绑定本地 IP 地址
iRes=bind(m_SockServer,(struct sockaddr*)&serveraddr,sizeof(struct sockaddr));
if(iRes < 0)
{
    printf("建立套接字失败\n");
    exit(0);
}
//程序主循环
while(1)
{
    listen(m_SockServer,0);                                 //开始监听
    m_Server=accept(m_SockServer,(struct sockaddr*)&serveraddrfrom,&len);    //接收连接
    if(m_Server!=INVALID_SOCKET)
    {
        printf("有新用户登录");                              //对方已登录
        if(iConnect < iMaxConnect)
        {
            //启动接收消息线程
            CreateThread(NULL,0,threadTranServer,(LPVOID)m_Server,0,&nThreadId );
            //构建连接用户的信息
            usrinfo[iConnect].ID=iConnect+1;                //存放用户 ID
            usrinfo[iConnect].sUserSocket=m_Server;
            usrinfo[iConnect].iPort=0;                      //存放端口，扩展用
            //构建发包信息
            sp.iType=SERVERSEND_SELFID;                     //获取的 ID 值，返回信息
            sp.iCurConn=iConnect;                           //在线个数
            id=iConnect+1;
            sprintf(sp.cBuffer,"%d\0",id);
            send(m_Server,(char*)&sp,sizeof(sp),0);         //发送客户端的 ID 值
            //通知各个客户端
            if(iConnect>0)
                CreateThread(NULL,0,NotyifyProc,(LPVOID)&id,0,&nThreadId );
            iConnect++;
```

```
            }
            else
                send(m_Server,cWarnBuffer,sizeof(cWarnBuffer),0);       //已超出最大连接数
        }
    }
    WSACleanup();
}
```

threadTranServer()函数是负责中转的服务器，用来中转消息和发送在线用户列表的线程。实现代码如下：

```
DWORD WINAPI threadTranServer(LPVOID pParam)
{
    SOCKET hsock=(SOCKET)pParam;                            //获取 SOCKET 句柄
    SOCKET sTmp;                                            //临时存放用户的 SOCKET 句柄
    char cRecvBuffer[1024];                                 //接收消息的缓存
    int num=0;                                              //发送的字符串
    int m,j;                                                //循环控制变量
    //char cTmp[2];                                         //临时存放用户 ID
    int ires;
    struct CSendPackage sp;                                 //发包
    struct CReceivePackage *p;
    if(hsock!=INVALID_SOCKET)
        printf("start:%d\n",hsock);
    while(1)
    {
        num=recv(hsock,cRecvBuffer,1024,0);                 //接收发送过来的信息
        if(num>=0)
        {
            p = (struct CReceivePackage*)cRecvBuffer;
            switch(p->iType)
            {
            case CLIENTSEND_TRAN:                           //对消息进行中转
                for(m=0;m<2;m++)
                {
                    if(usrinfo[m].ID==p->iToID)
                    {
                        //组包
                        sTmp=usrinfo[m].sUserSocket;
                        memset(&sp,0,sizeof(sp));
                        sp.iType=SERVERSEND_SHOWMSG;
                        strcpy(sp.cBuffer,p->cBuffer);
                        ires = send(sTmp,(char*)&sp,sizeof(sp),0);      //发送内容
```

```
                        if(ires<0)
                            printf("发送失败\n");
                    }
                }
                break;
            case CLIENTSEND_LIST:                                        //发送在线用户
                memset(&sp,0,sizeof(sp));
                for(j=0;j<2;j++)
                {
                    if(usrinfo[j].ID!=p->iFromID && usrinfo[j].ID!=0)
                    {
                        sp.cBuffer[j]=usrinfo[j].ID;
                        printf("%d\n",sp.cBuffer[j]);
                    }
                }
                sp.iType=SERVERSEND_ONLINE;
                send(hsock,(char*)&sp,sizeof(sp),0);
                break;
            case CLIENTSEND_EXIT:
                printf("退出系统\n");
                return 0;                                                //结束线程
                break;
            }
        }
    }
    return 0;
}
```

NotyifyProc()函数是服务器通知所有客户端有新用户登录的线程，实现代码如下：

```
DWORD WINAPI NotyifyProc(LPVOID pParam)
{
    struct CSendPackage sp;                                      //发送包
    SOCKET sTemp;                                                //连接用户的 SOCKET 句柄
    int *p;                                                      //接收主线程发送过来的 ID 值
    int j;                                                       //循环控制变量
❶   p=(int*)pParam;                                              //新用户 ID

    for(j=0;j<2;j++)                                             //去除新登录的，已经连接的
    {
❷       if(usrinfo[j].ID !=   (*p))
        {
            sTemp=usrinfo[j].sUserSocket;
```

```
                sp.iType=SERVERSEND_NEWUSR;                             //新上线通知
❸               sprintf(sp.cBuffer,"%d\n",(*p));
                send(sTemp,(char*)&sp,sizeof(sp),0);                    //发送新用户上线通知
            }
        }
        return 0;
}
```

说明 ❶ pParam 是通过 CreateThread()函数的第 4 个参数发送的数据，一般通过这个参数传递结构对象，可以传输更多的数据，但传递结构对象会增加系统开销。

❷ (*p)是一个整型数据，也就是服务端为刚上线的客户端发送的 ID 值。

❸ 将客户端的 ID 值保存到 CSendPackage 结构的 cBuffer 成员中。

创建服务器中转客户端，客户端负责向服务器发送连接请求。连接成功后启动接收消息的线程，并启动发送消息的循环。代码如下：

```
void CreateTranClient()
{
        SOCKET m_SockClient;                                            //建立连接的 socket
        struct sockaddr_in clientaddr;                                  //目标的地址信息
        int iRes;                                                       //函数执行情况
        char cSendBuffer[1024];                                         //发送消息的缓存
        DWORD nThreadId = 0;                                            //保存线程的 ID 值
        struct CReceivePackage sp;                                      //发包结构
        char IPBuffer[128];
        printf("输入服务器 IP 地址\n");
        scanf("%s",IPBuffer);
        clientaddr.sin_family = AF_INET;
        clientaddr.sin_port = htons(4600);                              //连接的端口号
        clientaddr.sin_addr.S_un.S_addr = inet_addr(IPBuffer);
        m_SockClient = socket ( AF_INET,SOCK_STREAM, 0 );               //创建 socket
        //建立与服务端的连接
        iRes = connect(m_SockClient,(struct sockaddr*)&clientaddr,sizeof(struct sockaddr));
        if(iRes < 0)
        {
            printf("连接错误\n");
            exit(0);
        }
        //启动接收消息的线程
        CreateThread(NULL,0,threadTranClient,(LPVOID)m_SockClient,0,&nThreadId );
        while(1)                                                        //接收到自己的 ID
```

```
    {
        memset(cSendBuffer,0,1024);
        scanf("%s",cSendBuffer);                              //输入发送内容
        if(bSend)
        {
            if(sizeof(cSendBuffer)>0)
            {
                memset(&sp,0,sizeof(sp));
                strcpy(sp.cBuffer,cSendBuffer);
                sp.iToID=usr[0].ID;                           //聊天对象是固定的
                sp.iFromID=iMyself;                           //自己
                sp.iType=CLIENTSEND_TRAN;
                send(m_SockClient,(char*)&sp,sizeof(sp),0);   //发送消息
            }
            if(strcmp("exit",cSendBuffer)==0)
            {
                memset(&sp,0,sizeof(sp));
                strcpy(sp.cBuffer,"退出");                    //设置发送消息的文本内容
                sp.iFromID=iMyself;
                sp.iType=CLIENTSEND_EXIT;                     //退出
                send(m_SockClient,(char*)&sp,sizeof(sp),0);   //发送消息
                ExitTranSystem();
            }
        }
        else
            printf("没有接收对象,发送失败\n");
    Sleep(10);
    }
}
```

threadTranClient()函数是线程的实现，在函数内实现网络消息的接收。然后根据接收内容的类型进行处理，如果是自己登录成功，获取到 ID 后向服务端发送获取在线用户请求；如果是其他客户端发送给自己的消息，直接显示出来；如果是服务端发送过来的用户列表，根据列表内容决定聊天用户。实现代码如下：

```
DWORD WINAPI threadTranClient(LPVOID pParam)
{
    SOCKET hsock=(SOCKET)pParam;
    int i;                                                    //循环控制变量
    char cRecvBuffer[2048];                                   //接收消息的缓存
    int    num;                                               //接收消息的字符数
    //char cTmp[2];                                           //临时存放在线用户 ID
```

```
struct CReceivePackage sp;                              //服务端的接收包是客户端的发送包
struct CSendPackage *p;                                 //服务端的发送包是客户端的接收包
int iTemp;                                              //临时存放接收到的 ID 值
while(1)
{
    num = recv(hsock,cRecvBuffer,2048,0);               //接收消息
    if(num>=0)
    {
        p = (struct CSendPackage*)cRecvBuffer;
        if(p->iType==SERVERSEND_SELFID)
        {
            iMyself=atoi(p->cBuffer);
            sp.iType=CLIENTSEND_LIST;                   //请求在线人员列表
            send(hsock,(char*)&sp,sizeof(sp),0);
        }
        if(p->iType==SERVERSEND_NEWUSR)                 //登录用户 ID
        {
            iTemp = atoi(p->cBuffer);
            usr[iNew++].ID=iTemp;                       //iNew 表示有多少个新用户登录
            printf("有新用户登录,可以与其聊天\n");
            bSend=1;                                    //可以发送消息聊天
        }
        if(p->iType==SERVERSEND_SHOWMSG)                //显示接收的消息
        {
            printf("rec:%s\n",p->cBuffer);
        }
        if(p->iType==SERVERSEND_ONLINE)                 //获取在线列表
        {
            for(i=0;i<2;i++)
                {
                    if(p->cBuffer[i]!=iMyself && p->cBuffer[i]!=0)
                    {
                        usr[iNew++].ID=p->cBuffer[i];
                        printf("有用户在线,可以与其聊天\n");
                        bSend=1;                        //可以发送消息聊天
                    }
                }
                if(!bSend)
                    printf("在线列表为空\n");
        }
    }
}
```

```
    return 0;
}
```

ExitTranSystem()函数是服务器中转模块退出系统的实现，服务器中转模块退出系统与点对点模块有所不同，点对点模块需要关闭文件，而服务器中转模块不需要。实现代码如下：

```
void ExitTranSystem()
{
    WSACleanup();
    exit(0);
}
```

9.6　程序调试与错误处理

（1）创建文件有两种库函数可以使用，一种是系统库函数，另一种是标准 C 库函数。不同的操作系统，其库函数会有所不同，但基本方法都是一样的。在使用 Windows 系统库函数并在 Windows 2003 系统中创建文件时，会出现一个不可写入的情况，例如：

```
#include "fcntl.h"
#include <stdio.h>
int main(void)
{
    char buffer[128];
    int ifile;
    ifile=_open("message.txt",_O_APPEND|_O_CREAT|_O_BINARY|_O_RDWR);
    strcpy(buffer,"mingrisoft\0");
    _write(ifile,buffer,strlen(buffer));
    _commit(ifile);
    _close(ifile);
    ifile=_open("message.txt",_O_APPEND|_O_CREAT|_O_BINARY|_O_RDWR);
    strcpy(buffer,"www.mingribook.com\0");
    _write(ifile,buffer,strlen(buffer));
    _commit(ifile);
    _close(ifile);
    return 0;
}
```

程序应该向文件写入 mingrisoft 和 www.mingribook.com 两个字符串，但结果只写入了一个。主要原因是在第一次调用_open 创建文件时，创建了只读文件，再次打开时，就无法写入了。只读属性如图 9.26 所示。

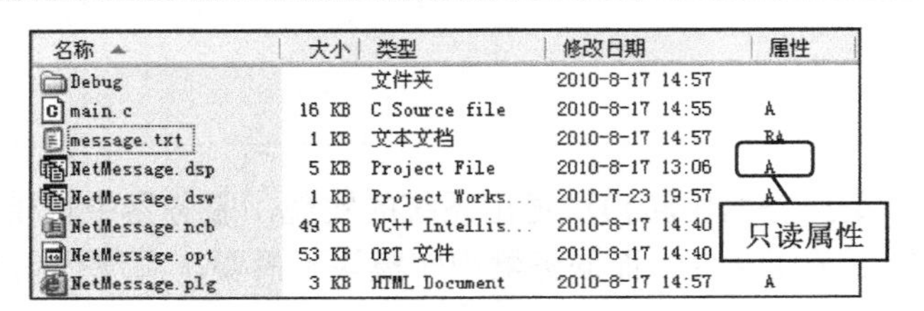

图 9.26　文件的只读属性

解决方法是使用标准 C 库函数代替，标准 C 库函数和系统库函数有着一对一关系。对应关系如表 9.5 所示。

表 9.5　两种库函数的对应关系

标　准　库	调　试　库
_open	fopen
_write	fwrite
_read	fread
_commit	fflush
_close	fclose

（2）对齐方式不一致。Visual C++中可以设置结构体成员的对齐方式，通过菜单 Project/Settings 可以打开工程设置对话框。如图 9.27 所示选择 C/C++选项卡，在“分类”下拉列表框中选择 Code Generation 选项，在 Struct member alignment 下拉列表框中可以设置对齐的字节数。

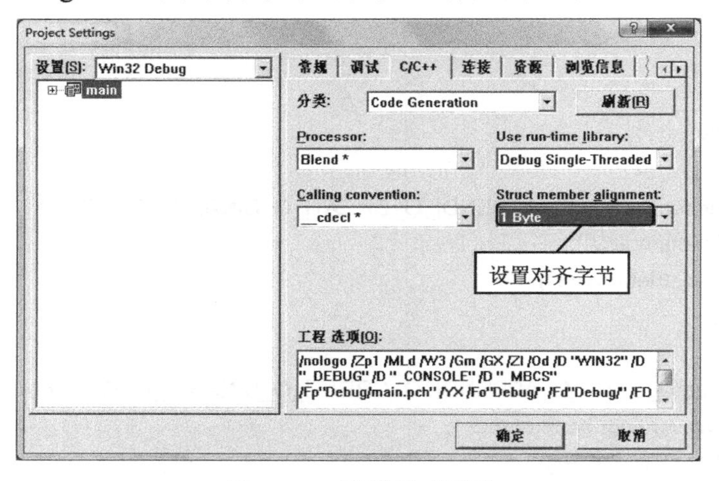

图 9.27　工程设置对话框

系统中定义了服务端用来接收数据，客户端用来发送数据的结构体 CReceivePackage：

```
struct CReceivePackage
{
    int iType;
    int iToID;
```

```
    int iFromID;
    char cBuffer[1024];
};
```

这个结构体无论是 8 Bytes 的对齐方式还是 1 Byte 的对齐方式，其结构体的大小都为 1036（使用 sizeof 运算符获得），如果在结构体中添加一个 short 成员，例如：

```
struct CReceivePackage
{
    int iType;
    int iToID;
    int iFromID;
    short i;
    char cBuffer[1024];
};
```

如果是 8 Bytes 的对齐方式，结构体的大小是 1040；如果对齐方式为 1 Byte，则结构体大小为 1038，这是因为 short 占用的空间不足 8 个字节，如果使用 8 Bytes 对齐，需要多出一定的空间。

如果服务端将对齐方式设置为 8 Bytes，而客户端将对齐方式设置为 1 Byte，那么客户端接收的数据就会出错，无法正确获取结构体成员数据。

9.7　开 发 总 结

网络通信可以使用面向连接方式建立连接，也可以使用非面向连接方式建立连接。本章网络通信系统使用面向连接方式建立连接，即使用 TCP 建立连接，而没有使用 UDP 建立连接。使用面向连接方式建立连接的好处是通信稳定，不会丢失数据包，但由于 TCP 有 3 次握手，所以面向连接方式比较耗时，同样对服务器的性能也是一个考验。本章实例仍然可以使用 UDP 来进行通信。使用 UDP 建立连接的步骤如下。

（1）在服务端绑定本机端口，主要代码如下：

```
    WSADATA data;
    WSAStartup(2,&data);
    //获取本机 IP
    hostent* phost = gethostbyname("");
    char* localIP = inet_ntoa (*(struct in_addr *)*phost->h_addr_list);
    sockaddr_in addr;
    addr.sin_family = AF_INET;
    addr.sin_addr.S_un.S_addr   = inet_addr(localIP);
    addr.sin_port   = htons(5001);
    //创建套接字
```

```
m_Socket = socket(AF_INET,SOCK_DGRAM,0);
if (m_Socket == INVALID_SOCKET)
{
	MessageBox("套接字创建失败!");
}
//绑定套接字
if (bind(m_Socket,(sockaddr*)&addr,sizeof(addr))==SOCKET_ERROR)
{
	MessageBox("套接字绑定失败!");
}
```

（2）直接使用 sendto 发送数据，发送的过程中需要指定客户端的 IP 地址和端口。主要代码如下：

```
CString sIP;
char *pSendBuf;
pSendBuf = new char[1024];
sIP="192.168.1.104";
m_Addr.sin_family = AF_INET;
m_Addr.sin_port    = htons(5002);
m_Addr.sin_addr.S_un.S_addr = inet_addr(sIP);
sendto(m_Socket,(char*)pSendBuf,PICPACKSIZE,0,(sockaddr*)&m_Addr,sizeof(m_Addr));
```

（3）在客户端仍然需要绑定 IP 地址及端口，可以绑定本机的 IP 地址。主要代码如下：

```
WSADATA data;
WSAStartup(2,&data);
struct ip_mreq ipmr;
//获取本机 IP
hostent* phost = gethostbyname("");
char* localIP =inet_ntoa (*(struct in_addr *)*phost->h_addr_list);
sockaddr_in addr;
addr.sin_family = AF_INET;
addr.sin_addr.S_un.S_addr  =  inet_addr(localIP);
addr.sin_port   = htons(5002);
//创建套接字
m_Socket = socket(AF_INET,SOCK_DGRAM,0);
if (m_Socket == INVALID_SOCKET)
{
	MessageBox("套接字创建失败!");
}
//绑定套接字
if (bind(m_Socket,(sockaddr*)&addr,sizeof(addr))==SOCKET_ERROR)
{
```

```
        MessageBox("套接字绑定失败!");
    }
```

注意　在使用 UDP 连接方式通信时，绑定的 IP 最好不要是 127.0.0.1 回送 IP，并且如果要在同一台机器测试时，服务端和客户端绑定的端口应该是不同的，同时还要注意发送时指定的端口和绑定时指定的端口的对应关系。

（4）直接使用 recvfrom 接收数据，主要代码如下：

```
    BYTE *buffer= new BYTE[MAX_BUFF];
    int factsize =sizeof(sockaddr);
    int ret = recvfrom(m_Socket,(char*)buffer,MAX_BUFF,0,(sockaddr*)&m_Addr,&factsize);
    if(ret==-1)
    {
        MessageBox("接收错误");
        return;
    }
```

本章程序只是把点对点连接方式中的聊天记录写入文件，而且是写入了固定的文件，应该对程序进行升级，将聊天时的时间也写入文件中，这样可以更全面地了解聊天过程。获取时间的方法有很多，可以使用系统的 API 函数 GetSystemTime()，也可以使用 localtime()函数，但这个函数都和系统有关，在不同的操作系统中被支持的情况不一样。下面是使用 localtime()函数获取时间的代码：

```
    #include <time.h>
    char szBuffer[1204];
    time_t tCurrentTime;
    tCurrentTime = time ( ( time_t* ) NULL );                        //获取时间
    //定义时间格式，显示分钟和秒
    strftime ( szBuffer, sizeof ( szBuffer ), "%M_%S", localtime ( &tCurrentTime ) );
    _write(ifile,szBuffer,10);                                       //将时间写入文件
```

本章程序在进行服务器中转方式通信时，采用的是由服务器按连接顺序分配 ID，而且只能够分配两个 ID，这个值在程序中是固定的，读者可以自己对程序进行扩展，例如，在程序中加入用户的验证过程，就像 QQ 一样，登录的账号是使用其他程序生成的，服务器可以对账号信息进行核查，可以加入同一账号重复登录的检测，还可以进行消息的群发等。

总之，本章程序是进行两种通信方式框架的搭建，还有许多细节需要添加，只要掌握 TCP 和 UDP 的原理，什么样的功能都可以实现，根据需求可以开发出最适合自己单位情况的通信软件。

第10章

窗体版图书管理系统

（Visual C++ 6.0+WINAPI+MySQL 数据库实现）

随着现代社会信息量的不断增加，图书的种类及信息也越来越多，如何来管理庞大的图书信息成为图书管理员的一大难题。在计算机信息技术高速发展的今天，人们意识到原有的人工管理方式已经不能适应如今的社会，而使用计算机信息系统来管理已是如今最有效率的一种手段。通过本章的学习，读者能够学到：

- 如何设计 Windows 对话框应用程序
- 如何处理消息
- 如何设计信息表、过程表和结果表
- 如何使用 MySQL 的 C 语言 API

10.1　开 发 背 景

随着现代图书流通市场竞争愈演愈烈，如何以一种便捷的管理方式加快图书流通信息的反馈速度，降低图书库存占用，缩短资金周转时间，提高工作效率，已经成为能否增强图书企业竞争力的关键问题。信息技术的飞速发展给图书企业的管理带来了全新的变革，采用图书管理系统对图书企业经营运作进行全程管理，不仅使企业摆脱了以往人工管理产生的一系列问题，而且让图书企业提高了管理效率，减少了管理成本，增加了经济效益。通过管理系统对图书企业的发展进行规划，可以收集大量关键、可靠的数据。企业决策层通过分析这些数据，可以做出合理决策，及时调整，使企业能够更好地遵循市场的销售规律，适应市场的变化，从而让企业在激烈的行业竞争中占据一席之地。

10.2　需 求 分 析

本章中使用 Visual C++ 6.0 开发设计了图书管理系统，其中包括四大模块，分别为基本信息管理、库存管理、销售管理和查询管理。

该系统主要需要满足以下功能：

☑　操作员信息管理。

☑　图书信息管理。

☑　图书入库管理。

☑　图书销售管理。

☑　销售退货管理。

☑　入库查询。

☑　销售查询，等等。

10.3　系 统 设 计

10.3.1　数据库建模

分析现实中图书企业的业务模型，归纳出相应信息实体、业务实体。以售书流程为例，**销售人员**接待买书的**顾客**，将卖出**图书**的**数量**、**时间**和所收**金额**记录下来。

其中，加粗的字体标示出了业务的属性。

信息实体属性：销售人员、顾客、图书。

非信息实体属性：数量、时间、金额。

作为信息实体的属性需要建立各自的信息表。以图书为例，与其相关的属性有条形码（有时需要

助记码)、书名、作者、出版社、价格、备注。

将这些实体以及它们的属性用E-R图表示，如图10.1和图10.2所示。

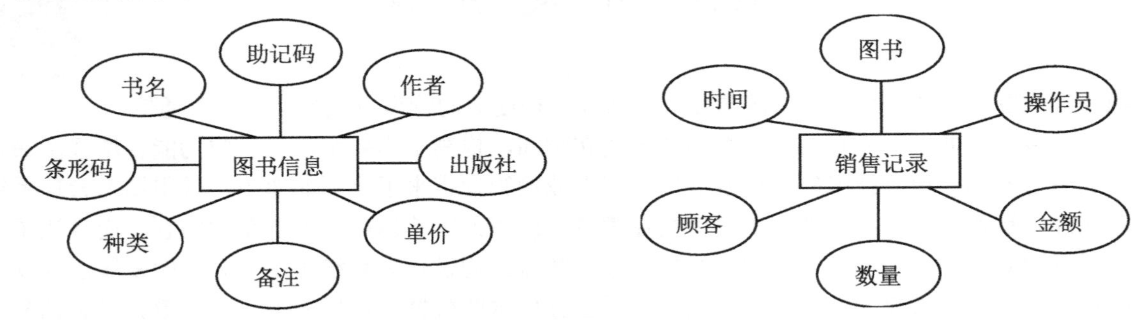

图10.1　书籍信息实体E-R图　　图10.2　商品销售信息实体E-R图

10.3.2　系统功能结构

图书管理系统功能结构如图10.3所示。

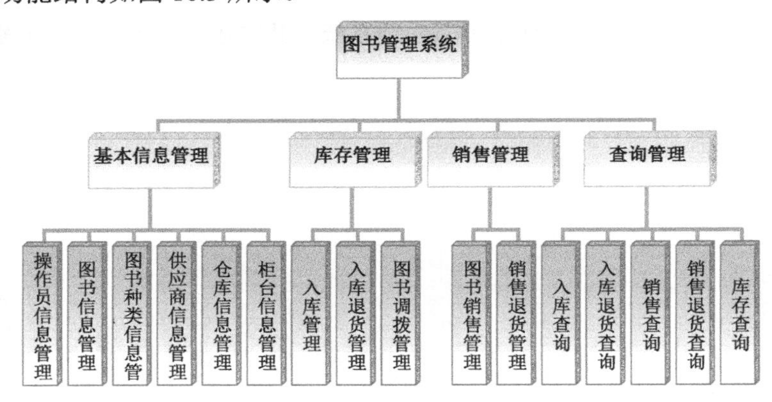

图10.3　图书管理系统功能结构

10.3.3　建立数据库

在MySQL中建立数据库db_mrbm，依据之前对业务模型的分析建立表，如图10.4和图10.5所示。

Table Name	Engine
tb_base_book_kind	InnoDB
tb_base_desk_info	InnoDB
tb_base_store_info	InnoDB
tb_book_adjust	InnoDB
tb_book_info	InnoDB
tb_book_input	InnoDB
tb_book_input_back	InnoDB
tb_book_sale	InnoDB
tb_book_sale_back	InnoDB
tb_operators	InnoDB
tb_provider_info	InnoDB
tb_stock_info	InnoDB

图10.4　各个表的名称以及引擎

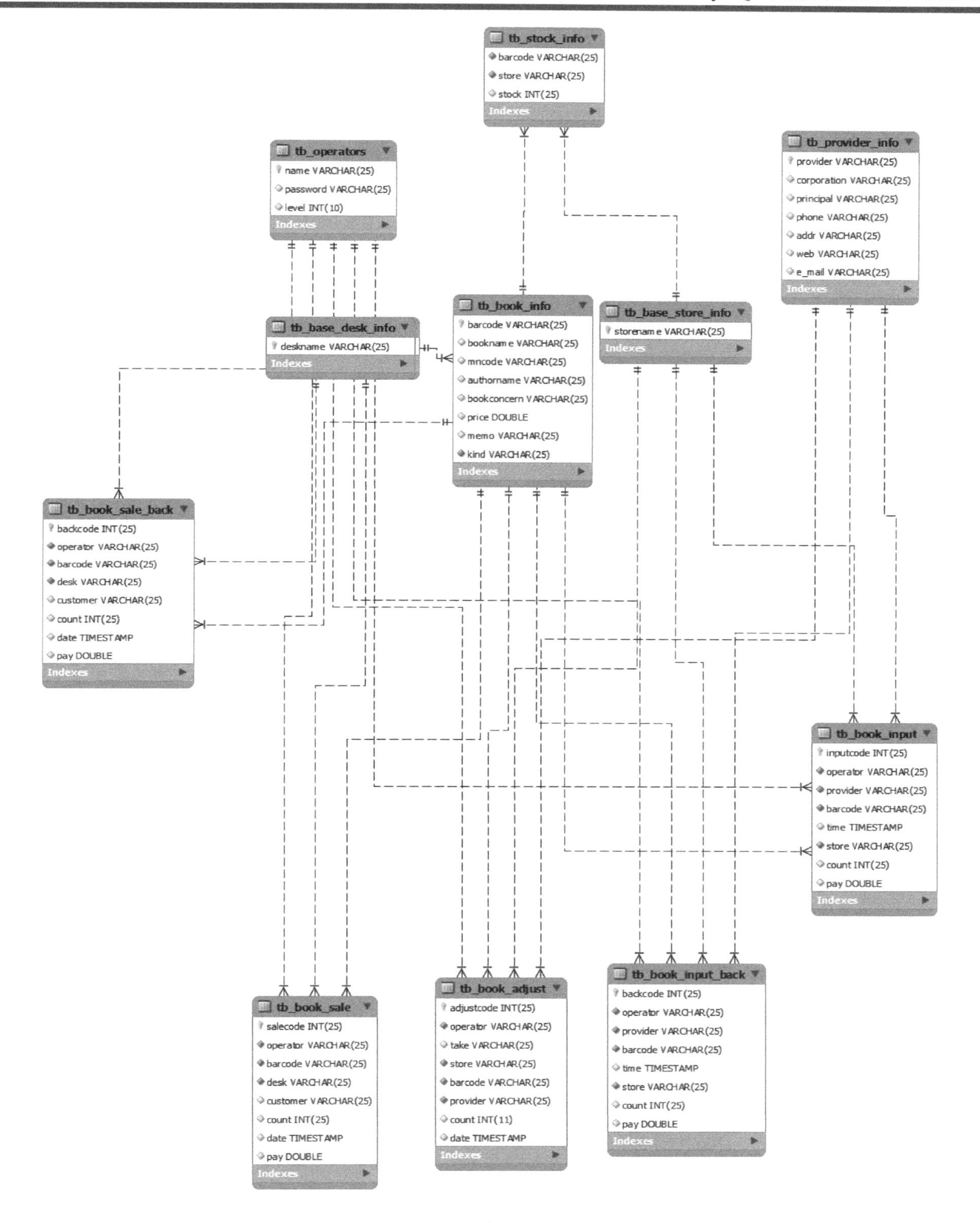

图 10.5　各个表的依赖关系

10.3.4　系统预览

图书管理系统由主界面、图书信息管理界面、操作员信息管理界面及销售信息查询界面等组成，由于篇幅有限，在此只给出部分功能预览图。

图书管理系统主界面主要用于操作员管理图书信息，如图 10.6 所示。图书信息管理界面如图 10.7 所示。

图 10.6　图书管理系统主界面

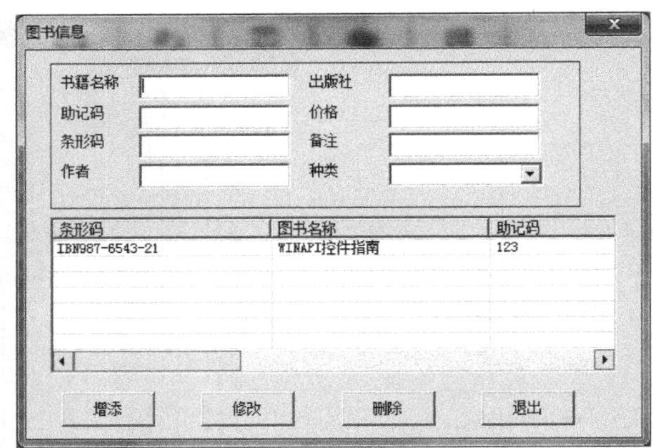

图 10.7　图书信息管理界面

操作员信息管理界面如图 10.8 所示。销售信息查询界面如图 10.9 所示。

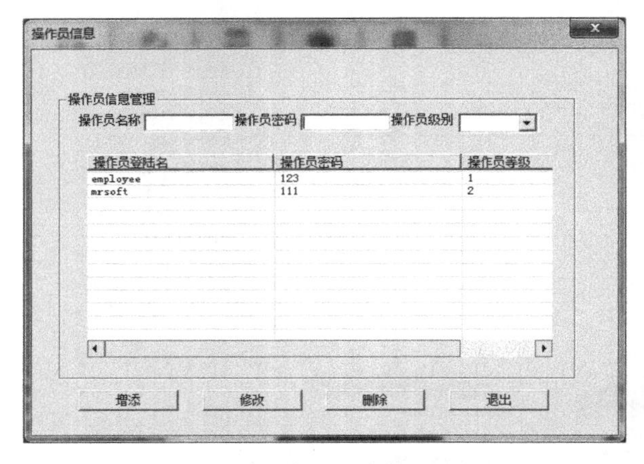

图 10.8　操作员信息管理界面

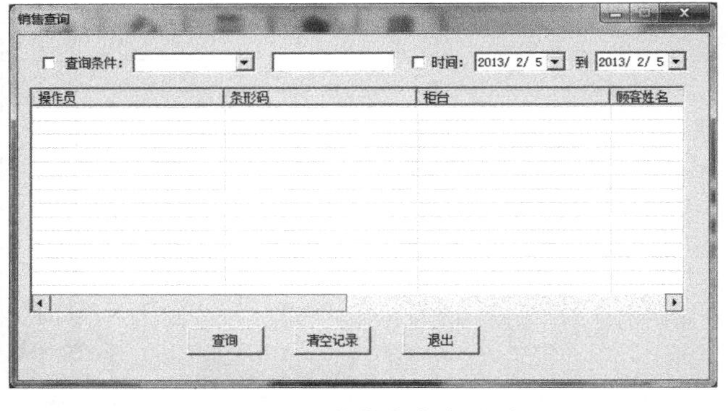

图 10.9　销售信息查询界面

10.4　技 术 指 南

下面介绍 Win32 窗口应用程序的设计流程，对 WINAPI 编程熟悉的读者可以跳过本节的内容。

10.4.1　Win32 程序的入口

与控制台程序中的 main()函数一样，Win32 窗口应用程序也有程序的入口函数 WinMain()。需要注意以下两点：

（1）WinMain()函数不可以由程序员自行设计形参样式。WinMain()函数的参数列表如图 10.10 所示。

WinMain

The **WinMain** function is called by the system as the initial entry point for a Windows-based application.

```
int WINAPI WinMain(
  HINSTANCE hInstance,      // handle to current instance
  HINSTANCE hPrevInstance,  // handle to previous instance
  LPSTR lpCmdLine,          // command line
  int nCmdShow              // show state
);
```

图 10.10　WinMain()函数的形参列表

以下是来自 MSDN 的解释。

- ☑ hInstance：Windows 操作系统会向 WinMain()函数中分配一个实例句柄（hInstance），代表正在运行的 Windows 应用程序的唯一标识。一个应用程序可以包含多个窗口，所以它并不代表窗口标识。一旦在程序中通知了系统关闭该标识所代表的进程，所有和该进程相关的资源都会被析构掉（包括窗口）。
- ☑ hPrevInstance：代表操作向这个应用程序分配的上一个进程标识。一般情况下，不会在程序中通知系统改变一个程序的进程标识，所以该参数经常是空值。
- ☑ lpCmdLine：代表控制台参数。这些参数可以来自控制台命令行、程序的属性设置甚至是程序的名称。在对程序初始化有特殊要求时会用到该参数。
- ☑ nCmdShow：代表该进程中窗口的默认显示模式。一般情况下，程序中的窗口形式由程序者自行决定，不会直接使用 nCmdShow 作为窗口设计的参数传入。

WinMain()函数中最重要的形参即是 hIstance，可以使用一个全局变量保留它，这样在设计其他函数时可以方便地运用。

（2）在 Visual C++ 6.0 的菜单项中选择新建工程中的 Win32 Application，如图 10.11 所示。这样编译器会使用 WinMain()作为程序的入口函数。

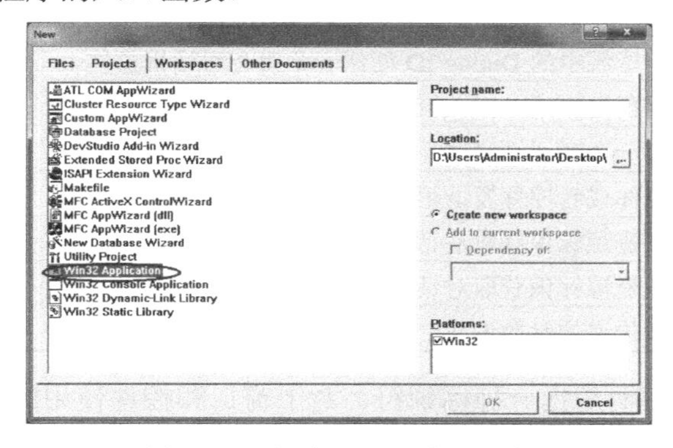

图 10.11　新建 Win32 应用程序

10.4.2 WinMain()函数的设计

在WinMain()函数中主要的工作实际上是一分为二的，即在消息循环执行之前的工作和消息循环内的工作。消息循环的标准形式如下：

```
while (GetMessage (&msg, NULL, 0, 0)
{
        TranslateMessage (&msg) ;
        DispatchMessage (&msg) ;
}
```

其中，msg是WINAPI中的MSG结构类型变量，代表Windows操作系统中的消息。Windows操作系统是基于消息响应的，它含有一个消息队列。应用程序可以从该队列中获取消息，也可以向该队列“邮递”消息给其他对象。

消息循环的最重要的用处就是使程序不至于“猝死”。没有循环的程序会瞬间执行完毕，结束进程。WinMain()函数中的消息循环使用GetMessage()函数从消息队列中获取消息，使用TranslateMessage()函数翻译消息，使用DispatchMessage()函数将消息传递给程序中需要该消息的窗口或控件。

由于篇幅有限，在此不对以上3个函数进行更深入的讲解，详情请参见MSDN。

在WinMain()函数中使用消息循环前，需要进行一些必要的操作，如第一个窗体（通常是主窗体）的初始化、数据库的配置等。

10.4.3 对话框窗体的产生与销毁

下面介绍如何在Win32程序中创建一个对话框窗体。窗体常用的函数如表10.1所示。

表10.1 WINAPI主要窗体函数

函　数	描　述
CreateWindow()	创建一个窗口，可以指定窗口的样式、显示模式、标题等。返回值为一个窗口句柄
CreateWindowEx()	CreateWindow()的加强版，可以指定更为细节的形式来创建窗口
DialogBox()	使用资源中的Dialog ID创建一个模态对话框窗体
CreateDialog()	使用资源中的Dialog ID创建一个非模态对话框窗体
EndDialog()	结束一个对话框窗体
SendMessage()	向窗体或者控件发送消息
GetDlgItem()	通过资源标识获取对话框中的控件句柄
GetDlgItemText()	通过资源标识获取对话框控件中的字符串
PostQuitMessage()	一般传递的参数为0，发送结束自身程序进程的消息

Windows操作系统中的句柄是指一种标识符。对于窗口和控件使用的是HWND，即窗口句柄。设计对话框时，可以通过使用 CreateWindowEx()函数指定样式参数来产生一个对话框样式的窗体。之后

再多次使用该函数创建控件样式的窗体填充到对话框中。为解决无法可视化开发的问题，微软在 Visual C++中添加了 Dialog 可视化设计工具。

在菜单中选择“插入（Insert）”→“资源（Resource）”命令，在弹出的对话框中选中 Dialog。之后在“设计”选项卡中会产生一个窗体的设计图。单击“保存”按钮，将资源文件的脚本（Script）保存到项目文件夹下。选中项目的文件列表包含它，在编译选项中选择 ReBuildAll，这样项目中使用了一个资源的文件脚本并产生了一个资源配置的头文件 Resource.h。在“资源”选项卡中，即可可视化地设计窗体。

资源标识指的是右击窗体或者控件后，在弹出的快捷菜单中选择“属性（Property）”命令，在弹出的属性对话框中 ID 一栏所显示的内容。它实质上是一个整数宏，具体定义在 Resource.h 文件中。使用这些 ID 和 DialogBox、GetDlgItem 就可以获取对话框和控件的句柄。

向 EndDialog 中传递对话框的句柄可以关闭一个对话框。需要注意的是，关闭对话框并不意味着关闭程序，因为该程序只是释放掉了窗口资源，并没有结束进程。

10.4.4　消息响应函数

在 Win32 程序中，每个窗口都含有一个消息响应函数用来处理消息。消息响应函数的一般形式为：

```
LRESULT CALLBACK WndProc (HWND hwnd, UINT message, WPARAM wParam, LPARAM lParam);
```

LRESULT 实质上是 32 位的 int 型数据，用来表示消息响应函数的返回结果。CALLBACK 表示的是函数参数的压栈方式。

消息响应函数由开发人员自行实现，其作用主要围绕着传入的 4 个参数做相应的处理。

☑ hwnd：处理消息的窗口。

☑ message：u_int 型的数据，在 WINAPI 中使用消息宏来表示具体的种类。

☑ wParam 和 lParam：同样也是无符号 32 位整数，表示消息的具体内容。

若以邮递信件来比喻这 4 个参数，它们分别是收信人、信的目的（问候、求助等）和信的内容。在消息响应函数中的主要工作就是依据具体的消息使某些数据、窗口或者控件做出符合业务逻辑的变化。

每个窗口（对话框）的消息响应函数的配置工作发生在窗口创建时。使用消息响应函数指针的形式传入窗口创建函数中，绑定窗口和响应函数。

当然，WINAPI 中也提供了一些函数改变自身的消息响应函数。对此有兴趣的读者可以查阅 MSDN 获取更多的内容。

以上就是 Win32 窗口应用程序设计的原理，在模块设计部分会讲述具体的程序实现。

10.5　工具模块设计

视频讲解

在本程序中实现了一个工具模块，用来帮助各个业务模块的对应数据库和页面操作。

工具模块内容主要包括拼接 SQL 语句字符串、定义程序中所有源文件公用的全局变量、列表控件

和结果集的信息交互等。这些内容都是各个业务模块经常使用的，分析、归纳各个模块界面需要操作和返回的数据的共同点，设计工具函数。

首先列出工具模块所在的头文件 Utility：

```
#include <windows.h>
#include <commctrl.h>
#include <stdio.h>
#include <mysql.h>
#include "resource.h"
#pragma comment(lib,"libmysql.lib")
#pragma comment(lib,"comctl32.lib")
/*全局变量宏，方便全局变量的定义和使用*/
#ifdef _Utility_GLOBAL_
#define _LIB_EXT_
#else
#define _LIB_EXT_ extern
#endif

#define TITLE_LENTH_MAX 20                //ListView 控件标题字符数最大值
#define    FIELD_LENTH_MAX 20             //字段名称字符数最大值
#define VALUE_LENTH_MAX 25                //字段值字符数最大值
#define SQL_LENTH_MAX 300                 //SQL 语句字符数最大值

/*SQL 语句值类型区分*/
#define DB_CHAR 1
#define DB_INT 2

_LIB_EXT_ MYSQL mysql;
_LIB_EXT_ MYSQL_RES *result;
_LIB_EXT_ MYSQL_ROW row;

_LIB_EXT_ HINSTANCE g_hInstance;
_LIB_EXT_ int g_level;
_LIB_EXT_ char g_operator[VALUE_LENTH_MAX];
#ifndef _LIB_CM_
#define _LIB_CM_
typedef struct CM
{
	char value[VALUE_LENTH_MAX];
	char fieldName[FIELD_LENTH_MAX];
	int type;
}ColumnMessage;
```

```
#endif
void InitListViewColumns(HWND hView,char (*titles)[TITLE_LENTH_MAX],int nums);
void QueryRecordToView(HWND hView,char* pTbName,int nums,char* condition,int clear,int offset);
void DeleteFromListView(HWND hView,char* tb_name,char* primary,int db_type);
BOOL InsertData(char *tb_name,char *field_names,char *values);
BOOL FomatCMInsert(ColumnMessage* cms,int nums,char* fields,char* values);
BOOL FomatCMUpdate(ColumnMessage* cms,int nums,char *condition);
BOOL HoldInsertIDCondition(char* condition,char * prim);
void UpDateDataFromListView(HWND hView,char *tb_name,char *sets,int nums,char *primary,int db_type);
void CreateSubViewProc(HWND hDlg,HWND* pView,char *caption,char (*titles)[FIELD_LENTH_MAX],int count,int viewIndex);
void SetSubViewFromEdit(HWND hEdit,HWND subView,char* subTBNAME,char* fk,int count);
```

（1）工具模块包含了 Windows 应用程序常用的函数库头文件以及所需的资源配置文件 Resource.h。使用 pragma 指令链接所需的动态链接库。

（2）定义全局变量宏使不同的源文件避免全局变量的重复定义。

（3）定义数组库中各个字段以及值的最大长度宏，用来限制程序中的字符串数据。

（4）定义宏区分 SQL 语句中值的类型。

（5）声明 MySQL API 中操作数据库使用的对象。

（6）声明存放程序实例句柄的全局变量。

（7）声明全局变量存放操作员的登录名及其权限。

（8）定义结构体 ColumnMessage 存放字段名、值、类型，用来拼接 SQL 语句。

（9）声明工具函数。

以上就是工具函数头文件 Utility 的全部内容。

在设计工具函数时并不是一蹴而就的，有时需要和业务模块对接才能找到更为合理的设计方案或添加新的工具函数。

表 10.2 列出了工具模块函数及其作用，具体实现请参见文件 Utility.c 中的源码。

表 10.2　工具模块函数一览表

函　　数	描　　述
InitListViewColumns()	填充列表控件的标题
QueryRecordToView()	依据某一条件实现 select 语句，将获取的结果集填充到列表控件上
DeleteFromListView()	从数据库中删除指定的行，并在列表上清除响应的列
InsertData()	使用拼接好的字段和值字符串实现对数据进行 insert 操作
FomatCMInsert()	通过 ColumnMessage 结构体将字段和值的字符串按照 insert 语句拼接
FomatCMUpdate()	通过 ColumnMessage 结构体将字段和值的字符串按照 update 语句拼接
UpDateDataFromListView()	表中数据和列表中的数据同步更新
CreateSubViewProc()	创建辅助视窗
SetSubViewFromEdit()	辅助视窗依据编辑框内容实现在数据库中实行 like 查找。此操作只有当编辑框的字符串长度为 3 以上后才能被执行

10.6 登录模块设计

登录模块的界面在程序运行时会第一个和用户接触。在主函数进入消息循环之前，完成数据库的初始化以及登录对话框的产生工作。下面是 app.c 文件中部分代码：

```
#include "operator_m_proc.h"
#include "book_info_proc.h"
#include "provider_info_proc.h"
#include "book_kinds_proc.h"
#include "store_info_proc.h"
#include "desk_info_proc.h"
#include "book_input_proc.h"
#include "book_input_back_proc.h"
#include "book_adjust_proc.h"
#include "book_sale_proc.h"
#include "book_sale_back_proc.h"
#include "book_input_back_query_proc.h"
#include "book_sale_back_query_proc.h"
#include "book_input_query_proc.h"
#include "book_sale_query_proc.h"
#include "book_stock_query_proc.h"
#define LEVEL_COLUMN 2
#define NAME_COLUMN 0

BOOL CALLBACK LoginDlgProc (HWND, UINT, WPARAM, LPARAM) ;
BOOL CALLBACK ClientDlgProc (HWND, UINT, WPARAM, LPARAM) ;
BOOL CALLBACK ConfigDlgProc (HWND hDlg, UINT message,WPARAM wParam, LPARAM lParam);
int WINAPI WinMain (HINSTANCE hInstance, HINSTANCE hPrevInstance, PSTR szCmdLine, int iCmdShow)
{
        MSG msg;
        char host[VALUE_LENTH_MAX];
        char userName[VALUE_LENTH_MAX];
        char password[VALUE_LENTH_MAX];
        char dbName[VALUE_LENTH_MAX];
        FILE *init;
        init = fopen("Init.txt","r");
        if(init==NULL)
        {
            init = fopen("Init.txt","w");
            fprintf(init,"host:\t%s\nusername:\t%s\npassword:\t%s\ndatabase:\t%s","set","set","set","set");
            fclose(init);
```

```
                MessageBoxEx(NULL,TEXT("请检查配置文件"),"查找配置文件失败",MB_ICONERROR|MB_
TOPMOST,0);
                PostQuitMessage (0) ;
        }

    fscanf(init,"host:\t%s\nusername:\t%s\npassword:\t%s\ndatabase:\t%s",host,userName,password,dbName);
        fclose(init);
        mysql_init(&mysql);
        if(!mysql_real_connect(&mysql,host,userName,password,dbName,0,NULL,0))
        {
            MessageBox(NULL,TEXT("数据库连接失败,请重新设定配置文件参数"),"错误",MB_ ICONERROR);
             return 0;
        }
         /*保留进程句柄*/
         g_hInstance = hInstance;

         DialogBox (hInstance, MAKEINTRESOURCE(ID_DIG_LOGIN), NULL, LoginDlgProc) ;
         while (GetMessage (&msg, NULL, 0, 0))

         {
              TranslateMessage (&msg) ;
              DispatchMessage (&msg) ;
        }

         return msg.wParam ;

}
```

WinMain()函数中，首先使用 C 标准库中的文件输入/输出函数，将本程序的数据库配置文件进行检测、错误反馈以及临时修复等操作。

文件 Init.txt 的具体内容如图 10.12 所示。

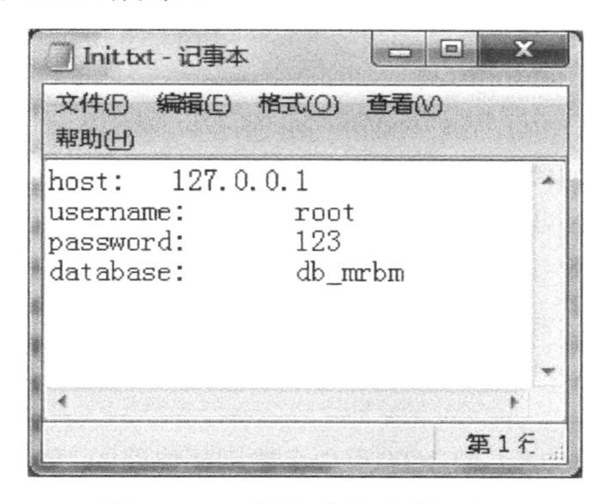

图 10.12　数据库链接的配置

文件中的 4 行内容分别为链接的 IP、用户名、密码和数据库名。

配置工作结束后，使用 DialogBox()函数创建登录对话框，它的消息响应函数是 LoginDlgProc()，用户登录的具体操作都在该函数中进行。下面列出它的实现部分：

```
BOOL CALLBACK LoginDlgProc (HWND hDlg, UINT message,WPARAM wParam, LPARAM lParam)
{
    char name[VALUE_LENTH_MAX];
    char pwd[VALUE_LENTH_MAX];
    char sql[SQL_LENTH_MAX];
    switch (message)
    {
    case    WM_INITDIALOG :
        return TRUE ;
    case    WM_COMMAND :
        switch (LOWORD (wParam))
        {
        case IDC_BTN_LOGIN :
            /*获取控件字符串*/
            GetWindowText(GetDlgItem(hDlg,IDC_EDIT_NAME),name,VALUE_LENTH_MAX);
            GetWindowText(GetDlgItem(hDlg,IDC_EDIT_PASSWORD),pwd,VALUE_LENTH_MAX);
            sprintf(sql,"select * from tb_operators where name='%s' and password='%s'",name,pwd);
            /*在数据库查找用户*/
            if(mysql_query(&mysql,sql))
            {
              MessageBox(NULL,TEXT("操作失败"),"错误",MB_ICONERROR);
              PostQuitMessage (0);
            }
            result = mysql_store_result(&mysql);
            if(mysql_num_rows(result)!=0)
            {
                /*登录成功*/
                EndDialog (hDlg, 0) ;
                row = mysql_fetch_row(result);
                sprintf(g_operator,"%s",row[NAME_COLUMN]);
                g_level = atoi(row[LEVEL_COLUMN]);
                ShowWindow(CreateDialog(g_hInstance, MAKEINTRESOURCE(ID_DLG_CLIENT), NULL,
ClientDlgProc), SW_SHOW);
            }
            else
            {
               MessageBox(NULL,TEXT("用户名或密码错误!"),"登录失败",MB_ICONERROR);
                return 0;
            }
```

```
                mysql_free_result(result);
                mysql_query(&mysql,"set names gbk");
                break;
          case IDC_BTN_CANCEL :
                EndDialog (hDlg, 0) ;
                PostQuitMessage (0) ;
                break;
          }
        return TRUE ;
      break;
   case   WM_CLOSE:
          PostQuitMessage (0) ;
   case   WM_DESTROY :
          //PostQuitMessage (0) ;
          break;
        return 0 ;
   }
   return 0 ;
}
```

以 WM_开头的宏表示都是 Windows 消息中传递给窗口的消息。下面介绍部分消息所代表的意义。

☑　WM_INITDIALOG：该消息在窗口创建时由系统传递给窗口，表示窗口正在进行初始化。

☑　WM_COMMAND：该消息由窗体上的控件发送，具体内容存放在 wParam 和 lParam 中。wParam 的高 16 位存放控件的指令（如单击、双击等），低 16 位存放控件的 ID。lParam 存放的是控件的句柄。

☑　WM_CLOSE：窗口接收关闭指令（如右上角的“关闭”按钮）时，所接收到的消息。

☑　WM_DESTROY：销毁窗口消息。与 WM_CLOSE 消息的区别是，此消息一旦被窗口接收就意味着关闭窗口。而 WM_CLOSE 消息意味着试图用窗口指令销毁窗口，并且消息中需要添加操作来进行响应。

☑　WM_NOTIFY：通用控件（common cotrols）所产生的消息。通用控件并不包含在 windows.h 头文件中，而是包含在 commtrl.h 中。在本程序中使用的文本框、编辑框和按钮是 Windows 默认控件，而列表（list view）等功能较为复杂的控件都属于通用控件。NOTIFY 所产生的消息需要使用 LPNMHDR（指向 NMHDR 结构体的 32 位指针）来接收来自 wParam 中存放的 32 位地址，从而获取 NMHDR 结构体的详细内容。在 NMHDR 中包含了控件的 ID、命令响应等详细内容。

☑　WM_PAINT：重绘窗口时所进行的操作。当窗口的一部分被别的窗口遮挡或者最小化时，窗口中未显示出的区域变成了“无效区域”。当再次将这些区域显示出来时，进行的就是重绘工作。处理该消息的主要工作就是保持窗口的显示图像协调统一。

登录对话框中的控件如表 10.3 所示。

表 10.3　登录对话框的控件

控件 ID	控 件 属 性	意　　义
IDC_BTN_LOGIN	Button	“登录”按钮
IDC_BTN_CANCEL	Button	“取消”按钮
IDC_EDIT_NAME	Edit	“用户名”编辑框
IDC_EDIT_PASSWORD	Edit	“密码”编辑框

单击“登录”按钮时，程序获取了“用户名”编辑框和“密码”编辑框中的字符串，并在数据库中操作员表 tb_operators 中查找对应的项。如果符合条件，显示登录成功并创建客户端页面对话框；不符合则显示登录失败。单击“取消”按钮则会关闭整个程序。在登录窗口接收关闭或销毁指令时，整个程序也会关闭。

以上就是 LoginDlgProc()函数的全部工作内容。

10.7　客户端主界面设计

主界面窗口包含菜单栏与工具栏。在资源视图中插入一个菜单（MENU），如图 10.13 所示。

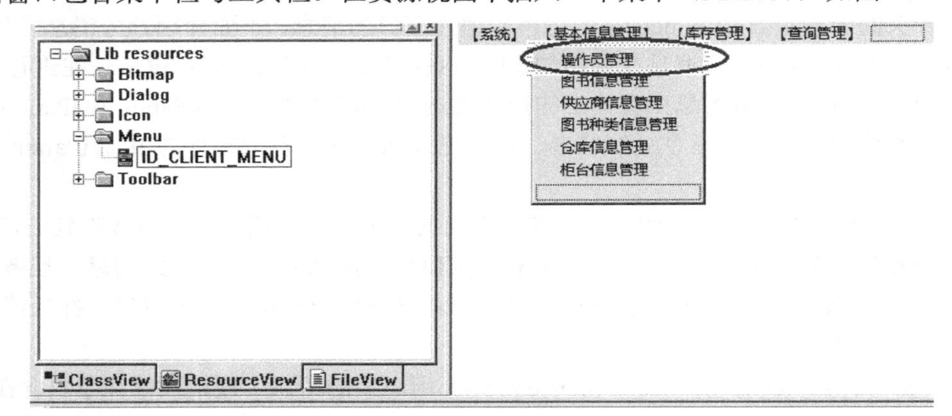

图 10.13　插入菜单子项

设置菜单的每个子项的 ID 与标题，在 WM_COMMAND 消息中处理菜单栏指令。

在本程序中使用的是动态创建工具栏，在 CreateWindowEx 中使用窗口类名 TOOLBARCLASSNAME 创建一个空的工具栏。

TBBUTTON 是 WINAPI 中表示工具栏子项的结构体，相当于工具栏上各个小按钮的信息。它的主要内容包括按钮的 ID、图片、文字、样式、状态等。需要注意的是，TBBUTTON 中的图片信息是该图片在 IMAGELIST（Image 资源的列表）中的 ID。打开资源视图包含小图标（ICON），在 ImageList_AddIcon 函数中填充一个 IMAGELIST 结构体并加载 ICON 的资源 ID，该函数的返回值可以用来填充到 TBBUTTON 结构体的 iBitmap 中，作为图片信息使用。

下面是主界面窗口的消息响应函数代码：

```
BOOL CALLBACK ClientDlgProc (HWND hDlg, UINT message,WPARAM wParam, LPARAM lParam)
{
    char marks[5][20] = {"图书信息","图书入库","销售查询","系统配置","系统退出"};
    HWND hToolbar;        //工具栏句柄
    u_int i;              //for 语句迭代器
    int ImgID[5];         //存放 ImageList 中的小图标标识
    HIMAGELIST him;       //ImageList 类型数据，用来存放 Image 或者 Icon，在本程序中使用它向工具栏添加图片
    u_long bkColor;       //存放系统默认颜色
    TBBUTTON tbs[5];
    HDC hdc;
    HDC memDC;
    BITMAP mBitmap;
    HBITMAP bmp;
    RECT rect;
    int Width;
    int Height;
    PAINTSTRUCT ps ;
    switch (message)
    {
    case   WM_INITDIALOG :
        SetWindowPos(hDlg,HWND_TOP,100,100,0,0,SWP_SHOWWINDOW|SWP_NOSIZE); //设定窗口
                                                                          //的位置
        /*向主界面设置工具栏*/
        hToolbar = CreateWindowEx(WS_EX_APPWINDOW,TOOLBARCLASSNAME,"toolbar",WS_ VISIBLE|WS_
CHILD|CCS_TOP  ,0,0,120,120,hDlg,NULL,g_hInstance,NULL); SendMessage(hToolbar,TB_BUTTONSTRUCTSIZE,
sizeof(TBBUTTON),0);                                 //向空工具栏传递按钮数据的大小信息
        him = ImageList_Create(24,24,ILC_COLOR24,5,0);
        bkColor=GetSysColor(COLOR_3DFACE);           //获取系统背景色
        ImageList_SetBkColor(him,bkColor);           //将图片的背景色设定为默认的背景色
        SendMessage(hToolbar,TB_SETIMAGELIST,0,(LPARAM)(HIMAGELIST)him);
        //向工具栏传递使用当前 ImageList 的信息
        //以此图标装载入 ImageList 中
         for(i=0;i<5;i++)
         {
            ImgID[i]=ImageList_AddIcon(him,LoadIcon(g_hInstance,MAKEINTRESOURCE(IDI_ICON1+i)));
         }
        //将工具栏按钮的基本属性依次装填
        for(i = 0;i<5;i++)
        {
```

```
                tbs[i].iBitmap = ImgID[i];
                tbs[i].iString = (int)marks[i];        //iString 是一个 PTR_INT 类型数据，用来存放 32 位地址
                tbs[i].fsStyle = TBSTYLE_BUTTON;
                tbs[i].fsState = TBSTATE_ENABLED ;
            }
            //将工具指令与相应菜单栏的指令对应
            tbs[0].idCommand = ID_BOOK_INFO;
            tbs[1].idCommand = ID_BOOK_INPUT;
            tbs[2].idCommand = ID_SALE_QUERY;
            //工具栏最后两个按钮的命令在 Resource.h 中自行定义
            tbs[3].idCommand = ID_TB_CONFIG;
            tbs[4].idCommand = ID_TB_EXIT;
        SendMessage(hToolbar,TB_ADDBUTTONS,5,(LPARAM)(LPTBBUTTON)tbs);  //向工具栏传递增添按
                                                                        //钮的信息
        SendMessage(hToolbar,TB_SETBUTTONSIZE,0,MAKELONG(80,60));       //设置按钮大小
        SendMessage(hToolbar,TB_AUTOSIZE,0,0);          //根据工具栏和图片的情况，调整按钮大小
        return TRUE ;
    case   WM_COMMAND :
        switch (LOWORD (wParam))
        {
            case ID_OPERATOR_M:
                if(g_level>1)
                {
                    DialogBox(g_hInstance,MAKEINTRESOURCE(ID_DLG_OPERATOR_M),hDlg,Operator_
M_Proc);
                }
                else
                {
                    MessageBox(hDlg,"您无权进行此操作","权限等级限制",MB_ICONERROR);
                }
                break;
            case ID_BOOK_INFO:
                DialogBox(g_hInstance,MAKEINTRESOURCE(ID_DLG_BOOK_INFO),hDlg,Book_Info_Proc);
                break;
            case ID_PROVIDER_INFO:
                DialogBox(g_hInstance,MAKEINTRESOURCE(ID_DLG_PROVIDER_INFO),hDlg,Provider_
Info_Proc);
                break;
            case ID_BOOK_KIND:
                DialogBox(g_hInstance,MAKEINTRESOURCE(ID_DLG_BOOK_KINDS),hDlg,Book_Kinds_Proc);
                break;
```

```
            case ID_CK_INFO:
                DialogBox(g_hInstance,MAKEINTRESOURCE(ID_DLG_STORE_INFO),hDlg,Store_Info_Proc);
                break;
            case ID_DESK_INFO:
                DialogBox(g_hInstance,MAKEINTRESOURCE(ID_DLG_DESK_INFO),hDlg,Desk_Info_Proc);
                break;
            case ID_BOOK_INPUT:
                DialogBox(g_hInstance,MAKEINTRESOURCE(ID_DLG_BOOK_INPUT),hDlg,Book_Input_Proc);
                break;
            case ID_INPUT_BACK:
                DialogBox(g_hInstance,MAKEINTRESOURCE(ID_DLG_BOOK_INPUT),hDlg,Book_Input_
Back_Proc);
                break;
            case ID_BOOK_ADJUST:
                DialogBox(g_hInstance,MAKEINTRESOURCE(ID_DLG_BOOK_ADJUST),hDlg,Book_
Adjust_Proc);
                break;
                break;
            case ID_SALE_M:
                DialogBox(g_hInstance,MAKEINTRESOURCE(ID_DLG_BOOK_SALE),hDlg,Book_Sale_Proc);
                break;
            case ID_SALE_BACK:
                DialogBox(g_hInstance,MAKEINTRESOURCE(ID_DLG_BOOK_SALE),hDlg,Book_Sale_
Back_Proc);
                break;
            case ID_INPUT_QUERY:
                DialogBox(g_hInstance,MAKEINTRESOURCE(ID_DLG_QUERY),hDlg,Book_Input_Query_Proc);
                break;
            case ID_INPUT_BACK_QUERY:
                DialogBox(g_hInstance,MAKEINTRESOURCE(ID_DLG_QUERY),hDlg,Book_Input_Back_
Query_Proc);
                break;
            case ID_SALE_QUERY:
                DialogBox(g_hInstance,MAKEINTRESOURCE(ID_DLG_QUERY),hDlg,Book_Sale_Query_Proc);
                break;
            case ID_SALE_BACK_QUERY:
                DialogBox(g_hInstance,MAKEINTRESOURCE(ID_DLG_QUERY),hDlg,Book_Sale_Back_
Query_Proc);
                break;
            case ID_STOCK_QUERY:
```

```
                    DialogBox(g_hInstance,MAKEINTRESOURCE(ID_DLG_STOCKQUERY),hDlg,Book_Stock_
Query_Proc);
                    break;
                case ID_TB_CONFIG:
                    DialogBox(g_hInstance,MAKEINTRESOURCE(ID_DLG_CONFIG),hDlg,ConfigDlgProc );
                    break;
                case ID_TB_EXIT:
                    PostQuitMessage (0) ;
                    break;
            }
            return 1 ;
            break ;
        case WM_PAINT:
            hdc = BeginPaint(hDlg,&ps);
            /*绘制主界面的背景*/
            GetWindowRect(hDlg,&rect);
            Width = rect.right - rect.left;
            Height = rect.bottom -rect.top;
            memDC = CreateCompatibleDC(hdc);
            bmp = LoadBitmap(g_hInstance,MAKEINTRESOURCE(IDB_BITMAP_CLIENT));
            GetObject(bmp, sizeof (BITMAP), &mBitmap) ;
            SelectObject(memDC,bmp);
            StretchBlt (hdc,0,0,Width,Height,memDC,0,0,mBitmap.bmWidth, mBitmap.bmHeight,SRCCOPY) ;
            DeleteDC (memDC);
            EndPaint(hDlg,&ps);
            return 0;
        case WM_CLOSE:
            PostQuitMessage (0) ;
        case WM_DESTROY :
            break;
            return 0 ;
    }
    return 0 ;
}
```

主界面在 WM_INITDIALOG 消息中加载了工具栏，在 WM_COMMAND 消息中处理来自工具栏、菜单栏的指令。加载菜单栏的工作如图 10.14 所示。

在资源视图中选择主界面窗口的 Dialog 模板，进入它的属性中，在 Menu 项中选择菜单资源的 ID。

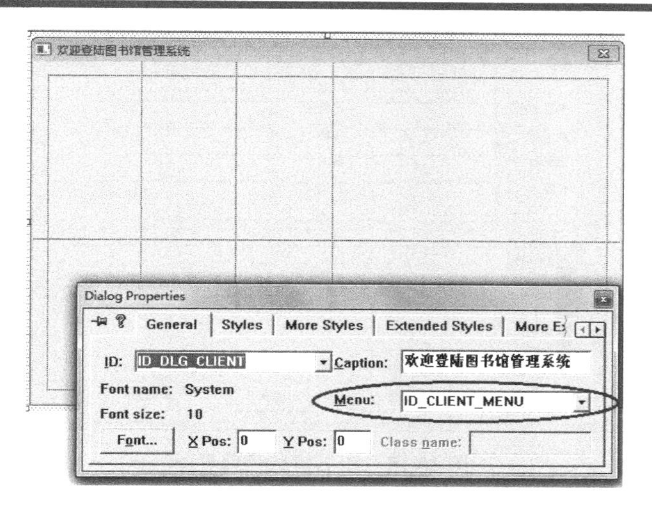

图 10.14　在对话框模板上加载菜单栏

在 WM_PAINT 消息中绘制主界面的背景。使用 BeginPaint()函数申请一个绘图资源句柄（HDC），之后使用 CreateCompatibleDC 创建对应于该资源句柄的绘图缓存。绘图资源句柄负责将图片显示到屏幕上，而绘图缓存负责将图片的大小、像素等设置按照修正后传递给资源句柄。这样无论选用的背景图片的大小是否和主界面客户区一致，都能够按照相应的比例伸缩。

整个绘图的步骤如下：

（1）创建窗口的资源句柄。

（2）获取客户区域的大小。

（3）创建缓存。

（4）获取并加载图片，并记录它的大小。

（5）使用 StretchBlt()函数将缓存的内容交给资源句柄来绘制。

（6）使用 EndPaint()函数结束在 WM_PAINT 消息中的重绘工作。

在 WM_COMMAND 消息中包含了很多创建模态对话框的语句，这些模态对话框就是每个模块包含的界面。模块信息的操作都放在这些对话框的消息响应函数中。

10.8　基本信息管理模块设计

视频讲解

基本信息管理模块包含操作员信息管理（需要等级权限）、图书信息管理、供应商信息管理、图书种类信息管理、柜台信息管理和仓库信息管理。

下面以图书信息管理子模块作为范例来讲解信息管理模块的设计思路。

在图书信息模块中，用户可以对图书信息进行增加、删除和修改操作。那么对应这些操作，界面上需要按钮控件来响应它们，需要编辑框控件进行信息输入，数据库中的图书信息的获取则需要列表控件来显示。图书信息管理界面如图 10.15 所示。

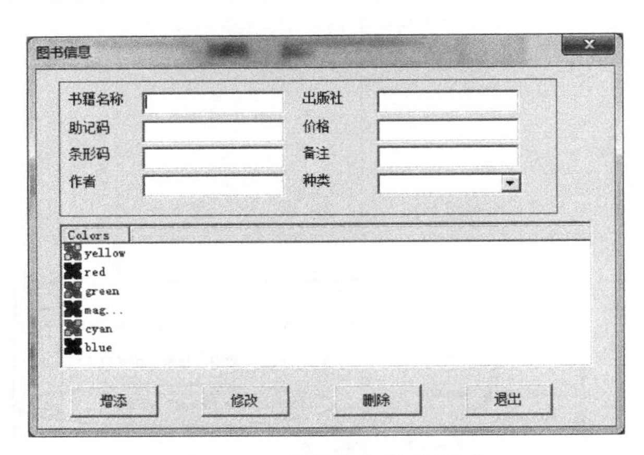

图 10.15　图书信息管理界面

其中图书种类需要考虑到图书种类信息表的约束，只能从下拉列表框中选中已有的图书种类。图书信息管理对话框的消息响应函数代码如下。

1．book_info_proc.h

```
#include"Utility.h"
_LIB_EXT_ MYSQL mysql;
_LIB_EXT_ MYSQL_RES *result;
_LIB_EXT_ MYSQL_ROW row;
_LIB_EXT_ HINSTANCE g_hInstance;
_LIB_EXT_ int g_level;
_LIB_EXT_ char g_operator[VALUE_LENTH_MAX];
#ifndef BOOK_INFO
#define BOOK_INFO
BOOL CALLBACK Book_Info_Proc(HWND hDlg, UINT message,WPARAM wParam, LPARAM lParam);
#endif
```

2．book_info_proc.c

```
#include "book_info_proc.h"
#define FIELD_NUM 8                                              //图书信息表的字段数
#define PRIMARY "barcode"                                        //图书信息表的 key
#define TB_NAME "tb_book_info"                                   //图书表名
#define    EDIT_COUNT 7                                          //EDIT 控件数量
#define NO1_EDIT   IDC_EDIT_BARCODE                              //EDIT 控件中 ID 数值最小的一个
#define BASE_TB_NAME   "tb_base_book_kind"                       //外键表
#define RESULT_TB_NAME "tb_stock_info"                           //结果表
#define RESULT_TB_FIELD_NUM 2                                    //结果表受影响的字段个数
#define CONFIRM_TB_NAME "tb_base_store_info"                     //同步检查使用的信息表
#define CONFIRM_COLUMN   "storename"                             //同步列
```

```
BOOL CALLBACK Book_Info_Proc(HWND hDlg, UINT message,WPARAM wParam, LPARAM lParam)
{
    char titles[FIELD_NUM][TITLE_LENTH_MAX] = {"条形码","图书名称","助记码","作者","出版社","价格","备注","种类"};
    HWND hView = GetDlgItem(hDlg,IDC_LIST_VIEW);
    ColumnMessage cms[FIELD_NUM];
    ColumnMessage resultCms[RESULT_TB_FIELD_NUM];
    char values[VALUE_LENTH_MAX*FIELD_NUM+FIELD_NUM-1];
    //insert 语句中的值，数组大小为：值总长度和逗号数量加和的最大值
    char fields[FIELD_LENTH_MAX*FIELD_NUM+FIELD_NUM-1];
    //insert 语句中的字段，数组大小为：字段总长度和逗号数量加和的最大值
    int selIndex;                                   //控件当前被选中的项
    int i;                                          //迭代器
    int updateFlag;                                 //更新标识，当没有参数需要更新时，flag 为 0
    char sets[(VALUE_LENTH_MAX+FIELD_LENTH_MAX)*(FIELD_NUM)+(FIELD_NUM-1)*2+1] = "\0";
     //update 语句中 SET 的内容，数组大小为：值和字段的总长度加上逗号、加号的数量
    LPNMHDR pNmhdr; //NMHDR 表示窗口的 WM_NOTIFY 消息内容，LPNMHDR 则表示指向它的指针类型
    char temp[VALUE_LENTH_MAX];                     //设置 EDIT 文字时所用的字符缓冲
    _int64 stockColumn;                             //结果表关联项的数目
    char sql[SQL_LENTH_MAX];
    _int64 nums;
    switch (message)
    {
    case    WM_INITDIALOG :
        InitCommonControls();
        SendMessage(hView,LVM_SETEXTENDEDLISTVIEWSTYLE,0,LVS_EX_FULLROWSELECT|LVS_
EX_HEADERDRAGDROP|LVS_EX_GRIDLINES|LVS_EX_ONECLICKACTIVATE|LVS_EX_FLATSB);
        InitListViewColumns(hView,titles,FIELD_NUM );
        QueryRecordToView(hView,TB_NAME,FIELD_NUM,"",1,0);
        /*初始化下拉列表框*/
        sprintf(sql,"select * from %s",BASE_TB_NAME);
        mysql_query(&mysql,sql);
        if(mysql_errno(&mysql))
        {
            MessageBox(GetParent(hView),"操作错误","提示",MB_ICONERROR);
            return 0;
        }
        result = mysql_store_result(&mysql);
        nums = mysql_num_rows(result);
        for(i=0;i<nums;i++)
        {
```

```
            row = mysql_fetch_row(result);
            SendMessage(GetDlgItem(hDlg,IDC_COMBO_KINDS),CB_ADDSTRING,0,(LPARAM)row[0]);
        }
        mysql_free_result(result);
        return TRUE ;
    case    WM_COMMAND :
        switch(LOWORD(wParam))
        {
        case IDC_BUTTON_ADD:
            sprintf(cms[0].fieldName,"barcode");
            sprintf(cms[1].fieldName,"bookname");
            sprintf(cms[2].fieldName,"mncode");
            sprintf(cms[3].fieldName,"authorname");
            sprintf(cms[4].fieldName,"bookconcern");
            sprintf(cms[5].fieldName,"price");
            sprintf(cms[6].fieldName,"memo");
            sprintf(cms[7].fieldName,"kind");
            for(i=0;i<FIELD_NUM;i++)
            {
                cms[i].type = DB_CHAR;
            }
            /*price 的参数类型为 INT*/
            cms[5].type = DB_INT;

            GetDlgItemText(hDlg,IDC_EDIT_BOOKNAME,cms[1].value,VALUE_LENTH_MAX);
            if(strlen(cms[1].value)<1)
            {
                MessageBox(hDlg,"请输入图书名称","提示",MB_ICONHAND);
                return 0;
            }
            GetDlgItemText(hDlg,IDC_EDIT_MNCODE,cms[2].value,VALUE_LENTH_MAX);
            if(strlen(cms[2].value)<1)
            {
                MessageBox(hDlg,"请输入助记码","提示",MB_ICONHAND);
                return 0;
            }
            GetDlgItemText(hDlg,IDC_EDIT_BARCODE,cms[0].value,VALUE_LENTH_MAX);
            if(strlen(cms[0].value)<1)
            {
                MessageBox(hDlg,"请输入条形码","提示",MB_ICONHAND);
                return 0;
```

```
        }
        GetDlgItemText(hDlg,IDC_EDIT_AUTHOR,cms[3].value,VALUE_LENTH_MAX);
        if(strlen(cms[3].value)<1)
        {
            MessageBox(hDlg,"请输入作者姓名","提示",MB_ICONHAND);
            return 0;
        }
        GetDlgItemText(hDlg,IDC_EDIT_PUBLIC,cms[4].value,VALUE_LENTH_MAX);
        if(strlen(cms[4].value)<1)
        {
            MessageBox(hDlg,"请输入出版商","提示",MB_ICONHAND);
            return 0;
        }
        GetDlgItemText(hDlg,IDC_EDIT_PRICE,cms[5].value,VALUE_LENTH_MAX);
        if(strlen(cms[5].value)<1)
        {
            MessageBox(hDlg,"请输入图书价格","提示",MB_ICONHAND);
            return 0;
        }
        GetDlgItemText(hDlg,IDC_EDIT_MEMO,cms[6].value,VALUE_LENTH_MAX);
        selIndex = SendMessage(GetDlgItem(hDlg,IDC_COMBO_KINDS),CB_GETCURSEL,0,0);
        if(selIndex == -1)
        {
            MessageBox(hDlg,"请选择图书种类","提示",MB_ICONHAND);
            return 0;
        }
       SendMessage(GetDlgItem(hDlg,IDC_COMBO_KINDS),CB_GETLBTEXT,selIndex,(LPARAM)
cms[7].value);
        /*格式化字符串*/
        FomatCMInsert(cms,FIELD_NUM,fields,values);
        /*对信息表进行操作*/
        mysql_query(&mysql,"BEGIN");                                //开启事务管理
        if(!InsertData(TB_NAME,fields,values))
        {
            MessageBoxEx(GetParent(hView),"操作错误","提示",MB_ICONERROR|MB_ TOPMOST,0);
            mysql_query(&mysql,"ROLLBACK");
            return 0;
        }
        /*装载结果表信息*/
        sprintf(resultCms[0].fieldName,"barcode");
        resultCms[0].type = DB_CHAR;
```

```
sprintf(resultCms[0].value,"%s",cms[0].value);
sprintf(resultCms[1].fieldName,"store");
resultCms[1].type = DB_CHAR;
/*对结果表进行操作*/
sprintf(sql,"select %s from %s",CONFIRM_COLUMN,CONFIRM_TB_NAME);
mysql_query(&mysql,sql);
if(mysql_errno(&mysql))
{
    MessageBoxEx(GetParent(hView),"操作错误","提示",MB_ICONERROR|MB_TOPMOST,0);
    return 0;
}
result = mysql_store_result(&mysql);
stockColumn = mysql_num_rows(result);
for(i=0;i<stockColumn;i++)
{
    row = mysql_fetch_row(result);
    sprintf(resultCms[1].value,"%s",row[0]);
    FomatCMInsert(resultCms,RESULT_TB_FIELD_NUM,fields,values);
    if(!InsertData(RESULT_TB_NAME,fields,values))
    {
        MessageBox(hDlg,"操作错误","提示",MB_ICONERROR);
        mysql_query(&mysql,"ROLLBACK");
        return 0;
    }
}
mysql_free_result(result);
sprintf(sql,"select count(*) from %s",CONFIRM_TB_NAME);
mysql_query(&mysql,sql);
result = mysql_store_result(&mysql);
row = mysql_fetch_row(result);
nums = (_int64)atoi(row[0]);
if(stockColumn != nums)
{
    MessageBox(hDlg,"关联数据异步更新","提示",MB_ICONERROR);
    mysql_query(&mysql,"ROLLBACK");
    return 0;
}
/*事务提交*/
mysql_query(&mysql,"COMMIT");
QueryRecordToView(hView,TB_NAME,FIELD_NUM,"",1,0);
MessageBox(hDlg,"添加成功","提示",MB_OK);
```

```
                break;
            case IDC_BUTTON_DELETE:
                DeleteFromListView(hView,TB_NAME,PRIMARY,DB_CHAR);
                break;
            case IDC_BUTTON_MODIFY:
                updateFlag = 0;
                sprintf(cms[0].fieldName,"barcode");
                sprintf(cms[1].fieldName,"bookname");
                sprintf(cms[2].fieldName,"mncode");
                sprintf(cms[3].fieldName,"authorname");
                sprintf(cms[4].fieldName,"bookconcern");
                sprintf(cms[5].fieldName,"price");
                sprintf(cms[6].fieldName,"memo");
                sprintf(cms[7].fieldName,"kind");
                for(i=0;i<FIELD_NUM;i++)
                {
                    cms[i].type = DB_CHAR;
                }
                /*price 的参数类型为 INT*/
                cms[5].type = DB_INT;
                for(i =0;i<EDIT_COUNT;i++)
                {
                    GetDlgItemText(hDlg,NO1_EDIT+i,cms[i].value,VALUE_LENTH_MAX);
                }
                selIndex = SendMessage(GetDlgItem(hDlg,IDC_COMBO_KINDS),CB_GETCURSEL,0,0);
                if(selIndex == -1)
                {
                    sprintf(cms[7].value,"");
                }
                else
                {
                    SendMessage(GetDlgItem(hDlg,IDC_COMBO_KINDS),CB_GETLBTEXT,selIndex, (LPARAM)
cms[7].value);
                }
                /*格式化字符串*/
                if(FomatCMUpdate(cms,FIELD_NUM,sets)>0)
                {
                    UpDateDataFromListView(hView,TB_NAME,sets,FIELD_NUM,PRIMARY,DB_CHAR);
                }
                else
                {
```

```
                    MessageBox(hDlg,"修改信息不可全部为空!","提示",MB_ICONERROR);
                }
                break;
            case ID_QUIT:
                EndDialog(hDlg,0);
                break;
            }
           return TRUE ;
          break ;
        case WM_NOTIFY:
            if(wParam == IDC_LIST_VIEW)
            {
                pNmhdr = (LPNMHDR)lParam;
                if(NM_DBLCLK == pNmhdr->code)
                {
                    selIndex = SendMessage(GetDlgItem(hDlg,IDC_LIST_VIEW),LVM_ GETSELECTIONMARK,
0,0);
                    if(selIndex == -1)
                    {
                        return 0;
                    }
                    for(i = 0;i<EDIT_COUNT;i++)
                    {
                        ListView_GetItemText(hView,selIndex,i,temp,VALUE_LENTH_MAX);
                        SetDlgItemText(hDlg,NO1_EDIT+i,temp);                //相连的 EDIT ID
                    }
                    ListView_GetItemText(hView,selIndex,FIELD_NUM-1,temp,VALUE_LENTH_MAX);
        selIndex = SendMessage(GetDlgItem(hDlg,IDC_COMBO_KINDS),CB_FINDSTRING,0,(LPARAM)temp);
                    SendMessage(GetDlgItem(hDlg,IDC_COMBO_KINDS),CB_SETCURSEL,selIndex,0);
                }
            }
            return 1;
        case   WM_CLOSE:
            EndDialog(hDlg,0);
        case   WM_DESTROY :
            break;
           return 0 ;
      }
      return FALSE ;
}
```

在 WM_INITDIALOG 消息中，使用工具函数 InitListViewColumns()初始化列表控件的标题。从数

据库的图书种类信息表中取得数据并填充到下拉列表框中。

在 WM_COMMAND 消息中，分别处理了“添加”“删除”“修改”“退出”4 个按钮的指令。

“添加”指令实质上对应着 3 个数据表的操作，即图书信息表、仓库信息表和库存表。

每增加一个条形码图书，库存表需要增加多行数据来表示各个仓库储存的该条形码书籍的数量。

（1）“添加”按钮的工作流程如下：

☑ 检验并获取来自用户的输入（失败则函数返回）。
☑ 将输入的数据拼接成 insert 语句的字符串。
☑ 开启数据库事务，进行多表顺序操作。
☑ 向图书信息表中增添图书信息（失败则数据库执行回滚并且函数返回）。
☑ 获取仓库信息表中所有仓库的名称和仓库的总数目（失败则数据库执行回滚并且函数返回）。
☑ 向库存表（结果表）中插入各个仓库对应该条形码书籍的存储记录（失败则数据库执行回滚并且函数返回）。
☑ 最后再次查询仓库的总数目，检测在此是否有其他用户通过图书管理系统添加或者删除过仓库（如果存在其他用户的异步操作，则数据库执行回滚并且函数返回）。
☑ 事务执行成功，提交。
☑ 提示用户添加成功。

（2）“删除”按钮的指令内容请参见工具函数中 DeleteFromListView()的源代码。

（3）“修改”按钮的工作流程如下：

☑ 获取来自用户的输入。
☑ 将输入拼接为 update 语句中 VALUE 域和 FIELD 域字符串，若用户输入内容全部为空，则失败返回。
☑ 执行工具函数 UpDateDataFromListView()。

在本界面中，为了方便用户的输入，在 WM_NOTIFY 消息中增加了对列表控件某一行双击指令的消息处理，所有支持用户文本输入的控件会按该行的信息填充。

运行效果如图 10.16～图 10.18 所示。

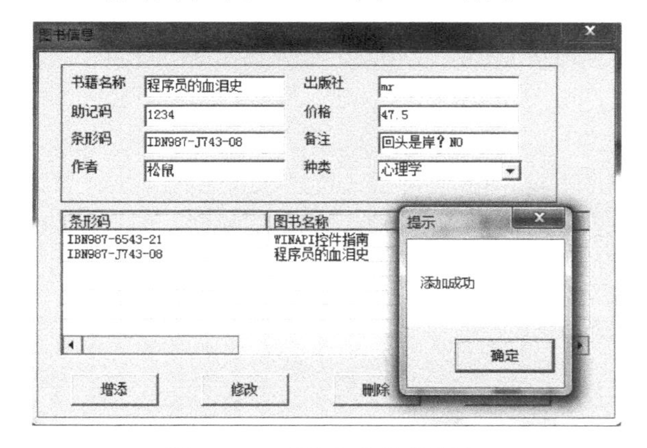

图 10.16　“添加”按钮指令

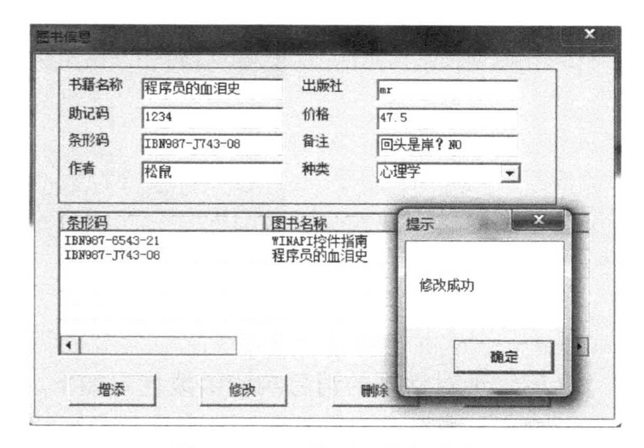

图 10.17　“修改”按钮指令

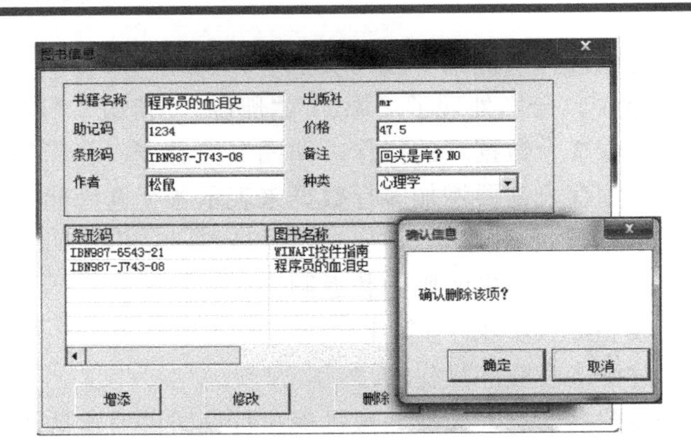

图 10.18 “删除”按钮指令

10.9 库存管理模块设计

库存管理模块包含入库管理、入库退货管理、图书调拨、销售管理和销售退货管理。

对这些子模块的设计主要围绕着各个业务表和图书库存表的操作来进行。

下面以入库管理子模块作为范例来讲解库存管理模块的设计思路。

用户通过入库管理的界面能够直接输入的数据有条形码、供应商和数量，对应 3 个编辑框。存放图书的仓库需要从仓库信息表中选择，从下拉列表框中选择存放地点。“确定”和“退出”按钮分别执行完成业务和退出页面的指令。设计界面如图 10.19 所示。

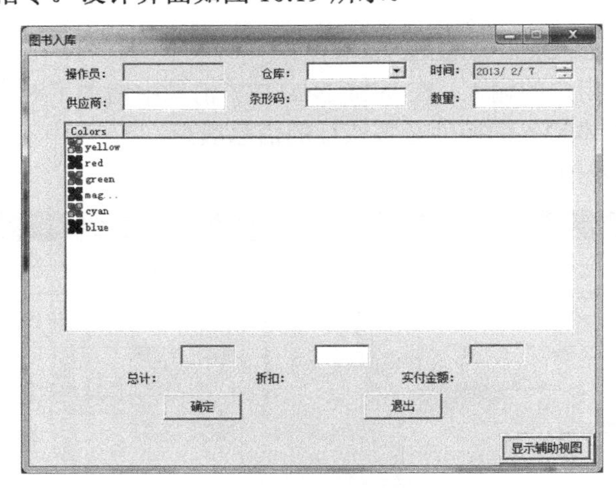

图 10.19 入库管理界面设计

入库管理对话框的消息响应函数代码如下。

1．book_input_proc.h

```
#include"Utility.h"
_LIB_EXT_ MYSQL mysql;
```

```
_LIB_EXT_ MYSQL_RES *result;
_LIB_EXT_ MYSQL_ROW row;
_LIB_EXT_ HINSTANCE g_hInstance;
_LIB_EXT_ int g_level;
_LIB_EXT_ char g_operator[VALUE_LENTH_MAX];
#ifndef BOOK_INPUT
#define BOOK_INPUT
BOOL CALLBACK Book_Input_Proc(HWND hDlg, UINT message,WPARAM wParam, LPARAM lParam);
#endif
```

2. book_input_proc.c

```
#include "book_input_proc.h"
#define FIELD_NUM 7                                    //窗体中对图书入库信息表可控制的字段数
#define PRIMARY "inputcode"                            //主键
#define TB_NAME "tb_book_input"                        //图书入库信息表名
#define    EDIT_COUNT 3                                //连续 EDIT 控件数量
#define NO1_EDIT   IDC_INPUT_OPERATOR                  //EDIT 控件中 ID 数值最小的一个
#define BASE_TB_NAME    "tb_base_store_info"           //外键表
#define    INFO_TB_BOOK_NAME    "tb_book_info"         //外键表
#define    INFO_TB_PROVIDER_NAME    "tb_provider_info" //外键表
#define BOOK_FK          "barcode"                     //图书表外键
#define PROVIDER_FK     "provider"                     //供货商表外键
#define SUB_TITLES_BOOK_COUNT     8                    //图书辅助窗口的标题数
#define SUB_TITLES_PROVIDER_COUNT     7                //供货商辅助窗口的标题数
#define RESULT_TB_NAME "tb_stock_info"                 //结果表
#define RESULT_TB_FIELD_NUM 2                          //结果表条件字段个数
#define RESULT_TB_BOOK_CONDITION      "barcode"        //结果表更新的条件属性
#define RESULT_TB_STORE_CONDITION     "store"          //结果表更新的条件属性
#define RESULT_TB_TARGET        "stock"                //结果表更新的目标属性
BOOL CALLBACK Book_Input_Proc(HWND hDlg, UINT message,WPARAM wParam, LPARAM lParam)
{
    char titles[FIELD_NUM][TITLE_LENTH_MAX] = {"操作员","供应商","条形码","时间","存放于","数量","实付
金额"};
    char sub_book_titles[SUB_TITLES_BOOK_COUNT][TITLE_LENTH_MAX] = {"条形码","图书名称","助记码",
"作者","出版社","价格","备注","种类"};
    char sub_provider_titles[SUB_TITLES_PROVIDER_COUNT][TITLE_LENTH_MAX] = {"供应商名称","法人",
"负责人","联系电话","详细地址","网址","邮箱"};
    HWND hView = GetDlgItem(hDlg,IDC_LIST_VIEW);
    static HWND bookSubView;
    static HWND providerSubView;
    ColumnMessage cms[FIELD_NUM];
```

```
    ColumnMessage resultCms[RESULT_TB_FIELD_NUM];
    char values[VALUE_LENTH_MAX*FIELD_NUM+FIELD_NUM-1];    //insert 语句中的值，数组大小为：值
                                                           //总长度和逗号数量加和的最大值
    char fields[FIELD_LENTH_MAX*FIELD_NUM+FIELD_NUM-1];    //insert 语句中的字段，数组大小为：
                                                           //字段总长度和逗号数量加和的最大值
    int selIndex;                                          //控件当前被选中的项
    int i;                                                 //迭代器
    char sets[(VALUE_LENTH_MAX+FIELD_LENTH_MAX)*(RESULT_TB_FIELD_NUM)+(RESULT_TB_FIELD_
NUM-1)*2+1] = "\0";        //update 语句中 SET 的内容，数组大小为：值和字段的总长度加上逗号、加号的数量
    LPNMHDR pNmhdr;
//NMHDR 表示 WM_NOTIFY 消息内容，LPNMHDR 则表示指向它的指针类型
    char temp[VALUE_LENTH_MAX];                            //设置 EDIT 文字时所用的字符缓冲
    SYSTEMTIME    systime;                                 //系统时间结构体
    double rebate;                                         //折扣
    double pay;
    char sql[SQL_LENTH_MAX];
    _int64 nums;
    switch (message)
    {
    case    WM_INITDIALOG :
        InitCommonControls();
    SendMessage(hView,LVM_SETEXTENDEDLISTVIEWSTYLE,0,LVS_EX_FULLROWSELECT|LVS_EX_H
EADERDRAGDROP|LVS_EX_GRIDLINES|LVS_EX_ONECLICKACTIVATE|LVS_EX_FLATSB);
        InitListViewColumns(hView,titles,FIELD_NUM );
        /*初始化下拉列表框*/
        sprintf(sql,"select * from %s where storename!='店内'",BASE_TB_NAME);
        mysql_query(&mysql,sql);
        if(mysql_errno(&mysql))
        {
            MessageBoxEx(GetParent(hView),"操作错误","提示",MB_ICONERROR|MB_TOPMOST,0);
            return 0;
        }
        result = mysql_store_result(&mysql);
        nums = mysql_num_rows(result);
        for(i=0;i<nums;i++)
        {
            row = mysql_fetch_row(result);
            SendMessage(GetDlgItem(hDlg,IDC_COMBO_STORE),CB_ADDSTRING,0,(LPARAM)row[0]);
        }
        mysql_free_result(result);
        /*初始化折扣*/
        SetWindowText(GetDlgItem(hDlg,IDC_REBATE),"1.00");
```

```
        /*初始化辅助窗口*/
        CreateSubViewProc(hDlg,&bookSubView,"图书",sub_book_titles,SUB_TITLES_BOOK_COUNT,0);
        CreateSubViewProc(hDlg,&providerSubView," 供 应 商 ",sub_provider_titles,SUB_TITLES_PROVIDER_
COUNT,1);
        /*初始化操作员*/
        SetWindowText(GetDlgItem(hDlg,IDC_INPUT_OPERATOR),g_operator);
        return TRUE ;
    case    WM_COMMAND :
        switch(LOWORD(wParam))
        {
        case IDC_BUTTON_ADD:
            sprintf(cms[0].fieldName,"operator");
            sprintf(cms[1].fieldName,"provider");
            sprintf(cms[2].fieldName,"barcode");
            sprintf(cms[3].fieldName,"time");
            sprintf(cms[4].fieldName,"store");
            sprintf(cms[5].fieldName,"count");
            sprintf(cms[6].fieldName,"pay");
            for(i=0;i<FIELD_NUM;i++)
            {
                cms[i].type = DB_CHAR;
            }
            cms[5].type = DB_INT;
            cms[6].type = DB_INT;
            GetDlgItemText(hDlg,IDC_INPUT_OPERATOR,cms[0].value,VALUE_LENTH_MAX);
            GetDlgItemText(hDlg,IDC_INPUT_PROVIDER,cms[1].value,VALUE_LENTH_MAX);
            if(strlen(cms[1].value)<1)
            {
                MessageBoxEx(hDlg,"请输入供应商","提示",MB_ICONHAND|MB_TOPMOST,0);
                return 0;
            }
            GetDlgItemText(hDlg,IDC_INPUT_BOOKNAME,cms[2].value,VALUE_LENTH_MAX);
            if(strlen(cms[2].value)<1)
            {
                MessageBoxEx(hDlg,"请输入条形码","提示",MB_ICONHAND|MB_TOPMOST,0);
                return 0;
            }
            /*获取的系统时间*/
            GetSystemTime(&systime);
            sprintf(cms[3].value,"%d/%d/%d %d:%d:%d",systime.wYear,systime.wMonth,systime.wDay, systime.
wHour,systime.wMinute,systime.wSecond);
            /*获取存放地点*/
```

```
            selIndex = SendMessage(GetDlgItem(hDlg,IDC_COMBO_STORE),CB_GETCURSEL,0,0);
            if(selIndex == -1)
            {
                MessageBoxEx(hDlg,"请选择存放地点","提示",MB_ICONHAND|MB_TOPMOST,0);
                return 0;
            }
            SendMessage(GetDlgItem(hDlg,IDC_COMBO_STORE),CB_GETLBTEXT, selIndex, (LPARAM)
cms[4].value);
            /*获取数量*/
            GetDlgItemText(hDlg,IDC_INPUT_COUNT,cms[5].value,VALUE_LENTH_MAX);
            if(strlen(cms[5].value)<1)
            {
                MessageBoxEx(hDlg,"请输入数量","提示",MB_ICONHAND|MB_TOPMOST,0);
                return 0;
            }
            /*通过数量、折扣、单价获取实付金额*/
            GetDlgItemText(hDlg,IDC_INPUT_REBATE,temp,VALUE_LENTH_MAX);
            if(strlen(temp)<1)
            {
                MessageBoxEx(hDlg,"请输入折扣","提示",MB_ICONHAND|MB_TOPMOST,0);
                return 0;
            }
            rebate = atof(temp);
            if((int)(rebate*10)<3)
            {
                MessageBoxEx(hDlg,"折扣过低","提示",MB_ICONHAND|MB_TOPMOST,0);
                return 0;
            }
            if((int)(rebate*10)>10)
            {
                MessageBoxEx(hDlg,"折扣不能超过 1","提示",MB_ICONHAND|MB_TOPMOST,0);
                return 0;
            }
            sprintf(sql,"select price from %s where %s='%s'",INFO_TB_BOOK_NAME, BOOK_FK, cms[2].
value);
            mysql_query(&mysql,sql);
            result = mysql_store_result(&mysql);
            if(mysql_num_rows(result)==0)
            {
                MessageBoxEx(hDlg,"条形码输入有误","提示",MB_ICONHAND|MB_TOPMOST,0);
                return 0;
            }
```

```
            row = mysql_fetch_row(result);
            pay =atof(row[0])*atof(cms[5].value);
            sprintf(temp,"%3.2f",pay);
            SetDlgItemText(hDlg,IDC_SUMMONEY,temp);
            pay = pay*rebate;
            mysql_free_result(result);
            sprintf(cms[6].value,"%3.2f",pay);
            SetDlgItemText(hDlg,IDC_FACTMONEY,cms[6].value);
            /*格式化字符串*/
            FomatCMInsert(cms,FIELD_NUM,fields,values);
            /*对信息表进行操作*/
            mysql_query(&mysql,"BEGIN");                                    //开启事务管理
            if(!InsertData(TB_NAME,fields,values))
            {
                MessageBoxEx(GetParent(hView),"操作错误","提示",MB_ICONERROR|MB_ TOPMOST,0);
                mysql_query(&mysql,"ROLLBACK");
                return 0;
            }
            /*对结果表进行操作*/
            FomatCMUpdate(resultCms,RESULT_TB_FIELD_NUM,sets);
            sprintf(sql,"update %s set %s=%s+%s where %s='%s' and %s='%s'",RESULT_TB_NAME,
RESULT_TB_TARGET,RESULT_TB_TARGET,cms[5].value,RESULT_TB_BOOK_CONDITION,cms[2]. value,
RESULT_TB_STORE_CONDITION,cms[4].value);
            mysql_query(&mysql,sql);
            if(mysql_errno(&mysql))
            {
                MessageBoxEx(GetParent(hView),"操作错误","提示",MB_ICONERROR|MB_TOPMOST,0);
                mysql_query(&mysql,"ROLLBACK");
                return 0;
            }
            /*事务提交*/
            mysql_query(&mysql,"COMMIT");
            HoldInsertIDCondition(sql,PRIMARY);
           QueryRecordToView(hView,TB_NAME,FIELD_NUM,sql,1,1);
            MessageBox(hDlg,"操作成功","提示",MB_OK);
            break;
        case IDC_BUTTON_SUB:
            if(IsWindow(bookSubView)==0)
            {
                CreateSubViewProc(hDlg,&bookSubView," 图 书 ",sub_book_titles,SUB_TITLES_BOOK_
COUNT,0);
            }
```

```
                if(IsWindow(providerSubView)==0)
                {
                    CreateSubViewProc(hDlg,&providerSubView,"供应商",sub_provider_titles,SUB_TITLES_
PROVIDER_COUNT,1);
                }
                break;
            case ID_QUIT:
                EndDialog(hDlg,0);
                break;
            case IDC_INPUT_BOOKNAME:
                if(HIWORD(wParam)==EN_CHANGE)
                {
                    SetSubViewFromEdit(GetDlgItem(hDlg,IDC_INPUT_BOOKNAME),bookSubView,INFO_
TB_BOOK_NAME,BOOK_FK,SUB_TITLES_BOOK_COUNT);
                }
                break;
            case IDC_INPUT_PROVIDER:
                if(HIWORD(wParam)==EN_CHANGE)
                {
                    SetSubViewFromEdit(GetDlgItem(hDlg,IDC_INPUT_PROVIDER),providerSubView,INFO_
TB_PROVIDER_NAME,PROVIDER_FK,SUB_TITLES_PROVIDER_COUNT);
                }
                break;
            }
          return TRUE ;
         break ;
        case WM_NOTIFY:
            pNmhdr = (LPNMHDR)lParam;
            if(NM_DBLCLK == pNmhdr->code)
            {
                selIndex = SendMessage(pNmhdr->hwndFrom,LVM_GETSELECTIONMARK,0,0);
                if(selIndex == -1)
                {
                    return 0;
                }
                ListView_GetItemText(pNmhdr->hwndFrom,selIndex,0,temp,VALUE_LENTH_MAX);
                if(pNmhdr->hwndFrom==bookSubView)
                {
                    SetWindowText(GetDlgItem(hDlg,IDC_INPUT_BOOKNAME),temp);
                }
                if(pNmhdr->hwndFrom==providerSubView)
                {
```

```
                SetWindowText(GetDlgItem(hDlg,IDC_INPUT_PROVIDER),temp);
            }
        }
        return 1;
    case  WM_CLOSE:
        EndDialog(hDlg,0);
        //PostQuitMessage (0) ;
    case  WM_DESTROY :
        //PostQuitMessage (0) ;
        break;
      return 0 ;
    }
    return FALSE ;
}
```

在 INITDIALOG 消息中，初始化了列表控件的标题和仓库的下拉列表框。之后使用工具函数 CreateSubViewProc()创建了两个辅助窗口来帮助用户输入，如图 10.20 所示。

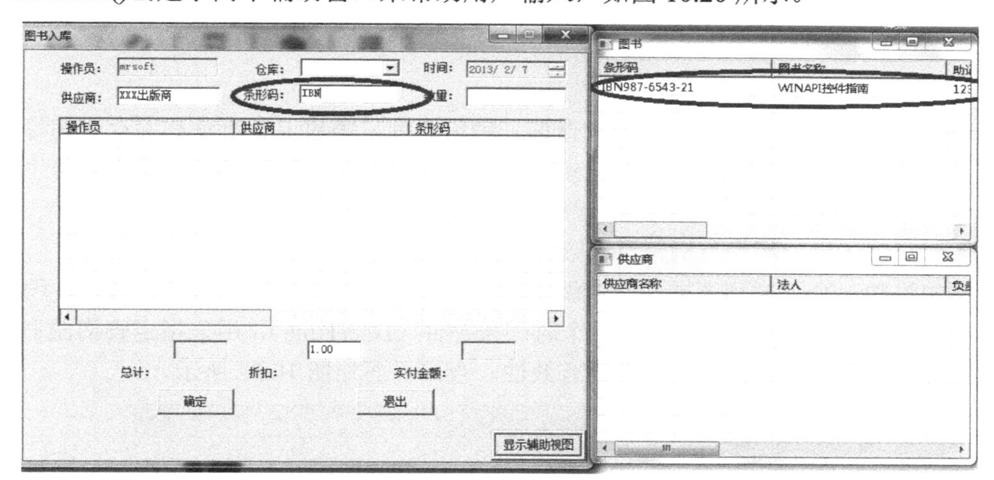

图 10.20　辅助窗口示意图

“确定”按钮的主要工作内容如下：

（1）检验并获取来自用户的输入（失败则函数返回）。

（2）将输入的数据拼接成 insert 语句的字符串。

（3）开启数据库事务，进行多表顺序操作。

（4）向入库业务表中插入记录（失败则执行数据回滚并且函数返回）。

（5）根据用户输入的仓库信息和条形码信息，更新库存表中相应图书库存量（失败则执行数据回滚并且函数返回）。

（6）事务无异常，进行提交。

本模块运行效果如图 10.21 所示。

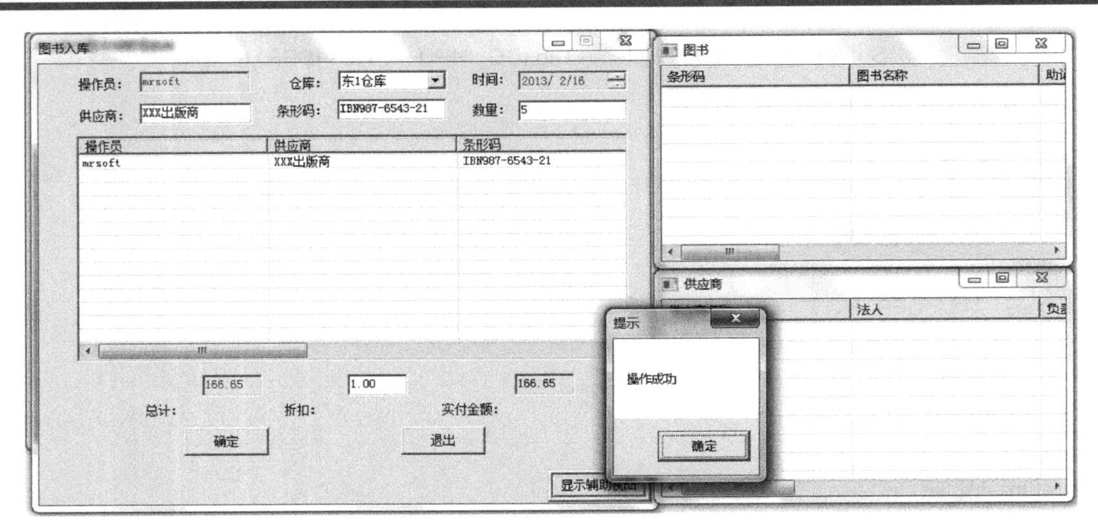

图 10.21　向仓库中添加图书

10.10　查询模块设计

查询模块主要包含入库查询、入库退货查询、销售查询、销售退货查询和库存查询等内容，用户可以通过查询模块的界面对图书入库业务记录和各个仓库的图书的库存量进行查询。每个子模块都提供相应的控件来输入查询条件并在数据库中筛选符合条件的项。

下面以入库查询子模块作为范例来讲解查询模块的设计思路。

在对话框中添加一个下拉列表框和一个编辑框，下拉列表框中存放选择查询条件，编辑框中可以输入查询项的具体值。之后从左到右添加两个时间条控件（DataTime），用来指定查询图书入库业务的时间段。使用两个复选框来指定查询控件的有效性。查询界面如图 10.22 所示。

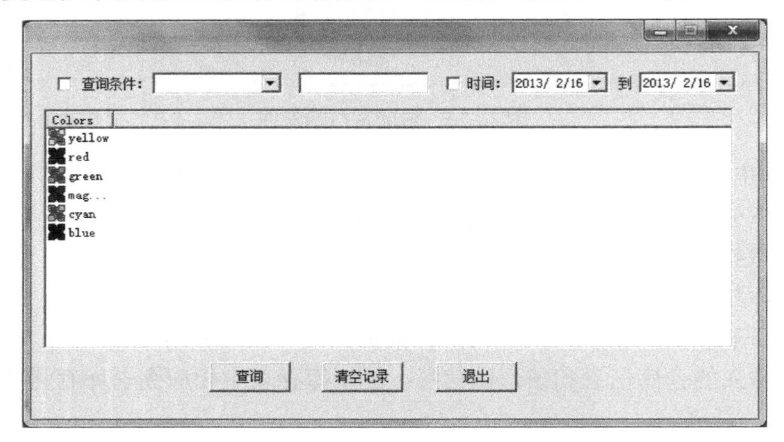

图 10.22　查询界面

入库查询对话框的消息响应函数的代码如下。

1．book_input_query_proc.h

```
#include"Utility.h"
_LIB_EXT_ MYSQL mysql;
_LIB_EXT_ MYSQL_RES *result;
_LIB_EXT_ MYSQL_ROW row;
_LIB_EXT_ HINSTANCE g_hInstance;
_LIB_EXT_ int g_level;
_LIB_EXT_ char g_operator[VALUE_LENTH_MAX];
BOOL CALLBACK Book_Input_Query_Proc(HWND hDlg, UINT message,WPARAM wParam, LPARAM lParam);
```

2．book_input_query_proc.c

```
#include "book_input_query_proc.h"
#define FIELD_NUM 7                                //窗体中对信息表可控制的字段数
#define CONDITON_NUM 4                             //查询条件字段数
#define TB_NAME "tb_book_input"                    //信息表名
BOOL CALLBACK Book_Input_Query_Proc(HWND hDlg, UINT message,WPARAM wParam, LPARAM lParam)
{
    char titles[FIELD_NUM][TITLE_LENTH_MAX] = {"操作员","供应商","条形码","时间","存放于","数量","实付
金额"};
    char queryTitles[CONDITON_NUM][TITLE_LENTH_MAX]= {"操作员","供应商","条形码","存放于"};
    HWND hView = GetDlgItem(hDlg,IDC_LIST_VIEW);
    int selIndex;                                  //控件当前被选中的项
    int i;                                         //迭代器
    char temp[VALUE_LENTH_MAX];                    //设置 EDIT 文字时所用的字符缓冲
    char end[VALUE_LENTH_MAX];
    char condition[SQL_LENTH_MAX] = "";
    int conditionFlag;
    int timeFlag;
    switch (message)
    {
    case    WM_INITDIALOG :
        InitCommonControls();
        SetWindowText(hDlg,"入库查询");
        SendMessage(hView,LVM_SETEXTENDEDLISTVIEWSTYLE,0,LVS_EX_FULLROWSELECT|LVS_
EX_HEADERDRAGDROP|LVS_EX_GRIDLINES|LVS_EX_ONECLICKACTIVATE|LVS_EX_FLATSB);
        InitListViewColumns(hView,titles,FIELD_NUM );
        /*初始化下拉列表框*/
        for(i=0;i<CONDITON_NUM;i++)
        {
            SendMessage(GetDlgItem(hDlg,IDC_CONDITIONLIST),CB_ADDSTRING,0,(LPARAM)queryTitles[i]);
        }
```

```
        return TRUE ;
    case    WM_COMMAND :
        switch(LOWORD(wParam))
        {
        case IDC_QUERY:
            conditionFlag = SendMessage(GetDlgItem(hDlg,IDC_SELECT_CHECK),BM_GETCHECK,0,0);
            timeFlag = SendMessage(GetDlgItem(hDlg,IDC_TIME_CHECK),BM_GETCHECK,0,0);
            if(conditionFlag==BST_CHECKED)
            {
                selIndex = SendMessage(GetDlgItem(hDlg,IDC_CONDITIONLIST), CB_GETCURSEL, 0,0);
                GetWindowText(GetDlgItem(hDlg,IDC_SQ_VALUE),temp,VALUE_LENTH_MAX);
                if(strlen(temp)==0)
                {
                    MessageBoxEx(hDlg,"请输入查询条件","提示",MB_ICONERROR|MB_TOPMOST,0);
                    return 0;
                }
                switch(selIndex)
                {
                    case 0:
                        sprintf(condition,"operator='%s'",temp);
                        break;
                    case 1:
                        sprintf(condition,"provider='%s'",temp);
                        break;
                    case 2:
                        sprintf(condition,"barcode='%s'",temp);
                        break;
                    case 3:
                        sprintf(condition,"store='%s'",temp);
                        break;
                   default:
                        return 0;
                }
                if(timeFlag == conditionFlag)
                {
                    sprintf(condition,"%s and ",condition);
                }
            }
            if(timeFlag ==BST_CHECKED)
            {
                GetWindowText(GetDlgItem(hDlg,IDC_STARTTIME),temp,VALUE_LENTH_MAX);
                GetWindowText(GetDlgItem(hDlg,IDC_ENDTIME),end,VALUE_LENTH_MAX);
```

```
                    sprintf(condition,"%stime>='%s/00/00/00' and time<='%s/23/59/59'",condition,temp,end);
                }
                QueryRecordToView(hView,TB_NAME,FIELD_NUM,condition,1,1);
                break;
            case ID_QUIT:
                EndDialog(hDlg,0);
                break;
            case IDC_CLEAR:
                ListView_DeleteAllItems(hView);
            }
          return TRUE ;
          break ;
      case   WM_CLOSE:
            EndDialog(hDlg,0);
      case   WM_DESTROY :
            break;
          return 0 ;
    }
    return FALSE ;
}
```

首先在 WM_INITDIALOG 消息中初始化查询对话框的标题，之后填充下拉列表框中的字符。

“查询”按钮的工作流程如下：

（1）获取来自用户的输入。

（2）根据用户在控件中的选择，将输入的数据拼接成符合 where 查询语句的字符串。

（3）使用工具函数 QueryRecordToView()将查询的内容填充到列表控件中。

执行效果如图 10.23 所示。

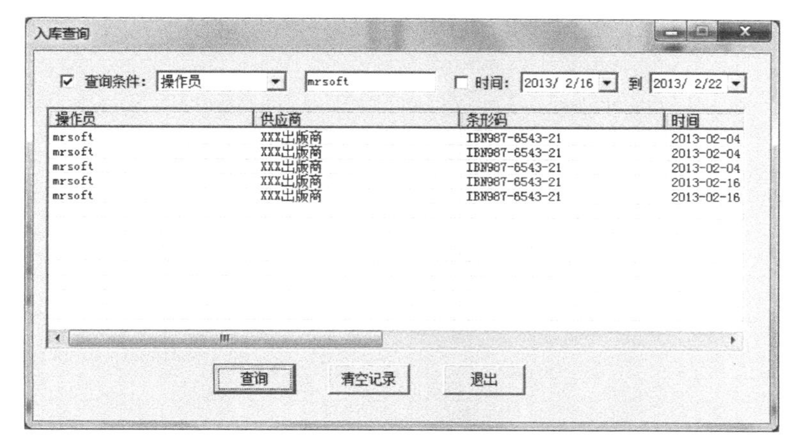

图 10.23　执行查询操作

10.11 开发总结

本章主要介绍如何设计一个图书管理系统。通过本章的学习，读者可以学会如何设计自制控件并将其应用到程序设计过程中。通过自制控件，读者可以根据自己的意愿完成许多自带控件所不能完成的功能，如联想输入之类。希望读者能更透彻地学习自制控件的设计方法，将对以后的程序设计提供很大的帮助。

第 11 章

商品管理系统

（Visual C++ 6.0 实现）

随着技术的发展，电脑操作及管理日趋简单化，电脑知识日趋普及，同时市场经济快速多变，竞争激烈，因此企业采用电脑进行管理已成为趋势。本章以商品管理系统为例，介绍如何利用C语言开发小型管理系统，详细阐述其设计流程和实施过程。本章非常适合初学者进一步提高实际项目的开发能力，通过本章的学习，读者能够学到：

- 项目设计思路
- 首页页面设计
- 如何读取文件中的信息
- 如何保存文件信息

11.1 开发背景

目前，各类商品企业所经营的商品数量不断增加，依靠传统的方式来管理商品已经不能满足人们的需要，因此商品管理系统应运而生。

11.2 需求分析

通过对市场的调查得知，一款合格的商品管理系统软件必须具备以下特点：

☑ 能够对商品进行集中管理。

☑ 能够大大提高用户的工作效率。

☑ 能够对商品实现增、删、改功能。

☑ 能够按总金额进行排序。

商品管理系统最重要的功能包括以下几方面：商品的添加、删除、查询、修改、指定位置插入及按金额排序。其中商品的查询、删除、修改、指定位置的插入等都要依靠输入的商品编号来实现，商品的排序是根据商品总金额由高到低进行排序。

11.3 系统设计

11.3.1 系统目标

商品管理系统主要是对商品的基本信息进行增、删、改、查以及商品的插入的操作，以便用户可以快速地对这些信息进行管理。

11.3.2 系统功能结构

商品管理系统功能结构如图11.1所示。

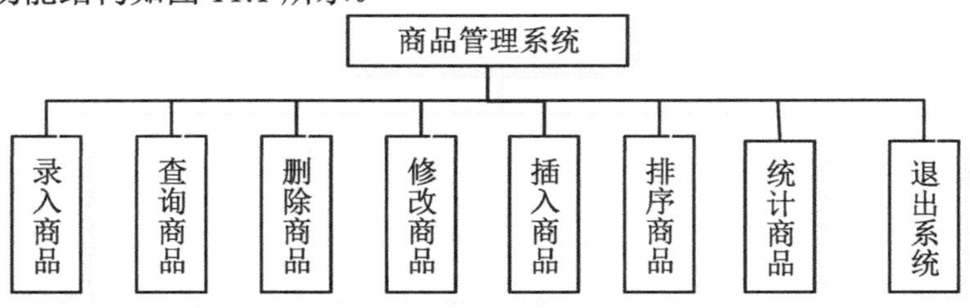

图11.1 商品管理系统功能结构

11.3.3　系统预览

商品管理系统的主页面如图 11.2 所示。添加商品的页面如图 11.3 所示。查询商品的显示页面如图 11.4 所示。修改商品的页面如图 11.5 所示。

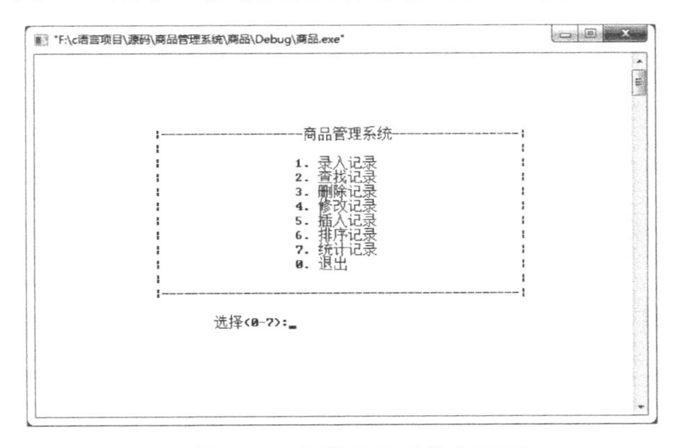

图 11.2　商品管理系统主页面

图 11.3　商品添加页面

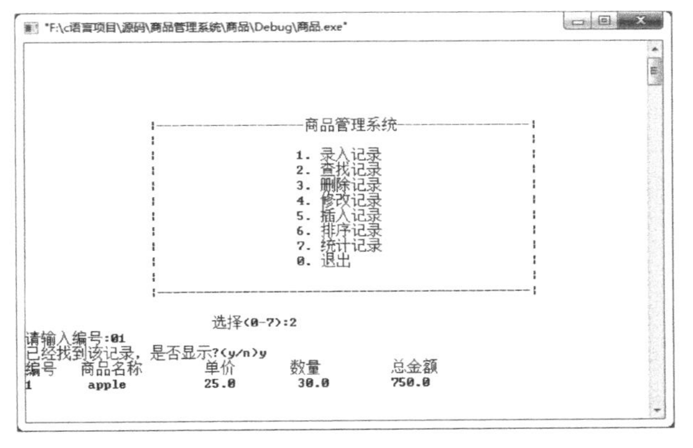

图 11.4　商品查询显示页面

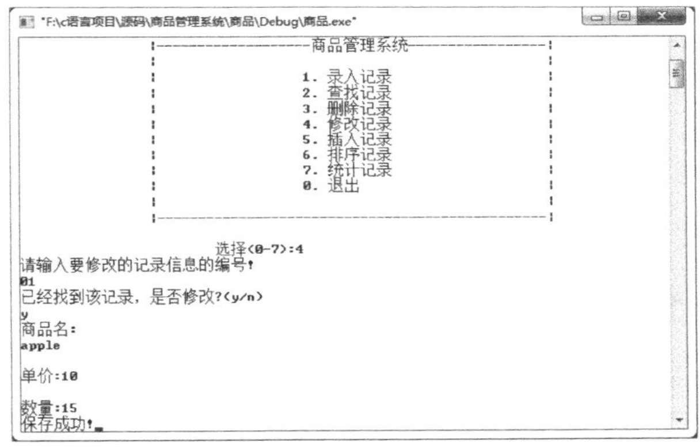

图 11.5　商品修改页面

11.4　预处理模块设计

11.4.1　文件引用

在商品管理系统中需要应用一些头文件，这些头文件可以帮助程序更好地运行。头文件的引用是通过#include 命令来实现的，下面为本程序中所引用的头文件。

```
#include "stdafx.h"
#include<stdio.h>
#include<stdlib.h>
#include<conio.h>
#include<dos.h>
#include<string.h>
```

11.4.2 宏定义

宏定义也是预处理命令的一种，以#define 开头，提供了一种可以替换源代码中字符串的机制。本系统中使用的都是带参数的宏定义。

（1）用 LEN 表示结构体 commdity 所占的字节数。

```
#define LEN sizeof(struct commdity)
```

（2）用 FORMAT 表示输出的格式化字符串。

```
#define FORMAT "%-8d%-15s%-12.1lf%-12.1lf%-12.1lf\n"
```

（3）用 DATA 表示要输出的数据。

```
#define DATA comm[i].num,comm[i].name,comm[i].price,comm[i].count,comm[i].total
```

11.4.3 声明结构体

在本系统中定义了一个结构体 commdity，用来表示商品，其中包括商品编号、商品名称、商品单价、商品数量、总金额等信息，并定义一个名为 comm 的 commdity 类型的结构体变量。

程序代码如下：

```
//声明结构体
struct commdity                    //定义商品信息结构体
{
    int num;                       //编号
    char name[15];                 //商品名称
    double price;                  //单价
    double count;                  //数量
    double total;                  //总金额
};
struct commdity comm[50];          //定义结构体数组
```

11.4.4　函数声明

在本程序中使用了几个自定义的函数，这些函数的功能及声明形式如下：

```
//函数声明
void in();              //录入商品信息
void show();            //显示商品信息
void order();           //按总金额排序
void del();             //删除商品信息
void modify();          //修改商品信息
void menu();            //主菜单
void insert();          //插入商品信息
void total();           //计算总商品数
void search();          //查找商品信息
```

11.5　功能菜单设计

11.5.1　功能概述

功能选择界面将本系统中的所有功能显示出来，每个功能前有对应数字，输入对应数字，选择相应的功能。程序运行结果如图 11.6 所示。

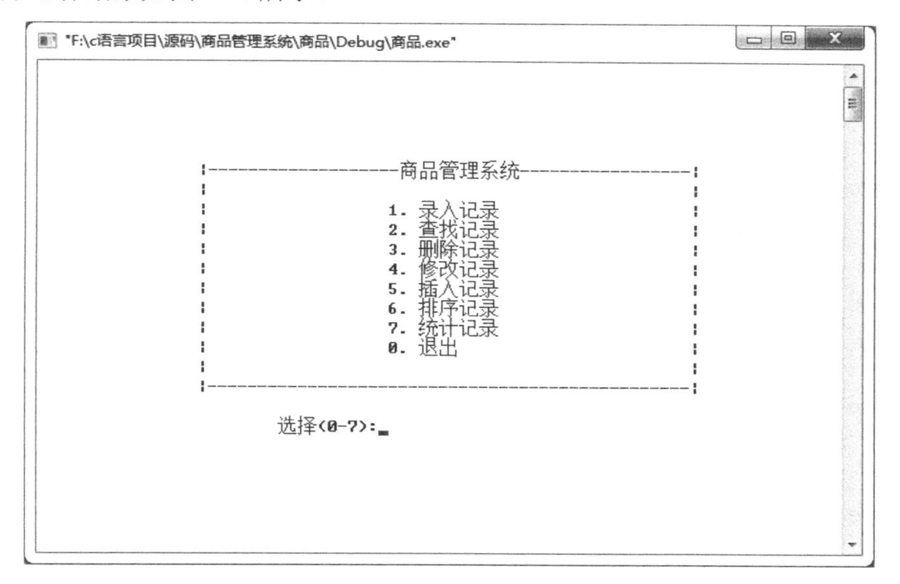

图 11.6　功能选择界面

11.5.2 功能菜单实现

主函数 main()是所有程序的入口。本程序中主函数实现的功能是：调用 menu()函数显示主菜单功能，然后等待用户输入所选功能的编号，继而调用相应的功能，最后再次调用 menu()函数，显示主菜单功能。主函数的实现代码如下：

```
/**
 * 主 函 数
*/
int main(int argc,char *argv[])
{
     system("color f0\n");        //白地黑字
     int n = 0;
     menu();
     scanf("%d",&n);              //输入选择功能的编号
     while(n)
     {
          switch(n)
          {
           case 1:
                in();              //调用录入商品信息过程
                break;
           case 2:
                search();          //查找商品信息过程
                break;
           case 3:
                del();             //调用删除商品信息的过程
                break;
           case 4:
                modify();          //调用修改商品信息的过程
                break;
           case 5:
                insert();          //调用插入数据的过程
                break;
           case 6:
                order();            //调用排序过程
                break;
           case 7:
                total();           //计算总数
                break;
```

```
            default:break;
        }
        getch();
        menu();                    //执行完功能后再次显示菜单界面
        scanf("%d",&n);
    }
    return 0;
}
```

11.5.3　自定义菜单功能函数

menu()函数将程序中的基本功能列了出来。当输入相应数字后，程序会根据该数字调用不同的函数，具体数字表示的功能如表 11.1 所示。

表 11.1　菜单中的数字所表示的功能

编　　号	功　　能
0	退出系统
1	录入记录
2	查找记录
3	删除记录
4	修改记录
5	插入记录
6	排序记录
7	统计记录

menu()函数的实现代码如下：

```
/**
* 自定义函数实现菜单功能
*/
void menu()
{
    system("cls");
    printf("\n\n\n\n\n");
    printf("\t\t|-------------------商品管理系统-----------------|\n");
    printf("\t\t|\t\t\t\t\t\t |\n");
    printf("\t\t|\t\t    1. 录入记录                      |\n");
    printf("\t\t|\t\t    2. 查找记录                      |\n");
    printf("\t\t|\t\t    3. 删除记录                      |\n");
    printf("\t\t|\t\t    4. 修改记录                      |\n");
```

```
    printf("\t\t|\t\t     5. 插入记录                         |\n");
    printf("\t\t|\t\t     6. 排序记录                         |\n");
    printf("\t\t|\t\t     7. 统计记录                         |\n");
    printf("\t\t|\t\t     0. 退出                             |\n");
    printf("\t\t|\t\t\t\t\t\t |\n");
    printf("\t\t|--------------------------------------------|\n\n");
    printf("\t\t\t 选择(0-7):");
}
```

视频讲解

11.6 商品录入设计

11.6.1 功能概述

在主功能菜单的界面中输入“1”，即可进入商品录入状态，如果没有数据，则会显示相应的信息，并询问用户是否输入，如图 11.7 所示。

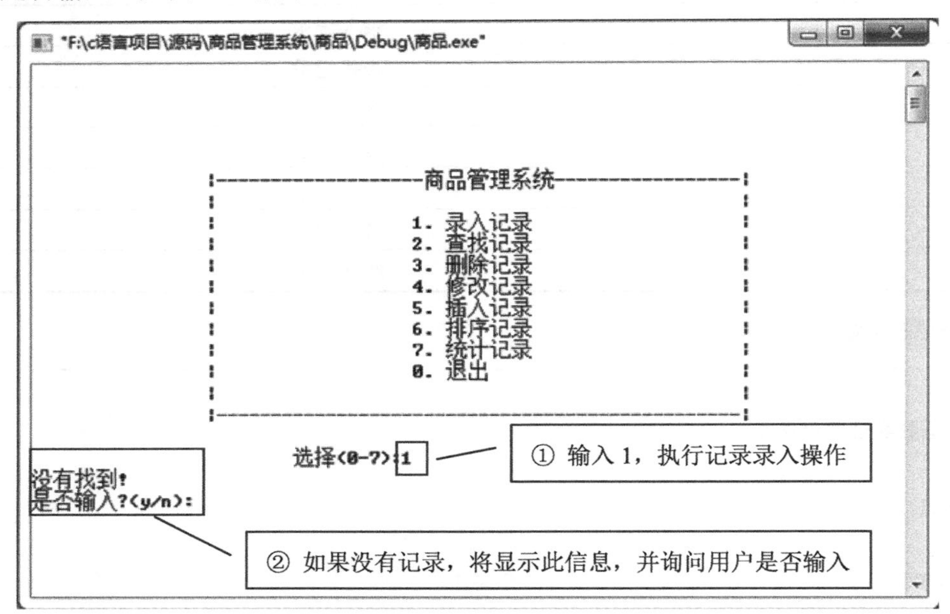

图 11.7 商品信息录入界面

从图 11.7 中可以看出，在录入新的信息时，如果没有新的信息则会提示“没有找到！”，并询问用户是否输入；如果用户输入“n”，按 Enter 键，则显示“ok！”，如图 11.8 所示，再按任意键，返回到主功能菜单界面。

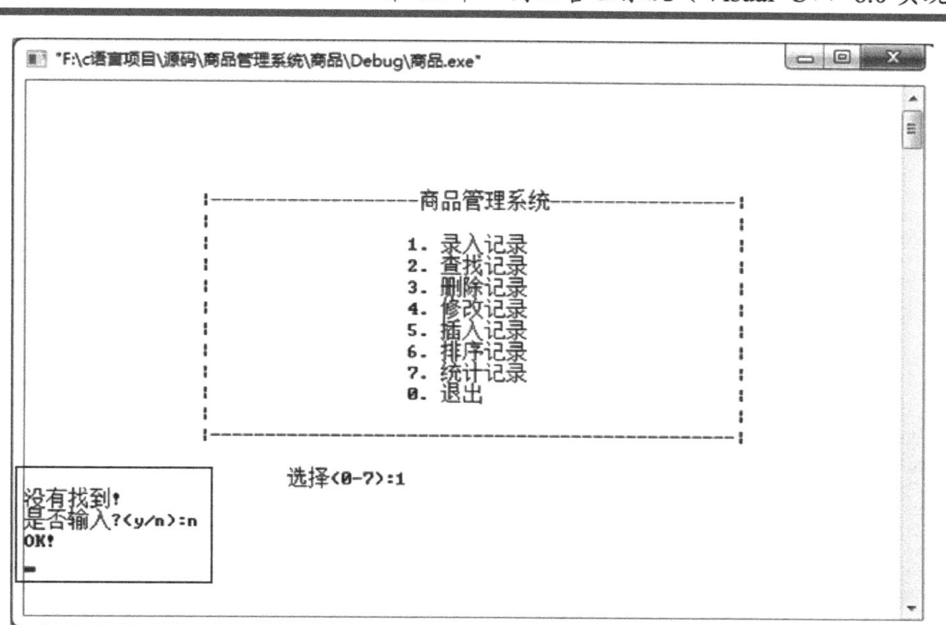

图 11.8 不输入数据

如果用户输入“y”，会分别显示编号、商品名、单价和数量信息。当用户输入完成以后按 Enter 键，会提示“**已经保存！是否继续”，如图 11.9 所示。

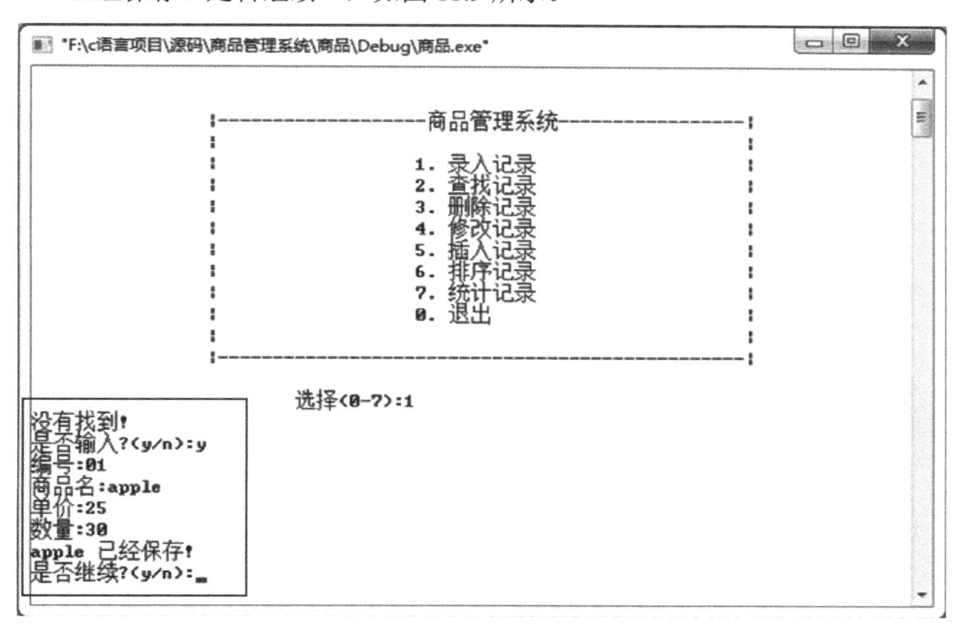

图 11.9 保存记录

如果用户选择“n”，会提示“ok！”，如图 11.10 所示。再按 Enter 键，返回到主功能菜单。

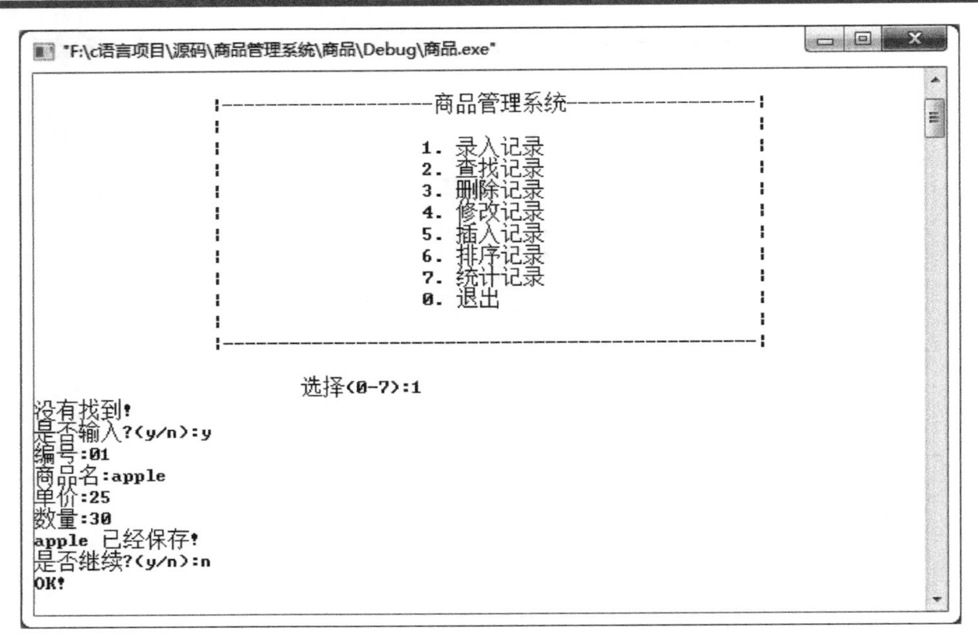

图 11.10　不继续录入记录

如果用户输入“y”，会继续提示相应的提示，再输入一条记录，如图 11.11 所示。

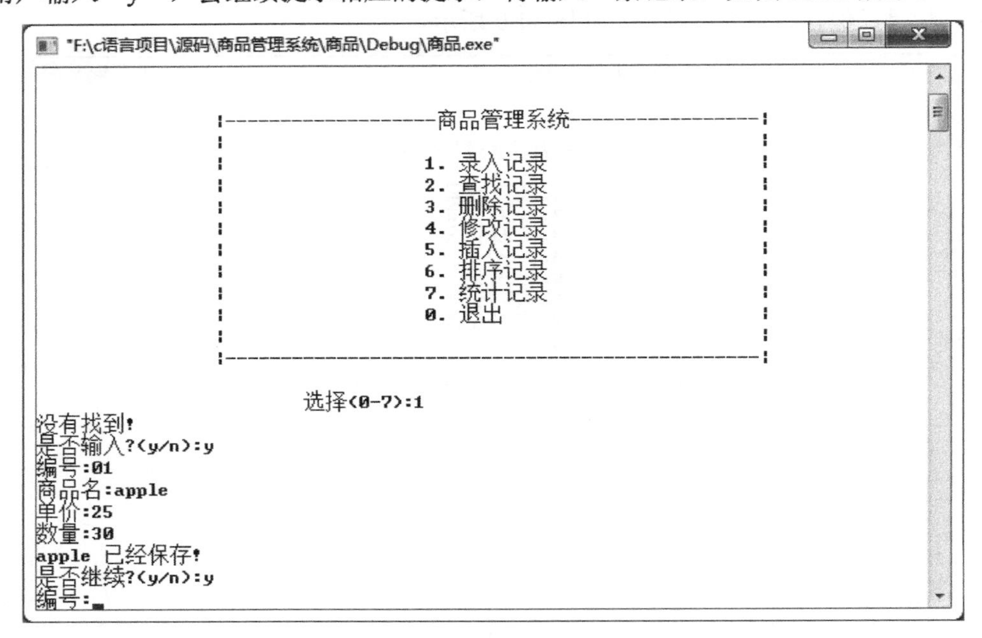

图 11.11　继续输入

如果用户在输入主功能菜单中输入编号“1”，进入录入记录模块中。如果有记录存在，会先将记录显示出来，然后提示用户“是否输入？”。如果用户同意输入，则显示“编号”“商品名称”“单价”“数量”等字段，供用户输入，如图 11.12 所示。

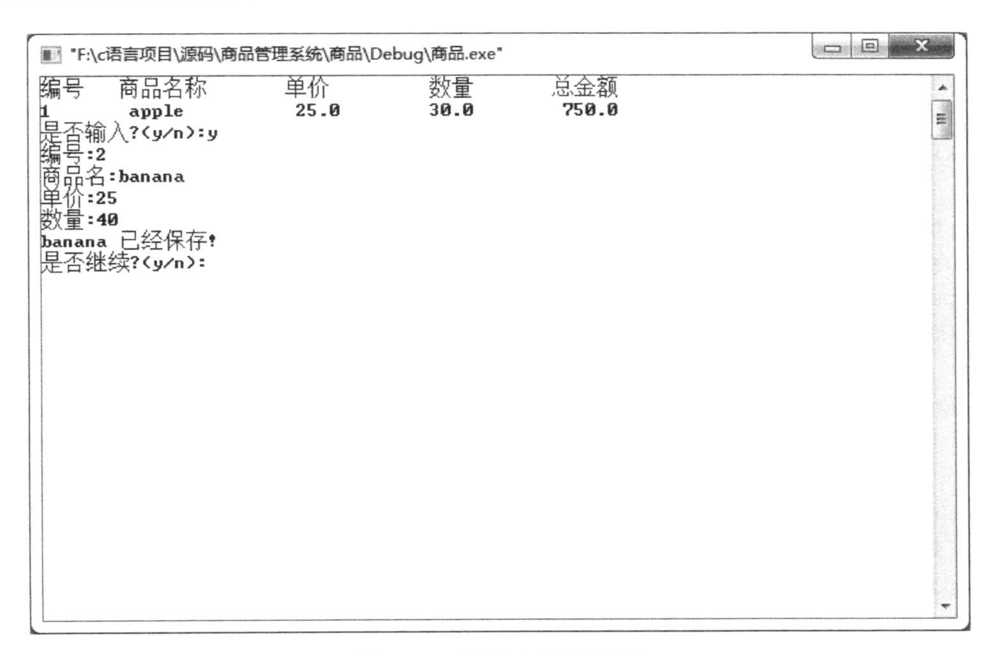

图 11.12　显示已存在的记录

11.6.2　商品录入块技术分析

对商品的录入需要将数据写入文件，即对文件进行写入等操作，因此需要使用到相应的文件操作函数，下面进行详细的介绍：

- ☑ fopen 函数：fopen 函数用来打开一个文件。
- ☑ feof 函数：检测流上的文件结束符。
- ☑ fread 函数：fread 函数的作用是从 fp 所指的文件中读入 count 次，每次读 size 字节，读入的信息存在 buffer 地址中。
- ☑ fclose 函数：fclose 函数用于文件的关闭。它返回一个值，当正常完成关闭文件操作时，fclose 函数返回值为 0，否则返回 EOF。
- ☑ fwrite 函数：fwrite 函数的作用是将 buffer 地址开始的信息输出 count 次，每次写 size 字节到 fp 所指的文件中。

11.6.3　显示商品信息

当在功能菜单中选择“1”时，如果存在 data 文件，程序会首先显示 data 文件中的文字内容；如果不存在，会实现信息录入功能。show()函数实现了打开 data 文件，然后读取文件内容的功能。

具体实现代码如下：

```
/**
* 显示商品信息
*/
void show()
{
    FILE *fp;
    int i,m=0;
    fp=fopen("data","ab+");
    while(!feof(fp))
    {
        if(fread(&comm[m] ,LEN,1,fp)==1)
            m++;
    }
    fclose(fp);
    printf("编号    商品名称        单价        数量        总金额\t\n");
    for(i=0;i<m;i++)
    {
        printf(FORMAT,DATA);       //将信息按指定格式打印
    }
}
```

11.6.4 商品录入实现

如果在指定位置不存在 data 文件，在功能菜单中选择商品录入操作后，系统会进入商品录入界面，实现商品信息的录入。具体实现代码如下：

```
/**
 * 录入商品信息
*/
void in()
{
    int i,m=0;                                          //m 是记录的条数
    char ch[2];
    FILE *fp;                                           //定义文件指针
    if((fp=fopen("data","ab+"))==NULL)                  //打开指定文件
    {
        printf("不能打开文件!\n");
        return;
    }
    while(!feof(fp))
    {
```

```
        if(fread(&comm[m] ,LEN,1,fp)==1)
            m++;                                        //统计当前记录条数
    }
    fclose(fp);
    if(m==0)
        printf("没有找到!\n");
    else
    {
        system("cls");
        show();                                         //调用 show()函数，显示原有信息
    }
    if((fp=fopen("data","wb"))==NULL)
    {
        printf("不能打开文件!\n");
        return;
    }
    for(i=0;i<m;i++)
        fwrite(&comm[i] ,LEN,1,fp);                     //向指定的磁盘文件写入信息
    printf("是否输入?(y/n):");
    scanf("%s",ch);
    while(strcmp(ch,"Y")==0||strcmp(ch,"y")==0)         //判断是否要录入新信息
    {
        printf("编号:");
        scanf("%d",&comm[m].num);                       //输入商品编号
        for(i=0;i<m;i++)
            if(comm[i].num == comm[m].num)
            {
                printf("该记录已经存在，按任意键继续!");
                getch();
                fclose(fp);
                return;
            }
            printf("商品名:");
            scanf("%s",comm[m].name);                   //输入商品名称
            printf("单价:");
            scanf("%lf",&comm[m].price);                //输入商品单价
            printf("数量:");
            scanf("%lf",&comm[m].count);                //输入商品数量
            comm[m].total=comm[m].price * comm[m].count; //计算出总金额
            if(fwrite(&comm[m],LEN,1,fp)!=1)            //将新录入的信息写入指定的磁盘文件
            {
                printf("不能保存!");
```

```
                getch();
            }
            else
            {
                printf("%s  已经保存!\n",comm[m].name);
                m++;
            }
            printf("是否继续?(y/n):");                          //询问是否继续
            scanf("%s",ch);
    }
    fclose(fp);
    printf("OK!\n");
}
```

11.7 商品查询设计

11.7.1 功能概述

商品查询只需要输入商品编号，便可进行查询。在主功能菜单中输入“2”，即可进入查找记录功能菜单中，在这里用户可以通过输入商品的编号查询商品。程序会提示用户输入要查询的编号，如图11.13所示。

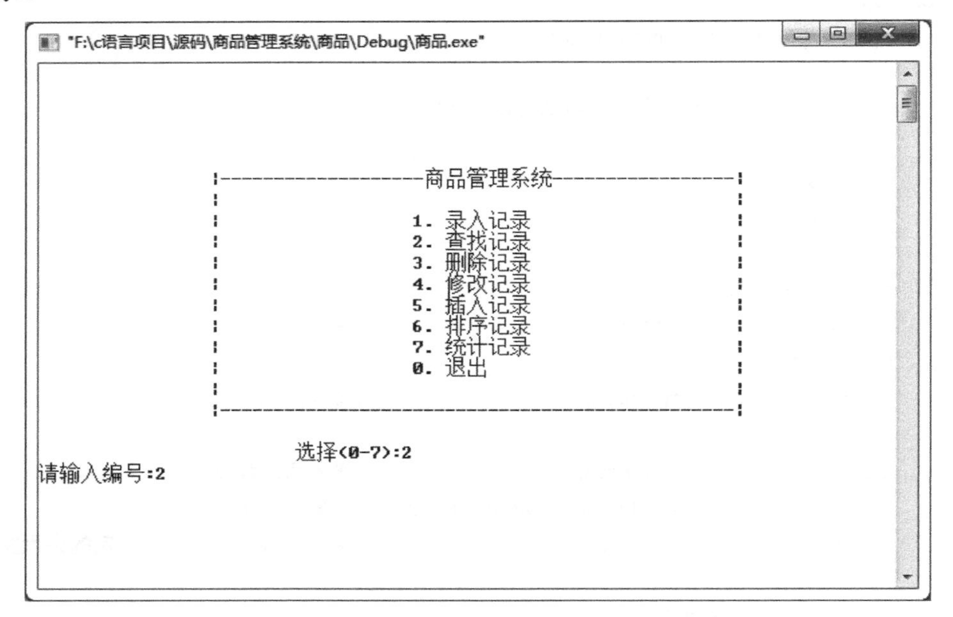

图11.13　进入查找记录功能

如果存在该商品编号，则会提示是否显示该条信息；如果需要显示该记录，就输入“y”，即可显示出记录信息，如图 11.14 所示。

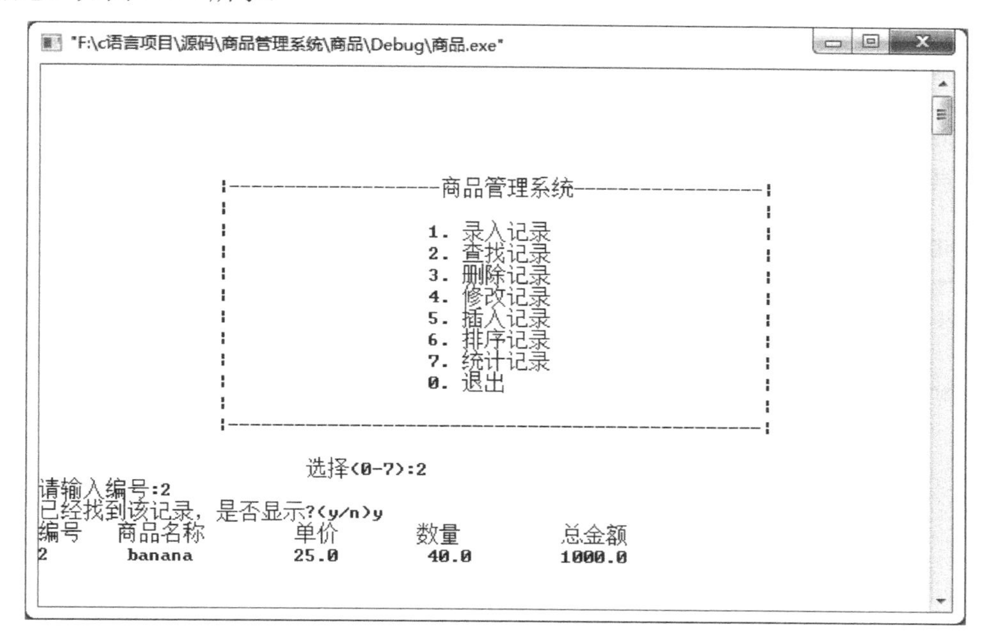

图 11.14　显示查询结果

11.7.2　商品查询实现

对于信息管理类的系统，查询模块是一个必不可少的功能。本系统也不例外地实现了这一功能。具体实现代码如下：

```
/**
* 自定义查找函数
*/
void search()
{
    FILE *fp;
    int snum,i,m=0;
    char ch[2];
    if((fp=fopen("data","ab+"))==NULL)
    {
        printf("不能打开文件\n");
        return;
    }
    if(fread(&comm[m],LEN,1,fp)==1)
     {
```

```
			m++;
		}
	fclose(fp);
	if(m==0)
	{
		printf("没有记录!\n");
		return;
	}
	printf("请输入编号:");
	scanf("%d",&snum);
	for(i=0;i<=m;i++)
	  {
		if(snum == comm[i].num)			//查找输入的编号是否在记录中
		{
			printf("已经找到该记录，是否显示?(y/n)");
			scanf("%s",ch);
			if(strcmp(ch,"Y")==0||strcmp(ch,"y")==0)
			{
				printf("编号	商品名称		单价		数量			总金额 \t\n");
				printf(FORMAT,DATA);			//将查找出的结果按指定格式输出
				break;
			}
			else
			{
				return;
			}
		}
	  }
}
```

视频讲解

11.8　商品删除设计

11.8.1　功能概述

删除商品功能的实现方法是：在主功能菜单中选择编号“3”，用于实现删除记录的功能，程序提示用户输入要删除的商品编号，如图 11.15 所示。

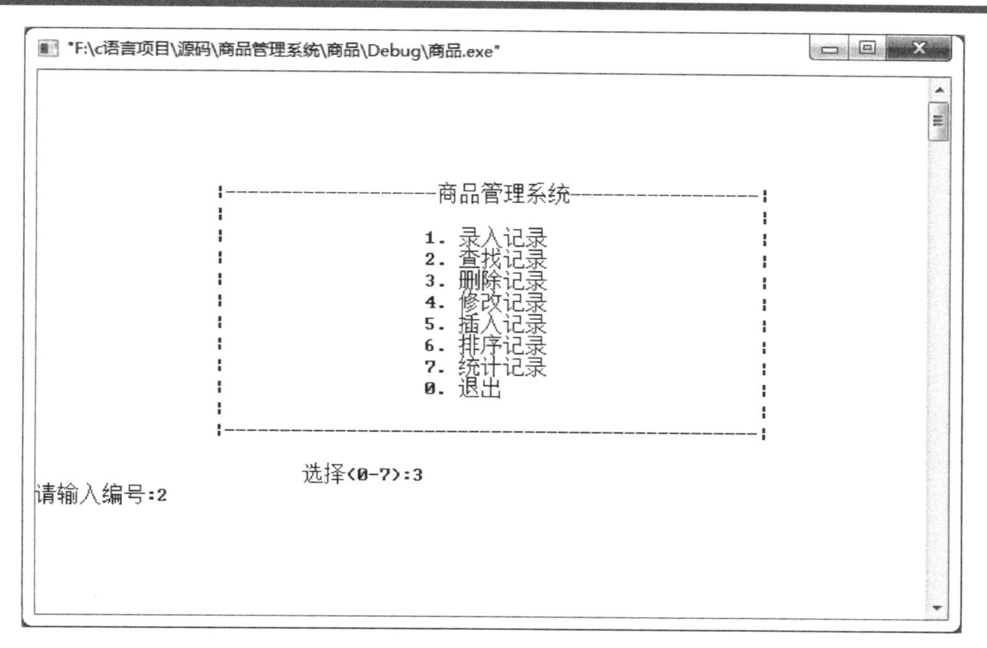

图 11.15　输入要删除的商品的编号

按 Enter 键以后，如果查询到该商品，则提示“已经找到该记录，是否删除？”；如果用户输入“y”，则将该记录删除，并弹出删除成功的提示信息，如图 11.16 所示。

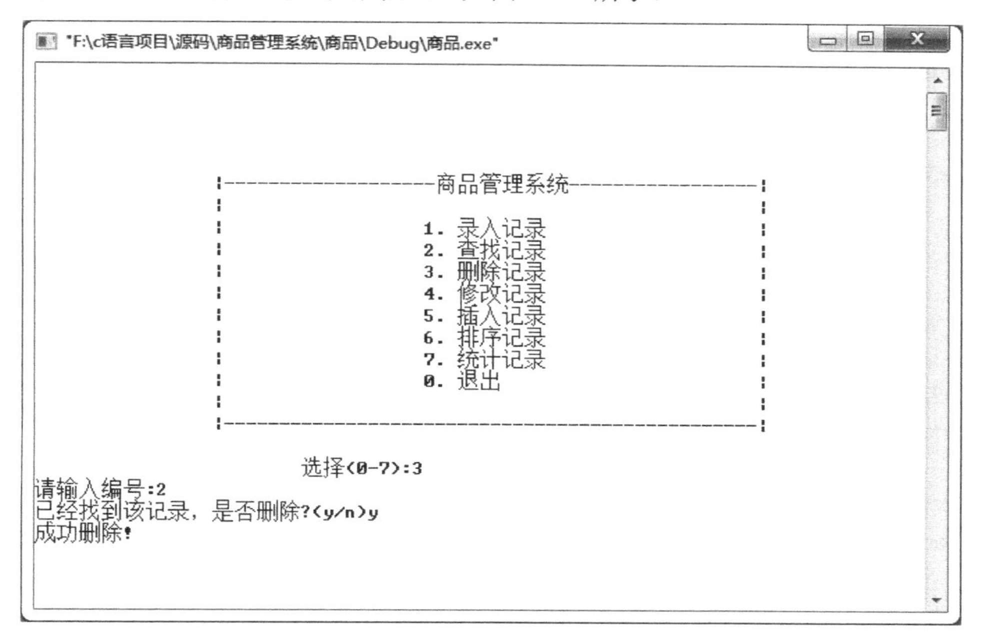

图 11.16　成功删除所选商品

如果没有找到要删除的商品，则提示“没有找到！”信息，如图 11.17 所示。

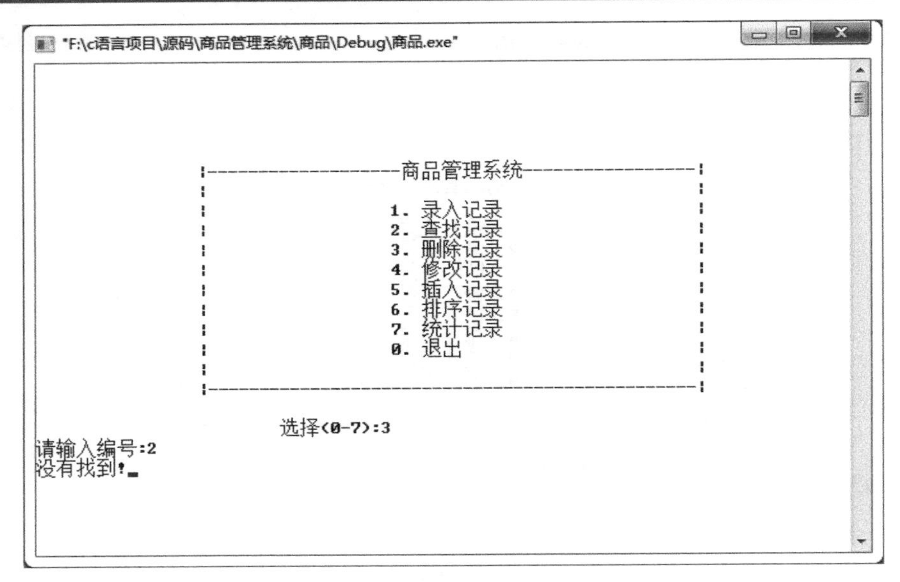

图 11.17　没有找到商品记录

11.8.2　技术分析

在系统的功能菜单中选择删除商品操作选项后，系统会提示输入用户需要删除商品的编号；如果系统在数据文件中发现商品，会提示用户是否确定删除商品，防止用户的误操作。主要代码如下：

```
/**
* 自定义删除函数
*/
void del()
{
    FILE *fp;
    int snum,i,j,m=0;
    char ch[2];
    if((fp=fopen("data","ab+"))==NULL)
    {
        printf("不能打开文件\n");
        return;
    }
    while(!feof(fp))
        if(fread(&comm[m],LEN,1,fp)==1)
            m++;
        fclose(fp);
        if(m==0)
        {
```

```
            printf("没有记录!\n");
            return;
        }
        printf("请输入编号:");
        scanf("%d",&snum);
        for(i=0;i<m;i++)
            if(snum==comm[i].num)
                break;
            if(i==m)
            {
                printf("没有找到!");
                getchar();
                return;
            }
            printf("已经找到该记录，是否删除?(y/n)");
            scanf("%s",ch);
            if(strcmp(ch,"Y")==0||strcmp(ch,"y")==0)          //判断是否要进行删除
            {
                for(j=i;j<m;j++)
                    comm[j] = comm[j+1];                      //将后一个记录移到前一个记录的位置
                m--;                                          //记录的总个数减 1
                printf("成功删除!\n");
            }
            if((fp=fopen("data","wb"))==NULL)
            {
                printf("不能打开!\n");
                return;
            }
```

11.8.3　删除后记录保存到文件

删除之后记录也应该保存到文件中，否则还会出现已经删除的记录。详细代码如下：

```
            for(j=0;j<m;j++)                                  //将更改后的记录重新写入指定的磁盘文件中
                if(fwrite(&comm[j] ,LEN,1,fp)!=1)
                {
                    printf("不能保存!\n");
                    getch();
                }
                fclose(fp);
}
```

11.9　商品修改设计

11.9.1　功能概述

商品修改的功能需要在主功能菜单界面选择编号“4”来实现，进入修改商品模块以后，程序会提示用户输入要修改的商品编号，如图 11.18 所示。

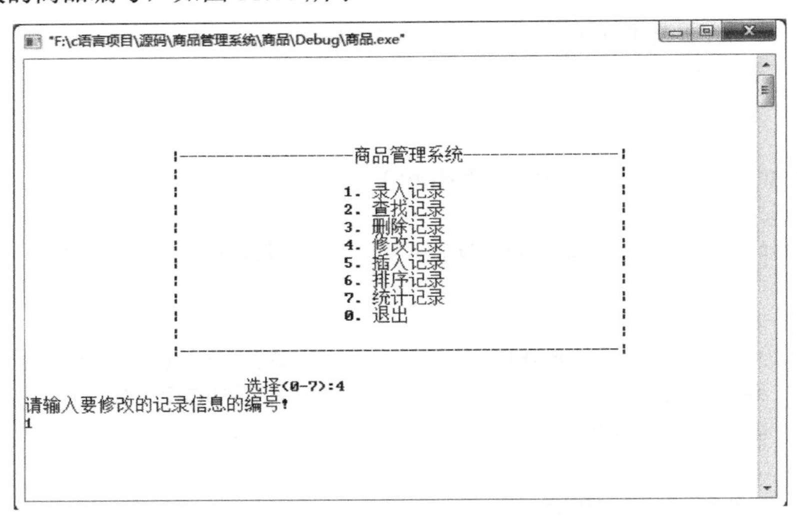

图 11.18　进入修改记录信息模块

输入要修改的商品编号，如果存在该记录，则显示“商品名”“单价”“数量”等字段，用于修改该记录，运行效果如图 11.19 所示。

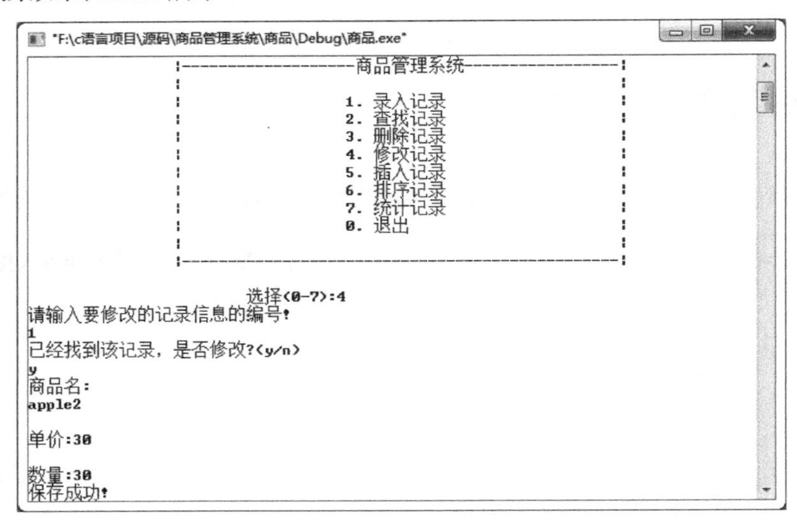

图 11.19　修改数据

如果没有找到要修改的记录，会提示“没有找到！”信息，如图 11.20 所示。

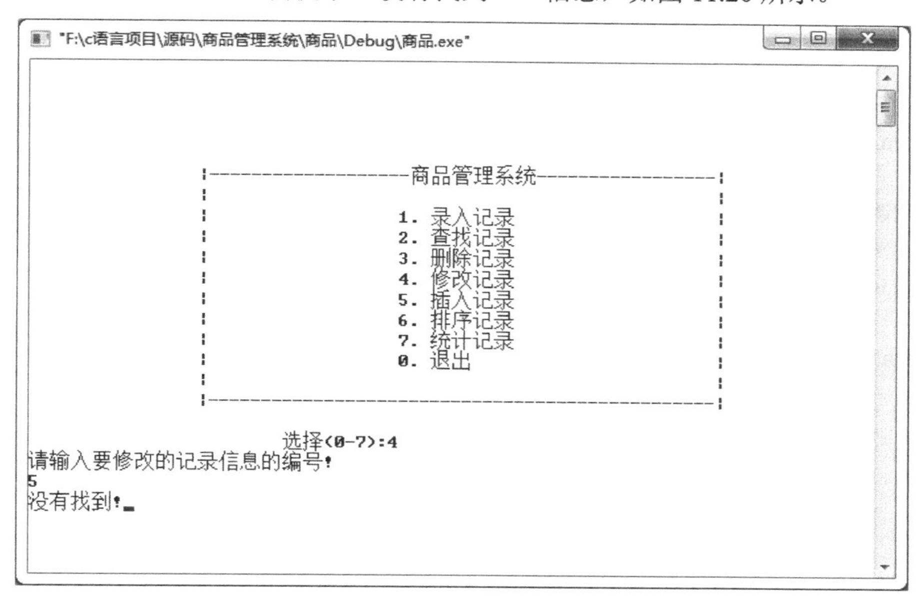

图 11.20　没有找到要修改的记录

11.9.2　商品修改实现

在系统的功能菜单中选择修改商品操作选项后，系统会提示输入用户需要修改信息的商品编号，如果系统在数据文件中发现商品，会提示用户是否确定修改商品，防止用户的误操作。程序代码如下：

```
/**
* 自定义修改函数
*/
void modify()
{
    FILE *fp;
    int i,j,m=0,snum;
    char ch[2];
    if((fp=fopen("data","ab+"))==NULL)
    {
        printf("不能打开文件!\n");
        return;
    }
    if(fread(&comm[m],LEN,1,fp)==1)
     {
        m++;
     }
```

```
if(m==0)
{
        printf("没有记录!\n");
        fclose(fp);
        return;
 }
 printf("请输入要修改的记录信息的编号!\n");
 scanf("%d",&snum);
 for(i=0;i<m;i++)
 {
        if(snum==comm[i].num)                           //检索记录中是否有要修改的信息
        {
                break;
        }
 }
if(i<m)
{
        printf("已经找到该记录，是否修改?(y/n)\n");
        scanf("%s",ch);
        if(strcmp(ch,"Y")==0||strcmp(ch,"y")==0)
        {
                printf("商品名:\n");
                scanf("%s",comm[i].name);               //输入商品名称
                printf("\n 单价:");
                scanf("%lf",&comm[i].price);            //输入商品单价
                printf("\n 数量:");
                scanf("%lf",&comm[i].count);            //输入商品数量
                comm[i].total = comm[i].price   * comm[i].count;
                printf("保存成功!");
        }
        else
        {
                return;
         }
 }
 else
 {
         printf("没有找到!");
         getchar();
         return;
 }
 if((fp=fopen("data","wb"))==NULL)
```

```
    {
        printf("不能打开文件!\n");
        return;
    }
    for(j=0;j<m;j++)                                //将新修改的信息写入指定的磁盘文件中
    {
        if(fwrite(&comm[j] ,LEN,1,fp)!=1)
        {
            printf("不能保存!");
            getch();
        }
    }
    fclose(fp);
}
```

11.10　商品记录插入设计

11.10.1　功能概述

在主功能菜单中选择编号“5”，即可进入插入商品记录模块中。程序会提示“请输入要插入记录的位置！”。例如，输入要插入的位置 2，如图 11.21 所示。

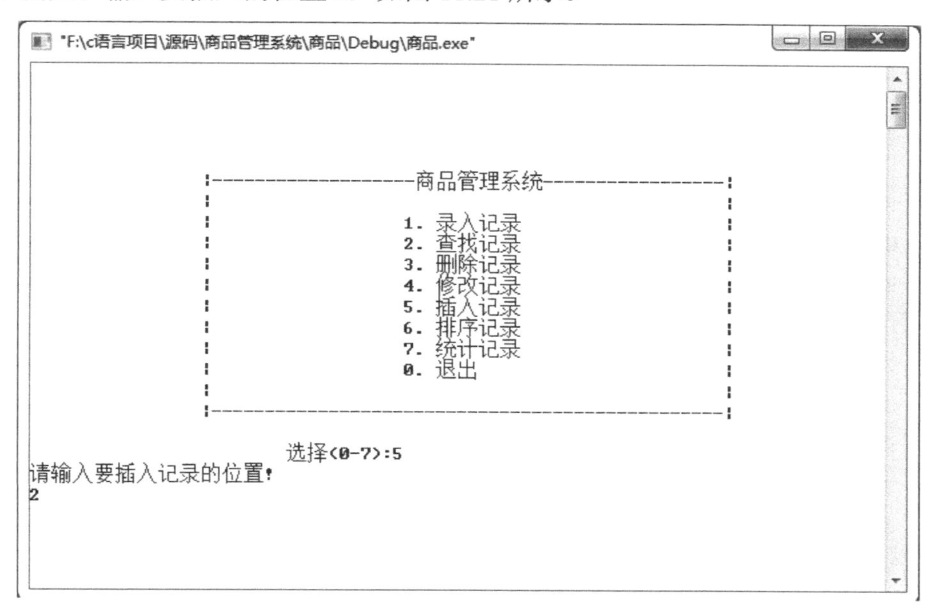

图 11.21　输入要插入的记录的位置

按 Enter 键以后，程序会提示用户输入新记录的信息，如图 11.22 所示。

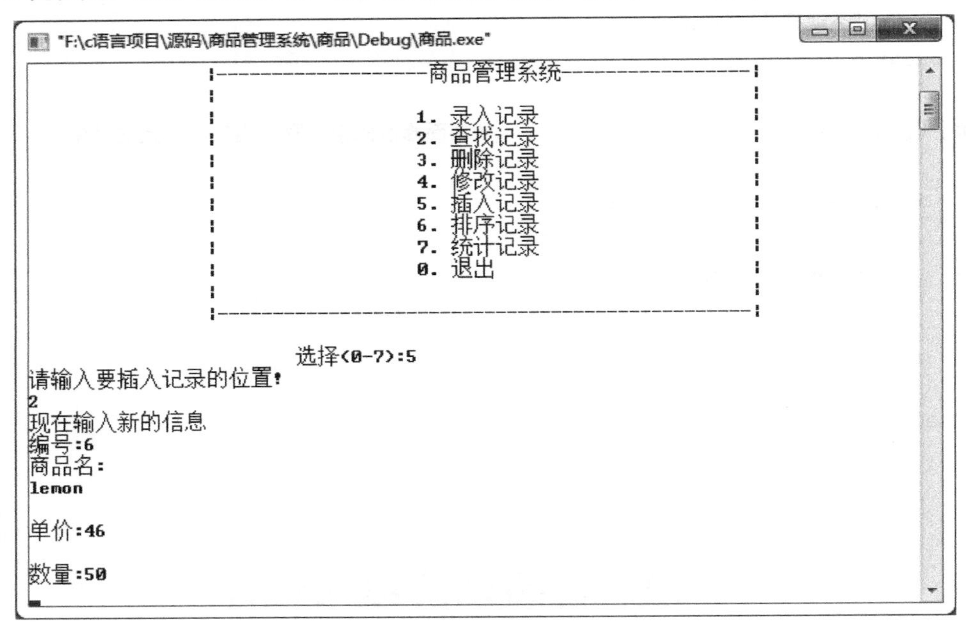

图 11.22　插入新记录

如果输入的编号已经存在，则会提示“已经存在该编号，按任意键继续！”，如图 11.23 所示。

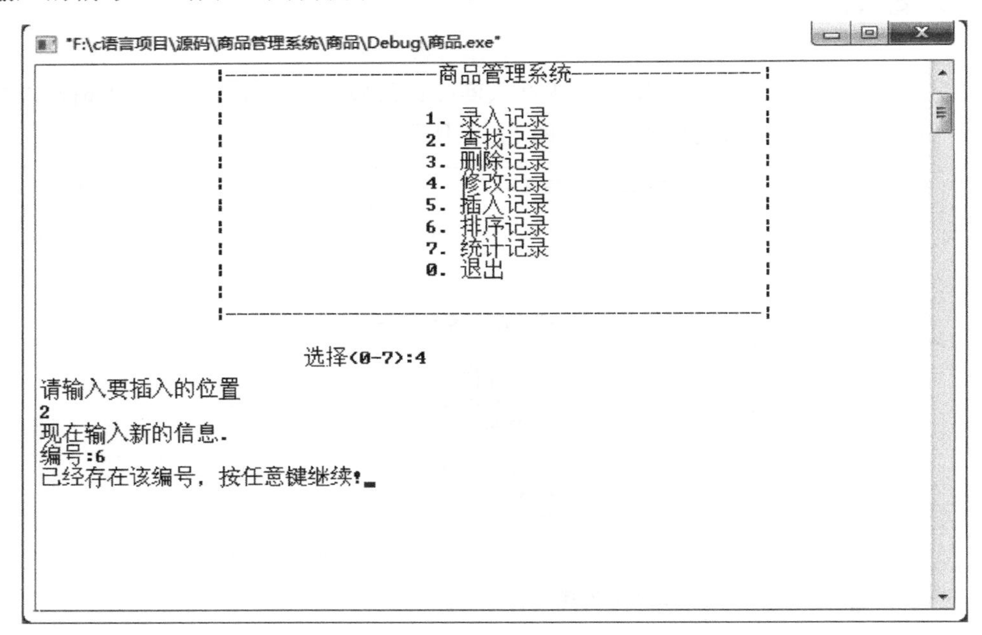

图 11.23　存在重复编号

插入数据以后，通过录入记录模块显示所有的数据，可以看到新输入的记录显示在 2 的位置上，如图 11.24 所示。

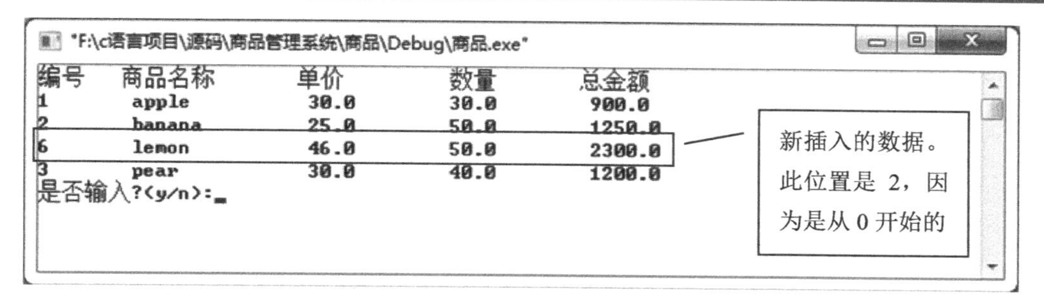

图 11.24 显示新插入的数据

11.10.2 商品插入实现

实现对热销商品的插入操作。具体实现代码如下：

```
/**
* 自定义插入函数
*/
void insert()
{
    FILE *fp;
    int i,j,k,m=0,snum;
    if((fp=fopen("data","ab+"))==NULL)
    {
        printf("不能打开文件!\n");
        return;
    }
    while(!feof(fp))
        if(fread(&comm[m],LEN,1,fp)==1)
            m++;
        if(m==0)
        {
            printf("没有记录!\n");
            fclose(fp);
            return;
        }
        printf("请输入要插入记录的位置!\n");
        scanf("%d",&snum);                          //输入要插入的位置
        for(i=0;i<m;i++)
            if(snum == comm[i].num)
                break;
            for(j=m-1;j>i;j--)
```

```
            comm[j+1] = comm[j];                    //从最后一条记录开始均向后移一位
        printf("现在输入新的信息\n");
        printf("编号:");
        scanf("%d",&comm[i+1].num);
        for(k=0;k<m;k++)
            if(comm[k].num == comm[i+1].num&&k!=i+1)
            {
                printf("该编号已经存在，按任意键继续!");
                getch();
                fclose(fp);
                return;
            }
            printf("商品名:\n");
            scanf("%s",comm[i+1].name);
            printf("\n 单价:");
            scanf("%lf",&comm[i+1].price);
            printf("\n 数量:");
            scanf("%lf",&comm[i+1].count);
            comm[i+1].total = comm[i+1].price   * comm[i+1].count ;
            if((fp=fopen("data","wb"))==NULL)
            {
                printf("不能打开文件!\n");
                return;
            }
            for(k=0;k<=m;k++)
                if(fwrite(&comm[k] ,LEN,1,fp)!=1)   //将修改后的记录写入磁盘文件中
                {
                    printf("不能保存!");
                    getch();
                }
                fclose(fp);
}
```

11.11 商品记录排序设计

11.11.1 功能概述

对于新插入的记录，很有可能是没有顺序的，如果想要按照总金额从大到小的顺序排列，可以在

主菜单界面选择数字键“6”进行排序，排序之后的结果如图 11.25 所示。

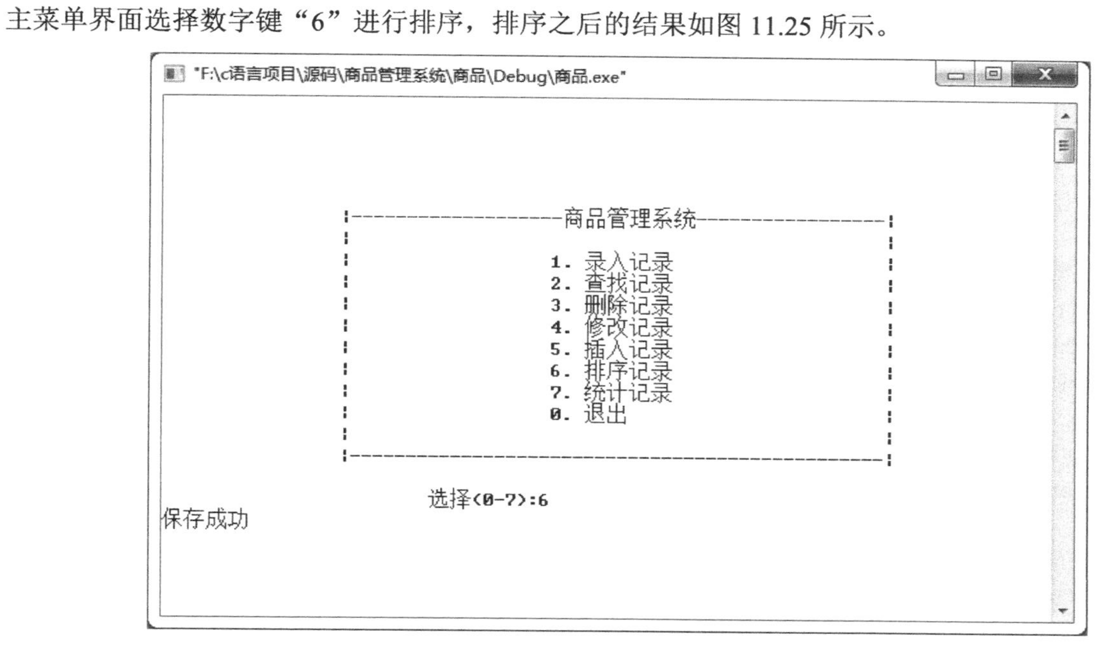

图 11.25　显示商品记录数

排序之后，可以通过录入记录模块显示所有的数据，排序之后的记录如图 11.26 所示。

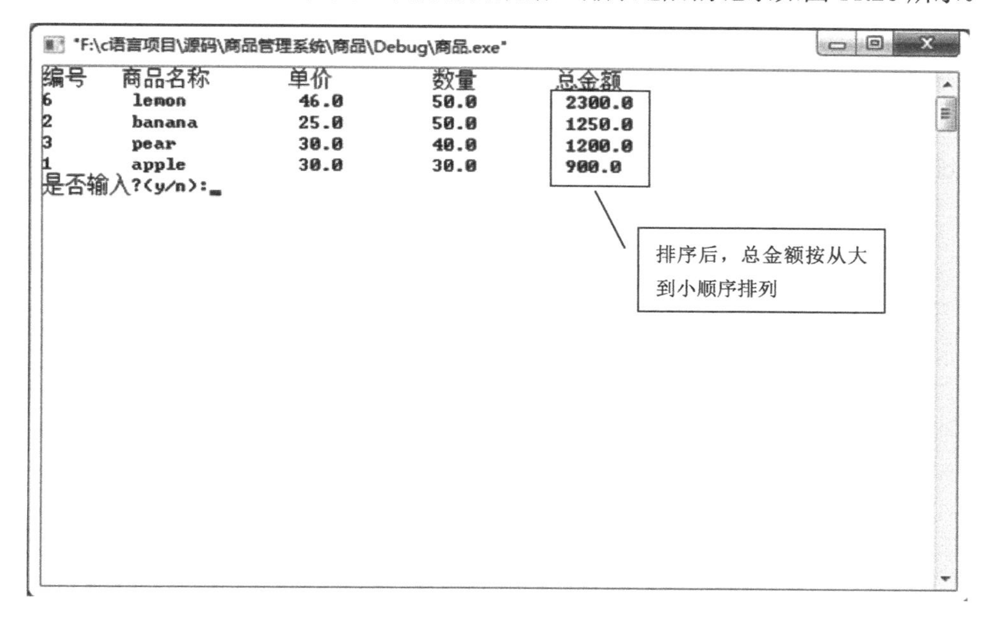

图 11.26　显示新插入的数据

11.11.2　商品排序实现

通过比较商品记录中的总金额，对所有商品记录进行排序，按照商品总金额从大到小的顺序进行

排列。实现排序的代码如下：

```
/**
* 自定义排序函数
*/
void order()
{
    FILE *fp;
    struct commdity t;
    int i=0,j=0,m=0;
    if((fp=fopen("data","ab+"))==NULL)
    {
        printf("不能打开文件!\n");
        return;
    }
    while(!feof(fp))
        if(fread(&comm[m] ,LEN,1,fp)==1)
            m++;
        fclose(fp);
        if(m==0)
        {
            printf("没有记录!\n");
            return;
        }
        for(i=0;i<m-1;i++)
            for(j=i+1;j<m;j++)          //双重循环实现总金额比较并交换
                if(comm[i].total < comm[j].total)
                {
                    t=comm[i];
                    comm[i]=comm[j];
                    comm[j]=t;
                }
                if((fp=fopen("data","wb"))==NULL)
                {
                    printf("不能打开\n");
                    return;
                }
                for(i=0;i<m;i++)        //将重新排好序的内容写入指定的磁盘文件中
                    if(fwrite(&comm[i] ,LEN,1,fp)!=1)
                    {
                        printf("%s 不能保存!\n");
                        getch();
```

```
        }
        fclose(fp);
        printf("保存成功\n");
}
```

11.12　商品记录统计设计

11.12.1　功能概述

对系统中的记录进行统计是一般管理系统的基本功能，本商品管理系统同样实现了这一功能。在主功能菜单中选择编号“7”，即可统计出当前商品的总数量，如图 11.27 所示。

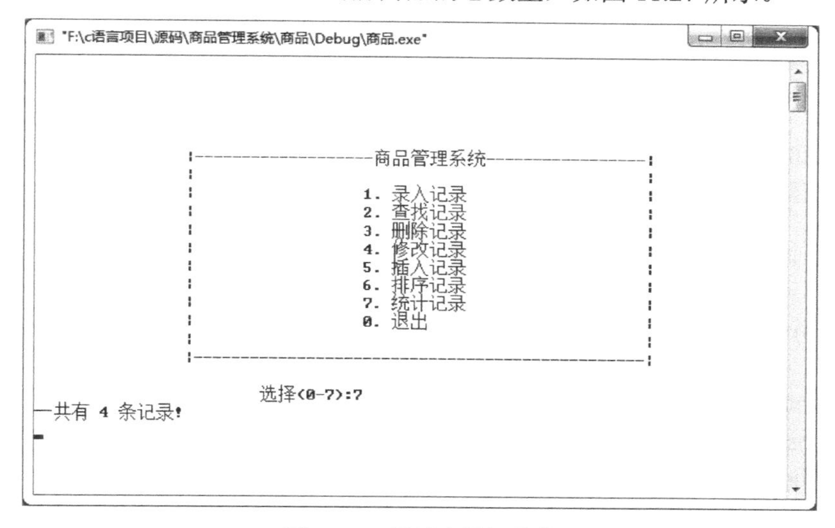

图 11.27　显示商品记录数

如图 11.28 所示的是所有的记录，可以看出里面一共有 4 条记录。

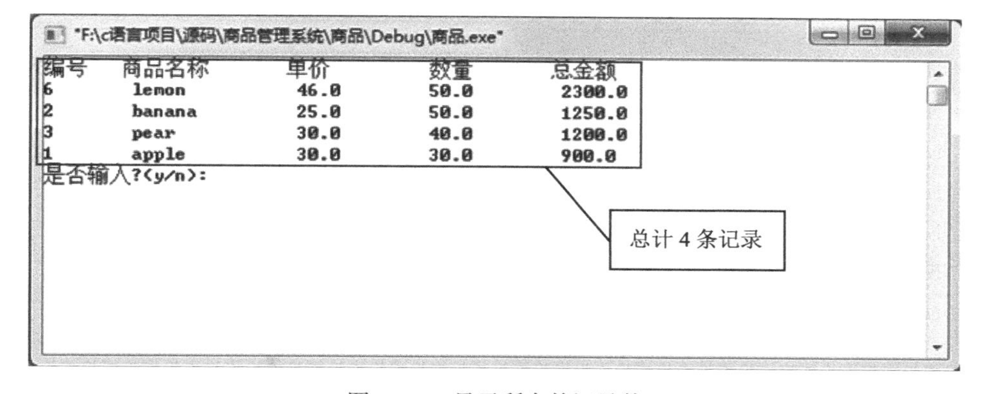

图 11.28　显示所有的记录数

11.12.2 商品记录统计实现

实现对库中商品记录的统计操作。具体实现代码如下：

```
/**
* 统计
*/
void total()
{
    FILE *fp;
    int m=0;
    if((fp=fopen("data","ab+"))==NULL)
    {
        printf("不能打开记录!\n");
        return;
    }
    while(!feof(fp))
        if(fread(&comm[m],LEN,1,fp)==1)
        {
            m++;                                        //统计记录个数即记录个数
        }
        if(m==0)
        {
            printf("没有记录!\n");
            fclose(fp);
            return;
        }
        printf("一共有 %d 条记录!\n",m);                  //将统计的个数输出
        fclose(fp);
}
```

11.13 开发总结

本章主要通过对商品管理系统的开发，介绍了开发一个 C 语言系统的流程和一些技巧。本实例并没有太多难点，实例中介绍的几个功能都是在对文件进行操作的基础上来实现。通过该实例的学习，可让读者明白一个管理系统开发的过程，为今后开发其他程序奠定基础。只要读者能够多读、多写、多练习，那么编写程序并不是一个很难的过程。

第12章

MP3音乐播放器

（Linux系统）

经过前面章节的学习，下面就来综合应用自己所学到的知识点，在这里开发一个简单的MP3音乐播放器。这里使用Glade设计界面，用GtkBuilder连接代码，使用Eclipse集成开发环境完成项目。本章的一个新内容是GStreamer的使用。通过本章的学习，读者能够学到：

- 如何使用GStreamer
- 播放MP3的原理
- Eclipse编译链接参数的设置方法
- 如何使用glade3，及消除glade3中bug的方法
- 图形界面程序的开发过程

12.1 GStreamer 简介

程序中播放音乐的功能将由 GStreamer 多媒体框架提供。GStreamer 的操作需要应用程序的开发者创建管道。每个管道由一组元素组成，每个元素都执行一种特定功能。通常情况下，一个管道以某种类型的源元素开始，这可能是被称为 source 的元素，它从磁盘上读取文件并提供该文件的内容，也可能是通过一个网络连接提供缓冲数据的元素，甚至可能是从一个视频捕捉设备获取数据的元素。管道中还存在一些其他类型的元素，如解码器（用于将声音文件转换为处理所需的标准格式）、分离器（用于从一个声音文件中分解出多个声道）或其他类似的处理器。管道以一个输出元素结束，它可以是从一个文件写入器到一个高级 Linux 音频体系结构（ALSA）音频输出元素或一个基于 Open GL 的视频播放元素的任何元素。这些输出元素被称为 sink（接收器）。

gst_element_factory_make()用来创建不同的元件。该函数是一个可以构建任何 GStreamer 元素的通用构造函数。它的第一个参数指定要构建的元素名。GStreamer 使用字符串名称来确定元素类型，从而方便添加新元素。如果需要，一个程序可以从配置文件或用户那里接受元素名称并使用新的元素而不需要重新编译程序来包括定义这些元素名的头文件。只要指定的元素是正确的（这可以在程序运行时进行检查），它们就可以完美地操作而不需要改变任何代码。函数的第二个参数用于给元素命名。元素名称在程序的其余部分不再使用，但它对识别一个复杂管道中的元素确实有其用处。本例中，source 是 filesr 工厂创建的，功能是读取磁盘文件；decoder 是 mad 工厂创建的，用作 MP3 解码器；sink 是 autoaudiosink 工厂创建的，输出音频流到声卡。程序用 gst_bin_add_many()函数将这 3 个部件都加入管道 pipeline 中，然后用 gst_element_link_many()来连接它们，这样它们就可以配合工作了。

```
const gchar *filename;
GMainLoop *loop;
//定义组件
GstElement *source,*decoder,*sink;
GstBus *bus;

//创建主循环，在执行 g_main_loop_run 后正式开始循环
loop = g_main_loop_new(NULL,FALSE);
//创建管道和组件
pipeline = gst_pipeline_new("audio-player");
source = gst_element_factory_make("filesrc","file-source");
decoder = gst_element_factory_make("mad","mad-decoder");
sink = gst_element_factory_make("autoaudiosink","audio-output");
    if(!pipeline||!source||!decoder||!sink){
    g_printerr("One element could not be created.Exiting.\n");
    return;
}
//设置 source 的 location 参数，即文件地址
```

```
g_object_set(G_OBJECT(source),"location", filename,NULL);
//得到管道的消息总线
bus = gst_pipeline_get_bus(GST_PIPELINE(pipeline));
//添加消息监视器
gst_bus_add_watch(bus,bus_call,loop);
gst_object_unref(bus);
//把组件添加到管道中，管道是一个特殊的组件，可以更好地让数据流动
gst_bin_add_many(GST_BIN(pipeline),source,decoder,sink,NULL);
//依次连接组件
gst_element_link_many(source,decoder,sink,NULL);
gst_element_set_state(pipeline,GST_STATE_PLAYING);
//每隔 1000 毫秒，更新一次滚动条的位置
g_timeout_add (1000, (GSourceFunc) cb_set_position, NULL);
//开始循环
g_main_loop_run(loop);
gst_element_set_state(pipeline,GST_STATE_NULL);
gst_object_unref(GST_OBJECT(pipeline));
```

为了简化编写的代码，可以利用由 GStreamer 0.10 提供的一个被称为 playbin 的便利元素。这是一个高级元素，它实际上是一个预建立的管道。通过使用 GStreamer 的文件类型检测功能，它可以从任何指定的 URI 读取数据，并确定合适的解码器和输出接收器来正确地播放它。在本例中，意味着它可以识别和正确地解码在 GStreamer 中有相应插件的任何音频文件（可以通过在终端上运行命令 gst-inspect-0.10 来列出 GStreamer 0.10 中的所有插件）。

```
//建立 playbin 对象
GstElement *play=gst_element_factory_make(“playbin”, “play”);
//设置打开文件
g_object_set(G_OBJECT(play), “uri”,uri,NULL);
//增加回调函数
gst_bus_add_watch(gst_pipeline_get_bus(GST_PIPELINE(play)),bus_callback,NULL);
//设置播放、暂停和停止状态
gst_element_set_state(play, GST_STATE_PLAYING);
gst_element_set_state(play, GST_STATE_PAUSED);
gst_element_set_state(play, GST_STATE_NULL);
```

这样就可以控制 MP3 文件的播放了。

我们在安装 fedora 16 时选择了软件开发模式，这时系统已经默认选择了 GStreamer 0.10。

但是要想运行本程序，还需要安装 MP3 插件。只要系统中有一个软件能够播放 MP3 音乐，就能保证本软件正常运行。请读者自己上网搜索安装 MP3 插件。

12.2 界 面 设 计

打开安装 fedora 16 时选择安装的 glade3 软件，设计一个如图 12.1 所示的程序界面。

设计过程如下：

（1）加入一个 window，并命名为 MainWindow。设置它的 destroy 信号为 gtk_main_quit。

（2）在其中加入一个 4 行的垂直 GtkVBox。使用默认名称 box1。

（3）在 box1 的第 1 行加入一个标签，用于显示歌曲名称，将其命名为 title_label。

（4）在 box1 的第 2 行加入一个标签，用于显示演唱者的名字，将其命名为 artist_label。

（5）在 box1 的第 3 行加入一个标签，用于显示播放时间，将其命名为 time_label。

（6）在 box1 的第 4 行加入一个水平滑块，用于控制播放进度，将其命名为 seek_scale。

（7）在其中加入一个 4 列的垂直 GtkVBox。使用默认名称 box2。

（8）在 box2 中加入 4 个按钮，标题分别为“播放”“暂停”“停止”“打开文件”，对应名称分别为 play_button、pause_button、stop_button 和 open_file。

以上各构件名称类型及关系如图 12.2 所示。

图 12.1　MP3 播放器的界面设计

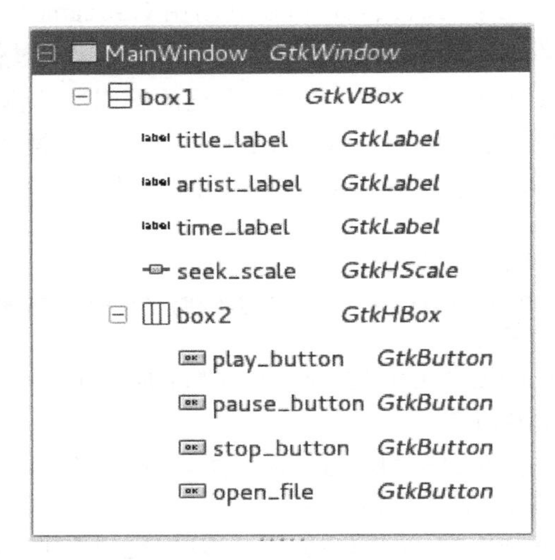

图 12.2　构件名称类型及关系

将以上文件命名为 mp3.glade，然后保存退出。

由于 glade3 本身的 bug，以上的 GtkVBox、GtkHBox 和 GtkHScale 都无法直接创建，需要用 gedit 打开 mp3.glade，手工修改。以上组件不分水平垂直，GtkVBox、GtkHBox 类型名称都是 GtkBox，GtkVScale 和 GtkHScale 类型名称都是 GtkScale。在图 12.3 中，找到<object class="GtkBox" id="box1">，将 GtkBox 改为 GtkVBox，另外两处改法相同，分别是将 GtkBox 改为 GtkHBox，将 GtkScale 改为 GtkHScale。

```
<?xml version="1.0" encoding="UTF-8"?>
<interface>
  <!-- interface-requires gtk+ 3.0 -->
  <object class="GtkWindow" id="MainWindow">
    <property name="can_focus">False</property>
    <property name="title" translatable="yes">MP3播放器</property>
    <property name="window_position">center</property>
    <signal name="destroy" handler="gtk_main_quit" swapped="no"/>
    <child>
      <object class="GtkBox" id="box1">
        <property name="width_request">200</property>
        <property name="visible">True</property>
```

图 12.3　修改 glade3 的 bug

12.3　代 码 设 计

12.3.1　建立工程文件

打开 Eclipse 集成开发环境，新建一个 linux GCC 项目，项目名称为 MP3。

设置项目的编译链接参数，使该项目能够运行 gtk 和 gst。

打开项目属性窗口 Project/Properties，如图 12.4 所示。

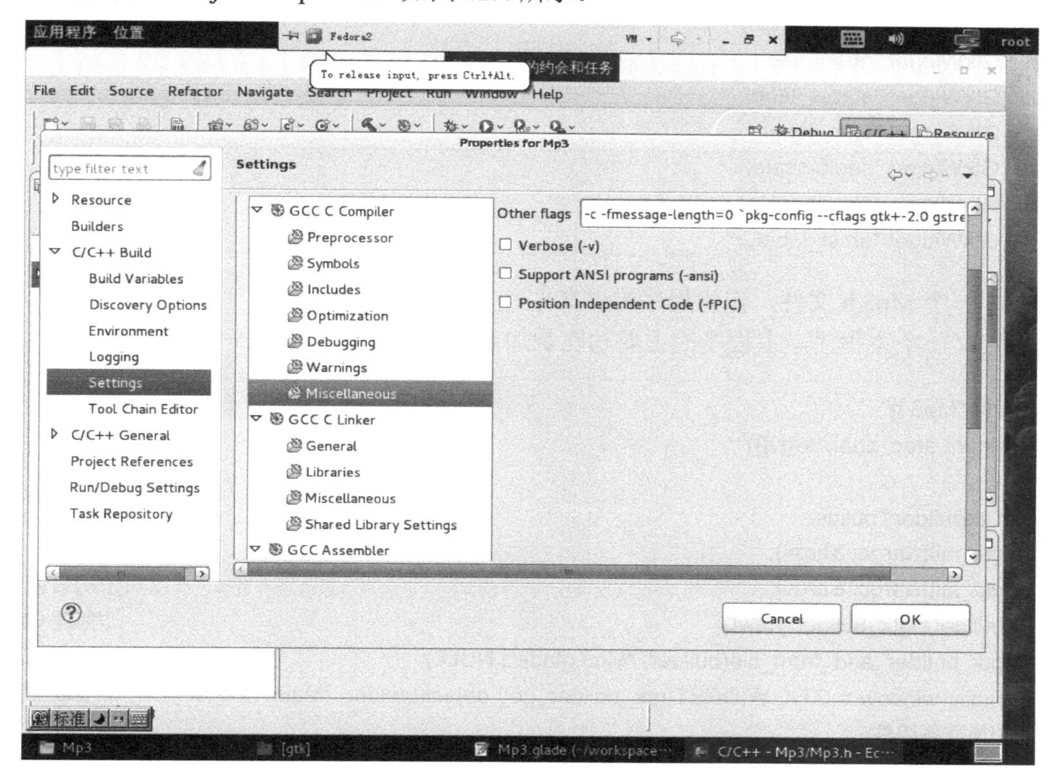

图 12.4　设置 Eclipse 的编译链接参数

在图 12.4 中选择 C/C++ Build 下的 Settings。

在 GCC C Compiler 中选择 Miscellaneous，在 Other flags 中加入 pkg-config --cflags gtk+−2.0 gstreamer-0.10。

在 GCC C Linker 中选择 Miscellaneous，在 Linker flags 中加入 pkg-config --libs gtk+−2.0 gstreamer-0.10。

在 GCC C Compiler 中选择 Include，在 Include Paths(-L)中加入 usr/include/gtk-2.0/gtk 和 usr/include/gstreamer-0.10。

12.3.2 主程序设计

首先建立一个 Mp3.h 文件，定义必要的全局变量和声明程序中的函数。我们为 Glade 界面中的每个构件都定义一个变量。

```
static GstElement *play = NULL;
static guint timeout_source = 0;
static GtkWidget *main_window;
static GtkWidget *play_button;
static GtkWidget *pause_button;
static GtkWidget *stop_button;
static GtkWidget *open_file;
static GtkWidget *status_label;
static GtkWidget *time_label;
static GtkWidget *seek_scale;
static GtkWidget *title_label;
static GtkWidget *artist_label;
```

再建立一个 Mp3.h 文件，作为程序的主文件。

先来定义一个主程序。主程序的主要功能是加载 Glade 界面，设置各信号响应函数。

```
#include "Mp3.h"
int main(int argc, char *argv[])
{
    GtkBuilder *builder;
    gtk_init(&argc, &argv);                                                    //初始化 gtk 环境
    gst_init(&argc, &argv);                                                    //初始化 gst 环境
    builder= gtk_builder_new();                                                //创建 GtkBuilder 对象
    gtk_builder_add_from_file(builder, "Mp3.glade", NULL);                     //加载 glade 文件
    main_window = GTK_WIDGET(gtk_builder_get_object(builder, "MainWindow"));   //加载主窗口
    //加载各组件
    play_button = GTK_WIDGET(gtk_builder_get_object(builder, "play_button"));
    pause_button = GTK_WIDGET(gtk_builder_get_object(builder, "pause_button"));
```

```
    stop_button = GTK_WIDGET(gtk_builder_get_object(builder, "stop_button"));
    open_file = GTK_WIDGET(gtk_builder_get_object(builder, "open_file"));
    status_label = GTK_WIDGET(gtk_builder_get_object(builder, "status_label"));
    time_label = GTK_WIDGET(gtk_builder_get_object(builder, "time_label"));
    artist_label = GTK_WIDGET(gtk_builder_get_object(builder, "artist_label"));
    title_label = GTK_WIDGET(gtk_builder_get_object(builder, "title_label"));
    seek_scale = GTK_WIDGET(gtk_builder_get_object(builder, "seek_scale"));
    //设置滑块组件的起止范围
    gtk_range_set_adjustment(GTK_SCALE(seek_scale),
              GTK_ADJUSTMENT(gtk_adjustment_new(0,0,100,1,1,0.1)));

    //播放、暂停、停止初始状态不可用
   gtk_widget_set_sensitive(GTK_WIDGET(play_button), FALSE);
   gtk_widget_set_sensitive(GTK_WIDGET(pause_button), FALSE);
   gtk_widget_set_sensitive(GTK_WIDGET(stop_button), FALSE);

    //为各组件设置信号响应函数
    g_signal_connect(play_button, "clicked", G_CALLBACK(play_clicked), NULL);
    g_signal_connect(pause_button, "clicked", G_CALLBACK(pause_clicked), NULL);
    g_signal_connect(stop_button, "clicked", G_CALLBACK(stop_clicked), NULL);
    g_signal_connect(seek_scale, "value-changed", G_CALLBACK(seek_value_changed), NULL);
    g_signal_connect(open_file, "clicked", G_CALLBACK(open_file_clicked), NULL);

    gtk_builder_connect_signals(builder, NULL);          //自动关联所有信号处理函数
    g_object_unref(G_OBJECT(builder));                   //释放 builder 的空间
    gtk_widget_show_all(main_window);                    //显示窗口内所有的组件
    gtk_main();
    return 0;
}
```

12.3.3 生成 playbin 对象

首先在头文件中定义一个全局的 GstElement 对象 play，表示正在运行的 MP3 组件的引用，和一个 MP3 定时器的引用 timeout_source。

```
static GstElement*play NULL;
static guint timeout_source 0;
```

定义一个加载 MP3 文件的函数 load_file。

```
gboolean load_file(const gchar *uri)
{
```

```
if(build_gstreamer_pipeline(uri))return TRUE;
return FALSE;
}
```

build_gstreamer_pipeline()函数以一个 URI 为参数，并构建 playbin 元素，指向该元素的指针被保存在变量 play 中，以备后用。

```
static gboolean build_gstreamer_pipeline(const gchar*uri)
{
     /*如果 playbin 已存在，先销毁它*/
    if (play)
    {
      gst_element_set_state(play,GST_STATE_NULL);
      gst_object_unref(GST_OBJECT(play));
      play=NULL;
    }
    /*创建一个 playbin 元素*/
    play=gst_element_factory_make("playbin", "play");
    if (!play)return FALSE;
    g_object_set(G_OBJECT(play), "uri",uri,NULL);
    /*添加回调函数*/
    gst_bus_add_watch(gst_pipeline_get_bus(GST_PIPELINE(play)),bus_callback,NULL);
    return TRUE;
}
```

需要注意的是，以上代码现在还不能编译，因为还缺少一个 bus_callback()函数。

build_gstreamer_pipeline()是一个相当简单的函数。它首先检查 play 变量是否为 NULL，如果不是，则表明已有一个 playbin 元素。如果是，就调用 gst_object_unref()以减少 playbin 的引用计数。因为在这个代码中playbin只有一个引用，所以减少它的引用计数将导致playbin被销毁。然后将play设置为NULL以表明现在没有可用的 playbin。

我们通过调用 gst_element_factory_make()函数来构建 playbin 元素，该函数是一个可以构建任何 GStreamer 元素的通用构造函数。它的第一个参数指定要构建的元素名。GStreamer 使用字符串名称来确定元素类型，从而方便添加新元素。如果需要，一个程序可以从配置文件或用户那里接受元素名称并使用新的元素而不需要重新编译程序来包括定义这些元素名的头文件。只要指定的元素有正确的能力（这可以在程序运行时进行检查），它们就可以完美地操作而不需要改变任何代码。在本例中，构建了一个 playbin 元素并将它命名为 play，后者就是 gst_element_factory_make()函数的第二个参数。元素名称在程序的其余部分不再使用，但它对识别一个复杂管道中的元素确实有其用处。

然后，代码将检查 gst_element_factory_make()函数返回的指针是否有效，以确定元素是否被正确构建。如果是，就调用 g_object_set()将 playbin 元素的标准 GObject 特性 uri 设置为要播放文件的 URI。GStreamer 元素广泛使用特性来配置它们的行为，不同元素可用的特性也有所不同。

最后，gst_bus_add_watch()连接一个用于侦听管道消息总线的回调函数。GStreamer 为管道和应用

程序之间的通信使用了一个消息总线。通过提供这个机制，运行在不同线程中的管道（如 playbin）可以传递消息给应用程序而不需要该程序的作者担心跨线程的数据同步问题。消息和命令使用类似的封装通过另一个途径进行传递。

为了使用这个回调函数，当然需要定义它。当它被调用时，GStreamer 为它提供一个触发该回调函数的 GstBus 对象、一个包含被发送消息的 GstMessage 对象和一个用户提供的指针，本例中没有使用该指针。

```
static gboolean bus_callback (GstBus*bus,GstMessage*message,gpointer data)
{
  switch (GST_MESSAGE_TYPE (message))
{
      caseGST_MESSAGE_ERROR:{
GError *err;
gchar *debug;
gst_message_parse_error(message,&err,&debug);
g_print("Error:%s\n",err->message);
g_error_free(err);
g_free(debug);
gtk_main_quit();
break;
```

错误处理代码非常简单，它打印错误信息并终止程序。在一个更成熟的应用程序中，我们应采用更智能的错误处理技术，即根据所遇错误的确切性质采取不同的处理方法。错误消息本身是 GError 对象的一个使用示例，该对象是由 Glib 提供的一个通用错误描述对象。

```
caseGST_MESSAGE_EOS:
stop_playback();
break;
```

EOS 消息表明管道已到达当前流的结尾。在本例中，它将调用 stop_playback()函数，该函数将在后面进行定义。

```
caseGST_MESSAGE_TAG:
{
/*到达流尾部*/
break;
    }
```

TAG 消息表明 GStreamer 在数据流中遇到了元数据，如标题或艺术家信息。这种情况的处理也将在后面实现，虽然对于实际播放文件这个任务来说它是微不足道的。

```
default:
/*其他消息*/
break;
```

默认情况下，将简单地忽略没有进行明确处理的任何消息。GStreamer 会生成大量的消息，但对于像本例这样简单的音频播放程序来说，只有极少数消息需要处理。

```
    return TRUE;
}
```

最后，这个函数返回 TRUE 以表明它已对消息进行了处理，不需要再采取进一步的行动了。

为了完成该函数的功能，还需要定义 stop_playback()函数，它将设置 GStreamer 管道的状态并进行适当的清理。要理解该函数，首先需要定义 play_file()函数，它所做的事情可能与期望的差不多。

```
gboolean play_file()
{
        if (play)
    { gst_element_set_state(play,GST_STATE_PLAYING);
```

元素状态 GST_STATE_PLAYING 表明一个正在播放数据流的管道。将元素的状态改变为该状态将启动管道的播放，如果播放已经开始，则它是一个空操作。元素的状态将控制管道对数据流的处理，所以还可能会遇到诸如 GST_STATE_PAUSED 这样的状态，它的功能应该是不言自明的。

```
    timeout_source g_timeout_add(200, (GSourceFunc)update_time_callback,play);
```

g_timeout_add()是一个 Glib 函数，它在 Glib 主循环中添加一个超时处理函数。回调函数 update_time_callback 将每 200 毫秒被调用一次，其参数为指针 play。这个函数用于获取播放的进度并对 GUI 进行相应的更新。g_timeout_add()返回超时函数的一个数字 ID，它可以在今后被用于对该函数进行删除或修改。

```
    return TRUE;
    }
    return FALSE;
}
```

如果开始播放了，这个函数就返回 TRUE，否则返回 FALSE。

现在，除了缺少 update_time_callback()的定义以外，可以开始定义 stop_playback()函数了，它给予程序启动和停止文件播放的能力—— 虽然 GUI 现在还不能提供文件 URI 给播放代码。

```
void stop_playback()
{   if (timeout_source)g_source_remove(timeout_source);
timeout_source 0;
```

这个函数使用保存的超时 ID 从主循环中删除超时函数，因为没有必要在不播放文件时每秒钟调用更新函数 5 次，因此也不需要使用这个超时函数。

```
if (play)
{
    gst_element_set_state(play,GST_STATE_NULL);
gst_object_unref(GST_OBJECT(play));
play =NULL; }
}
```

管道被停用并销毁。GST_STATE_NULL 导致管道停止播放并自行重置，释放它可能持有的任何资源，如播放缓冲或音频设备上的文件句柄。

回调函数使用 gst_element_query_position()和 gst_element_query_duration()来更新 GUI 的时间。这两个方法以一种指定的格式获取一个元素的位置和数据流的持续时间。这里使用的是标准的 GStreamer 时间格式，它以高精度的整数显示数据流中的精确位置。

这两个方法在成功时将返回并把获取的值放入提供的地址中。为了将时间格式化为一个字符串以显示给用户，这里使用了 g_snprintf()。它是 Glib 版本的 snprintf()，提供它是为了确保即便在没有 snprintf()的系统中也具备可移植性。GST_TIME_ARGS()是一个宏，它将位置转换为适用于 printf()风格函数的参数。

```
static gboolean update_time_callback(GstElement*pipeline)
{GstFormatfmt GST_FORMAT_TIME;
     gint64position;
     gint64 length;
     gchar time_buffer[25];
     if (gst_element_query_position(pipeline,&fmt,&position)&&
     gst_element_query_duration(pipeline,&fmt,&length))
     {
       g_snprintf(time_buffer,24,"%u:%02u.%02u",GST_TIME_ARGS(position));
       gui_update_time(time_buffer,position, length);
      }
return TRUE;
}
```

这个函数还调用了一个新函数 gui_update_time()。这里将这个新函数添加到 main.c 的 GUI 代码中，并在 main.h 中放入合适的声明以允许 playback.c 中的代码调用它。

```
//gui_update_time()以格式化时间字符串、位置和长度作为参数，并更新 GUI 中的构件
void gui_update_time(const gchar*time,const gint64 position, const gint64 length)
{ gtk_label_set_text(GTK_LABEL(time_label), time);
if (length >0)
{
 gtk_range_set_value(GTK_RANGE(seek_scale),
((gdouble)position / (gdouble)length)*100.0);
}
}
```

12.3.4 打开文件

当单击“打开文件”按钮时，将调用 GtkFileChooseDialog 构件，它是一个用来打开和保存文件的完整对话框。它还有一个模式可以用来打开目录，但在本例中，将由它获取 Mp3 文件名，调用上面的 load_file(const gchar *uri)，实现创建 GStreamer 管道。

```
static void open_file_clicked(GtkWidget *widget, gpointer data)
{GtkWidget*file_chooser gtk_file_chooser_dialog_new("OpenFile",
GTK_WINDOW(main_window),GTK_FILE_CHOOSER_ACTION_OPEN,
GTK_STOCK_CANCEL,GTK_RESPONSE_CANCEL,GTK_STOCK_OPEN,
GTK_RESPONSE_ACCEPT,NULL);
```

需要对这个构造函数进行解释。它的第一个参数指定要显示给用户窗口的标题。第二个参数指定这个对话框的父窗口，这个参数有助于窗口管理器正确地布局和连接窗口。在本例中，其父窗口显然为 main_window—— 它是应用程序中唯一的一个其他窗口，而且显示 FileChooserDialog 的命令也是在该窗口中调用的。GTK_FILE_CHOOSER_ACTION_OPEN 表明 FileChooser 应该允许用户选择要打开的文件。如果在这里指定一个不同的动作将极大地改变对话框的外观和功能，如 GNOME 的保存对话框（GTK_FILE_CHOOSER_ACTION_SAVE）与其对应的打开文件对话框之间的差别是相当大的。

接下来的 4 个参数指定要在对话框中使用的按钮以及它们的响应 ID，如果这个程序运行在一个从左向右书写的语言（如英语）系统中，这些按钮将以从左向右的顺序排列（如果是在一个从右向左的本地环境中，GTK+将自动使一些窗口布局反转）。这种排序方法与 GNOME 人性化界面指南的要求是一致的，代码首先指定一个固化的 cancel 按钮，然后是一个固化的 open 按钮。最后一个参数 NULL 表明对话框中没有更多的按钮了。

响应 ID 非常重要，因为它们都是按钮被按下时返回的值。由于使用 gtk_dialog_run()函数来调用该对话框，所以程序将阻塞直到该对话框返回—— 直到用户选择一个按钮或按下一个执行相同功能的键盘快捷键以关闭对话框为止。

如果想实现非模态（nonmodel）对话框，请记住 GtkDialog 是熟悉的 GtkWindow 的一个子类，通过手工处理一些事件（特别是单击按钮）即可实现非模态对话框。gtk_dialog_run()的返回值是被单击按钮的响应 ID（GTK_RESPONSE_ACCEPT 被 GTK+看作为默认按钮的响应 ID，所以带有该响应 ID 的按钮就成为用户按下 Enter 键时触发的按钮）。因此，打开文件的代码只需要在对话框返回 GTK_RESPONSE_ACCEPT 时运行：

```
(gtk_dialog_run(GTK_DIALOG(file_chooser))   GTK_RESPONSE_ACCEPT)
{   char*filename;
filename =gtk_file_chooser_get_uri(GTK_FILE_CHOOSER(file_chooser));
```

我们知道用户将选择一个文件，该文件的 URI 可以通过包含在 FileChooserDialog 中的 FileChooser 构件获取。虽然可以只获取其 UNIX 文件路径，但由于 playbin 期望使用一个 URI，所以坚持使用同一种格式会使得文件的处理更加方便。请注意，这个 URI 的格式可能并不是 file://，当系统中运行着

GNOME 时，GTK+的 FileChooser 将使用 GNOME 的函数库来增强其能力，其中包括 gnome-vfs（虚拟文件系统层）。因此，在某些情况下 GtkFileChooser 可能会提供位于网络中或其他文件中文档的 URI。一个真正的 gnome-vfs 兼容应用程序可以处理这类 URI 而不会有任何问题—— 事实上，在这个应用程序中使用 playbin 意味着一些网络 URI 也许可以被正确地处理，但这取决于其系统配置。

```
g_signal_emit_by_name(G_OBJECT(stop_button), "clicked");
```

因为要打开一个新的文件，代码需要确保所有的现有文件不再继续播放。完成这一工作的最简单方法就是假装用户单击了“停止”按钮，所以使用上面的代码让“停止”按钮发送其 clicked 信号。

然后，当前 URI 的本地复制将被更新，接着调用 load_file()以准备要播放的文件：

```
if (current_filename) g_free(current_filename);
current_filename filename;
if (load_file(filename))
gtk_widget_set_sensitive(GTK_WIDGET(play_button),TRUE);
}
gtk_widget_destroy(file_chooser);
 }
```

12.3.5　播放 MP3

播放 MP3 的主要实现代码如下：

```
static void play_clicked(GtkWidget *widget, gpointer data)
{
  if (current_filename)
  {
    if (play_file())
    {
      gtk_widget_set_sensitive(GTK_WIDGET(stop_button), TRUE);
      gtk_widget_set_sensitive(GTK_WIDGET(pause_button), TRUE);
    }
    else
    {
      g_print("Failed to play\n");
    }
  }
}
gboolean play_file() {
  if (play) {
    /*开始播放*/
```

```
    gst_element_set_state(play, GST_STATE_PLAYING);
    gtk_widget_set_sensitive(GTK_WIDGET(stop_button), TRUE);
    gtk_widget_set_sensitive(GTK_WIDGET(pause_button), TRUE);
    timeout_source = g_timeout_add(200, (GSourceFunc)update_time_callback, play);
    return TRUE;
  }

  return FALSE;
}
```

语句“gst_element_set_state(play,GST_STATE_PLAYING);”实现播放的功能，执行播放功能一定要在打开文件功能执行后，已经取得了播放的文件名时才能执行。在播放操作完成后，要对按钮状态做相应的调整，使初使始状态下不可用的暂停和停止变成可用。

12.3.6 暂停播放

```
static void pause_clicked(GtkWidget *widget, gpointer data)
{
        if (play) {
                GstState state;
                gst_element_get_state(play, &state, NULL, -1);
                if(state == GST_STATE_PLAYING){
                      gst_element_set_state(play, GST_STATE_PAUSED);
                      gtk_button_set_label(GTK_BUTTON(pause_button), "继续");
                  gtk_widget_set_sensitive(GTK_WIDGET(stop_button), FALSE);
                  gtk_widget_set_sensitive(GTK_WIDGET(play_button), FALSE);
                }
                else if(state == GST_STATE_PAUSED){
                      gst_element_set_state(play, GST_STATE_PLAYING);
                   gtk_button_set_label(GTK_BUTTON(pause_button), "暂停");
                 gtk_widget_set_sensitive(GTK_WIDGET(stop_button), TRUE);
                 gtk_widget_set_sensitive(GTK_WIDGET(play_button), TRUE);
                }
                return ;
        }
}
```

暂停播放之后要用继续播放功能，因此，通过状态测试，确认当前是播放状态还是暂停状态，以实现在两个状态之间进行切换。

12.3.7　停止播放

停止播放的主要实现代码如下：

```
static void stop_clicked(GtkWidget *widget, gpointer data)
{
        /*移除计时器*/
        if (timeout_source) g_source_remove(timeout_source);
        timeout_source = 0;

        /*停止播放*/
        if (play) {
           gst_element_set_state(play, GST_STATE_NULL);
        }

        /*更新界面*/
        initgui();
}
```

语句“gst_element_set_state(play, GST_STATE_NULL);”实现停止播放的功能，为了避免出错，要保证已经分配了 MP3 构件，才能对其进行操作。停止播放的同时，要停止计时器。

12.3.8　界面更新

界面更新很简单。首先，应该提供一个接口方法使播放代码可以改变 GUI 中的元数据标签。这需要在 main.h 中添加一个声明并在 main.c 中添加它的定义，代码如下：

```
void gui_update_metadata(const gchar*title,const gchar*artist)
{
     gtk_label_set_text(GTK_LABEL(title_label), title);
     gtk_label_set_text(GTK_LABEL(artist_label),artist);
}
```

这段代码本身非常简单。正如可能已经意识到的那样，如果消息类型是 GST_MESSAGE_TAG，该消息应该从播放器的消息处理中被调用。在本例中，GstMessage 对象包含一个标签消息，可以使用该消息具备的几个方法来提取用户感兴趣的信息。代码如下：

```
case GST_MESSAGE_TAG:
{GstTagList*tags;
gchar *title   "";
```

```
gchar *artist   "";
gst_message_parse_tag(message,&tags);
if (gst_tag_list_get_string(tags,GST_TAG_TITLE,&title)&&
gst_tag_list_get_string(tags,GST_TAG_ARTIST,&artist))
gui_update_metadata(title,artist);
gst_tag_list_free(tags);
break;
 }
```

标签到达 GstMessage 并封装在一个 GstTagList 对象中，可以通过 gst_message_parse_tag()函数来提取该对象。这将生成 GstTagList 的一个新拷贝，所以千万不要忘记在不需要它时使用 gst_tag_list_free()释放它。如果不这样做，可能会导致相当严重的内存泄漏。

一旦从 message 中提取出来标签列表，使用 gst_tag_list_get_string()函数从 tags 中提取标题和艺术家标签就是一件相当简单的事情了。GStreamer 提供了预定义的常量来提取标准的元数据域，当然也可以提供任意的字符串来提取媒体中可能包含的其他域。gst_tag_list_get_string()函数在成功找到请求的标签值时返回 true，否则返回 false。如果两个调用都成功了，gui_update_metadata 将使用新值来更新 GUI。

12.3.9　播放控制

要允许在文件中进行搜索，最理想的情况是允许用户单击 seek_scale 的滑块并将它拖动到一个新位置，从而让数据流立刻改变其播放位置。幸运的是，这正是 GStreamer 允许实现的功能。当用户改变 GtkScale 构件的值时，它将发送一个 value-changed 信号。将一个回调函数连接到这个信号：

```
g_signal_connect(G_OBJECT(seek_scale),
"value-changed",G_CALLBACK(seek_value_changed),NULL);
```

接着在 main.c 中定义这个回调函数：

```
static void seek_value_changed(GtkRange*range,gpointer data)
{
   gdouble val gtk_range_get_value(range);
   seek_to(val);
}
```

seek_to()使用一个百分比数字作为其参数，它表示用户想要搜索的位置离数据流的开始有多远。这个函数在 playback.h 中声明并在 playback.c 中定义，代码如下：

```
void seek_to(gdouble percentage) {
GstFormatfmt GST_FORMAT_TIME;
gint64 length;
if (play&&gst_element_query_duration(play,&fmt,&length))
         {
```

首先，该函数将检查是否有一个有效的管道。如果有而且可以成功获取当前数据流的持续时间，它将根据这个持续时间和用户提供的百分比来计算用户想要搜索的位置的 GStreamer 时间值。

```
gint64 target   ((gdouble)length* (percentage/100.0));
```

实际的搜索是通过 gst_element_seek()函数调用完成的。

```
if (!gst_element_seek(play,1.0,GST_FORMAT_TIME,
GST_SEEK_FLAG_FLUSH,GST_SEEK_TYPE_SET,
target,GST_SEEK_TYPE_NONE,GST_CLOCK_TIME_NONE))
g_warning("Failed to seek to desired position\n");
}
}
```

gst_element_seek()函数使用几个参数来定义搜索。幸运的是，对于默认行为来说，大多数参数可以使用预定义的函数库常量来设置。这些参数设置了元素的格式和类型，以及搜索的终止时间和类型。唯一需要提供的参数是接收事件的元素（变量 play）和搜索的时间值（变量 target）。

因为 gst_element_seek()函数在成功时返回 true，所以上面的代码检查它是否返回一个 false 值。如果是，就打印一个消息表示搜索失败。对用户来说，这虽然没有什么实际用途，但可以很容易想到提供一个更有帮助的信息，尤其当要查询管道以检查其实际状态时更是如此。

增加了搜索功能之后，这个音乐播放器声明的功能基本上就完成了。

不幸的是，这段代码在执行搜索时有重大的缺陷：如果当用户在拖动滑块时 seek_scale 的位置被播放引擎更新了，滑块的位置就将产生跳跃。为了避免这种情况的发生，需要阻止播放代码在用户进行拖动时更新滑动条。因为播放代码是通过调用 gui_update_time()函数来完成这一工作的，所以该限制可以完全放在 GUI 代码中。我们首先在 main.c 的顶部增加一个新的标记变量：

```
gboolean can_update_seek_scale TRUE;
```

修改 gui_update_time()函数，使得它只有在 can_update_seek_scale 为 TRUE 时才更新 seek_scale 的位置。而时间标签的更新应该保持不变，因为这不会引起任何问题，而且当用户在音轨中拖动滑块进行搜索时，通过一些显示以表明音乐正在继续播放也是有用的。

为了确保这个变量被正确设置，它需要在用户开始和停止拖动滑块时被更新。这可以通过使用由 GtkWidget 类所提供的事件来完成，该类是 seek_scale 构件所属类的祖先。当用户在鼠标指针经过构件时按下鼠标按钮将触发 button-press-event。当在 button-press-event 中按下的按钮被释放时就会触发 button-release-event，即使用户已移动鼠标指针从而离开该构件时也是如此。这样可以确保不会遗漏按钮释放事件。已遇到过的 clicked 信号是这两个事件的结合，它是在构件观察到鼠标主按钮的按下和释放后触发的。

针对 seek_scale 的按钮按下和释放事件编写一些信号处理函数。它们都很简明易懂：

```
gboolean seek_scale_button_pressed(GtkWidget*widget,GdkEventButton*event,gpointer user_data)
{
```

```
can_update_seek_scale =FALSE;
return FALSE;
  }
gbooleanseek_scale_button_released(GtkWidget*widget,GdkEventButton *event, gpointeruser_data)
{
can_update_seek_scale =TRUE;
return FALSE;
  }
```

每个函数都相应地更新标记变量，然后返回 FALSE。如果一个信号的回调函数原型返回 gboolean 值，那么该回调函数通常使用这个返回值来表明它是否已完全处理了这个信号。返回 TRUE 告诉 GTK+ 这个信号已完全处理了，而不需要针对该信号再执行更多的信号处理函数。返回 FALSE 则允许该信号被继续传播给其他信号处理函数。

在本例中，返回 FALSE 将允许构件的默认信号处理函数也处理这个信号，从而保留构件的行为。返回 TRUE 将阻止用户调整滑块的位置。

以这种方式工作的信号通常针对的都是与鼠标按钮和移动相关的事件，而不像 clicked 信号那样，后者是在构件已接收到鼠标事件并对它做出解释之后发送的。

至此，MP3 播放器就可以运行了。图 12.5 是运行时的界面。

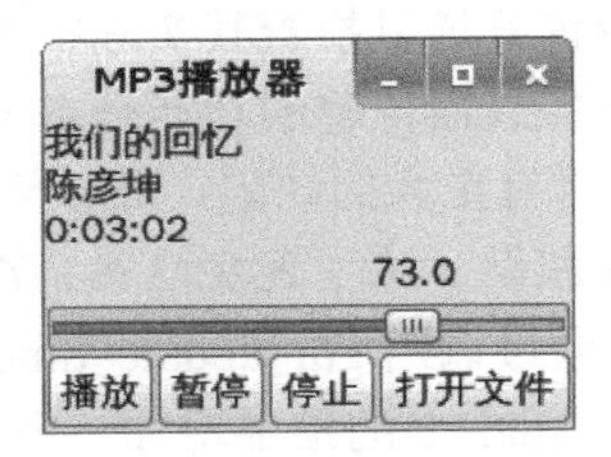

图 12.5　MP3 播放器运行效果

12.4　开 发 总 结

本章中编写的这个程序涵盖了前面多个章节的内容，虽然程序功能很简单，但它可以引导我们用 Glade 界面设计工具设计程序界面，用 Eclipse 集成开发环境编写大型工程项目，读者可以在此基础上进一步学习，以便提升自己的编程能力。